温 度 計 測

— 基礎と応用 —

計測自動制御学会 温度計測部会 編

コロナ社

ま　え　が　き

　1981 年（昭和 56 年）に計測自動制御学会温度計測部会編の学術図書『温度計測』が本学会より刊行され，10 年以上を経た 1992 年（平成 4 年）に改訂版『新編 温度計測』が出版された。いずれも，刊行の目的は，温度計測に携わる人々に有益な指針を提供することであった。

　『新編 温度計測』刊行以来 22 年が経過した 2014 年に，温度計測部会において新しい温度計測の学術図書の出版の機運が高まった。関係者の緻密な連絡のもとで原稿作成を進め，全面改訂版である本書が刊行されるに至った。

　本書の特徴は，前書発行以来 20 年有余の間に展開されたさまざまな温度計測に関連する知見を取り入れたことに加え，読者層の広がりを考慮し，本書の内容を，温度計測の初学者を対象とした領域と，中・上級者向けの専門領域の二つに分けたことである。前者の領域を読み通すことによって，温度計測に関わる基本的・全体的な内容を把握でき，さらに専門領域において，必要に応じて高度な内容に習熟できるという構成である。

　さらに，本書は，近年とみに高まった計測の不確かさ評価の重要性に鑑み，そのための独立した章を設けた。この章では，評価法の背後にある基礎理論を明確に記述し，不確かさ評価に対する理解を深めていただくとともに，温度計測に関連する不確かさ評価を具体的に例示することによって，評価手法に習熟できることを意図した。

　ここで各章の内容について簡単に紹介しておく。1 章は，初学者向けの通論である。2 章は，上記のように温度計側の不確かさ評価に関する解説と評価の具体例を記述している。3 章から 5 章は，温度計測の三つの代表的な専門領域を記述している。すなわち，3 章は抵抗温度計，4 章は熱電対による温度計側で，いずれも接触式温度計測法に関する。5 章は，放射測温で非接触式測温の

代表的な手法である。6 章は，3～5 章の温度計測法以外のさまざまな手法や話題をまとめている。

　各章末に，少数ではあるが演習問題を設け，巻末にそれらの詳解を記載した。その意図は，こうした出題を通じて読者にそのテーマの重要性に気づいていただき，あらためてその内容に習熟する機会を提供することである。したがって，これらの演習問題は，執筆者からの強いメッセージとして受け取っていただきたい。

　各章の最後には「参考文献と解説」を記載した。読者が原著文献を直接参考にしたいときの便宜を考え，ほとんどの文献の内容を簡単に解説した。

　本書の執筆分担はつぎのとおりである。

　　1 章　井内徹，新井優，杉浦雅人，山田善郎

　　2 章　榎原研正，浜田登喜夫，杉浦雅人，佐藤弘康

　　3 章　池上宏一，安田嘉秀，浜田登喜夫

　　4 章　浜田登喜夫，池上宏一，佐藤弘康，安田嘉秀，杉浦雅人

　　5 章　山田善郎，井内徹，清水孝雄，角谷聡，杉浦雅人

　　6 章　大重貴彦，井内徹

　本書がさまざまな形で温度計測に関わる人々の座右の書として活用されることを切望する。

　最後に，本書の企画・出版にあたりご協力を賜った計測自動制御学会会誌出版委員会，同学会事務局，コロナ社，ならびに貴重な資料を提供してくださった関係各社に厚く御礼申し上げたい。

2017 年 12 月

著者一同

目　　　次

1. 温度計測通論

1.1 温度とはなにか………………………………………………………… *1*

　1.1.1 は　じ　め　に…………………………………………………… *1*

　1.1.2 さまざまな温度の定義 ………………………………………… *1*

　1.1.3 熱平衡の概念と温度 …………………………………………… *2*

　1.1.4 温度と熱とエネルギ …………………………………………… *3*

　1.1.5 熱力学に基づく温度の概念：熱力学温度 $\Phi(\theta)$ ………… *5*

　1.1.6 理想気体における温度 T …………………………………… *7*

　1.1.7 エントロピと温度の関係 ……………………………………… *10*

　1.1.8 統計力学に基づくエントロピと温度の概念 ………………… *10*

1.2 温度標準と単位 ……………………………………………………… *15*

　1.2.1 国際単位系（SI）と温度の単位 …………………………… *15*

　1.2.2 国際温度目盛………………………………………………… *18*

　1.2.3 温度計測のトレーサビリティ ……………………………… *26*

1.3 温度計の種類と選択 ………………………………………………… *34*

　1.3.1 代表的な温度計……………………………………………… *34*

　1.3.2 温度測定方法の選び方 ……………………………………… *36*

章　末　問　題………………………………………………………………… *38*

参考文献と解説………………………………………………………………… *38*

2.　測定の不確かさ

2.1　不確かさとはなにか ･･･ *42*

　2.1.1　不確かさの表現のガイド ･･･････････････････････････････ *42*

　2.1.2　不確かさと誤差 ･･･････････････････････････････････････ *44*

　2.1.3　真 値 と 測 定 値 ･･･････････････････････････････････････ *46*

2.2　統 計 的 基 礎 ･･ *47*

　2.2.1　測定における母集団と標本 ･･･････････････････････････ *47*

　2.2.2　分散と標準偏差の計算 ･･･････････････････････････････ *48*

　2.2.3　標本平均の統計的性質 ･･･････････････････････････････ *49*

　2.2.4　相 関 係 数 ･･･ *50*

2.3　測定のモデル化 ･･ *51*

　2.3.1　測定の数学的モデル ･････････････････････････････････ *51*

　2.3.2　誤差の構造モデル ･･･････････････････････････････････ *52*

2.4　標準不確かさの評価 ･････････････････････････････････････ *54*

　2.4.1　標準不確かさのタイプ A 評価 ･････････････････････････ *54*

　2.4.2　タイプ A 評価の実際 ･････････････････････････････････ *55*

　2.4.3　標準不確かさのタイプ B 評価 ･････････････････････････ *56*

　2.4.4　タイプ B 評価の例 ･･･････････････････････････････････ *57*

2.5　不確かさの合成 ･･ *59*

2.6　不確かさの表現と報告 ･･･････････････････････････････････ *63*

　2.6.1　合成標準不確かさと拡張不確かさ ･････････････････････ *63*

　2.6.2　拡張不確かさの計算 ･････････････････････････････････ *64*

　2.6.3　不確かさの報告 ･････････････････････････････････････ *65*

2.7　不確かさ評価の実際 ･････････････････････････････････････ *65*

　2.7.1　記 号 の 用 い 方 ･･･････････････････････････････････････ *65*

　　2.7.2　既知のかたよりを補正しない場合の不確かさ評価 ……………　*66*

　　2.7.3　入力量間に相関がある場合の伝播則 ………………………　*68*

　　2.7.4　不確かさのバジェット表 ……………………………………　*71*

　　2.7.5　*t* 分布を用いた包含係数の計算 ………………………………　*71*

2.8　温度測定における不確かさの評価事例 ………………………………　*74*

　　2.8.1　熱電対による温度測定の不確かさ …………………………　*74*

　　2.8.2　工業用白金測温抵抗体の 0°C における抵抗値の不確かさ ……　*78*

　　2.8.3　放射温度計を用いた鋼板表面温度測定の不確かさ …………　*84*

章　末　問　題 ……………………………………………………………　*90*

参考文献と解説 ……………………………………………………………　*91*

3.　抵抗温度計測

3.1　原　理　と　特　徴 ……………………………………………………　*93*

　　3.1.1　測　温　抵　抗　体 ……………………………………………　*95*

　　3.1.2　NTC サーミスタ ………………………………………………　*98*

3.2　測温抵抗体の種類と構造 ……………………………………………　*99*

　　3.2.1　標準用白金抵抗温度計 …………………………………………　*100*

　　3.2.2　工業用測温抵抗体の種類 ………………………………………　*103*

　　3.2.3　工業用測温抵抗体の構造 ………………………………………　*108*

3.3　サーミスタ測温体 ……………………………………………………　*114*

　　3.3.1　サーミスタの材料と特性 ………………………………………　*115*

　　3.3.2　サーミスタの構造 ………………………………………………　*117*

3.4　測温抵抗体の測定回路 ………………………………………………　*117*

　　3.4.1　測定回路の原理 …………………………………………………　*118*

　　3.4.2　測温抵抗体の結線方式 …………………………………………　*122*

　　3.4.3　計　測　器　の　実　例 ………………………………………　*124*

3.5　使用上の注意と選択基準 ·························· 128

　3.5.1　自　己　加　熱 ·························· 128

　3.5.2　導線による測定結果への影響 ················ 131

　3.5.3　応　答　速　度 ·························· 132

　3.5.4　故　障　と　劣　化 ·························· 133

　3.5.5　取り付け方法（挿入長さ） ·················· 133

　3.5.6　選　択　基　準 ·························· 134

3.6　極低温用温度計 ······························· 136

　3.6.1　極低温用温度計の種類 ···················· 138

　3.6.2　磁場中での温度測定 ······················ 140

3.7　抵抗温度計の校正 ···························· 141

　3.7.1　定　点　校　正 ·························· 142

　3.7.2　比　較　校　正 ·························· 144

　3.7.3　校正における留意事項 ···················· 147

章　末　問　題 ································· 148

参考文献と解説 ································· 149

4.　熱電対による温度計測

4.1　原　理　と　特　徴 ························· 155

　4.1.1　熱　電　対　の　原　理 ···················· 155

　4.1.2　熱　電　対　の　特　徴 ···················· 165

4.2　熱電対の種類と特性・選択基準 ················ 166

　4.2.1　貴金属熱電対と卑金属熱電対 ················ 166

　4.2.2　各種貴金属熱電対の種類と特徴 ·············· 169

　4.2.3　各種卑金属熱電対の種類と特徴 ·············· 170

　4.2.4　その他の熱電対 ························ 173

4.2.5　熱電対の選択基準 ·································· *176*

4.2.6　熱電対の特殊な応用例 ························ *179*

4.3　熱 電 対 の 構 造 ······································· *182*

4.3.1　保護管付熱電対 ································· *184*

4.3.2　シ ー ス 熱 電 対 ····························· *188*

4.3.3　サ ー モ ウ ェ ル ····························· *191*

4.4　補　償　導　線 ······································· *193*

4.4.1　補償導線の種類と特徴 ···················· *194*

4.4.2　補償導線の構造 ···························· *197*

4.5　熱電対の測定回路 ································· *200*

4.5.1　基 準 接 点 補 償 ····························· *200*

4.5.2　測定回路と計測器 ························· *203*

4.5.3　熱電対測定の留意点 ······················ *207*

4.6　使 用 上 の 注 意 ·································· *210*

4.6.1　熱　　接　　触 ····························· *210*

4.6.2　気 体 温 度 計 測 ····························· *215*

4.6.3　表 面 温 度 測 定 ····························· *219*

4.6.4　熱電対の不均質 ···························· *222*

4.6.5　シース熱電対のシャントエラー ·········· *226*

4.7　熱電対素線の劣化と寿命 ······················ *227*

4.7.1　白金系熱電対の劣化 ······················ *228*

4.7.2　K熱電対の劣化 ···························· *233*

4.8　熱 電 対 の 校 正 ·································· *235*

4.8.1　温度定点による校正 ······················ *235*

4.8.2　ワイヤブリッジ法によるパラジウム点 ···· *237*

4.8.3　金属‐炭素共晶点 ························· *240*

4.8.4　比較法による校正 ························· *240*

4.8.5　標 準 熱 電 対 ·································· *242*

章 末 問 題 ··· *243*

参考文献と解説 ·· *244*

5. 放　射　測　温

5.1　放射測温の原理 ··· *256*
　　5.1.1　放 射 の 諸 法 則 ····································· *256*
　　5.1.2　放射測温に関わる物理量と単位 ······················ *265*
5.2　放射温度計の構造 ··· *268*
　　5.2.1　光 検 出 器 ··· *268*
　　5.2.2　放射温度計の構成 ··································· *275*
5.3　放　　　射　　　率 ··· *284*
　　5.3.1　物質の放射特性・放射率 ····························· *284*
　　5.3.2　実用試料のオフライン放射率測定装置 ················· *299*
5.4　特殊な放射温度計 ··· *301*
　　5.4.1　熱 画 像 装 置 ····································· *301*
　　5.4.2　2 色 温 度 計 ······································ *306*
　　5.4.3　耳用赤外線体温計 ··································· *309*
5.5　放射測温の実用上の問題 ····································· *310*
　　5.5.1　放射温度計測の誤差要因 ····························· *310*
　　5.5.2　放射率変動とその対策 ······························· *311*
　　5.5.3　背景放射とその対策 ································· *316*
　　5.5.4　測定放射束の減衰 ··································· *318*
　　5.5.5　放射温度計の感度特性：n 値 ······················· *320*
　　5.5.6　放射温度計の選定 ··································· *322*
5.6　放射温度計の適用例 ··· *325*
　　5.6.1　鍛造プレス工程の加熱温度測定 ······················· *325*

5.6.2　超高温炉の温度制御 ··· *326*

5.6.3　コークス火残り検知・消火システム ························· *327*

5.6.4　硝子/フィルム製造工程 ··· *327*

5.6.5　鋼板の連続焼鈍炉の測温システム ························· *329*

5.6.6　水滴飛散環境下における鋼板の放射測温 ··············· *330*

5.6.7　溶融金属を対象とした放射測温 ···························· *332*

5.6.8　半導体製造プロセスにおける放射測温 ·················· *334*

5.6.9　事例のまとめ ·· *339*

5.7　放射温度計の校正 ··· *339*

5.7.1　放射温度目盛とトレーサビリティ ························· *339*

5.7.2　放射温度計校正用放射源 ······································ *340*

5.7.3　標準放射温度計の温度定点による ITS-90 目盛設定 ············· *349*

5.7.4　放射温度計による熱力学温度測定 ························· *353*

5.7.5　放射温度計の面積効果 ·· *354*

章　末　問　題 ··· *358*

参考文献と解説 ··· *360*

6.　温度計測法と温度計の広がり

6.1　プリンタブルなフレキシブル体温計 ······························· *377*

6.2　微小領域の温度計測 ·· *378*

6.2.1　ナ　ノ　熱　電　対 ··· *378*

6.2.2　走査型熱顕微鏡における能動的温度計測法 ············ *379*

6.2.3　カーボンナノチューブ（CNT）温度計 ················· *380*

6.2.4　レ　ー　ザ　測　温　法 ··· *381*

6.3　非線形光学現象の温度計測への応用 ·································· *387*

6.3.1　時間領域反射光測定法（OTDR） ························· *387*

　　6.3.2　コヒーレント反ストークス・ラマン散乱（CARS）分光法 ····· 391

　　6.3.3　レーザ励起熱回折格子分光法（LITGS）······················ 392

6.4　光ファイバ温度センサ ··· 393

6.5　蛍 光 測 温 法 ··· 396

　　6.5.1　医療・バイオテクノロジ分野における蛍光測温法 ············· 397

　　6.5.2　エンジン内における蛍光測定法 ······························· 398

6.6　音 響 測 温 法 ··· 399

　　6.6.1　気体の音響測温 ··· 399

　　6.6.2　液体・固体の音響測温 ······································· 400

　　6.6.3　地球環境測定における音響測温 ······························· 401

　　6.6.4　1次温度計への応用 ·· 401

章　末　問　題 ··· 402

参考文献と解説 ··· 402

各種熱電対の基準関数 ·· 416

章 末 問 題 解 答 ·· 419

索　　　　　引 ·· 430

1

温度計測通論

　本章は，温度計測に対して経験が少ない，あるいは慣れていない読者に，温度および温度計測に関わる基本的な内容を把握し，温度計測の基礎を習得してもらうことを目的としている。温度計測に関してある程度専門的な知識を有する読者も，本章を通読することによって温度計測全体像を把握する上で役立つと思われる。

1.1 温度とはなにか

1.1.1 は じ め に

　「温度とはなにか？」とあらためて問うと，温度に関わる科学・技術に従事している専門家でも即答に窮するであろう。温度の本質は，**熱力学温度**(thermodynamic temperature) という，物理学における最も深い基礎概念の一つに基づいている。本節で温度の本質について順を追って記述する。温度に関わるキーワードは以下のとおりである。

「状態量」，「熱平衡」，「カルノーサイクル（熱力学第 2 法則）」，「エントロピ」

1.1.2 さまざまな温度の定義

　熱力学・統計力学のテキストを開くと，以下のような温度に関する定義が記述されている。

- n モルの理想気体における絶対温度：温度 T は一定体積 V のもとで気体の圧力 p に比例し，これに基づいて気体温度計の原理 $pV = nRT$（R：

気体定数）が成り立つ。

- 熱力学温度：温度 T はカルノーサイクルにおける熱源の温度であり，熱機関の効率は $\eta_c = 1 - T_2/T_1$ で表される。

- 分子の平均運動エネルギが温度に対応する：$(1/2)m\langle v^2 \rangle = (3/2)kT$。ここで，$m$：分子の質量，$\langle v^2 \rangle$：分子の速度の 2 乗平均，$k$：ボルツマン定数である。

- 水の三重点の熱力学温度：正確に $273.16\,\mathrm{K}$ である[†1]。

上記のさまざまな温度の定義は，結果としてそれ自体は間違っていない。それぞれにおいて定義される温度 T が，じつはカルノーサイクルによって定義される熱力学温度と一致する。なぜそうなるのかを明確にするのが本節の目的であり，経緯に沿って話を進める。

1.1.3 **熱平衡の概念と温度**

17 世紀初頭のヨーロッパは，さまざまな測定機器が発明された時代であり，望遠鏡，顕微鏡，温度計がその代表的な発明品である。かのガリレオ・ガリレイは，望遠鏡と温度計の発明，あるいはその応用におおいに寄与したことでも歴史に名を留めている。しかし，温度計の発明に関しては，少なくともほかに 3 人の人物が候補者として挙げられる[1][†2]。

温度の概念は，冷たい，熱いというわれわれの感覚と深く関わっているが，温度を物理量として客観化して提示することは難しい。事実，温度の概念は熱力学と統計力学にその基礎を置いているので，これらの科学が発展する 17 世紀以降になるまで明確にすることはできなかった[2]～[4]。

物体系を断熱的な状態（熱の出入りがない状態）に保つと，やがて熱的に変化のない一定の熱的状態に落ち着く。この状態をわれわれは熱平衡状態（state of thermal equilibrium）と呼んでいる。温度の概念は，この熱平衡状態に基づ

[†1] この表現内容は「温度」の概念の定義というより，「温度の単位（K）の大きさ」を定義している。

[†2] 肩付き番号は章末の引用・参考文献を示す。

いて定義することができる。いま A, B, C の物体があって，A と B が接触して熱平衡（A〜B と表す）にあり，また B と C が同様に熱平衡（B〜C と表す）になっているとすると，A と C は熱平衡（A〜C）になっている。つまり，式 (*1.1*) のように記述できる。

$$A〜B \cup B〜C \Longrightarrow A〜C \tag{1.1}$$

　熱平衡状態にある上述の三つの物体に共通する性質を温度と定義する。物体 B を利用すると，物体 A と物体 C を接触させなくても，両者の温度が等しいことを確認でき，温度によって熱平衡の状態を区別することができる。したがって，物体 B は熱平衡状態を区別する温度計の役割を果たしているということもできる。

　熱平衡状態は，経験的事実として熱力学第 0 法則（zeroth law of thermodynamics）と呼ばれている。熱平衡状態は，10^{24} 程度の原子や分子を含む巨視的（macroscopic）な物体系を対象として議論が成り立つ。したがって，温度という物理量も巨視的な物体に対して成り立つものであり，分子・原子の数が 10^{24} よりきわめて少ない条件下では成り立たない概念であること，微視的（microscopic）には熱平衡状態はわずかなゆらぎ（fluctuation）を伴っていることから，*1.1.8* 項に記述されるように，温度は分子運動の平均エネルギに相当する統計的な物理量であるともいえる。

1.1.4 　温度と熱とエネルギ

　巨視的な系，すなわち考える物体の熱平衡状態を特徴付ける定まった値をとる温度，体積，圧力などの物理量を状態量（state quantity）という。

　さまざまな物理量（physical quantity）は，一般に示量変量（extensive quantity）と示強変量（intensive quantity）と呼ばれる量に区別される。示量変量は空間的な広がりを持ち，物質の量に関係し，熱やエネルギ，体積などはその範疇に入る。これらは足し算できる量である。「5 J と 15 J を足すと 20 J になる」という表現は物理的に意味がある。一方，示強変量は，場所における作用

の強さを示す量であり，温度や圧力などがその例である。温度は熱の移動する傾向の強さを示す量であり，圧力は体積が膨張する傾向の強さを表すものである。これらは熱や体積とは異なり，物質の量に比例した関係にはない。この観点から，明らかに温度と熱は明確に異なる物理量である。

　1789 年にドイツ・バイエルンのランフォード（C. Rumford）は大砲の切削作業中にたえず熱が生じることを考察し，力学的な仕事が熱の発生源であると断定した。1843 年に英国のジュール（J. P. Joule）は，仕事当量に関する有名な実験により，仕事と熱が本質的に同じ物理量であることを明らかにした。このような実験に基づき，熱と仕事を取り入れたエネルギ保存則（law of conservation of energy）として，式 (*1.2*) ないし式 (*1.3*) の熱力学第 1 法則（first law of thermodynamics）が成り立つことが明らかになった。

　すなわち，ある系が熱平衡状態 A のときに持つ全エネルギを U_A とし，熱平衡状態 B のときの全エネルギを U_B とする。この系が熱平衡状態 A から B に移ったとき，全エネルギの増加量 $\mathrm{d}U = U_\mathrm{B} - U_\mathrm{A}$ は，その系に外部から移動した δQ と外からなされる力学的仕事 δW の和になり，式 (*1.2*) で表される。この全エネルギの増加量 $\mathrm{d}U$ を系の内部エネルギ（internal energy）と呼ぶ。

$$\mathrm{d}U = U_\mathrm{B} - U_\mathrm{A} = \delta Q + \delta W \tag{1.2}$$

仕事 δW を圧力 p と体積 V で表すと，式 (*1.3*) のようになる。

$$\mathrm{d}U = \delta Q - p\mathrm{d}V \tag{1.3}$$

ここで，$\mathrm{d}U$ は系の内部エネルギの微少増加量，δQ と $-p\mathrm{d}V$ はそれぞれ系に与えられる微少な熱（heat）と仕事（work）である。内部エネルギ $\mathrm{d}U$ は状態量であるから，最初と終わりの内部エネルギが決まれば，途中の経路のとり方には関係しない。d の記号はその意味合いを示す。一方，熱と仕事は状態量ではなく，エネルギの移動，つまりエネルギの流れを表す物理量である。それらは系の外部から作用する量であり，経路によってそれらの値が異なるので δ の記号をつけて区別している。

1.1.5 熱力学に基づく温度の概念：熱力学温度 $\Phi(\theta)$

熱力学第2法則（second law of thermodynamics）は，熱が高温から低温に一方的に流れ，その逆は生じないという自然現象を表している[5]~[8]。高温の熱浴（熱源）（heat bath; heat reservoir）から Q_1 の熱を吸収し，Q_2 の熱を低温の熱浴（熱源）に廃棄する熱機関の効率（efficiency of heat engine）η は式 (1.4) で表される。$Q_1 - Q_2$ は外部になす仕事に相当する。

$$\eta = \frac{Q_1 - Q_2}{Q_1} = 1 - \frac{Q_2}{Q_1} \tag{1.4}$$

1824年，カルノー（S. Carnot）は，図 1.1 の状態図で示す等温膨張・断熱膨張・等温圧縮・断熱圧縮からなる熱機関を考察した。

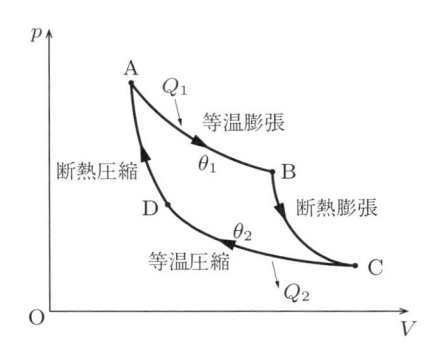

図 1.1 カルノーサイクル状態図

この結果，図 1.2 (a) に示すように，この機関の効率が最大の効率を持ち，かつ温度 θ_1 の高温熱浴と温度 θ_2 の低温熱浴の温度だけで決まることを示した。これを**カルノーの定理**（Carnot theorem）という[6]~[8]。したがって，カルノーサイクル（Carnot cycle）では，式 (1.4) より熱の比 Q_2/Q_1 が θ_1 と θ_2 の関係となるから，次式で表すことができる。

$$\frac{Q_2}{Q_1} = \varphi(\theta_1, \theta_2) \tag{1.5}$$

$\varphi(\theta_1, \theta_2)$ の形を見るために，図 (b) に示すような熱浴温度 θ_1, θ_2, θ_3 （$\theta_1 > \theta_2 > \theta_3$）からなる二つのカルノーサイクルを繋げると，最初のサイクルから式

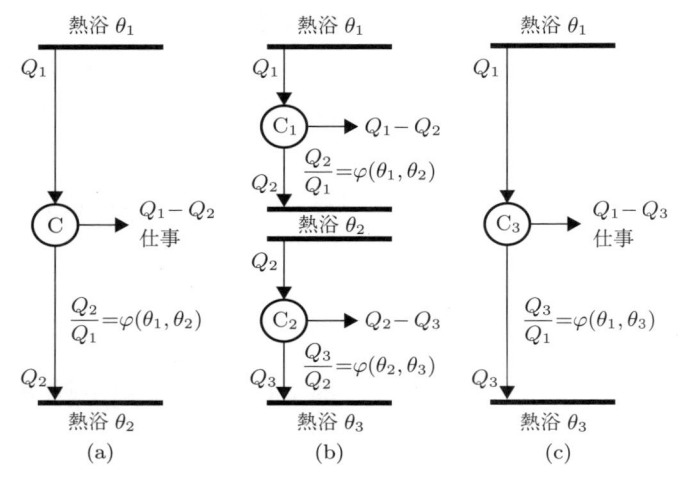

図 **1.2**　カルノーサイクル

(1.5) が成り立ち，つぎのサイクルに対して

$$\frac{Q_3}{Q_2} = \varphi(\theta_2,\ \theta_3) \tag{1.6}$$

が成り立つ。図 (c) のように上の二つのサイクルを結合して温度 θ_1 の高温熱浴から Q_1 の熱を吸収し，温度 θ_3 の低温熱浴に Q_3 の熱を廃棄する一つのカルノーサイクルと考えると，熱 Q_2 は上のサイクルで廃棄され，下のサイクルでそのまま吸収されるので，熱の移動は実質的にない。よって，同様に式 (1.7) を得る。

$$\frac{Q_3}{Q_1} = \varphi(\theta_1,\ \theta_3) \tag{1.7}$$

式 (1.7) は式 (1.5) と式 (1.6) を用いて

$$\varphi(\theta_1,\ \theta_3) = \frac{Q_3}{Q_1} = \frac{Q_2}{Q_1}\frac{Q_3}{Q_2} = \varphi(\theta_1,\ \theta_2)\varphi(\theta_2,\ \theta_3) \tag{1.8}$$

となる。式 (1.8) は次式のように変形できる。

$$\varphi(\theta_1,\ \theta_2) = \frac{\varphi(\theta_1,\ \theta_3)}{\varphi(\theta_2,\ \theta_3)} \tag{1.9}$$

式 (1.9) の左辺には θ_3 はないので，右辺の θ_3 も消去されるべきである。よって，θ の関数 $\Phi(\theta)$ を式 (1.10) で定義すれば，式 (1.9) から式 (1.11) が得られる。

$$\varphi(\theta, \theta_3) = \frac{1}{\Phi(\theta)} \tag{1.10}$$

$$\varphi(\theta_1, \theta_2) = \frac{Q_2}{Q_1} = \frac{\Phi(\theta_2)}{\Phi(\theta_1)} \tag{1.11}$$

さて，図 (a) において熱浴の温度 $\theta_1 > \theta_2$ のとき，外への仕事 $W = Q_1 - Q_2 > 0$ であるから $Q_1 > Q_2$ となり，したがって式 (1.11) から $\Phi(\theta_1) > \Phi(\theta_2)$ となる。ここで，温度 θ はカルノー熱機関で特定の作業物質（working substance）で定めた経験的な温度であるが，$\Phi(\theta)$ は物質の種類に依存しない普遍的な性質を持つために，物体の温度を $\Phi(\theta)$ によって定義することができる。$\Phi(\theta)$ は θ の増大とともに増加するために，θ と同じ大小関係を示す。さらに，$Q_2 \to 0$ の極限において式 (1.11) より $\Phi(\theta_2) \to 0$ となるので，$\Phi(\theta)$ は絶対零度以上の実数値で物質によらない客観的な温度として捉えることができる。この $\Phi(\theta)$ が，熱力学第 2 法則から導かれた**熱力学温度**と呼ばれるものである。

式 (1.11) を式 (1.4) の最右辺に代入すれば，カルノーサイクルの効率 η_c は式 (1.12) のように熱力学温度だけで決定される。

$$\eta_c = 1 - \frac{\Phi(\theta_2)}{\Phi(\theta_1)} \tag{1.12}$$

1.1.6 理想気体における温度 T

圧力 p，体積 V，気体定数 R，n モル（分子数 N）の理想気体（ideal gas）の状態方程式（equation of state）は式 (1.13) で表される。

$$pV = nRT = NkT \tag{1.13}$$

ここで，k はボルツマン定数（Boltzmann constant）である。理想気体を用いてカルノーサイクルの効率を求めると，理想気体で定義される温度 T を $\Phi(\theta)$ と一致させることができる。すなわち，$T = \Phi(\theta)$ である。理想気体によるカ

ルノーサイクルの効率は多くの熱力学テキストに詳述されているので[5]~[8]，ここでは結果だけを列記する。

　図 1.1 で θ_1, θ_2 をそれぞれ T_1, T_2 として議論する。A→B は温度 T_1 の等温膨張過程で，理想気体が外になす仕事 $W_{\mathrm{A \to B}}$ は，式 (1.13) を利用すると

$$W_{\mathrm{A \to B}} = \int_{V_{\mathrm{A}}}^{V_{\mathrm{B}}} p\,dV = \int_{V_{\mathrm{A}}}^{V_{\mathrm{B}}} \frac{nRT_1}{V}\,dV = nRT_1 \ln\left(\frac{V_{\mathrm{B}}}{V_{\mathrm{A}}}\right) \tag{1.14}$$

となる。この過程では内部エネルギは変化しないので，仕事 $W_{\mathrm{A \to B}}$ は気体が高温源から吸収した熱量 Q_1 に等しい。

$$Q_1 = W_{\mathrm{A \to B}} = nRT_1 \ln\left(\frac{V_{\mathrm{B}}}{V_{\mathrm{A}}}\right) \tag{1.15}$$

　B→C は断熱膨張の過程で熱の出入りがなく，$\delta Q = 0$ となるので，式 (1.3) から

$$dU = -p\,dV \tag{1.16}$$

となる。気体が外になす仕事 $W_{\mathrm{B \to C}}$ は

$$W_{\mathrm{B \to C}} = \int_{V_{\mathrm{B}}}^{V_{\mathrm{C}}} p\,dV = -\int_{T_1}^{T_2} dU = U(T_1) - U(T_2) \tag{1.17}$$

である。

　C→D の過程は温度 T_2 の等温過程で，$W_{\mathrm{A \to B}}$ と同様に

$$W_{\mathrm{C \to D}} = \int_{V_{\mathrm{C}}}^{V_{\mathrm{D}}} p\,dV = nRT_2 \ln\left(\frac{V_{\mathrm{D}}}{V_{\mathrm{C}}}\right) \tag{1.18}$$

となる。このとき，低熱源に放出する熱量 Q_2 は

$$Q_2 = -W_{\mathrm{C \to D}} = nRT_2 \ln\left(\frac{V_{\mathrm{C}}}{V_{\mathrm{D}}}\right) \tag{1.19}$$

である。

　D→A の断熱過程は，式 (1.17) と同様に

$$W_{\mathrm{D \to A}} = \int_{V_{\mathrm{D}}}^{V_{\mathrm{A}}} p\,dV = -\int_{T_2}^{T_1} dU = U(T_2) - U(T_1) \tag{1.20}$$

である。1 サイクルの間に外になした仕事 $\overline{W}$ は

$$\overline{W} = W_{A\to B} + W_{B\to C} + W_{C\to D} + W_{D\to A}$$
$$= nRT_1 \ln\left(\frac{V_B}{V_A}\right) - nRT_2 \ln\left(\frac{V_C}{V_D}\right) \tag{1.21}$$

となる。式 (1.21) と式 (1.15), (1.19) の Q_1 と Q_2 を比較すると

$$\overline{W} = Q_1 - Q_2 \tag{1.22}$$

となる。

理想気体の断熱過程では，つぎのポアッソンの式（Poisson's equation）が成り立つ。

$$TV^{\gamma-1} = 一定 \tag{1.23}$$

ここで，γ は定圧比熱 C_p と定積比熱 C_V の比（$\gamma = C_p/C_V$）である。

式 (1.23) を B→C と D→A の断熱過程で適用すると，$V_B/V_A = V_C/V_D$ が成り立つので，これを式 (1.21) に展開すると

$$\overline{W} = nRT(T_1 - T_2) \ln\left(\frac{V_B}{V_A}\right) \tag{1.24}$$

となる。理想気体を作業物質としたときの効率 $\eta_{\text{i-gas}}$ は

$$\eta_{\text{i-gas}} = \frac{\overline{W}}{Q_1} = \frac{\dfrac{nR(T_1 - T_2)}{\ln(V_B/V_A)}}{\dfrac{nRT_1}{\ln(V_B/V_A)}} = \frac{T_1 - T_2}{T_1} = 1 - \frac{T_2}{T_1} \tag{1.25}$$

となる。

カルノーサイクルの効率 η_c は，カルノーの定理により作業物質の種類に関係なく式 (1.12) である。したがって，$\eta_{\text{i-gas}} = \eta_c$ であるから，式 (1.25) の T と式 (1.12) の $\Phi(\theta)$ は比例し

$$\Phi(\theta) = \mathrm{a}T \tag{1.26}$$

と表せる。ここで，比例係数 a を a = 1 とすれば，理想気体の温度 T を熱力学温度 $\Phi(\theta)$ と一致させることができる。

すなわち $T = \Phi(\theta)$ となるので，今後，熱力学温度を T で表示する。

トムソン（W. Thomson，後の L. Kelvin）は，絶対零度を温度の最低基準とし，水の三重点（triple point of water）を 273.16 K として，T の目盛を定義することを提案した。これが現在度量衡の世界で定義されている温度である。これについては，*1.2*節で詳述する。

1.1.7 エントロピと温度の関係

クラウジウス（R. Clausius）は，熱力学に系の乱雑さを表す状態量，つまり**エントロピ**（entropy）S の概念を導入した。これを微小量で表現すると，次式のように表される。

$$\mathrm{d}S = \frac{\delta Q}{T} \tag{1.27}$$

式 (*1.27*) は，系に微少な熱 δQ を与えたとき，温度 T の系の持つエントロピが $\mathrm{d}S$ だけ増大することを意味している。つまり，熱というのは乱雑（無秩序）なエネルギの移動である。式 (*1.27*) を式 (*1.3*) に代入して整理すると次式を得る。

$$T\mathrm{d}S = \mathrm{d}U + p\mathrm{d}V \tag{1.28}$$

上式左辺の $\mathrm{d}S$ を U と V の関数と見て偏微分すると

$$T\mathrm{d}S = T \left[\left(\frac{\partial S}{\partial U} \right)_V \mathrm{d}U + \left(\frac{\partial S}{\partial V} \right)_U \mathrm{d}V \right] \tag{1.29}$$

となるから，式 (*1.28*) の右辺第 1 項と比較して，次式が得られる。

$$\left(\frac{\partial S}{\partial U} \right)_V = \frac{1}{T} \tag{1.30}$$

式 (*1.30*) は熱力学におけるエントロピ S と温度 T の間の関係を示す。

1.1.8 統計力学に基づくエントロピと温度の概念

巨視的な物理現象としての熱力学温度 T の，微視的な物理現象としての実体は，統計力学によって明らかにされる[9]~[13]。

　ここで，気体分子の微視的な運動と温度の関連を見てみよう。**図 1.3** に示すように，容器を 1 辺の長さが L の立方体とし，その稜を直交座標軸 x, y, z とする。気体の圧力は，気体分子が容器の壁に衝突したときに，容器壁に与える力によるものである。

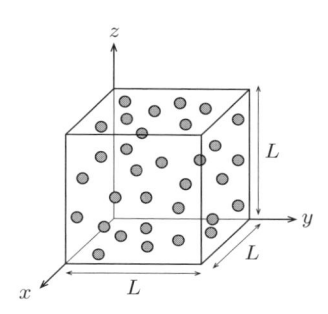

図 1.3 1 辺 L の容器内の N 個の気体分子

　質量 m の 1 個の分子に着目し，その速度成分を v_x, v_y, v_z とする。速度 v_x の分子が x 軸に垂直な容器壁に単位時間に $v_x/2L$ 回衝突する。この衝突 1 回により容器壁法線方向に運動量変化による力積 $2mv_x$ が生じる。この力積の時間的平均，すなわち単位時間当たりの力積の和は

$$\frac{2mv_x \cdot v_x}{2L} = \frac{mv_x^2}{L} \tag{1.31}$$

となる。これは容器壁への力を与えるから，この分子による圧力は，式 (1.31) を容器壁の面積 L^2 で割った $mv_x^2/L^3 = mv_x^2/V$ となる（$V = L^3$ は容器の体積）。したがって，容器内の N 個の分子全体による圧力 p は，分子が x, y, z 軸方向に等方的かつランダムに運動しているとすると，$\langle v_i^2 \rangle = \langle v_{ix}^2 \rangle + \langle v_{iy}^2 \rangle + \langle v_{iz}^2 \rangle = 3\langle v_{ix}^2 \rangle$ となるので

$$
\begin{aligned}
p &= \frac{1}{3V} \sum_{i=1}^{N} m \left(\langle v_{ix}^2 \rangle + \langle v_{iy}^2 \rangle + \langle v_{iz}^2 \rangle \right) \\
&= \frac{2}{3V} \sum_{i=1}^{N} \frac{1}{2} m \langle v_i^2 \rangle = \frac{2}{3} \frac{N}{V} \overline{U}
\end{aligned}
\tag{1.32}
$$

$$\overline{U} = \frac{1}{2} m \langle v_i^2 \rangle \tag{1.33}$$

となる。$\overline{U}$ は分子 1 個当たりの平均エネルギを表す。また，式 (1.33) より次式が得られる。

$$pV = \frac{2}{3}N\overline{U} \qquad (1.34)$$

一方，分子数 N の理想気体の状態方程式 (1.13) と式 (1.34) から

$$\overline{U} = \frac{1}{2}m\langle v_i^2 \rangle = \frac{3}{2}kT \qquad (1.35)$$

が得られる。ここで，$k = 1.380\,649\,03 \times 10^{-23}\,\mathrm{JK}^{-1}$（不確かさが $0.000\,000\,51 \times 10^{-23}\,\mathrm{JK}^{-1}$）はボルツマン定数（1.2.1 項を参照）である。

式 (1.35) は，熱力学で巨視的に定義される熱力学温度 T は，微視的に見れば分子 1 個がランダムに運動することによる平均運動エネルギ（mean kinetic energy）$\overline{U}$ に対応していることを示している。

ボルツマン（L. Boltzmann）は，エネルギ U を持つ孤立した巨視的な物体の微視状態（microscopic state）の総数を $W(U)$ とし，次式の統計力学的なエントロピ $S(U)$ を定義した。

$$S(U) = k\ln W(U) \qquad (1.36)$$

孤立した二つの物体 1, 2 を考え，それぞれがエネルギ U_1, U_2 を持ち，微視状態の数を $W_1(U_1)$, $W_2(U_2)$ とすると，全系の微視状態数 $W(U_1, U_2)$ は次式になる。

$$W(U_1, U_2) = W_1(U_1)W_2(U_2) \qquad (1.37)$$

この二つの物体を接触させると，全体は孤立しているので，全エネルギ U は

$$U = U_1 + U_2 \qquad (1.38)$$

と保存される。このとき，全系のエントロピ $S(U_1, U_2)$ は，式 (1.36) より

$$S(U_1, U_2) = k\ln W(U_1, U_2) = k\ln W_1(U_1) + k\ln W_2(U_2)$$
$$= S_1(U_1) + S_2(U_2) \qquad (1.39)$$

となる。ここで，$S_1(U_1)$, $S_2(U_2)$ は，それぞれ物体 1, 2 のエントロピである。

この二つの物体が熱平衡状態になるのは微視状態数 $W(U_1, U_2)$ が最大になるときであり，エントロピ $S(U_1, U_2)$ が式 (1.38) の条件下で最大となる条件を探せばよい。つまり，$S(U_1, U_2)$ が極大となる条件は

$$\frac{\mathrm{d}S(U_1, U_2)}{\mathrm{d}U_1} = \frac{\mathrm{d}S_1(U_1)}{\mathrm{d}U_1} + \frac{\mathrm{d}S_2(U_2)}{\mathrm{d}U_2}\frac{\mathrm{d}U_2}{\mathrm{d}U_1}$$
$$= \frac{\mathrm{d}S_1(U_1)}{\mathrm{d}U_1} - \frac{\mathrm{d}S_2(U_2)}{\mathrm{d}U_2} = 0 \tag{1.40}$$

となる（$\because \mathrm{d}U = \mathrm{d}U_1 + \mathrm{d}U_2 = 0$）。式 (1.40) より，次式が成り立つ。

$$\frac{\mathrm{d}S_1(U_1)}{\mathrm{d}U_1} = \frac{\mathrm{d}S_2(U_2)}{\mathrm{d}U_2} \tag{1.41}$$

式 (1.41) は統計力学における熱平衡条件を示しており，互いに熱平衡にある任意の数の物体についても一般に成り立つ。そこで，エントロピ S のエネルギ U による微分の逆数をその物体の温度と定義し，一般に

$$\frac{\mathrm{d}S(U)}{\mathrm{d}U} = \frac{1}{T} \tag{1.42}$$

とおくことができる。したがって，式 (1.41) から

$$\frac{1}{T_1} = \frac{1}{T_2} \qquad \therefore T_1 = T_2 \tag{1.43}$$

となる。この温度 T は，ボルツマン定数 k の単位を JK^{-1} としているので，統計的なゆらぎの範囲で熱力学温度（単位：K）と一致する。このようにして，統計力学から導出された式 (1.42) は，熱力学による温度とエントロピの関係式 (1.30) と一致する。

熱平衡状態において物体 1 と 2 全体の温度も当然式 (1.43) と同じになるはずである（$T_1 = T_2$）。事実，式 (1.37), (1.38), (1.41), (1.43) から

$$\mathrm{d}S(U_1, U_2) = \frac{\mathrm{d}S_1(U_1)}{\mathrm{d}U_1}\mathrm{d}U_1 + \frac{\mathrm{d}S_2(U_2)}{\mathrm{d}U_2}\mathrm{d}U_2$$
$$= \frac{1}{T_1}\mathrm{d}U_1 + \frac{1}{T_2}\mathrm{d}U_2 = \frac{\mathrm{d}U_1 + \mathrm{d}U_2}{T_1} = \frac{\mathrm{d}U}{T_1} = \frac{\mathrm{d}U}{T_2} \tag{1.44}$$

となる。このことからもエントロピやエネルギが足し算のできる示量変量であり，温度は強さを示す示強変量であることがわかる。

　二つの物体を接触させたとき，温度が異なれば，局所的な熱平衡を保ちながら，エネルギの変化に伴って徐々に温度を変えていく。そして，エントロピ増大の法則（principle of increase of entropy）により，時間 t の経過とともにエントロピは増大し，エントロピが最大になるときに熱平衡に至る[12]。言い換えれば，エントロピの時間微分は正である。

$$\frac{\mathrm{d}S(U_1,\,U_2)}{\mathrm{d}t} = \frac{\mathrm{d}S_1(U_1)}{\mathrm{d}t} + \frac{\mathrm{d}S_2(U_2)}{\mathrm{d}t}$$
$$= \frac{\mathrm{d}S_1(U_1)}{\mathrm{d}U_1}\frac{\mathrm{d}U_1}{\mathrm{d}t} + \frac{\mathrm{d}S_2(U_2)}{\mathrm{d}U_2}\frac{\mathrm{d}U_2}{\mathrm{d}t} > 0 \tag{1.45}$$

全エネルギは保存されることから

$$\frac{\mathrm{d}(U_1)}{\mathrm{d}t} + \frac{\mathrm{d}(U_2)}{\mathrm{d}t} = \frac{\mathrm{d}(U_1+U_2)}{\mathrm{d}t} = \frac{\mathrm{d}U}{\mathrm{d}t} = 0 \tag{1.46}$$

が成り立つので，式 (1.45) は

$$\frac{\mathrm{d}S(U_1,\,U_2)}{\mathrm{d}t} = \left(\frac{\mathrm{d}S_1(U_1)}{\mathrm{d}U_1} - \frac{\mathrm{d}S_2(U_2)}{\mathrm{d}U_2}\right)\frac{\mathrm{d}U_1}{\mathrm{d}t}$$
$$= \left(\frac{1}{T_1} - \frac{1}{T_2}\right)\frac{\mathrm{d}U_1}{\mathrm{d}t} > 0 \tag{1.47}$$

となる。

　いま物体 1 の温度 T_1 が物体 2 の温度 T_2 より高い $(T_1 > T_2)$ とき，$(1/T_1 - 1/T_2) < 0$ であるから，式 (1.47) より

$$\frac{\mathrm{d}U_1}{\mathrm{d}t} < 0 \quad \left(\text{同様の操作により } \frac{\mathrm{d}U_2}{\mathrm{d}t} > 0\right) \tag{1.48}$$

となる。

　式 (1.48) から，物体 1 のエネルギは減少し，物体 2 のエネルギは増加する。つまり，エネルギは温度の高い物体から低い物体に自発的に移動することを意味する。すなわち，状態量であるエントロピの観点から議論すると，示強変量の物理量としての温度とは，「エネルギが高温度の物体から低温度の物体へ自発的に移動する様子を量的に表現する指標である」ということができる[13]。

1.2 温度標準と単位

1.2.1 国際単位系（**SI**）と温度の単位

物理量を測るときには，まず，どの単位で測るかを決める。量（quantity）は値（value）を持ち，それは数字（number）と単位（unit）の積で表される。すなわち，量と数字と単位の間には，以下の関係式がある。

（量の値）＝（数字）×（単位）

例えば，ある人の走る速さが $v = 10\,\mathrm{m/s}$ であったとして，この速さ $10\,\mathrm{m/s}$ は 10 という数字とメートル毎秒〔m/s〕という単位で表される。別の速さと比べる場合，同じ単位で表して初めて大小関係や差を知ることができる。

さまざまな計測が必要とされている現在，明確で使いやすい単位の集合が求められる。少数の基本単位（base unit）を選択し，各量との関係を決める関係式を含め，量の体系化を行うことによって，さまざまな量を基本量（basic quantity）によって表現した単位系が構築される。国際単位系（International System of Unit; 以下 SI）は，1960 年に，メートル条約に基づく組織である国際度量衡総会において，その略称である SI とともに採択されたものである[14),15)]。

SI では，基本量は長さ，質量，時間，電流，熱力学温度，物質量，光度の七つである。これらに対応する単位は，メートル，キログラム，秒，アンペア，ケルビン，モル，カンデラである。これらの基本量は，便宜上，次元的に独立と見なされているが，いくつかの依存関係を持っている。例えば，長さの基本単位であるメートルの定義は秒を内在し，物質量の基本単位であるモルはキログラムを内在する。基本量以外のすべての量は，物理学の方程式を使って組み立てられる。これは組立量（derived quantity）と呼ばれる。いかなる量 Q の次元も，基本量 $A,\ B,\ C, \cdots$ の次元の積で表記できる。

$$Q = A^\alpha B^\beta C^\gamma \cdots \tag{1.49}$$

　ここで，指数 $\alpha, \beta, \gamma, \cdots$ は正か負か零である小さい整数であり，次元指数（dimensional exponent）と呼ばれる。組立量の単位は組立単位（derived unit）と呼ばれ，組立単位が基本単位のべき乗の積で表現される関係と同等である。

　量 Q の次元を与える式 (*1.49*) において，次元指数のすべてが零になるような組立量がある。例えば屈折率や比誘電率，レイノルズ数などである。これらの量は無次元（dimensionless），あるいは次元 1（dimension one）の量と呼ばれる。それらの量の値は，数のみで表され，単位である "1" は表示されない。

　SI では，熱力学温度で温度を測るための単位として，ケルビンを「熱力学温度の単位ケルビン（記号 K）は，水の三重点の熱力学温度の 1/273.16 倍に等しい大きさである」と定義している。三重点（triple point）とは，**図 1.4** に示すように，純物質において気体と液体と固体が共存する熱平衡状態のことであり，この状態では温度，圧力が一点に定まる。水の三重点の状態を作るには，純粋な水だけを入れた真空硝子容器を冷却して，一部を固体（氷）の状態にする。このとき，この硝子容器の中では，水蒸気と水と氷が共存している。

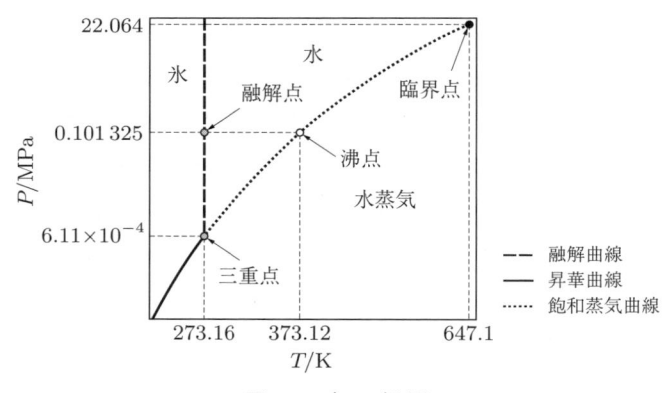

図 1.4　水 の 相 図

　図 1.5 は，水の三重点セルと呼ばれる容器であり，この容器の中央部には温度計を挿し込むための挿入孔がある。通常のものでは挿入孔の内径は 10 mm 程度であり，挿入長は 300 mm 程度となっている。この三重点の状態は，熱的にきわめて安定で，長期間（1 か月以上）同じ温度を保つことができる。上の定

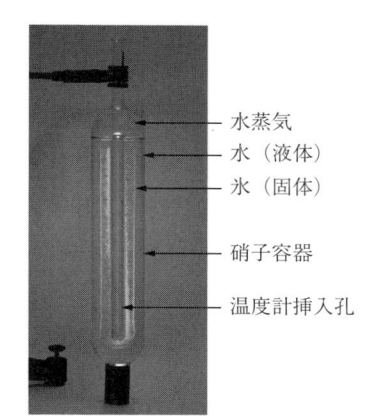

水蒸気
水（液体）
氷（固体）
硝子容器
温度計挿入孔

図 1.5 水の三重点セル（恒温保持槽から取り出した状態）

義は，この温度を 273.16 K としたことと同じ意味である。日常生活では，ケルビンで表される熱力学温度よりも，氷点からの差として温度を表すセルシウス温度（Celsius temperature）を使うことのほうが多い。両者の関係は，セルシウス温度 t は単位セルシウス度（記号 °C）であり，単位ケルビンで表した熱力学温度 T との間の関係式

$$t/°\mathrm{C} = T/\mathrm{K} - 273.15 \tag{1.50}$$

によって定義されている。セルシウス温度は，独立な定義ではなく，T から式 (1.50) を用いた計算だけで求められるものであり，この点は重要である。温度差を表すときは，ケルビンを用いても，セルシウス度を用いてもその数値は同じである。

1954 年に定められた 273.16 K は，その後，より厳密な定義が必要になった。水の三重点に使われる水は純水であるが，水の分子を作る水素と酸素には同位体（isotope）が存在する。これらの割合は，例えば山に降った雨の水と大洋の水では異なっている。その結果，純水であっても，同位体の割合が異なる水の間には，三重点の温度に差が生じてしまう。ケルビンをより正確に定義するために，2005 年にケルビンの定義に対してつぎの補足が加えられることになった。

水の三重点に使う水は，「下記の物質量の比により厳密に定義された同位体組

成を持つ水：1 モルの ^{1}H 当たり 0.000 155 76 モルの ^{2}H，1 モルの ^{16}O 当たり 0.000 379 9 モルの ^{17}O，および 1 モルの ^{16}O 当たり 0.002 005 2 モルの ^{18}O」であるとされた。この補足を加えた定義を使うことによって，それ以前よりも良い実現が可能になり，±0.000 1 °C の不確かさでケルビンを定義する水の三重点の温度を実現できるようになっている。

1.2.2 国際温度目盛

〔1〕 温度の「目盛」と温度の「単位」　　さまざまな量を測定しようとするとき，現在ではそれを電気量に変換する各種センサが広く用いられる。しかし，このようなセンサが開発され普及する以前は，ある量を計測するためには，それを長さあるいは角度に変換し，物差しや分度器のような「目盛」を用いて，目視によりその変化を数値化することが通常行われた。バネばかりによる質量測定やガルバノメータによる電流測定が典型的な例である。温度の場合も硝子製アルコール温度計のように，液柱の高さに目盛を対応させて温度として読み取る温度計が現在でも用いられている。

目盛を振るという行為は，両端をある基準に設定し，その間を等分するという作業である。しかし，温度の場合，その片端である「零」の決め方が非常に難しく，このため古くからさまざまな目盛が存在し，用いられてきた。アメリカなどで現在も日常用いられているファーレンハイト（Fahrenheit; 華氏）温度目盛は，導入当時実現可能な最も低い温度を考慮して零度の基準が決められたとされる。また，純水の 1 気圧における沸点を 100 度，氷点を零度とした SI 導入以前のセルシウス（Celsius; 摂氏）温度目盛も，18 世紀のスウェーデンの天文学者セルシウスが提唱した当時は，沸点が零度，氷点が 100 度とされた。いずれも零度を下回るマイナスの温度を用いることに違和感を覚えたためである。

その後，1.1 節で解説したように，熱力学に基づく温度の概念が確立したことで絶対零度の存在が明らかになり，また一方で，前項で述べた数字と「単位」を用いて量の値を表す考え方が導入され，SI の基本単位として熱力学温度の単位

ケルビンが定義された。しかし，日常われわれが使用している温度の単位はセルシウス度である。現在のセルシウス度は，前項のように温度の「単位」ケルビンをもとに定義されているものの，0°Cは氷点であり，そこには「目盛」の考え方が未だに根底にある。

〔**2**〕 **熱力学温度の測定**　本書の次章以降で取り扱う温度計はほぼすべて，少なくとも現状では熱力学温度を測定することはできない。例えば，目盛付けされていない硝子製アルコール温度計があったとして，ケルビンの定義に用いられている水の三重点温度 T_0 にそれを置き，そのときのアルコール柱の高さを記録する。つぎに，その温度計を未知の温度に置いたとき，そのときの液柱の高さの変化からその温度を言い当てるためには，アルコール容器の液柱部の直径および封入されているアルコールの体積が精密にわかっていることに加え，アルコールが 1°C の温度変化に対してどれだけ膨張するかが正確にわかっていることが求められる。しかし，このアルコールの熱膨張率は**第一原理**（first principles）から導かれるものではなく，実験的に測定して決定される物性値であり，正確に決定することは困難である。

　それでは，どのような温度計なら熱力学温度を正確に測定できるのであろうか。そのためには，その温度計が捉える量と熱力学温度の関係が十分よく理解されており，その関係が状態方程式で表され，そこに用いられる定数が温度に顕著に依存することなく既知であることが求められる[3]。この条件を満たす温度計を **1 次温度計**（primary thermometer）と呼ぶ。1 次温度計以外の温度計を **2 次温度計**（secondary thermometer）と呼ぶ。熱力学温度が測定できない 2 次温度計はなにを測定しているのかというと，熱力学温度を近似した国際温度（International Temperature）と呼ばれる目盛である。これについては *1.2.2* 項〔*3*〕で詳述する。

　具体的な 1 次温度計の例を以下に示す[16]。前節の式 (*1.13*) に示した理想気体の状態方程式を考えてみよう。いま，体積 V がわかっている容器があるとする。この中に既知の分子数 N の理想気体を封入し，その圧力 p を測定した場合，式 (*1.13*) の関係からこの容器の熱力学温度 T を求めることができる。この

際，ボルツマン定数 k という，温度に依存しない既知の定数のみが用いられるため，この温度計は 1 次温度計である。この温度計は定積気体温度計（constant volume gas thermometer; CVGT）と呼ばれる。なお，実際の気体は理想気体ではなく，気体分子間の相互作用が存在するため，状態式はこの効果を考慮しビリアル展開したつぎの式で記述される。

$$p = \frac{n}{V} \cdot RT \cdot \left\{ 1 + B \cdot \frac{n}{V} + C \cdot \left(\frac{n}{V}\right)^2 + D \cdot \left(\frac{n}{V}\right)^3 + \cdots \right\} \quad (1.51)$$

ここで，B, C, D はビリアル係数（virial coefficient）である。

これ以外の 1 次温度計の例としては，表 1.1 に示すように，理想気体における音速と熱力学温度の関係（比熱比およびモル質量を用いて記述される）を利用する音響気体温度計（acoustic gas thermometer; AGT），理想気体の状態方程式を誘電率を用いて記述し誘電率と圧力の測定を用いる誘電率気体温度計（dielectric

表 1.1　主要な 1 次温度計

種類	熱力学温度に依存する量	状態式	測定方法・特徴	文献
定積気体温度計（CVGT）	理想気体の圧力：p	$pV = NkT$ N：分子数	一定体積の気体の圧力測定	17)
音響気体温度計（AGT）	理想気体中の音速：u_0	$u_0^2 = \gamma kT/m$ γ：比熱比（$= C_p/C_V$） m：分子量	音響共鳴による音速の精密測定	18),19)
誘電率気体温度計（DCGT）	理想気体の比誘電率：ε_{r}	$p = kT\varepsilon_0(\varepsilon_{\mathrm{r}} - 1)/\alpha_0$ p：圧力 α_0：分極率 ε_0：真空の誘電率	分極率の第一原理計算，静電容量と圧力の測定	20)
熱雑音温度計（JNT）	2 乗平均雑音電圧：$\langle U^2 \rangle$	$\langle U^2 \rangle = 4kTR\Delta f$ R：電気抵抗 Δf：周波数帯域幅	電気標準を利用した疑似ノイズ源との比較測定	21)
絶対放射温度計（ART）	黒体放射の分光放射輝度：$L_{\mathrm{b},\lambda}$	$L_{\mathrm{b},\lambda} = \dfrac{\dfrac{2hc_0^2}{\lambda^5}}{\exp\left(\dfrac{hc_0}{\lambda kT}\right) - 1}$ λ：波長 c_0：真空中の光速 h：プランク定数	幾何条件の精密評価と光パワーの絶対測定	22)

constant gas thermometer; DCGT)，ナイキストの定理（Nyquist's theorem）で表される熱雑音の電圧を測定する熱雑音温度計（Johnson noise thermometer; JNT），プランクの放射則に基づき黒体からの放射輝度の絶対測定から熱力学温度を求める絶対放射温度計（absolute radiation thermometer; ART）などがある。

定積気体温度計を例に，熱力学温度の単位ケルビンの定義と 1 次温度計の関係を考えてみる。温度計の容器に封入する理想気体の分子数 N を正確に知ることは，実際上困難を伴う。そこで，既知の温度，例えばケルビンの定義に用いられている水の三重点温度 T_0 における圧力 p_0 と，未知の熱力学温度 T における圧力 p の比を測定して求めれば，式 (1.13) は

$$\frac{p}{p_0} = \frac{T}{T_0} \tag{1.52}$$

となり，分子数 N や体積 V を知る必要なしに未知の温度 T を求めることが可能になる。

このような測定は相対測定である。これに対し，かりに分子数 N が高精度に求められたとして，状態方程式をそのまま用い，既知の温度を参照することなく未知の温度を測定すれば，ボルツマン定数の値を介して熱力学温度の絶対測定を行うことができる。逆に，絶対測定により未知の温度ではなく，既知の温度，特にその値がケルビンの定義となっている水の三重点温度を測定すれば，未知のボルツマン定数 k を測定することができる。

近年，各国の標準研究機関では 1 次温度計を用いたボルツマン定数の精密測定が精力的に行われている。その目的は，ボルツマン定数を精密に測定し，求められたボルツマン定数の値による新しい熱力学温度の単位ケルビンの定義を導入することであり，2018 年に新しい定義に移行することがほぼ確定している。熱力学温度の単位 K の定義は「その大きさは，SI 単位 $s^{-2}m^2kgK^{-1}$ （それは JK^{-1} に等しい）で表したときのボルツマン定数 k の数値が正確に $1.380\,649 \times 10^{-23}$ に等しくなるように設定される」と改定されることが決まっている。これにより，「水」という物質の持つ性質に依存している現在の定義から，より普遍的な

「ボルツマン定数」による定義に移行することになる。

〔**3**〕 **国際温度目盛**   熱力学温度の測定により，測りたい対象の熱力学温度を測定することが可能である。しかし，前述した各種の1次温度計は世界に数台から十数台程度しかなく，これらを目にする機会はきわめて少ない。それでは，日常見られる温度計や産業現場で用いられている温度計による測定値は，どうしたら単位の定義に従った正しいものにできるのだろうか。

通常の温度測定の場面で用いられる温度計と1次温度計を繋ぐ役割を持つものが，国際温度目盛である。国際温度目盛は，熱力学温度測定により，その性質がよく調べられた2次温度計によって作られている。現在，温度測定が基づくべきとされる温度標準は，国際温度目盛であるとされている。

温度標準が国際温度目盛に基づいて設定されていることの利点は，つぎのようなことである。2次温度計には，安定度や再現性の点で熱力学温度計より優れたものがある。すなわち，熱力学温度計によって関係がいったん決められた2次温度計を基準にするほうが，熱力学温度計によって基準を維持するより，容易に信頼性の高い基準を持てるといえる。国際温度目盛は，この考え方に基づいて温度標準の設定方法を決めた国際協約であり，世界中で同様な考え方をされている。

現在使われている1990年国際温度目盛（International Temperature Scale of 1990; 以下 ITS-90）は，国際度量衡委員会によって採択されたものである[23), 24)]。ITS-90 は，それ以前に使われていた1968年国際実用温度目盛（International Practical Temperature Scale of 1968）に取って代わり，国際的な温度標準（temperature standard）として定着している。ITS-90 には

(1) 温度値が付与された再現可能な温度（温度定点と呼ばれる）

(2) 温度定点間を補間する計算方法

が定められている。これを使うことにより，熱力学温度を良く近似した温度目盛を作ることができる。ITS-90 に使われている温度定点（fixed point of temperature）には，固体と液体と気体が共存する熱平衡状態（三重点），液体と気体が熱平衡にある状態（蒸気圧点），101 325 Pa の圧力下での固体と液体

の熱平衡状態（融解点と凝固点）および気体温度計によって実現される二つの温度（約 17 K と約 20.3 K）がある。ITS-90 でのこれらの温度値を**表 1.2** に示す。T_{90} と t_{90} は，それぞれ単位 K あるいは単位 °C で表したときの ITS-90 における温度値を示す。

表 1.2 ITS-90 の温度定点

番号	物質	状態	温度 T_{90}/K	温度 t_{90}/°C
1	ヘリウム	蒸気圧点	3〜5	−270.15 〜−268.15
2	水素*	三重点	13.803 3	−259.346 7
3	水素*	蒸気圧点	約 17	約 −256.15
4	水素*	蒸気圧点	約 20.3	約 −252.85
5	ネオン	三重点	24.556 1	−248.593 9
6	酸素	三重点	54.358 4	−218.791 6
7	アルゴン	三重点	83.805 8	−189.344 2
8	水銀	三重点	234.315 6	−38.834 4
9	水	三重点	273.16	0.01
10	ガリウム	融解点	302.914 6	29.764 6
11	インジウム	凝固点	429.748 5	156.598 5
12	錫	凝固点	505.078	231.928
13	亜鉛	凝固点	692.677	419.527
14	アルミニウム	凝固点	933.473	660.323
15	銀	凝固点	1 234.93	961.78
16	金	凝固点	1 337.33	1 064.18
17	銅	凝固点	1 357.77	1 084.62

* オルソ水素とパラ水素の平衡状態

　これらの温度定点の温度値を定義とし，さらに定点間の温度値を補間する温度計とその補間式（interpolation function）を与えることで，連続的な温度の目盛を定義している。補間する温度計は，温度域によって 4 種類がある。

　産業的に最も重要な温度域を含む −259 °C〜962 °C の温度範囲では，白金抵抗温度計が補間用の温度計として用いられる。白金抵抗温度計は，白金の電気抵抗の温度依存性を利用する温度計である。ITS-90 に基づく温度目盛を定めるためには，用いる白金抵抗温度計に一定の条件が課せられている。これは水の三重点温度に対する，ガリウムの融解点あるいは水銀の三重点における電気抵抗 R の比 W で表される。すなわち

$$W(29.764\,6\,^\circ\mathrm{C}) = \frac{R(29.764\,6\,^\circ\mathrm{C})}{R(0.01\,^\circ\mathrm{C})} \geqq 1.118\,07 \qquad (1.53)$$

または

$$W(-38.834\,4\,^\circ\mathrm{C}) = \frac{R(-38.834\,4\,^\circ\mathrm{C})}{R(0.01\,^\circ\mathrm{C})} \leqq 0.844\,235 \qquad (1.54)$$

である。これは白金の純度や焼き鈍し状態を規定するための条件であり，純度が高いもの，十分に焼き鈍しされたものがこれらの条件を満たす。この温度計を日常必要な温度範囲に応じて，いくつかの温度定点において抵抗値を測定し，**表 1.3** (a) に示す温度と抵抗比の関係式で与えられる補間式の定数 (a, b, c, d) を定める。白金抵抗温度計の最高温度である $961.78\,^\circ\mathrm{C}$ まで使用するときには，さらに

$$W(961.78\,^\circ\mathrm{C}) = \frac{R(961.78\,^\circ\mathrm{C})}{R(0.01\,^\circ\mathrm{C})} \geqq 4.284\,4 \qquad (1.55)$$

の条件が課せられる。これは，高温における絶縁抵抗の大きさの条件を表している。

$962\,^\circ\mathrm{C}$ 以上の温度域では，補間する温度計として単色放射温度計を用いる。補間式としては，表 (a) に示すプランクの放射則（*5.1.1* 項参照）を使う。基準として用いる温度は，銀の凝固点，金の凝固点，銅の凝固点のいずれかである。

低温の $0.65\,\mathrm{K}$ から $5.0\,\mathrm{K}$ の温度域は，ヘリウムの蒸気圧と温度との関係式を使うヘリウム蒸気圧温度計を用いる。温度範囲に応じて与えられた係数と蒸気圧の測定から，温度を計算することができる。また，$3.0\,\mathrm{K}$ から $24.556\,1\,\mathrm{K}$ の温度域では，一定体積の容器の温度と圧力の関係を利用した定積気体温度計を用いる。温度と圧力の関係式における定数をネオンの三重点と水素の三重点と上述のヘリウムの蒸気圧点における圧力から定数を決め，圧力の測定から温度を求める。ITS-90 の下限は $0.65\,\mathrm{K}$ であり，それ以下の温度を測るためには，2000 年に国際度量衡委員会によって採択された暫定低温目盛（Provisional Low Temperature Scale; PLTS-2000）を用いる。これは，$1\,\mathrm{K}$ 以下 $0.9\,\mathrm{mK}$ までの

表 1.3 (a)　ITS-90 の補間方法

温度範囲	指定された装置，方法	T_{90} を求める式
1 234.93 K 以上	プランクの放射則 L_λ：波長 λ での黒体分光放射輝度	$$\frac{L_\lambda(T_{90})}{L_\lambda(T_{90}(x))} = \frac{\exp(c_2[\lambda T_{90}(x)]^{-1}) - 1}{\exp(c_2[\lambda T_{90}]^{-1}) - 1}$$
1 234.93 K ~273.15 K	白金抵抗温度計* 条件： $W(29.7646\,^\circ\mathrm{C}) \geqq 1.11807$ または $W(-38.8344\,^\circ\mathrm{C}) \leqq 0.844235$ および 961.78 $^\circ$C まで使用するときは，	$W(T_{90}) = W_\mathrm{r}(T_{90}) + a[W(T_{90}) - 1]$ $\quad + b[W(T_{90}) - 1]^2 + c[W(T_{90}) - 1]^3$ $\quad + d[W(T_{90}) - W(660.323\,^\circ\mathrm{C})]^2$ a, b, c は，$d = 0$ として，錫，亜鉛，アルミニウムの凝固点での抵抗比から決定する。d は，この a, b, c の値を使って，銀の凝固点での抵抗比から決定する。
933.473 K ~273.15 K	$W(961.78\,^\circ\mathrm{C}) \geqq 4.2844$ 基準関数 $W_\mathrm{r}(T_{90})$ は**表 1.3** (b) に示す。	$W(T_{90}) = W_\mathrm{r}(T_{90}) + a[W(T_{90}) - 1]$ $\quad + b[W(T_{90}) - 1]^2 + c[W(T_{90}) - 1]^3$ a, b, c は，錫，亜鉛，アルミニウムの凝固点での抵抗比から決定する。
692.677 K ~273.15 K		$W(T_{90}) = W_\mathrm{r}(T_{90}) + a[W(T_{90}) - 1]$ $\quad + b[W(T_{90}) - 1]^2$ a, b は，錫，亜鉛の凝固点での抵抗比から決定する。
505.078 K ~273.15 K		$W(T_{90}) = W_\mathrm{r}(T_{90}) + a[W(T_{90}) - 1]$ $\quad + b[W(T_{90}) - 1]^2$ a, b は，インジウム，錫の凝固点での抵抗比から決定する。
429.7485 K ~273.15 K		$W(T_{90}) = W_\mathrm{r}(T_{90}) + a[W(T_{90}) - 1]$ a はインジウムの凝固点での抵抗比から決定する。
302.9146 K ~273.15 K		$W(T_{90}) = W_\mathrm{r}(T_{90}) + a[W(T_{90}) - 1]$ a はガリウムの融解点での抵抗比から決定する。
302.9146 K ~ 234.3156 K		$W(T_{90}) = W_\mathrm{r}(T_{90}) + a[W(T_{90}) - 1]$ $\quad + b[W(T_{90}) - 1]^2$ a, b はガリウムの融解点，水銀の三重点での抵抗比から決定する。
273.16 K ~ 83.8058 K		$W(T_{90}) = W_\mathrm{r}(T_{90}) + a[W(T_{90}) - 1]$ $\quad + b[W(T_{90}) - 1]\ln(W(T_{90}))$ a, b は水銀，アルゴンの三重点での抵抗比から決定する。
273.16 K ~ 54.3584 K		$W(T_{90}) = W_\mathrm{r}(T_{90}) + a[W(T_{90}) - 1]$ $\quad + b[W(T_{90}) - 1]^2 + c_1[\ln(W(T_{90}))]^2$ a, b, c_1 は水銀，アルゴン，酸素の三重点での抵抗比から決定する。
273.16 K ~ 24.5561 K		$W(T_{90}) = W_\mathrm{r}(T_{90}) + a[W(T_{90}) - 1]$ $\quad + b[W(T_{90}) - 1]^2 + \sum_{i=1}^{3} c_i[\ln(W(T_{90}))]^i$ a, b, c_i は水銀，アルゴン，酸素，ネオン，水素の三重点での抵抗比から決定する。
273.16 K ~ 13.8033 K		$W(T_{90}) = W_\mathrm{r}(T_{90}) + a[W(T_{90}) - 1]$ $\quad + b[W(T_{90}) - 1]^2 + \sum_{i=1}^{5} c_i[\ln(W(T_{90}))]^{i+2}$ a, b, c_i は水銀，アルゴン，酸素，ネオン，平衡水素の三重点，平衡水素の蒸気圧点での抵抗比から決定する。

*　$W(T_{90}) = R(T_{90})/R(273.16\,\mathrm{K})$
　　ただし，$R(T_{90})$ は，温度 T_{90} での白金抵抗温度計の抵抗値である。

表 1.3 (a)   （つづき）

24.5561 K ～3.0 K	定積気体温度計 p, N, V, B はそれぞれヘリウムの圧力，物質量，体積，第2ビリアル係数	$T_{90} = \dfrac{a + bp + cp^2}{1 + B_x(T_{90})N/V}$ 　　　　　　　　　$(3.0\,\text{K}\sim24.5561\,\text{K})$ または，$T_{90} = a + bp + cp^2$ 　　　　　　　　　$(4.2\,\text{K}\sim24.5561\,\text{K})$ a, b, c はネオン，平衡水素の三重点，ヘリウムの蒸気圧点での圧力から決定する。ただし，式のヘリウムの蒸気圧点の温度は，4.2 K～5.0 K とする。
5.0 K ～0.65 K	ヘリウムの蒸気圧 p と温度の関係式	$T_{90}/\text{K} = A_0 + \displaystyle\sum_{i=1}^{9} A_i[(\ln(p/\text{Pa}) - B)/C]^i$ 定数 A_0, A_i, B, C は下記による。

係数	^{3}He 0.65 K～3.2 K	^{4}He 1.25 K～2.1768 K	^{4}He 2.1768 K～5.0 K
A_0	1.053447	1.392408	3.146631
A_1	0.980106	0.527153	1.357655
A_2	0.676380	0.166756	0.413923
A_3	0.372692	0.050988	0.091159
A_4	0.151656	0.026514	0.016349
A_5	−0.002263	0.001975	0.001826
A_6	0.006596	−0.017976	−0.004325
A_7	0.088966	0.005409	−0.004973
A_8	−0.004770	0.013259	0
A_9	−0.054943	0	0
B	7.3	5.6	10.3
C	4.3	2.9	1.9

温度目盛を，ヘリウム3の融解圧温度計を用いて作ったものであり，将来的に国際温度目盛に取り入れられることが想定されている。

1.2.3　温度計測のトレーサビリティ

　温度計測に限らず，計測の信頼性を確保する上で，トレーサビリティ（traceability）の概念が必要不可欠となっている。計測の結果によって，製品の性能を示したり，安全の根拠としたりする場面は多く，トレーサビリティを確保していない計測結果で社会を納得させることは難しくなっている。トレーサビリティとは，切れ目のない校正の連鎖によって上位の計量標準に繋がっていることであり，また，その連鎖の各段階で不確かさ（2章参照）が明示されていることも，必要な要件である[25],[26]。ここで，上位標準は，最終的には計量単位，

表 *1.3* (b)　ITS-90 の基準関数 $W_r(T_{90})$

温度領域	基　準　関　数
13.8033 K $\leqq T_{90} \leqq 273.16$ K	$\ln[W_r(T_{90})] = A_0 + \sum_{i=1}^{12} A_i \{[\ln(T_{90}/(273.16\,\text{K})) + 1.5]/1.5\}^i$

A_0	$-2.135\,347\,29$
A_1	$3.183\,247\,20$
A_2	$-1.801\,435\,97$
A_3	$0.717\,272\,04$
A_4	$0.503\,440\,27$
A_5	$-0.618\,993\,95$
A_6	$-0.053\,323\,22$
A_7	$0.280\,213\,62$
A_8	$0.107\,152\,24$
A_9	$-0.293\,028\,65$
A_{10}	$0.044\,598\,72$
A_{11}	$0.118\,686\,32$
A_{12}	$-0.052\,481\,34$

温度領域	基　準　関　数
273.15 K $\leqq T_{90} \leqq$ 1 234.93 K	$W_r(T_{90}) = C_0 + \sum_{i=1}^{9} C_i \{(T_{90}/\text{K} - 754.15)/481\}^i$

C_0	$2.781\,572\,54$
C_1	$1.646\,509\,16$
C_2	$-0.137\,143\,90$
C_3	$-0.006\,497\,67$
C_4	$-0.002\,344\,44$
C_5	$0.005\,118\,68$
C_6	$0.001\,879\,82$
C_7	$-0.002\,044\,72$
C_8	$-0.000\,461\,22$
C_9	$0.000\,457\,24$

国際計量標準（international standard），国家計量標準（national standard）であり，温度計測の場合では，一般に ITS-90 がそれに当たる。ITS-90 に繋がることで，究極的に熱力学温度の単位ケルビンに繋がり，正しい計測が可能になる。

　計測のトレーサビリティを確保する必要が高まるにつれ，国内のトレーサビリティを効率的に確立する体制が整備された。また，国内だけでなく，国際的な整合をとることも重要であり，各国の計量標準の同等性を確認する方法が構築された。

　1999 年に，メートル条約に参加している国家計量機関の間で，「国家計量標準と国家計量機関が発行する校正，測定証明書の相互承認協定」が結ばれた。

この協定は，各国の計量機関が持つ国家計量標準の同等性を確認することと，各国の国家計量機関が発行する校正証明書を互いに承認することを目的としている。この目的のために，二つの技術的な確認の仕組みが導入されている。一つは，国際比較と呼ばれる各国の計量標準を直接比較する仕組みである。これは，同一の校正対象となる機器を移送して，各国の計量機関の校正結果を比較するものである。この結果は世界中に公表されており，同等性の程度を含めて確認することができるようになっている。最新の結果は，国際度量衡局のウェブサイト（http://kcdb.bipm.org/）で閲覧できる。仕組みのもう一つは，各国の計量機関が標準供給の範囲とその能力を示す不確かさを宣言し，それに対して他国の技術専門家が審査を行うことである。同時に，各計量機関は，校正機関および試験所の能力に関する一般要求事項 ISO/IEC 17025 に基づく品質システムを確立し，運用を行っている[27),28)]。これらの仕組みによって，社会的にきわめて信頼性の高い計測を実現するための基準が提供されている。同協定は 2016 年 12 月現在，世界で 102 の国または経済圏，および国際原子力機関（IAEA）や世界気象機関（WMO）など四つの国際機関によって署名されている。

　国際的に同等性を確保された計量標準を基礎として，日本国内のトレーサビリティを確保するための仕組みが作られている。1993 年に施行された新しい計量法の中で，多くの測定量でトレーサブルな校正ができる制度が導入された。これは，JCSS（Japan Calibration Service System）と呼ばれ，計量法に基づく計量法トレーサビリティ制度を表している。JCSS は，「計量標準供給制度」と「校正事業者登録制度」からなる。計量標準供給制度は，校正の源になる国家計量標準が指定され，それによる校正が受けられる制度である。校正事業者登録制度は，国家計量標準からの標準供給を受け，さらに上述の ISO/IEC 17025 に基づいた審査に適合した事業者が登録される制度である。登録されている事業者は，計測器に対して，校正の連鎖によって上位標準に繋がっていることを明示した校正証明書を発行することができる。この制度が作られたことにより，計測器のユーザは，容易にトレーサビリティを確保された校正を受けることが

できるようになり，信頼性のある計測を行えるようになっている。

　温度の場合，産業技術総合研究所計量標準総合センターが所有する標準器を源とする体系が作られている。*1.2.2*項〔*3*〕で述べた 1990 年国際温度目盛に定められた温度を再現性良く作る温度定点実現装置がその標準器であり，これには大きく分けて接触式の温度計（抵抗温度計，熱電対）に対するものと，非接触式の温度計（放射温度計）に対するものがある。これらは，計量法の中で特定標準器（specified standard instrument）と呼ばれる。

　特定標準器となっている白金抵抗温度計校正用の温度定点実現装置（apparatus for realizing the temperature fixed point）は，温度の低いほうから順に，アルゴンの三重点実現装置，水銀の三重点実現装置，水の三重点実現装置，インジウムの凝固点実現装置（apparatus for realizing the freezing point），錫の凝固点実現装置，亜鉛の凝固点実現装置，アルミニウムの凝固点実現装置，銀の凝固点実現装置である。アルゴンの三重点実現装置は，高純度のアルゴンが封入された銅製のセルをクライオスタット内に設置して冷却操作をし，三重点の状態を作り出す。水銀の三重点は，水銀を封入したステンレス製の水銀の三重点セルと冷媒を用いた低温保持装置からなる。冷却操作により三重点の状態を作り，保持装置で 1 日程度その状態を維持する。

　水の三重点装置は，**図 *1.5*** に示した水の三重点セルと，その恒温保持装置からなる。三重点セルの一部を冷却して三重点の状態を作り，0.01 °C に近い温度に制御された恒温装置に保持することで，この状態を数週間程度維持することができる。インジウムの凝固点から銀の凝固点までは，それぞれの物質の凝固点の状態を数時間程度維持する実現装置を用いる（*3.7*節参照）。

　一例として，**図 *1.6*** に錫の凝固点セルの断面写真を示す（アルゴンガス封入）。石英硝子製のシリンダの中に黒鉛製のるつぼがあり，その中に高純度の錫が鋳込まれている。シリンダの上方から，温度計を挿し込むための測温用の黒鉛管と石英硝子管が入れられており，石英硝子管の中に温度計を設置する。凝固点セルを用いて凝固点の状態を作るために，インジウム凝固点から亜鉛凝固点までの温度では，3 ゾーン式のヒータと独立した温度制御系を有する中温用実現

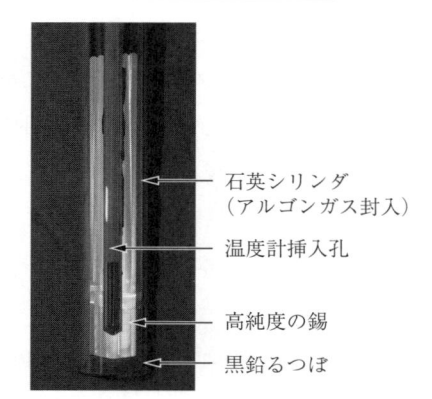

　石英シリンダ
　（アルゴンガス封入）

　温度計挿入孔

　高純度の錫

　黒鉛るつぼ

図 1.6　錫凝固点セルの断面
（カットモデル）

装置（**図 1.7** (a)）を，また，アルミニウムの凝固点から銀の凝固点までの温度
では，ナトリウムを作動流体とするヒートパイプとその温度制御系を有する高
温用実現装置（図 (b)）を用いる。いずれの方式も，温度の均一性を向上させ，
凝固点状態における固体と液体の界面が，挿入した温度計の周囲に均一に作ら
れるように工夫されている。

　特定標準器となっている，熱電対校正用の温度定点実現装置は，銀の凝固点
実現装置，銅の凝固点実現装置，パラジウムの融解点実現装置（apparatus for
realizing the melting point）である。銀の凝固点実現装置，銅の凝固点実現装

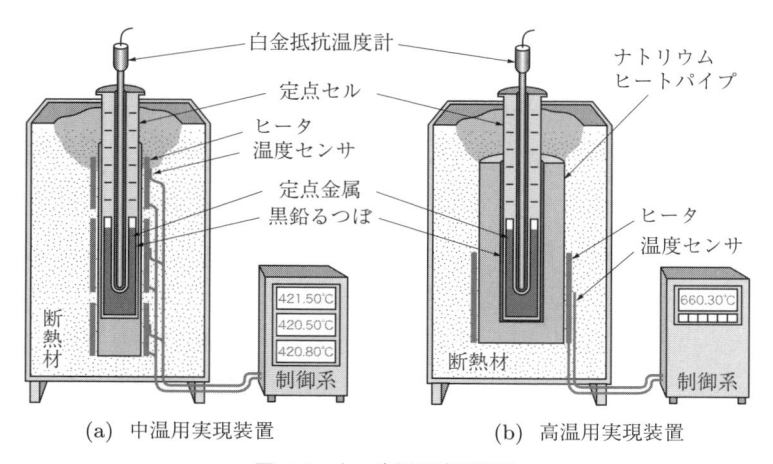

白金抵抗温度計

ナトリウム
ヒートパイプ

定点セル

ヒータ
温度センサ

定点金属

黒鉛るつぼ

ヒータ
温度センサ

断熱材

421.50℃
420.50℃
420.80℃

制御系

断熱材

660.30℃

制御系

(a)　中温用実現装置　　　　　　　(b)　高温用実現装置

図 1.7　中・高温用実現装置

置は，白金抵抗温度計校正用のものとほぼ同様な構造を持つ装置である。凝固点の状態を作り，校正する熱電対を挿入して，そのときの熱電対の起電力を測定し校正する。パラジウムの融解点実現装置は，パラジウム線溶融法を用いる装置である。熱電対の先端にパラジウム線を巻き付けて実現装置に挿入し，ゆっくり昇温すると，パラジウム線が融解を始める。このときの熱電対の起電力を測定し校正する（4.8節参照）。

放射温度計用の温度定点実現装置は，亜鉛の凝固点実現装置，アルミニウムの凝固点実現装置，銀の凝固点実現装置，銅の凝固点実現装置である。高純度の金属を鋳込んだ黒鉛製のるつぼが設置され，金属の酸化を防ぐためアルゴンガスをるつぼの周りに流す。温度を制御し凝固点の状態を作り，装置の中央の空洞の内壁を放射温度計の視野とし，そのときの放射温度計の出力を測定し校正する（5.7節参照）。**表1.4**に，特定標準器による校正の代表的な不確かさを記す。

校正事業者登録制度による事業者は，これらの国家計量標準からの標準供給を直接的あるいは間接的に受けることができる。接触式温度計では，産業技術総合研究所計量標準総合センターが所有する特定標準器によって，日本電気計器検定所が所有する $-39\,°C \sim 420\,°C$ の温度定点実現装置（特定副標準器）が校正される。特定2次標準器（specified secondary standard instrument）と呼ばれる，校正事業を行う登録事業者が校正に用いる最上位の標準器は，これらの特定標準器，または特定副標準器で校正される。また，特定2次標準器の代わりに，常用参照標準器と呼ばれる，特定2次標準器に連鎖して校正された標準器を最上位の標準器として用いることもできる。低温域の温度は，これらをもとにして，$-196\,°C$ まで拡張することが認められており，この体系により，接触式温度計のユーザは，$-196\,°C$ から $1\,554\,°C$ の範囲においてトレーサビリティを確保された校正を受けることができる。

放射温度計の $400\,°C$ から $2\,800\,°C$ の温度範囲では，産業技術総合研究所計量標準総合センターが所有する特定標準器によって，日本電気計器検定所が所有する放射温度計用の温度定点実現装置とシリコン単色放射温度計（いずれも

表 1.4 温度の特定標準器

校正器物	校正装置	温度 $t_{90}/°C$	装置の方式	拡張不確かさ
白金抵抗温度計	アルゴンの三重点実現装置	−189.3442	定点セルとクライオスタット	0.28 mK
	水銀の三重点実現装置	−38.8344	定点セルと恒温槽	0.7 mK
	水の三重点実現装置	0.01	定点セルと恒温槽	0.16 mK
	インジウムの凝固点実現装置	156.5985	定点セルと 3 ゾーン電気炉	1.8 mK
	錫の凝固点実現装置	231.928	定点セルと 3 ゾーン電気炉	1.2 mK
	亜鉛の凝固点実現装置	419.527	定点セルと 3 ゾーン電気炉	1.8 mK
	アルミニウムの凝固点実現装置	660.323	定点セルとナトリウムヒートパイプ炉	3.5 mK
	銀の凝固点実現装置	961.78	定点セルとナトリウムヒートパイプ炉	7 mK
熱電対	銀の凝固点実現装置	961.78	定点セルとナトリウムヒートパイプ炉	0.08 °C
	銅の凝固点実現装置	1 084.62	定点セルと 3 ゾーン電気炉	0.09 °C
	パラジウムの融解点実現装置	1 553.5[29]	金属線溶融法・電気炉	0.6 °C
放射温度計	亜鉛の凝固点実現装置	419.527	定点黒体と電気炉	0.2 °C
	アルミニウムの凝固点実現装置	660.323	定点黒体と電気炉	0.2 °C
	銀の凝固点実現装置	961.78	定点黒体と電気炉	0.2 °C
	銅の凝固点実現装置	1 084.62	定点黒体と電気炉	0.2 °C

特定副標準器）が校正される。登録事業者の特定 2 次標準器である放射温度計校正用の温度定点と単色放射温度計は，特定副標準器によって校正される。また，近年，利用拡大が進む常温域を含む −30 °C から 160 °C の温度範囲は，接触式の特定標準器を源として校正された白金抵抗温度計と標準黒体炉装置を用いて，特定 2 次標準器である赤外放射温度計を校正する仕組みが作られている。これらをまとめた日本国内のトレーサビリティ体系図を，**図 1.8** に示す。

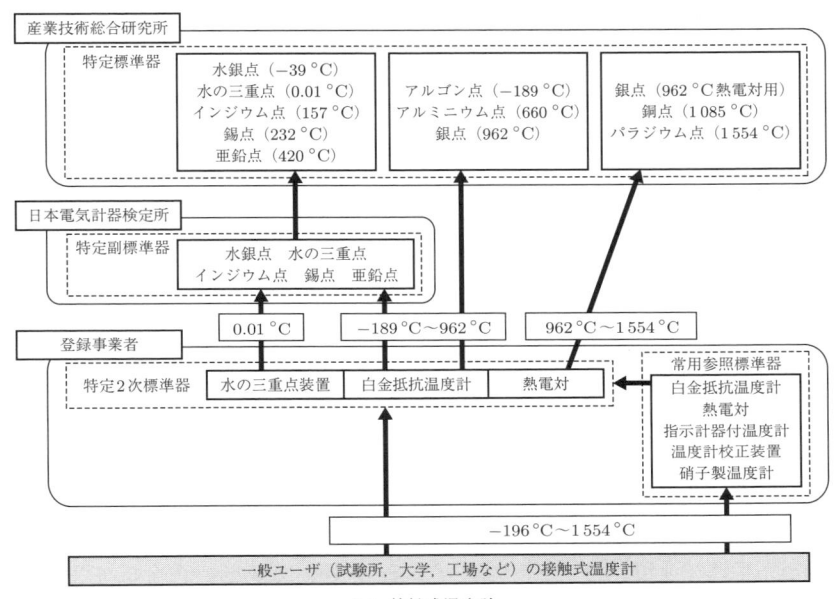

(a) 接触式温度計

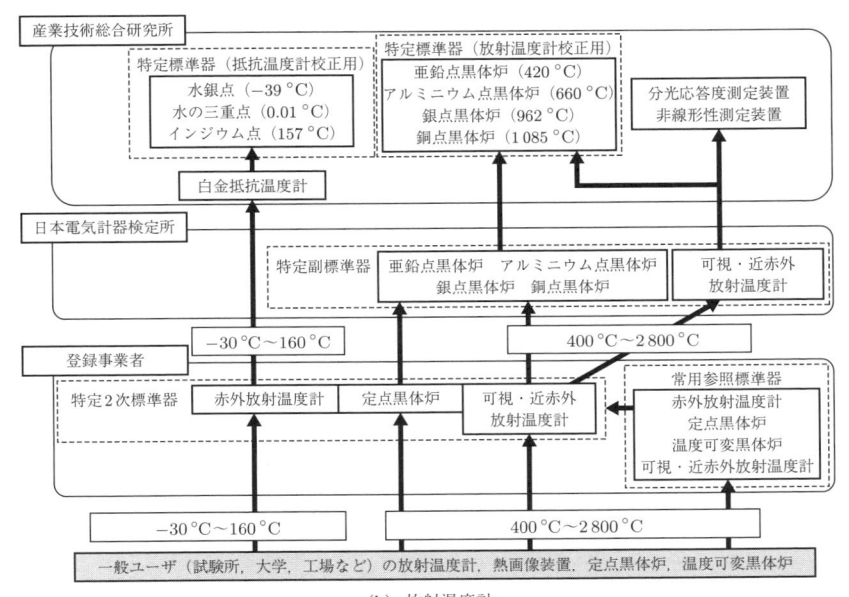

(b) 放射温度計

図 *1.8* 日本国内のトレーサビリティ体系図 (定点温度は概略値)

1.3 温度計の種類と選択

1.3.1 代表的な温度計

あらゆる材料は，多かれ少なかれ温度によってなんらかの変化をするものである。理屈の上では多くの材料が温度検出素子になりうるが，実用的な温度計測に適した温度検出素子は，温度以外の物理量（圧力など）が温度指示値に影響せず，温度に対して出力信号が単調に変化して，その変化に再現性があるものに限られる。今日の工業分野で広く汎用的に使われる温度計はこのような性能を具備しているものであり，おもに以下に述べるものに集約される。

(1) **抵抗温度計**：温度による電気抵抗の変化から，その温度を知ることができる。感温素子として金属を用いる測温抵抗体（resistance thermometer）と，半導体を用いたサーミスタ（thermistor）がある。白金抵抗温度計は精密温度計として使用される。抵抗温度計は本書の 3 章で詳述する。

(2) **熱電対温度計**：二つの異なる金属ワイヤにより構成される熱電対（thermocouple）は，比較的安価で，取り扱いが容易であることから，工業的に最も広く用いられている温度センサである。熱電対温度計は，4 章で取り上げる。

(3) **熱膨張を利用した温度計**：硝子管の中にアルコールや水銀などを封入した硝子製温度計は，電子式の温度計が普及する以前には，日常生活において最も目にする温度計であった。水銀温度計[†]には測定温度の上限値が 400°C を超えるものもある。バイメタル温度計（bimetal thermometer）は，二つの熱膨張率の異なる金属板を接着して，温度変化によるこれらの形状の変化を利用する。精度は他の温度測定方法より劣るが，金属製で電子回路を必要としない堅牢な構造である。

[†] 2017 年 8 月 16 日に水銀に関する水俣条約が発効した。水銀を含有する温度センサを採用するときは，継続使用の法的可能性の有無について把握しておくことが必要である。水銀温度計の，他の温度計による代替が進んでいる分野もある。

(4) **放射温度計**：放射温度計（radiation thermometer）は物体が放射する可視域から赤外域の光を光学センサで検出してその温度を知る。非接触測定を可能にする魅力的な測温手段であるが，正しく使うためには本書の5章で述べる専門的な知識を理解しておくことが望ましい。

(5) **その他の温度計**：以上で述べた代表的な温度計に加えて，光ファイバ内部で生じる光散乱現象や，蛍光物質が発光するときの波長や残光時間の温度依存性などを利用した各種の温度計が市販製品として入手可能であり，それぞれ特徴に応じた用途で利用されている。これらについては，本書の6章に記述する。

　上述の (1)〜(5) の諸温度計について，用途，温度領域，感度特性などを**表 1.5**に整理する。

表 **1.5**　各種温度計の分類と特徴

	分　類	特　徴	温度計の種類
用途	民生機器	安価，大量生産，機器組み込み	家電・自動車用センサ，体温計（サーミスタなど）
	工業計器	信頼性，規格化，設置・交換が容易，耐環境性	熱電対，測温抵抗体，放射温度計，バイメタルなど
	標準用/実験室用	精度・安定性	標準用白金抵抗温度計，標準放射温度計，純金属熱電対（Pt/Pd，Au/Pt），ロジウム鉄抵抗（極低温用）
温度領域	超高温	$1\,500\,°C$ 以上	放射温度計，熱電対
	高温	$1\,000\,°C \sim 1\,500\,°C$	放射温度計，熱電対
	中高温	$500\,°C \sim 1\,000\,°C$	放射温度計，熱電対
	中温	$0\,°C \sim 500\,°C$	熱電対，測温抵抗体，サーミスタ，硝子製温度計，バイメタル，放射温度計
	低温	$-200\,°C \sim 0\,°C$	熱電対，測温抵抗体，サーミスタ，硝子製温度計
	極低温	$-273\,°C \sim -200\,°C$	白金コバルト測温抵抗体，クロメル/金鉄熱電対，窒化ジルコニウム抵抗，ゲルマニウム抵抗，シリコンダイオード
感度特性	線形	検出レンジが広い	熱電対，測温抵抗体，硝子製温度計
	指数関数	検出レンジがやや狭い	サーミスタ，放射温度計
	二値的変化	特定温度の検知	サーモラベル

1.3.2　温度測定方法の選び方

温度計は，その検出素子や構造がじつに多岐にわたっている。ここでは**図 1.9**を参照しながら，適切な温度計測を実現するために考慮すべきことを整理する。

```
┌─────────────────────────────┐      ┌─────────────────────────────┐
│     ＜測定対象・目的・精度＞      │      │     ＜検出部の材質・形状＞       │
│  1) 対象の温度範囲              │      │  1) 感温部の接触面積（表面温度）  │
│  2) 絶対的な温度/温度変化の監視   │      │  2) 挿入深さ（内部温度）         │
│  3) 検出素子の安定性・再現性      │      │  3) サイズ・熱容量              │
│  4) 状態（固体・液体・気体）とじょう乱 │   ├─────────────────────────────┤
│  5) 温度変動と応答性            │      │     ＜耐久性・信頼性＞           │
│  6) 温度分布の有無（測定の代表性）  │      │  1) 検出素子の劣化・ドリフト      │
│  7) コスト・安全性             │      │  2) 保護管の強度               │
│                            │      │  3) 校正・センサ交換などの保守性    │
└─────────────────────────────┘      └─────────────────────────────┘
```

図 **1.9**　温度計選択の視点

　測定する物体の温度範囲を把握して，それをカバーし常用できる温度計を選択することはいうまでもない。プロセスの制御や製品の品質管理に必要となる温度情報とは，必ずしも絶対的な温度ではなく，相対的な温度変化が再現性良くわかればよいこともある。多くの場合，温度計測の不確かさや応答性は，温度計の種類ではなく，測定対象の状態ならびに温度センサの感温部の材質・構造によって決まる。例えば，接触式の温度計であれば，測定対象物体と感温部とを十分熱的に接触させ，なおかつ熱じょう乱を生じさせないようにするため，感温部の接触面のサイズ（熱容量）を慎重に検討する必要がある。工業分野での測温では，温度検出素子の抵抗素子や熱電対素線を周囲環境から保護するために，金属製または磁器製の保護管にそれらを収納して使用することが多い。また，検出素子と絶縁物，金属製の保護部分（金属シース）が一体化した構造となった，シース測温抵抗体やシース熱電対と呼ばれる製品も多用される。この保護管やシースの材質・形状・寸法が温度センサの応答性を決めることになる。配管内を流れる液体や気体の温度を測る場合，応答特性や熱じょう乱の低減のみを考えて温度センサの構造や挿入深さを決めると，強度が犠牲になり，保護

管の折損といったトラブルを引き起こしかねない。温度計測の目的・条件と温度センサが使用環境に耐えることの両方の視点が重要である。

特殊用途向けや標準用の温度センサを除けば，信頼性とコストとの兼ね合いを考える必要がある。温度検出素子は多かれ少なかれ使用中に劣化するので，校正や交換に要するコストや手間も，温度センサの選択の重要な要素である。

温度計は一般的には危険性が少ない計器であるが，使用する場所によっては爆発または引火の誘引や，毒性が問題となる。特に食品工業では，人体に無害であることはもちろん，万が一破損した際に破片が食品に混入しないように，構造についても厳重な配慮が必要である。

放射温度計は，熱電対や測温抵抗体といった接触式温度計に比較すると高価で，メンテナンスにも手がかり，なおかつ放射率の変動や測定対象の周囲からの外乱光（背景放射）の混入にも十分な注意が求められる。これらのことから，接触式温度計が問題なく使用できる測定対象は，接触式温度計に頼るべきである。一方，放射温度計を選択すべき状況としては，つぎのようなものがある[30],[31]。

(1) 周囲にある物体より高温の測定対象で，移動しているもの，熱容量が小さく検出素子を接触させると著しいじょう乱が生じるものの測定。

(2) 光学的計測である放射温度計は応答時間が短い特徴があることから，急速な温度変化や瞬間的な発熱現象の観測。

(3) 物体の熱放射は温度が高くなるほど増大するので，放射温度計は原理的な測定上限温度がないことから，熱電対の金属素線が溶融するような超高温の温度計測。

(4) 画像計測型の放射温度計を使用した，2次元温度分布の高い空間分解能での瞬時の測定。

参考文献 32)〜34) は，温度センサと温度計測に関し，総合的にまとめたテキストである。

章 末 問 題

【1】 熱力学と統計力学でそれぞれ定義される温度の概念において，基本的な違いはなにか。また，両者の温度の定義を結び付ける物理量はなにか。

【2】 物理量として熱と温度の違いを述べよ。

【3】 理想気体によるカルノーサイクルの効率 $\eta_{\text{i-gas}}$ を導け。

【4】 つぎの温度計は，それぞれ 1 次温度計か，2 次温度計か。理由とともに示せ。
(1) 白金抵抗温度計，(2) 熱電対，(3) 音響気体温度計，(4) 放射温度計

参考文献と解説

1) ジノ・セグレ 著, 桜井邦明 訳：温度から見た宇宙・物質・生命, 65/76, 講談社ブルーバックス (2004).

　温度をキーワードにして物理学のさまざまな話題を取り込んで解説した啓蒙的読み物。原著名は "A Matter of Degrees"。

2) J. De Boer: Temperature as a basic physical quantity, Metrologia, **1**-1, 158/169 (1965).

3) T. J. Quinn: Temperature, 2nd ed., 1/23, Academic Press (1990).

4) 櫻井弘久：温度とは何か — 測定の基準と問題, コロナ社 (1992).

　2), 3) とも温度計の歴史に触れている。3) の著者 Quinn は Bureau International des Poids et Mesures（BIPM）の所長を勤めた（1988～2003）。4) の著者は計量研究所（現 産業技術総合研究所）で活躍された温度標準の専門家である。温度標準を中心に温度に関し幅広く解説した小冊。

5) E. フェルミ 著, 加藤正昭 訳：フェルミ熱力学, 36/44, 三省堂 (1973).

6) 砂川重信：熱・統計力学, 50/55, 岩波書店 (1993).

7) 田崎晴明：熱力学＝現代的な視点から, 71/91, 培風館 (2000).

8) D. Kondepudi and I. Prigogine: Modern Thermodynamics, 67/98, John Wiley & Sons (2008).

　5)～8) は，いずれも熱力学の基礎がしっかりと記述されている。6) は平易で読みやすい。7) は著者により現代的な視点からの記述と強調されている。幾何学の論理構成で記述されているので，読みやすさは読者の好みによるかもしれない。8) は歴史的な経緯に詳しく触れている。非平衡，非線形熱力学，散逸構造に関しても記述されている。

9)　朝永振一郎：物理学とは何だろうか（上）（下），岩波新書 (1979).

10)　久保亮五：統計力学, 100/107, 共立出版 (1971).

11)　長岡洋介：統計力学, 19/27, 岩波書店 (1994).

12)　ランダウ, リフリッツ 著, 小林秋男, 富永五郎ほか 訳：統計物理学 第 3 版（上），43/46, 岩波書店 (1980).

13)　三沢和彦：基礎講座 温度とは何か？, 応用物理, **79**-6, 551/555 (2010).

> 9) は数式をできるだけ使わずに物理の本質を物語っている。上巻は力学と熱力学，下巻は統計力学に関わる内容が盛られており，読みやすく必読の入門書である。10), 11) は統計力学のオーソドックスなテキストで，内容は深い。9)〜11) のいずれも温度についてかなり詳しく解説している。12) は高度なテキストであり，10), 11) あたりを学習した後に挑戦できる専門書。エントロピと温度の関係について短いが新鮮なアプローチを提供している。13) は学会誌の解説記事である。統計力学の観点から「温度とはなにか」を解説している。一読に値する。

14)　Bureau International des Poids et Mesures, The International System of Units (SI), 8th edition (2006).

15)　産業技術総合研究所計量標準総合センター 訳/編：国際単位系（SI），日本規格協会 (2007).

> 14) は国際度量衡局が発行した国際単位系について書かれており，国際度量衡総会および国際度量衡委員会が行った決議，勧告，声明などを中心に SI を理解するために必要な情報を集めた基礎資料となる国際文書。15) は 14) の日本語版であり，基本的な概念が学べる。

16)　J. Fischer: Progress towards a new definition of the kelvin, Metrologia, **52**, S364/S375 (2015).

> 各種 1 次温度計の概説と，それらを用いたボルツマン定数の値決定の最新動向を解説しており，Metrologia 誌の特集号 "Focus on the Boltzmann Constant"（ボルツマン定数特集）に掲載されたものである。2018 年に予定されている新しい定義への移行の認知と正しい理解を目的に組まれた特集号で，下記 20), 21) も同号掲載の記事である。

17)　O. Tamura, S. Takasu, T. Nakano, and H. Sakurai: NMIJ constant-volume gas thermometer for realization of the ITS 90 and thermodynamic temperature measurement, Int. J. Thermophys. **29**, 31/41 (2008).

> 産業技術総合研究所の定積気体温度計による，極低温域における 1990 年国際温度目盛と熱力学温度の差の測定の報告。

18)　M. R. Moldover, R. M. Gavioso, J. B. Mehl, L. Pitre, M. de Podesta, and J. T. Zhang: Acoustic gas thermometry, Metrologia, **51**, R1/R19 (2014).

音響気体温度計の第一線の研究者らによるレビュー記事。水の三重点温度におけるボルツマン定数の測定だけでなく，広い温度範囲における 1990 年国際温度目盛と熱力学温度の差の測定結果をまとめている。

19) 三澤哲郎：音響気体温度計による熱力学温度測定に関する調査研究，計測と制御，**53**-5, 444/451 (2014).

産業技術総合研究所計量標準報告に掲載されている調査研究報告書の再編集転載記事。音響気体温度計を中心に，各種 1 次温度計の原理について平易に解説している。

20) C. Gaiser, T. Zandt, and B. Fellmuth: Dielectric-constant gas thermometry, Metrologia, **52**, S217/S226 (2015).

誘電率気体温度計についての解説記事。21) の熱雑音温度計とともに，ボルツマン定数の値決定に信頼性を与えることが期待されている。

21) J. Qu, S. P. Benz, A. Pollarolo, H. Rogalla, W. L. Tew, D. R. White, and K. Zhou: Improved electronic measurement of the Boltzmann constant by Johnson noise thermometry, Metrologia, **52**, S242/S256 (2015).

熱雑音温度計によるボルツマン定数の最新測定結果の報告。それまで音響気体温度計のみに依存していたボルツマン定数の測定値に，物理的にまったく違う原理の温度計によって信頼性を与えようとするものである。

22) 山口祐：黒体放射による熱力学温度測定に関する調査研究，産業技術総合研究所計量標準報告，**8**, 423/440 (2013).

調査研究報告書として執筆された絶対放射温度計に関する解説記事。

23) H. Preston-Thomas, Metrologia, **27**, 3/10 (1990).
24) 櫻井弘久, 田村収, 新井優：計量研究所報告，**41**-4, 307 (1992).

23) は 1990 年国際温度目盛（International Temperature Scale of 1990）のテキスト。ITS-90 の概要，温度定義定点，補間式の定数，補間式の用い方などが記載されている。24) は 23) の日本語訳。

25) ISO/IEC Guide 99 International vocabulary of metrology — Basic and general concepts and associated terms (VIM) (2007).
26) 国際計量計測用語 — 基本及び一般概念並びに関連用語（VIM），日本規格協会 (2012).

25) は計量計測に関わる国際組織が合同で発刊した計量計測の総括的な用語集。略称で VIM と呼ばれる。量および単位，測定，測定装置，測定装置の性質，測定標準について書かれている。26) は 25) の文書をもとに，技術的内容および構成を変更することなく作成された標準仕様書（TS）である。

27)　ISO/IEC 17025 General requirements for the competence of testing and calibration laboratories (2005).

28)　試験所及び校正機関の能力に関する一般要求事項（JIS Q 17025:2005），日本規格協会 (2005).

> 27) は試験や校正を実施する試験所・校正機関の技術能力を証明する手段の一つである試験所認定に関する一般要求事項を定めた国際規格。28) は 27) の文書をもとに，技術的内容および構成を変更することなく作成した日本工業規格。

29)　R. E. Bedford and T.J. Quinn: Techniques for approximating the international temperature scale of 1990, Bureau International Des Poids et Musures (1997).

> 1990 年国際温度目盛を近似した温度目盛を得るための技術についてまとめたモノグラフである。国際度量衡委員会の下部機関である測温諮問委員会の専門家が関連する技術をまとめたもの。

30)　高見勝己, 柿本仁郎, 佐藤幸彦, 下間照男：非接触温度計測, 計測と制御, **9**-10, 763/774 (1970).

31)　D. P. DeWitt and G. D. Nutter: Theory and Practice of Radiation Thermometer, 867/868, Wiley Interscience (1988).

> 30) は非接触測温を選択する際に検討すべきことを述べている。31) は鉄鋼製造プロセスの具体的な測定対象について，放射測温と接触測温の適切な使い分けについて整理している。また，鉄鋼以外にアルミニウム，硝子，プラスティックなど，各工業生産における放射測温の応用についても詳述されている。

32)　J. V. Nicholas and D. R. White: Traceable Temperatures Second Edition, 139/145, John Wiley & Sons LTD. (2001).

33)　Peter R. N. Childs:　Practical Temperature Measurement, 305/314, Butterworth-Heinemann (2001).

34)　L. Michalski, K. Eckersdorf, and J. McGhee: Temperature Measurement, 317/350, Wiley (1991).

> 32)～34) の書籍では，温度計測の実用上の知識が述べられている。特に 32) と 33) は，温度計測の基礎から各種温度計の原理，使い方を網羅的に解説した良書である。34) では，熱電対による表面温度測定に関して詳細な記述がなされている。

測定の不確かさ

測定の信頼性の指標として，従来から用いられてきた「測定誤差」を発展的に置き換えるものとして，「不確かさ」が広く用いられるようになっている。測定のトレーサビリティを確保する上で不確かさの把握は不可欠であり，これは温度測定でも変わらない。本章では，不確かさは誤差とどう違うのか，どのように評価・表現するのかを解説した上で，温度測定における不確かさの評価例を紹介する。

2.1 不確かさとはなにか

2.1.1 不確かさの表現のガイド

測定は，しばしば複数の数値を比較する目的で行われる。ある点の温度がなんらかの規定で定められた値より高いか低いかを判断する，あるいは，2 点の温度が同一かどうか判断する，などはそのような例である。温度差の測定値がかりに 0.2 °C であったとして，その値が ±0.01 °C の範囲で信頼できる場合と，±0.5 °C の範囲でしか信頼できない場合とでは，測定値が同じでも判断のあり方は変えざるを得ない。測定値は単独では情報として完結しておらず，その信頼性についての定量的指標が与えられて初めて利用可能な情報となる。

測定の信頼性は，従来，測定結果と真値の差として定義される「測定誤差」の概念に基づいて評価されてきた[1],[2]。測定誤差は，しばしば偶然誤差（ばらつき）と系統誤差（かたより）に分類され，それぞれの大きさをなんらかの方法で推定した上で，これらを合成した結果を誤差の存在しうる範囲として報告す

ることが多かった。しかし，測定では真値はつねに不可知であることや，系統誤差を合成する方法に統一された考え方がなかったこと，偶然誤差と系統誤差の境界は現実にはしばしば曖昧であることなどのため，測定の信頼性をどのように定量化し表現するかについてしばしば混乱し，国や技術分野ごとにさまざまな考え方が存在した。

1980年に，国際度量衡局（BIPM）に組織された作業部会により，測定の信頼性評価の基本的考え方を定めた勧告 INC-1[3] が作成された。勧告 INC-1 はごく短い文書であったが，1993年にこれをもとにした「測定における不確かさの表現のガイド」（Guide to the Expression of Uncertainty in Measurement; 以下 GUM）[4] が，BIPM, ISO（国際標準化機構），IEC（国際電気標準会議），IUPAP（国際純粋・応用物理学連合）などを含む七つの国際機関の協力のもとに発行された。勧告 INC-1 は測定誤差に代わる信頼性の指標として「不確かさ」（uncertainty）を導入し，GUM はその評価・表現手順を詳細に体系立てた。現在，GUM に基づく不確かさは，国際的に合意された指標として，基礎物理定数のデータベース，国家計量標準の国間同等性の確認，科学・技術の論文におけるデータの報告，校正機関・試験所の能力の認定，商取引などで，広く用いられるようになっている。

勧告 INC-1 はいわば GUM の簡潔な要約であり，GUM の考え方を概観する目的に適している。後に GUM で導入された用語も用いると，勧告 INC-1 はおよそつぎのように整理できる。

(1) 測定結果の不確かさは，一般に複数の成分から構成される。各成分は

      タイプ A 評価：統計的方法による評価

      タイプ B 評価：それ以外の方法による評価

のいずれかで評価する。評価方法のこの2分類と，偶然誤差と系統誤差という誤差の2分類は必ずしも対応しない。

(2) いずれの評価方法でも，不確かさの大きさは，分散の推定値，あるいはその平方根である標準偏差の推定値として評価する。標準偏差で表した不確かさを標準不確かさと呼ぶ。必要に応じて，不確かさ成分の間の相関係

数の推定値も与える。

(3)　不確かさの合成は，各成分の分散に不確かさの伝播則を適用することで行う。合成した不確かさは，標準偏差の形で表す。これを合成標準不確かさと呼ぶ。

(4)　不確かさの大きさを，合成標準不確かさに定数（包含係数）を掛けた拡張不確かさで表す必要があるときには，包含係数の大きさを明記する。

2.1.2　不確かさと誤差

本項では，混乱が生じやすい，不確かさと誤差の概念上の違いについて整理する。説明を明確にするため，唯一の値 θ を持つ物理定数を測定することを考える。完全な測定は実現できないので，θ の厳密な値は知ることができず，θ の測定値としていろいろな値が得られる可能性がある。測定値として可能な値の集合を想定し，その要素を確率変数 X と見なすことにより，測定の信頼性を統計的に議論することが可能になる。

実際に測定を行って得た結果は，一つの数値 x で表されるが，これは確率変数 X の実現値（realization）と考える。x は，実用上，不可知の θ に代えて用いるもので，θ の推定値（estimate）と呼ばれる。一方，確率変数 X は，θ をどのように推定（測定）するかという手続きに付随するもので，θ の推定量（estimator）と呼ばれる。簡明には，測定前の測定値（概念上のもの）を X，測定後の測定値（値が一つに定まったもの）を x と考えるとよい。

測定誤差 ε は，測定結果 x と真値 θ の差と定義される。したがって

$$x = \theta + \varepsilon \tag{2.1}$$

と表せる。ε は正の値も負の値もとりうる不可知量である。一方，上式に対応して確率変数 X を

$$X = \theta + E \tag{2.2}$$

と表すと，E は，その実現値の一つが ε であるような確率変数を表す。E の分

布が表すものは測定の不完全さにほかならないので，その標準偏差 σ_E は，測定の信頼性の（低さの）指標としてふさわしい[†]。しかし，σ_E もその厳密な値は知ることができないので，これをなんらかの方法で推定したものを実際の指標とする。

以上のように，誤差に関係する概念として

(1) 測定結果と真値の差 ε（不可知）

(2) 確率変数 E の分布の標準偏差 σ_E（正数，不可知）

(3) 上記の標準偏差 σ_E をなんらかの方法で推定した値

があり，歴史的にはこのいずれもが誤差（あるいは誤差の大きさ）と呼ばれてきた。さらに (2), (3) の意味では，標準偏差を定数倍（2 倍，3 倍，時に 6 倍など）したものも，明確な区別なしに誤差と呼ばれることが多かった。

勧告 INC-1 はこのように多義的な「誤差」という用語を避け，上記の (3) を限定的に表す言葉として「不確かさ」を導入した。GUM はこの (3) の推定手順を体系立てたものであり，GUM に基づいて σ_E を推定した結果が標準不確かさ $u(x)$ にほかならない。ただし，混乱を避けるため，$u(x)$ を評価する手順を，ε や σ_E のような不可知量を持ち出さず操作主義的に記述した点に，GUM の特徴がある。用語の定義も

不確かさ ＝ 測定結果に付随した，合理的に測定対象量に結び付け
られ得る値のばらつきを特徴付けるパラメータ

と，不可知量を含まない定義としている。ここで「合理的に測定対象量に結び付けられ得る値」とは，測定対象量の真値の候補と考えても不合理でない値の集合を意味している。また，「ばらつき」とは，複数の測定値の間にある目に見えるばらつきだけでなく，われわれの知識の曖昧さ（その定量的意味については *2.2.2* 項で述べる）も含む広い意味で使われていることを，あらかじめ注意しておく。

この定義は，不確かさは測定器や測定方法ではなく，測定結果に対して評価

[†] ここでは，E には偶然誤差だけでなく系統誤差も含まれており，*2.1.3* 項で説明する理由で，E の期待値は零と考えている。

すべきであることを意味している。このようにしたのは，測定器・測定方法だけでなく，測定対象量の大きさ，測定の繰り返し数，校正に用いる標準の不確かさなど，測定のすべての詳細が決まって初めて不確かさの大きさが明確に定まるからである。すなわち，不確かさ評価の前には，実際に測定が実行され，評価対象となる測定結果が定まっている必要がある。この点は，誤差評価が測定器や測定方法を対象に漫然と行われることが多かったのと対照的である。

なお，上記 (1), (2) の意味での誤差は，いずれも不可知であるが，概念としては明確で，不確かさ評価の技術的根拠や背景を理解する際には不可欠な概念である。例えば，熱電対の取り付け方が適切でないときに発生するのは誤差であり，その可能な広がりの大きさを推定したものが不確かさである。

2.1.3 真値と測定値

測定値に含まれる既知のかたよりをすべて補正した後の，手持ちの情報の範囲で真値 θ を最も良く表すと考えられる値を最良推定値という。測定では，最良推定値を最終的な測定結果 x とするのが原則で，特に断らない限り本書でもそれを仮定する[†]。この仮定により，式 (2.2) の確率変数 E の期待値は零と見なせる（GUM 3.2.3）。しかし，かたよりの真の値は厳密にはわからないことや，測定にはばらつきが含まれることから，E の分散は零ではない。

前項では測定対象を物理定数に限定したが，現実の測定は，温度や長さのような「量」を対象にして行われることが多い。量 Q はさまざまな値をとりうるが，特定の測定対象に対して十分詳細に Q を定義すれば，その大きさは物理定数と同様に唯一の値 θ で表すことができる。測定を統計学的に議論する場合

(1) 測定の対象とする量 Q

(2) Q が持つ唯一の真の値 θ（不可知）

(3) Q に対する測定値として可能な値 X（確率変数）

(4) Q を測定して得られた測定値 x（X の実現値）

は，それぞれ区別すべき概念である。しかし，これらにつねに別の記号を割り

[†] 既知のかたよりを補正しない場合の不確かさ評価については，2.7.2 項を参照。

当てると表記が煩雑になるため，本書では，混乱が生じる危険性があるときにのみ明示的に区別する。

　真値という用語について，「測定対象量の真値」と「測定対象量の値」は同義であり，「真」という修飾語は冗長であるとの理由で，GUM ではこの用語を用いないとしている（GUM 3.1.1. Note）。しかし，本書では，意味がより明瞭になると考えられる場合には「真値」を用いることとした。

2.2　統 計 的 基 礎

　この節では，不確かさ評価で必要な，最小限の統計的概念や関係式について説明する。統計的背景の詳細については文献 5), 6) を参照されたい。

2.2.1　測定における母集団と標本

　標準不確かさのタイプ A 評価では，同一対象を複数回測定して得たデータ q_k（$k = 1 \sim n$）を解析対象とする。統計学の立場でこれらを解析する際には，測定を仮想的に無限回行ったときに得られると想定される値の集合である母集団（population）を考え，データ q_k はこの母集団から無作為に抽出した標本（sample）と見なす。平均，分散，標準偏差といった統計的概念は，母集団と標本のそれぞれについて定義されることに注意する必要がある。例えば，母集団の平均は母平均であり，標本のそれは標本平均である。母平均，母標準偏差のように母集団の性質を表すパラメータは，一般に母数（population parameter）と呼ばれる。これに対し，標本平均，標本標準偏差のように，データから計算される量は，統計量（statistic）と呼ばれる。これらを混同する危険がある場合には，母数をギリシア文字で，統計量をラテン文字で表すことが多い。

　実際に測定を無限回行うことはできないため，母数の厳密な値は不可知である。一方，統計量は，測定前は確率変数であり，測定後はその実現値と考える。われわれが最終的に知りたいのは母数であり，統計量はその推定に利用するというのが統計学の立場である。

2.2.2 分散と標準偏差の計算

GUM は標本分散，標本標準偏差のことを実験分散，実験標準偏差と呼んでおり，以下ではそれに従う。一連のデータ q_k のばらつきの大きさは，実験分散

$$s_q^2 = \frac{\sum_{k=1}^{n}(q_k - \bar{q})^2}{n-1} \tag{2.3}$$

もしくはその非負の平方根である実験標準偏差 s_q で表現できる。ここで

$$\bar{q} = \frac{\sum_{k=1}^{n} q_k}{n} \tag{2.4}$$

は標本平均である。$\bar{q}$ は q_k の背後に想定される母集団の母平均 μ_q の，また s_q^2 は母分散 σ_q^2 の，かたよりのない推定量（不偏推定量）になっている[†]。式 (2.3) 右辺で分母を n でなく $(n-1)$ とするのは，s_q^2 を σ_q^2 の不偏推定量とするためである。$(n-1)$ は s_q^2 の自由度（degrees of freedom）と呼ばれ，これは s_q^2 による σ_q^2 の推定の精度を表す指標にもなっている。すなわち，自由度が大きくなるほど，s_q^2 は母数 σ_q^2 の周りのより狭い範囲に分布する，良好な推定量となる。

標準不確かさのタイプ B 評価では，最初に，対象量の値 q に関わるわれわれの知識の曖昧さを表す確率密度関数 $g(q)$ を，入手可能な情報に基づいて想定する（2.4.3 項参照）。$g(q)$ を用いて，q の期待値（expectation）$E[q]$ と分散（variance）$V[q]$ がつぎのように定義される。

$$E[q] = \int_{-\infty}^{\infty} q \cdot g(q) \mathrm{d}q \tag{2.5}$$

$$V[q] = E\left[(q - E[q])^2\right] = \int_{-\infty}^{\infty} (q - E[q])^2 \cdot g(q) \mathrm{d}q \tag{2.6}$$

一方，タイプ A 評価において測定データの背後に想定される母集団も，なんらかの確率密度関数 $f(q)$ で特徴付けられる。その母平均，母分散は，それぞれ式 (2.5), (2.6) の $g(q)$ を $f(q)$ で置き換えた式で定義される。タイプ A 評価に

[†] 統計量 $\bar{q}$, s_q^2 の期待値がそれぞれ母数 μ_q, σ_q^2 に一致することを意味する。

おける $f(q)$ は厳密には不可知であるが，測定データのヒストグラム（度数分布図）から推定でき，データ数を十分に増やせば必要な精度で推定できる。この意味で，$f(q)$ は度数基準（frequency-based）の確率分布と呼ばれる。これに対して，タイプ B 評価で想定する $g(q)$ は，先験的（a priori）確率分布と呼ばれ，それが表す確率は，実証可能な度数にはよらない主観確率（ベイズ主義的確率ともいわれる）である。

　このように，タイプ A 評価とタイプ B 評価は，統計学的に異なる確率概念に基礎をおく。しかし，対象量の推定値 q に関わるわれわれの知識の曖昧さを標準偏差という尺度で表す点で共通である。GUM に基づく標準不確かさの評価手続きの中では，これらの概念上の違いに由来する困難が顕在化することはない。

2.2.3　標本平均の統計的性質

　母平均 μ_q，母分散 σ_q^2 の母集団から無作為に取り出した n 個のデータ q_k の標本平均 $\bar{q}$ を考える。$\bar{q}$ は確率変数としてつぎの性質を持つことを示せる。

$$E[\bar{q}] = \mu_q \tag{2.7}$$

$$V[\bar{q}] = \frac{\sigma_q^2}{n} \tag{2.8}$$

すなわち，$\bar{q}$ を個々のデータ q_k と比べると，母平均は変わらないが，母分散は $1/n$ 倍に，したがって母標準偏差は $1/\sqrt{n}$ 倍になる。**図 2.1** はこの事情を表したもので，広がりの大きい q_k の分布に対して，$\bar{q}$ の分布の広がりは小さくなっている。標本平均 $\bar{q}$ のこの性質は，標準不確かさのタイプ A 評価において特に重要となる（2.4.1 項参照）。

　q_k の母集団の分布 $f(q)$ がどのような形をしていても，その期待値と分散が存在する限り，標本サイズ n が大きくなるとともに，$\bar{q}$ の確率分布は正規分布に近づく。この性質は中心極限定理として知られている。**図 2.1** にはこの様子も示している。上と併せると，標本平均 $\bar{q}$ の確率分布は，標本サイズ n が十分

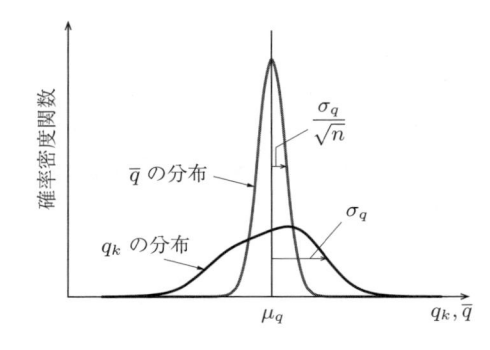

図 2.1　個々のデータ (q_k) の分布と n 個のデータの標本平均 $(\bar{q})$ の分布（ここでは $n = 10$ とした）

大きければ，$f(q)$ の関数形によらずに，平均 μ_q，標準偏差 $\sigma_q/\sqrt{n}$ の正規分布で近似できることになる。また，1 個の測定値の中に，同程度の大きさの多数の独立な原因による誤差が含まれる場合，測定値の分布は近似的に正規分布となることが，やはり中心極限定理から期待される。統計的な推論が，しばしば母集団が正規分布に従うとの仮定のもとに行われる背景には，このような事情がある。ただし，正規分布の近似が実際にどれほど良いかは実証できないことが多いので，分布の詳細な形状に依存する結論は過信すべきでない。

2.2.4 相 関 係 数

二つの量の間の直線的な関係の強さの指標として，相関係数が用いられる。二つの量 p, q に対する n 組の測定データ対 (p_k, q_k) があるとき，p, q 間の標本相関係数 $r(p, q)$ は，次式から計算される。

$$r(p, q) = \frac{\sum_k (p_k - \bar{p})(q_k - \bar{q})/(n - 1)}{s_p \cdot s_q} \tag{2.9}$$

これはつぎのように定義される母相関係数

$$\rho(p, q) = \frac{E\left[(p - E[p])(q - E[q])\right]}{\sigma_p \cdot \sigma_q} \tag{2.10}$$

の推定量である。母相関係数も標本相関係数も無次元で，値は $[-1, 1]$ の範囲にある。相関係数が 1 に近いとき正の相関，-1 に近いとき負の相関があるという。0 に近いときは相関がないという。

2.3 測定のモデル化

2.3.1 測定の数学的モデル

多くの場合，最終的に知りたい量 y は直接得られず，他の複数の量の関数

$$y = f(x_1, x_2, \cdots, x_N) \tag{2.11}$$

として求められる。この関係式を**測定の数学的モデル**（あるいは単に測定モデル）と呼んでいる[†]。また，y を**測定対象量**（あるいは測定量; measurand），x_i を**入力量**（input quantity）と呼ぶ。不確かさ評価の最初のステップは，測定モデルを明確にすることである。以下に測定モデルの例を示す。

［例1］ 校正

測定器に必要な補正量 c が，事前の校正実験や外部機関による校正で求められているとする。このとき，新たに得た指示値 x から補正後の測定結果 y は，$y = x + c$ として得られる。これはデータの補正手順を表す測定モデルである。x として複数の指示値 q_k の平均 $\bar{q}$ を用いる場合は

$$y = \bar{q} + c \tag{2.12}$$

となる。補正を表すモデルは，このような足し算だけでなく，掛け算を含む $y = bx$ や $y = bx + c$ で表される場合もある。

一方，体温計のように，補正を行わない前提で使用される測定器もある。この場合，$y = x$ としておくとよい。これは無意味な式ではなく，指示値 x をそのまま測定結果 y とするという宣言である。複数の指示値 q_k の平均 $\bar{q}$ を使う場合はつぎのようになる。

$$y = \bar{q} \tag{2.13}$$

[†] 　2.1.3 項で述べたように，量とそれに対する測定値は区別すべきであるが，記号の複雑化を避けるため，同じ記号で表していることに再度注意する。測定モデルは，量の間の関係として設定される。

[例 2] ブリッジ回路による抵抗測定

測温抵抗体の抵抗測定の最も基礎的な方法として，ホイートストンブリッジ
を利用する方法がある（3.4.1 項参照）。固定抵抗を R_A, R_B, 可変抵抗を R_S,
測温抵抗体の抵抗を y とすると，R_S を調節してブリッジの平衡がとられた状
態では

$$y = \frac{R_A R_S}{R_B} \tag{2.14}$$

が成立する。しかし，不確かさ評価では，検流計の検出限界以下の残留電流 I_g
の存在のため，ブリッジの平衡が厳密には成立しない可能性も考慮する必要が
ある。このとき，上式はつぎのように修正される。

$$y = \frac{R_A R_S}{R_B} + \frac{I_g \Delta}{E} \tag{2.15}$$

ここで，$\Delta = (R_g R_S + R_g R_B + R_A R_S + R_B R_S)(R_A R_B + R_A R_S + R_A R_E + R_B R_E)/R_B^2$ であり，E はブリッジに印加した電圧，R_g, R_E はそれぞれ検流計，
電源の内部抵抗である。

残留電流 I_g の推定値は零なので，測定値を求める際には式 (2.14) を用いる
ことができるが，不確かさ評価の際には I_g の存在を考慮した式 (2.15) を用い
る必要がある。

2.3.2　誤差の構造モデル

測定モデルは量の間に成立する関係を表すが，測定データに含まれる誤差の
構造は表さない。例えば，ある量について 1 日に K 回の繰り返し測定を，J 日
間反復したとする。得られるデータは

$$q_{jk} = \mu_q + \delta_j + \varepsilon_{jk} \qquad (j = 1 \sim J,\ k = 1 \sim K) \tag{2.16}$$

と表すことができる[7]。ここで，δ_j は日によるばらつきを表す確率変数（$E[\delta_j] = 0$, $V[\delta_j] = \sigma_d^2$），ε_{jk} は繰り返し測定のばらつきを表す確率変数（$E[\varepsilon_{jk}] = 0$,
$V[\varepsilon_{jk}] = \sigma_e^2$），$\mu_q$ は q_{jk} の期待値（δ_j と ε_{jk} 以外に誤差要因がなければ，測定

量の真値）である。上式のような表現は，統計学で一般にデータの構造モデルと呼ばれ，不確かさ評価では，誤差の構造を明示的に表現するために利用できる。誤差の構造が単純な場合，このようなモデルを設定しないことが多いが，複雑な場合には不確かさ評価を混乱なく進めるために有効である（例えば式 (2.58) 参照）。上式に基づくと，q_{jk} とその平均 $\bar{\bar{q}} = \sum_j \sum_k q_{jk}/JK$ の母分散はそれぞれ

$$V[q_{jk}] = \sigma_{\mathrm{d}}^2 + \sigma_{\mathrm{e}}^2 \tag{2.17}$$

$$V[\bar{\bar{q}}] = \frac{\sigma_{\mathrm{d}}^2}{J} + \frac{\sigma_{\mathrm{e}}^2}{JK} \tag{2.18}$$

となることを示せる。最後の式は，$\bar{\bar{q}}$ には，δ_j について J 個の，また ε_{jk} について JK 個の平均が含まれることを反映している。$V[q_{jk}]$ や $V[\bar{\bar{q}}]$ を推定するためには，二つの母分散 $\sigma_{\mathrm{d}}^2, \sigma_{\mathrm{e}}^2$ を推定する必要があるが，式 (2.3) の計算ではそれを行うことはできない。本書では触れないが，分散分析法という統計手法を用いることにより，$\sigma_{\mathrm{d}}^2, \sigma_{\mathrm{e}}^2$ を分離して推定することができる[7),8)]。

　式 (2.18) に関して，つぎの 2 点が注目される。第一に，日間ばらつきの効果 σ_{d}^2/J は同一日の中の繰り返し回数 K を増やしても小さくならず，反復数 J を増やすことで初めて小さくなる。第二に，日を替えた反復測定を実施しない場合（$J = 1$），日間ばらつき δ_1 は測定データ q_{1k} の中で固定されており，ばらつきでなくかたよりとして含まれることになる。この場合にも日間ばらつきの効果を不確かさ評価から落とすことはできないので，過去の蓄積データを利用する，あるいは，不確かさ評価を目的とする実験を行うなどにより，σ_{d}^2 を推定する必要がある。なお，測定系を毎日校正すれば，日間ばらつき δ_j の代わりに校正作業のばらつきが不確かさ成分となる。以上の 2 点は，測定日だけでなく，測定者や測定機関の違いなどによる誤差の構造がある場合にも当てはまる。

　繰り返しや日を替えた反復測定を，入力量 x_i ではなく，最終測定量 y に対して行うことがある。この場合は，式 (2.11) と式 (2.16) を組み合わせて

$$y_{jk} = f_{\mathrm{sys}}(x_1,\ x_2, \cdots, x_N) + \delta_j + \varepsilon_{jk} \tag{2.19}$$

のように表現しておくと，不確かさ評価の方針が明瞭になる。ただし，x_i のばらつきの効果は，すでに y のばらつき（δ_j や ε_{jk}）の中に含まれているため，関数部分 $f_{\mathrm{sys}}(x_1,\ x_2, \cdots, x_N)$ は，これらを除いた系統的（systematic）効果のみを評価するために用いる必要がある（2.5 節の［例 4]）。f_{sys} の添え字は，この要請を象徴的に表すためのものである。

2.4　標準不確かさの評価

　不確かさ評価では，入力量 x_i の**標準不確かさ**（standard uncertainty）をまず評価し，これらを後述する不確かさの伝播則（2.5 節参照）に従って合成することにより，測定量 y の合成標準不確かさを求める。入力量の標準不確かさは，統計的方法による**タイプ A 評価**，もしくはそれ以外の方法による**タイプ B 評価**のいずれかで評価する。

2.4.1　標準不確かさのタイプ A 評価
　入力量 x_i に対する n 回の繰り返し測定データ q_k があるとする。x_i の測定結果はそれらの平均 $\bar{q}$ で与えられる。

$$x_i = \bar{q} \tag{2.20}$$

このとき，q_k のばらつきに付随する，x_i の標準不確かさ $u(\bar{q})$ は，次式から評価する。

$$u^2(\bar{q}) = \frac{s_q^2}{n} \tag{2.21}$$

ここで，s_q^2 は実験分散（式 (2.3)）である。$\bar{q}$ の母分散は σ_q^2/n なので（式 (2.8))，その不偏推定量 s_q^2/n を $u^2(\bar{q})$ とするというのが，上式の意味するところである。

2.4.2 タイプ A 評価の実際

タイプ A 評価の基本式 (2.21) は，測定結果 $\bar{q}$ と実験分散 s_q^2 を同じデータの組 $q_k\,(k = 1 \sim n)$ から求めるとの前提に基づいている。この前提が成立する場合は多いものの，$\bar{q}$ と s_q^2 を別のデータの組から求めるほうが実際的である場合もある。以下にそのような場合の考え方を示す。

〔1〕 **事前実験に基づくタイプ A 評価**　　日常的に行う測定では，測定のたびに不確かさ評価を行うことは現実的でない。事前に実験分散を評価する実験を行っておけば，日常測定の不確かさは，これを用いて評価することができる。事前実験のデータを $z_l\,(l = 1 \sim m)$ とし，これから実験分散 $s_z^2 = \sum_l (z_l - \bar{z})^2 / (m-1)$ を求めておく。この際，繰り返し数 m を大きく（例えば 10 以上）とっておくと，s_z^2 が精度良く求まる。一方，実際の測定では，データ $q_k\,(k = 1 \sim n)$ を観測し，これから求まる測定結果 $\bar{q}$ の不確かさ $u(\bar{q})$ を

$$u^2(\bar{q}) = \frac{s_z^2}{n} \tag{2.22}$$

により評価する。日常測定では，q_k の繰り返し数 n は小さい（例えば 1 や 2）ことが多いだろう。n が小さくても，実験分散 s_z^2 自体は十分な精度を持つものを利用できることがポイントである。ただし，z_l は q_k と母分散の大きさが同じ母集団（母平均は違っていてもよい）から取られた標本と見なせることが，この方法が利用できる必要条件である。

〔2〕 **実験分散のプーリング**　　上の方法の拡張として，これまでに蓄積した複数組のデータの実験分散を合併して一つの実験分散を求める方法がある。m_1 個のデータに基づく実験分散 s_1^2 と m_2 個のデータに基づく s_2^2 があるとき，これらを併せた，自由度 $(m_1 + m_2 - 2)$ の実験分散を次式で求めることができる。

$$s_{\mathrm{p}}^2 = \frac{(m_1 - 1)s_1^2 + (m_2 - 1)s_2^2}{m_1 + m_2 - 2} \tag{2.23}$$

これを分散のプーリング（pooling）という。s_{p}^2 は，もとになる実験分散より自由度が大きいため，母分散 σ_q^2 のより精度の高い推定値になる。3 組以上のデー

タがある場合も同様である。プーリングができるためには，各組のデータが同じ母分散を持つ母集団からの標本と見なせることが必要である。

2.4.3 標準不確かさのタイプ B 評価

タイプ B 評価は，文献，仕様書，校正証明書などの外部情報や，測定器や試料についての一般的知見，専門家の知識や経験などを用いて行う。一般には，これらの情報をもとに，入力量 x_i に対する確率密度関数 $g(x_i)$ をまず想定し，式 (2.6) で計算される分散の正の平方根

$$u(x_i) = \sqrt{V(x_i)} \tag{2.24}$$

として標準不確かさを評価する。**表 2.1** に示すように，代表的な確率分布につ

表 2.1　代表的な確率分布の標準偏差の大きさ

確率分布	分布形状	標準偏差
標準偏差 σ の正規分布		σ
半幅 Δ の一様分布		$\dfrac{\Delta}{\sqrt{3}}$
底辺の半幅 Δ の三角分布		$\dfrac{\Delta}{\sqrt{6}}$
下底の半幅 Δ_{L}，上底の半幅 Δ_{U} の台形分布		$\sqrt{\dfrac{\Delta_{\mathrm{L}}^2 + \Delta_{\mathrm{U}}^2}{6}}$
上下限の半幅が Δ の U 字型（逆正弦関数）分布 $g(x) = \dfrac{1}{\pi\sqrt{\Delta^2 - (x-\mu)^2}}$		$\dfrac{\Delta}{\sqrt{2}}$

いてその標準偏差の大きさは知られているので，式 (2.6) の積分を実際に計算する必要はない。

基礎物理定数データベースや校正証明書など，外部情報によっては，確率密度関数を想定する手続きを経ずに，標準不確かさが直接わかる情報が提供されていることもある。

2.4.4 タイプ B 評価の例

以下では，タイプ B 評価の例をいくつか示す。

[例 1] 拡張不確かさの利用

熱電対の校正証明書に，$400\,°\mathrm{C}$ における校正値 T_{400} の拡張不確かさ U が，包含係数を $k = 2$ として $0.86\,°\mathrm{C}$ であると記載されているとする。これから T_{400} の標準不確かさはつぎのように評価できる。

$$u(T_{400}) = \frac{0.86\,°\mathrm{C}}{2} = 0.43\,°\mathrm{C} \tag{2.25}$$

[例 2] 仕様書などに記載された許容差の利用

白金抵抗素子の許容差は**表 3.3** に与えられている。クラス W0.3 の巻線素子で，規準抵抗値を使って $400\,°\mathrm{C}$ 近辺の温度 t を測定する際の許容差は，表から $\pm(0.3\,°\mathrm{C} + 0.005|t|) = \pm 2.3\,°\mathrm{C}$ である。これは，素子の真の抵抗値が規準抵抗値からずれていることによる系統誤差が $\pm 2.3\,°\mathrm{C}$ の範囲内にあることを表す。誤差の分布は，この範囲内の一様分布で表されると想定でき，標準不確かさとしてつぎを得る。

$$u(t) = \frac{2.3\,°\mathrm{C}}{\sqrt{3}} = 1.3\,°\mathrm{C} \tag{2.26}$$

[例 3] 管理限界内で管理された量

測定室の温度 T は，$T_0 \pm \Delta$ の範囲を超えないように管理されているが，各時点での T の値は不明とする。T の推定値として中心値 T_0 を用いる（$T = T_0$）とき，温度が実際には T_0 の周りで時間変動する効果は，不確かさとして考慮

する必要がある。温度の分布は，ほかに情報がない場合，中心を T_0，半幅を Δ とする一様分布を想定してよいだろう。したがって，温度の標準不確かさはつぎのように評価できる。

$$u(T) = \frac{\Delta}{\sqrt{3}} \tag{2.27}$$

　もし温度が，フィードバック制御されているなどの理由で，$T_0 \pm \Delta$ の温度範囲内で時間について正弦関数のように変化しているならば，温度分布は U 字型（逆正弦関数）分布で表される。**表 2.1** より，標準不確かさはつぎのように評価できる。

$$u(T) = \frac{\Delta}{\sqrt{2}} \tag{2.28}$$

［例 4］ 量子化誤差

　表示分解能が $0.01\,°\mathrm{C}$ のディジタル表示の温度計で，指示値 $T = 28.35\,°\mathrm{C}$ が得られたとする。この値は，連続値が離散値に量子化されて得られたものであり，実際の温度として可能な値は，$28.35\,°\mathrm{C} \pm 0.005\,°\mathrm{C}$ の範囲の一様分布で表されると考えてよいだろう。したがって，この量子化誤差に伴う不確かさは

$$u(T) = \frac{0.005\,°\mathrm{C}}{\sqrt{3}} = 0.002\,9\,°\mathrm{C} \tag{2.29}$$

と評価できる。

　一般に，ディジタル表示の測定器で，繰り返し測定によるばらつきが見られないときには，タイプ A 評価の不確かさが零になるため，量子化誤差に付随する不確かさを考慮する必要がある。一方，繰り返しごとに表示がばらつく場合は，量子化誤差はこのばらつきの中にすでに含まれるため，別途評価する必要はない。繰り返しによるばらつきが部分的にしか生じない場合に不確かさをどう評価すべきかについて，詳細な考察は可能であるが，その結果は簡明ではない[9]。このような場合は，量子化誤差に伴う不確かさを含めておくのが実際的である。これによる不確かさの過大評価は顕著ではない。

[例 5] ヒステリシス

ヒステリシスのため，同一量に対する測定値 x に，最大でおよそ $\pm\Delta$ の差が生じるとする。ヒステリシスによって発生する誤差が，**図 2.2** (a) に示す模式図のように，近似的に $\pm\Delta$ の範囲の一様分布で表されると考えられる場合，これに伴う標準不確かさ $u_{\mathrm{hys}}(x)$ は，つぎのように評価できる。

$$u_{\mathrm{hys}}(x) = \frac{\Delta}{\sqrt{3}} \tag{2.30}$$

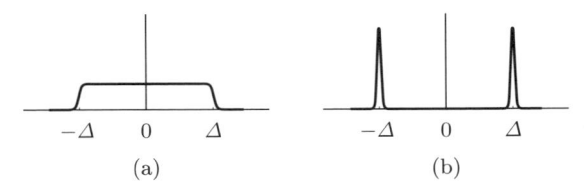

(a)　　　　　　(b)

図 2.2　ヒステリシスに伴う誤差の分布の例

一方，図 (b) のように，測定の行き・帰りに対応して，誤差が $+\Delta$ および $-\Delta$ の近傍に局在した分布で表されると考えられる場合には，この分布の分散は，およそ $[(\Delta-0)^2 + (-\Delta-0)^2]/2 = \Delta^2$ であることから，標準不確かさはつぎのようになる。

$$u_{\mathrm{hys}}(x) = \Delta \tag{2.31}$$

2.5　不確かさの合成

一般に，入力量の測定値（もしくは推定値）x_i は $x_i = \mu_i + \varepsilon_i$（$\mu_i$ は真の値，ε_i は誤差で，$E[\varepsilon_i] = 0$，$V[\varepsilon_i] = \sigma_i^2$ と仮定）という構造モデルで表すことができる。式 (2.11) を μ_i の周りでテイラー展開し，ε_i について 1 次まで残すことにより，次式が得られる[†]。

[†]　偏微分 $\partial f/\partial x_i$ は $\{\mu_i\}$ において評価すべきだが，μ_i は不可知なので，測定値 $\{x_i\}$ における値で代用する。

$$\varepsilon_y = \sum_i \frac{\partial f}{\partial x_i} \varepsilon_i \tag{2.32}$$

ここで，ε_y は y の誤差（$E[\varepsilon_y] = 0$，$V[\varepsilon_y] = \sigma_y^2$）である。各 ε_i が統計的に互いに独立である場合，$E[\varepsilon_i \varepsilon_j] = 0$ $(i \neq j)$ であることから，式 (2.32) 両辺の2乗の期待値をとると $\sigma_y^2 = \sum_i (\partial f/\partial x_i)^2 \sigma_i^2$ を得る。不可知である σ_y^2，σ_i^2 をそれらの推定値 $u_c^2(y)$，$u^2(x_i)$ で置き換えることにより，つぎの**不確かさの伝播則**（law of propagation of uncertainty）が得られる。

$$u_c^2(y) = \sum_i \left(\frac{\partial f}{\partial x_i} \right)^2 u^2(x_i) \tag{2.33}$$

$u_c(y)$ は**合成標準不確かさ**（combined standard uncertainty）である。$c_i = \partial f/\partial x_i$ は**感度係数**（sensitivity coefficient）と呼ばれ，式 (2.32) が示すように，入力量 x_i の誤差が，測定量 y の誤差にどれだけ寄与するかを表す。

測定モデルが c，p_i を定数として

$$y = c \cdot x_1^{p_1} \cdot x_2^{p_2} \cdot \cdots \cdot x_N^{p_N} \tag{2.34}$$

の形をとることは珍しくない。このとき，伝播則 (2.33) はつぎの形に変形できる。

$$\left(\frac{u_c(y)}{y} \right)^2 = \sum_i \left(p_i \frac{u(x_i)}{x_i} \right)^2 \tag{2.35}$$

$u(x_i)/|x_i|$ は相対標準不確かさであり，上式は相対不確かさの伝播則と呼ばれることがある。式 (2.34) が成立するときには，相対不確かさの伝播則を利用すると計算が容易である。

不確かさの合成の例を以下に示す。

[例 1] 校正

補正手順を表す測定モデル（式 (2.12)）に伝播則を適用すると，次式を得る。

$$u_c^2(y) = u^2(\bar{q}) + u^2(c) = \frac{s_q^2}{n} + u^2(c) \tag{2.36}$$

ここで，s_q は q_k の実験標準偏差，$u(c)$ は補正値の標準不確かさである。

[例2] ブリッジ回路による抵抗測定

式 (2.15) に伝播則を適用する。ここでは入力量は互いに独立と仮定する。$R_t = R_A R_S / R_B$ とおき，残留電流 I_g の推定値は零であることに注意すると，不確かさの伝播則はつぎのようになる（章末問題【2】参照）。

$$u_c^2(y) = R_t^2 \left[\left(\frac{u(R_A)}{R_A} \right)^2 + \left(\frac{u(R_B)}{R_B} \right)^2 + \left(\frac{u(R_S)}{R_S} \right)^2 \right]$$
$$+ \left(\frac{\Delta}{E} \right)^2 u^2(I_g) \tag{2.37}$$

なお，もし R_A と R_B の値が同一の情報源から得られたものならば，これらの間の相関を考慮すべきである（2.7.3項参照）。

[例3] 伝播則によらない合成

測定器の指示値 q_k の平均 $\bar{q}$ をそのまま測定結果 y とする場合（式 (2.13)）を考える。測定モデルをあらためて書くと

$$y = \bar{q} \tag{2.38}$$

である。このような場合でも，q_k 中の系統誤差は零とはいえないので，測定結果 y の不確かさ成分としては，$\bar{q}$ に対するタイプ A 不確かさ（式 (2.21)）だけでなく，q_k（したがって $\bar{q}$）中の系統誤差の寄与 $u_{sys}(\bar{q})$ も考慮する必要がある。すなわち $u_c(y)$ は次式で与えられる。

$$u_c^2(y) = u_{sys}^2(\bar{q}) + \frac{s_q^2}{n} \tag{2.39}$$

式 (2.38) のように指示値をそのまま測定結果とすることが許容されるのは，系統誤差が野放図に大きくならないことを保証するつぎのような状況のいずれかが成立するためと考えられる。

　(1)　q_k 中の系統誤差はある許容差 $\pm\Delta$ 内に管理されている

　(2)　系統誤差の推定値 c が，要求精度と比べて十分小さい

　(3)　q_k はすでに校正され，補正済みの表示値である

$u_{\text{sys}}(\bar{q})$ の大きさは，上の状況ごとにつぎのように評価できるだろう。

$\quad$ (1)　$u_{\text{sys}}(\bar{q}) = \Delta/\sqrt{3}$（式 (2.27)）

$\quad$ (2)　$u_{\text{sys}}(\bar{q}) = c$（式 (2.47) の右辺第 1 項）

$\quad$ (3)　$u_{\text{sys}}(\bar{q}) = u(c)$（式 (2.36) の右辺第 2 項）

$\quad$ 式 (2.39) は，測定モデルに伝播則を適用して得たものではなく，一つの量 $\bar{q}$ の中に複数の誤差成分がどのように含まれるかを洞察して得たものである。このような伝播則によらない合成は，現実にはしばしば行われており，この例のように簡明な場合には十分実用的である。しかし，合成の論理が必ずしも明瞭でないことや，誤差の構造がさらに複雑になった場合，考慮すべき成分を見落としやすいことなど，問題もある。

$\quad$ 上の合成を伝播則を用いて行うには，誤差の構造モデルを利用すればよい。q_k 中の系統誤差を δ，偶然誤差を ε_k，測定量の真値を μ とすると

$$y = \bar{q} = \mu + \delta + \bar{\varepsilon} \tag{2.40}$$

と表せる。$\bar{\varepsilon}$ は n 個の ε_k の平均である。$u(\delta) = u_{\text{sys}}(\bar{q})$，$\partial y/\partial \delta = \partial y/\partial \bar{\varepsilon} = 1$，および真値 μ は不確かさを持たないことに注意して，上式に伝播則を適用すると，機械的に式 (2.39) を得ることができる。

$\quad$ **[例 4]**　測定モデルと誤差の構造モデルを併用する場合

$\quad$ 測定モデルと誤差の構造モデルを併用する場合（式 (2.19) 参照）の不確かさの合成を考える。測定結果 y は式 (2.19) の平均として

$$y = \bar{\bar{y}} = f_{\text{sys}}(x_1,\, x_2, \cdots,\, x_N) + \bar{\delta} + \bar{\bar{\varepsilon}} \tag{2.41}$$

と求める。これから不確かさの伝播則はつぎのようになる。

$$u_{\text{c}}^2(y) = \sum_i \left(\frac{\partial f_{\text{sys}}}{\partial x_i} \right)^2 u_{\text{sys}}^2(x_i) + \frac{s_\delta^2}{J} + \frac{s_\varepsilon^2}{JK} \tag{2.42}$$

ここで，s_δ^2，s_ε^2 はそれぞれ δ_j，ε_{jk} の分散の推定値である。式 (2.19) に関して述べたように，x_i の不確かさの偶然的成分はすでに s_δ^2 と s_ε^2 の中に反映されているため，$u_{\text{sys}}(x_i)$ には系統的成分のみを含めるようにする。

[例 5]　測定モデルが明示的な関数として表せない場合

測定量 y が計算機による数値計算で求まる場合のように，y が入力量 x_i の関数として明示的に書き下せない場合がある。このとき，偏微分の計算は解析的には実行できない。しかし，Δ_i を十分に小さい微小量として

$$\frac{\partial f}{\partial x_i} \cong \frac{f(x_1,\cdots,x_i+\Delta_i,\cdots)-f(x_1,\cdots,x_i-\Delta_i,\cdots)}{2\Delta_i} \tag{2.43}$$

から，数値的に感度係数を計算することができる。同じ考え方で，理論的に計算できない感度係数を実験的に評価する場合がある。

2.6　不確かさの表現と報告

2.6.1　合成標準不確かさと拡張不確かさ

不確かさは，合成標準不確かさ $u_\mathrm{c}(y)$，もしくはそれに**包含係数**（coverage factor）k を掛けた**拡張不確かさ**（expanded uncertainty）$U = k\,u_\mathrm{c}(y)$ により報告する。合成標準不確かさは，例えば基礎物理定数の報告など，物理学の分野ではよく用いられる[10]。合成標準不確かさの評価には，測定結果 y に付随する確率分布[†]の関数形を知る必要がないので，簡潔で仮定の少ない報告が可能である。不確かさの表現の仕方に特別の要求や制約がない場合は，合成標準不確かさを用いるとよい。

一方，拡張不確かさ U は，$y \pm U$ の形の信頼の区間として用いられる。区間としての表現のほうが，単に標準偏差を表す合成標準不確かさよりも直感的にわかりやすいといった理由で，拡張不確かさの利用が好まれる場合が少なくない。測定器の校正証明書の記載や，試験所・校正機関の測定能力の指標として，拡張不確かさがよく利用されている。ただし，包含係数を厳密に決めるには確率分布の関数形の詳細を知る必要があり，その妥当性の確認が難しいことが多い。また，測定の結果が他の測定の入力量として利用されるとき，拡張不確かさは標準不確かさに戻して用いられるので，拡張不確かさは必ずしも必要でな

---

† 不確かさの定義における「合理的に測定量に結び付けられ得る値」の分布を意味する。

い。拡張不確かさの利用に際しては，不確かさを拡張不確かさで表現すること
が本当に必要か吟味しておくのがよい。

2.6.2 拡張不確かさの計算

包含係数 k は，測定結果 y を中心とする $\pm U$ の区間が，y に付随する確率分
布の大部分の割合 P を含むように決められる。この P を包含確率（coverage
probability）[†] といい，区間 $y \pm U$ を包含区間（coverage interval）という。統
計学の区間推定では，歴史的に 95％の信頼水準が用いられることが多かったた
め，不確かさ評価でも $P = 0.95$ が選ばれることが多い。以下でも $P = 0.95$ を
前提に話を進める。

標準偏差 σ の正規分布については，中心の周りの $\pm 2\sigma$ の区間がおよそ 95％の
包含確率を与える。このため

(1) y に付随する確率分布が正規分布である

(2) $u_c(y)$ が標準偏差 σ の信頼性の高い推定値である

の 2 条件が近似的にせよ成立していると考えられる場合，約 95％の包含確率に
対応する標準的な包含係数の値として，$k = 2$ が用いられることが多い[11]。

条件 (1) は，中心極限定理が満たされていれば成立するが，実際にこの定理
の成立を確認することは容易でない。そのため，y に付随する確率分布が正規
分布でないことが明白な場合（例えば，一様分布を想定したタイプ B 評価の不
確かさ成分の一つが支配的で，y の確率分布が実質上この一つの成分だけで決
まる場合）を除き，条件 (1) は機械的に仮定されることが多い。

一方，条件 (2) は，後に説明する有効自由度の概念を用いると，「$u_c(y)$ に付随
する有効自由度が十分に大きい」と言い換えることができる。このとき，$u_c(y)$
自体の不確かさは十分に小さくて，$u_c(y)$ は σ の信頼性の高い推定値と考えるこ
とができる。明白な技術的根拠に基づくものではないが，一般に，有効自由度

[†] 包含確率は，統計学でいう「信頼水準」（confidence level）に対応する。ただし，不確
かさ評価における確率の概念は，伝統的統計学でのそれとは部分的に異なる（2.2.2 項
参照）ことに配慮して，「信頼の水準」（level of confidence）と呼ばれることがある。

が 10 以上ならば条件 (2) が成立すると見なされることが多い（GUM G.6.6）。この条件が成立しないときの包含係数の選択については 2.7.5 項で述べる。

なお，条件 (1) の成立が疑わしい場合に，入力量の確率分布を与えて測定量 y がどのような確率分布に従うかを数値的に計算する方法として，モンテカルロ法を利用した確率分布の伝播の計算の指針が，GUM の補足文書として公開されている[12]。

2.6.3 不確かさの報告

不確かさの報告では，それが標準不確かさか拡張不確かさかを明記するとともに，拡張不確かさの場合，包含係数の値を必ず併記する。いずれの場合でも，不確かさは原則として有効数字 2 桁で表し，測定結果の最小桁は不確かさに揃える。報告の例を以下に示す。標準的包含係数 $k = 2$ 以外を用いる拡張不確かさの報告の例は，2.7.5 項に示す。

[例 1] 測定結果 y は 32.15 °C，その合成標準不確かさ $u_c(y)$ は 0.41 °C である。

[例 2] 測定結果は 32.15 °C±0.82 °C である。ここで，記号 ± 以下の数値は包含係数を 2 とする拡張不確かさを表す。

[例 3] 測定結果 y は 32.15 °C，その拡張不確かさ U は 0.82 °C である。ここで U は包含係数を 2 として求めた拡張不確かさで，$y \pm U$ は約 95 ％の信頼の水準を持つと推定される区間を定める。

2.7 不確かさ評価の実際

本節では，不確かさ評価を実際に行う際に有用な事項をいくつか述べる。

2.7.1 記号の用い方

不確かさ成分が多数あると不確かさの解析は複雑になる。混乱を避けるため，つぎのような記号を一貫して用いるべきである。

- $u(x_i)$: 入力量 x_i の標準不確かさ
- $u_i(y) = |\partial y/\partial x_i| u(x_i)$: x_i の不確かさに由来する y の標準不確かさ
- $u_k(x_i)$: $u(x_i)$ に複数の成分があるときの第 k 成分。$u_{\mathrm{rep}}(x_i)$, $u_{\mathrm{cal}}(x_i)$ のように意味を推測しやすい添え字（rep: repeatability, cal: calibration など）を使うと混乱しにくい。
- $u_{\mathrm{c}}(y)$: 測定結果 y の合成標準不確かさ（添え字 c は省かれる場合もある）
- U: 拡張不確かさ

標準不確かさを単に u_i と表したり（何の不確かさか不明），$U(x_i)$ と表したり（拡張不確かさと混乱）することは避けるべきである。

2.7.2 既知のかたよりを補正しない場合の不確かさ評価

大きさを推定可能なかたよりは，原則としてすべて補正すべきである。実際，前節までの不確かさ評価の論理は，測定結果 y が最良推定値であること（測定量の真値を μ として $E[y] = \mu$ であること）が前提であった。しかし，例えば，生産現場において補正しないほうが経済合理性がある，あるいは，かたよりの大きさの推定がきわめて大まかにしか行えない，などの理由で，既知のかたよりを補正しない値を最終的な測定結果とすることがしばしばある。本項では，このような場合の不確かさ評価の考え方の一つを示す[13]。

測定器の指示値 q_k のデータの構造が $q_k = \mu + \Delta + \varepsilon_k$ と表されると考える。ここで，μ は測定量の真値，Δ は系統誤差，ε_k は偶然誤差で，いずれも不可知量である。測定器を校正すれば Δ の推定値 c が得られる。c を補正する場合の測定結果を y_{c}，補正しない場合の測定結果を y_{nc} とすると

$$y_{\mathrm{c}} = \bar{q} - c = \mu - (c - \Delta) + \bar{\varepsilon} \tag{2.44}$$

$$y_{\mathrm{nc}} = \bar{q} = \mu + \Delta + \bar{\varepsilon} \tag{2.45}$$

となる。y_{c} の誤差（μ との差）は $[-(c - \Delta) + \bar{\varepsilon}]$，$y_{\mathrm{nc}}$ の誤差は $\Delta + \bar{\varepsilon}$ で，これらの 2 乗の期待値を推定したものがそれぞれ $u^2(y_{\mathrm{c}})$, $u^2(y_{\mathrm{nc}})$ である（GUM E.3, F.2.4.5）ことから

$$u^2(y_c) = u^2(c) + u^2(\bar{q}) = u^2(c) + \frac{s_q^2}{n} \qquad (2.46)$$

$$u^2(y_{nc}) = [\Delta^2 の推定値] + u^2(\bar{q}) = c^2 + \frac{s_q^2}{n} \qquad (2.47)$$

を得る。式 (2.46) は式 (2.36) と等価である。また，式 (2.47) では Δ^2 を c^2 により推定した[†]。以上から，補正後の測定結果 y_c の不確かさの表式において形式的に $u(c)$ を c で置き換えると，補正しない測定結果 y_{nc} の標準不確かさが得られることがわかる。

　一方，拡張不確かさをどう求めるかは，y_{nc} に付随する確率分布の中心が真値 μ でないために単純でなく，いくつかの考え方がある[14]。しかし，簡便に，標準的包含係数 $k = 2$ を用いて，包含区間を $y_{nc} \pm 2u(y_{nc})$ とすると，c が Δ の，s_q が ε_k の標準偏差の良い推定値であって，ε_k が正規分布に従うときには，この包含区間はどのような Δ の大きさに対しても 95 ％を超える包含確率を与えることが示せる。すなわち，$y_{nc} \pm 2u(y_{nc})$ は，一般に過大だが簡便な 95 ％包含区間を与える。**図 2.3** は，この区間と真値 μ の関係を模式的に示している。確率変数としての y_{nc} は，$\mu + \Delta$ を中心とし，標準偏差が近似的に $s_q/\sqrt{n}$ の正規分布に従う。この分布の一つの実現値（測定結果）の周りの $\pm 2u(y_{nc})$ の区間は，95 ％以上の割合で μ を包含する。

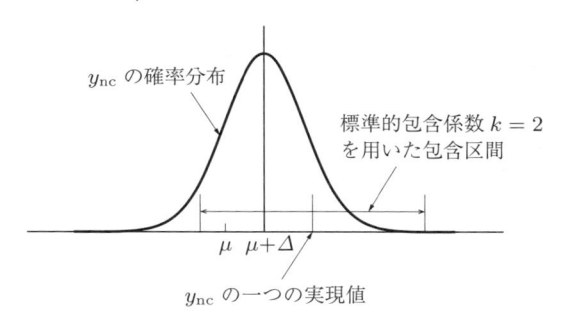

図 2.3 既知のかたよりを補正しない場合の
簡便な包含区間の構成

[†] 　厳密には，c^2 は Δ^2 の過大推定（c^2 の期待値 $= \Delta^2 + V[c]$）であるため，$u(y_{nc})$ は過大に（安全側に）評価されている。

2.7.3 入力量間に相関がある場合の伝播則

〔**1**〕 **入力量間の相関**　二つの入力量 x_i, x_j の測定値（あるいは推定値）について，それらが，(1) 同じ測定器で得られたものである，(2) 同一の標準にトレーサブルである，(3) それらの決定に同一の外部情報が用いられている，などの事情があると，これらに含まれる誤差 ε_i, ε_j の間に相関が生じうる。このとき，式 (2.33) の不確かさの伝播則は，つぎのように修正を受ける。

$$u_{\mathrm{c}}^2(y) = \sum_i \left(\frac{\partial f}{\partial x_i}\right)^2 u^2(x_i)$$
$$+ 2 \sum_i \sum_{j(j<i)} r(x_i, x_j) \frac{\partial f}{\partial x_i} \frac{\partial f}{\partial x_j} u(x_i) u(x_j) \tag{2.48}$$

$r(x_i,\ x_j)$ は，ε_i と ε_j $(i \neq j)$ の母相関係数 $\rho(x_i,\ x_j)$ の推定値である。また，測定モデルが式 (2.34) の形のとき，相対不確かさの伝播則はつぎのようになる。

$$\left(\frac{u_{\mathrm{c}}(y)}{y}\right)^2 = \sum_i \left(p_i \frac{u(x_i)}{x_i}\right)^2$$
$$+ 2 \sum_i \sum_{j(j<i)} r(x_i, x_j) \left(p_i \frac{u(x_i)}{x_i}\right) \left(p_j \frac{u(x_j)}{x_j}\right) \tag{2.49}$$

　相関の有無が合成後の不確かさにどう影響するかは，単純な測定モデルとして $y = x_1 + x_2$ を考えるとわかりやすい。$r(x_1,\ x_2) = 0, 1, -1$ のときの合成標準不確かさは，式 (2.48) よりそれぞれつぎのようになる。

$$u_{\mathrm{c}}(y) = \sqrt{u^2(x_1) + u^2(x_2)} \qquad (r(x_1,\ x_2) = 0 \text{ のとき}) \tag{2.50a}$$

$$u_{\mathrm{c}}(y) = u(x_1) + u(x_2) \qquad (r(x_1,\ x_2) = 1 \text{ のとき}) \tag{2.50b}$$

$$u_{\mathrm{c}}(y) = |u(x_1) - u(x_2)| \qquad (r(x_1,\ x_2) = -1 \text{ のとき}) \tag{2.50c}$$

すなわち，$r(x_1,\ x_2) = \pm 1$ の場合，$u_{\mathrm{c}}(y)$ は各成分の 1 乗の和，差となる。

　相関係数は実験的に評価する場合と理論的に推定する場合がある。これらはいわば相関係数のタイプ A 評価，タイプ B 評価と考えることができる。以下にそれぞれの例を示すが，前者の場合，つぎに示すように測定データの解析の順序を工夫するだけで相関係数の計算が不要になることが多い。

〔**2**〕 **相関係数を実験的に評価する場合** 表 **2.2** のデータを例として, 相関係数を実験的に求める場合の解析を説明する。表は, 標準とする温度計と校正対象温度計のプローブを横並びに設置し, それぞれの温度計の指示値 T_{Si} と T_{Di} を繰り返し 8 回 ($i = 1 \sim 8$) 記録したものである。各 i ごとの T_{Si}, T_{Di} は (ほぼ) 同時に得られたデータとする。校正対象温度計の補正値 c を求めるのに, つぎの 2 通りの方法が考えられる。

(1) T_{Si}, T_{Di} のそれぞれの平均 $\bar{T}_S$, $\bar{T}_D$ をまず求め, それらの差 $D = \bar{T}_S - \bar{T}_D$ を補正値とする。すなわち, $c = D$ とする。

(2) 各繰り返しでの差 $d_i = T_{Si} - T_{Di}$ をまず求め, それらの平均 $\bar{d}$ を補正値とする。すなわち, $c = \bar{d}$ とする。

いずれを採用しても同じ補正値 $c = -0.0891\,°\mathrm{C}$ を得る。しかし, 測定箇所の温度に時間的変動があれば, それは T_{Si}, T_{Di} の変動に共通に寄与するため, 方法 (1) における不確かさ評価では, これらの間の相関を考慮する必要が生じる。式 (2.9) より T_S と T_D の間の標本相関係数は $r_{SD} = 0.876$ となる。また, $u(\bar{T}_S) = s(T_S)/\sqrt{8} = 0.019\,°\mathrm{C}$, $u(\bar{T}_D) = s(T_D)/\sqrt{8} = 0.020\,°\mathrm{C}$ を用いると, 式 (2.48) よりつぎが得られる。

$$u_c(D) = \sqrt{u^2(\bar{T}_S) + u^2(\bar{T}_D) - 2r_{SD}u(\bar{T}_S)u(\bar{T}_D)}$$
$$= 0.0099\,°\mathrm{C} \tag{2.51}$$

表 **2.2** 温度計の校正データ

測定番号 (i)	標準温度計の指示値, $T_S/°\mathrm{C}$	校正対象温度計の指示値, $T_D/°\mathrm{C}$	指示値の差, $d/°\mathrm{C}$
1	21.939	22.060	−0.121
2	21.962	22.001	−0.039
3	21.915	22.037	−0.122
4	21.911	21.990	−0.079
5	21.868	21.943	−0.075
6	21.858	21.952	−0.094
7	21.819	21.927	−0.108
8	21.815	21.890	−0.075
平均	21.8859	21.9750	−0.0891

一方，方法 (2) では，差 d_i を作ることで測定点の温度変化の効果は相殺されるので，相関を考慮する必要がない。8 個の d_i の実験標準偏差 $s_d = 0.028\,^\circ\mathrm{C}$ を用いると，式 (2.21) よりつぎを得る。

$$u_\mathrm{c}(\bar{d}) = \frac{s_d}{\sqrt{8}} = 0.009\,9\,^\circ\mathrm{C} \tag{2.52}$$

このように，相関を適切に配慮する限り，平均化の演算と測定モデルに含まれる演算の順序を交換しても，求まる測定結果およびその不確かさはほぼ一致する[†]。しかし，相関を考慮するのは煩雑なので，方法 (2) がよく用いられる。一般に，タイプ A 評価において相関を考慮する必要がある場合，対応するデータの差や比を作ることにより，相関係数の計算を回避できることが多い。

〔**3**〕 **相関係数を理論的に推定する場合**　ブリッジ回路を用いた抵抗測定の例 (2.5 節の [例 2]) を用いて，相関係数を理論的根拠に基づいて推定する方法を説明する。回路の抵抗 R_A と R_B の値が同じ機関によって決定されたものならば，これらの値に含まれる誤差は独立でなく，相関がある可能性がある。例えば R_A，R_B の誤差の構造が，系統誤差を δ，偶然誤差を ε として $R_\mathrm{A} = \mu_\mathrm{A} + \delta_\mathrm{A} + \varepsilon_\mathrm{A}$，$R_\mathrm{B} = \mu_\mathrm{B} + \delta_\mathrm{B} + \varepsilon_\mathrm{B}$ のように表せるとする。ここで，μ_A，μ_B は真値，ε_A，ε_B は互いに独立とする。もし系統誤差について完全な相関（母相関係数が $\rho(\delta_\mathrm{A}, \delta_\mathrm{B}) = 1$）があるならば，$R_\mathrm{A}$ と R_B の相関係数はつぎの式から推定できる（母相関係数の定義式 (2.10) から容易に証明できる）。

$$r(R_\mathrm{A}, R_\mathrm{B}) = \frac{u(\delta_\mathrm{A}) \cdot u(\delta_\mathrm{B})}{u(R_\mathrm{A}) \cdot u(R_\mathrm{B})} \tag{2.53}$$

ここで，$u(\delta_\mathrm{A})$，$u(\delta_\mathrm{B})$ は，$u(R_\mathrm{A})$，$u(R_\mathrm{B})$ のうち系統誤差の寄与である。

　一般に二つの入力量の誤差の構造が，この例のように，完全な相関を有する成分と，独立な成分の和として書くことができ，それぞれの不確かさ成分の大きさがわかる場合には，上式を利用して相関係数を理論的に推定することができる。このような例の一つを式 (2.77) に示している。

[†]　この一致は，この例のように測定モデルが入力量について線形の場合は厳密である。線形でなくても式 (2.32) の線形近似が良好な場合，良い近似で成立する。

しかし，一般には，相関係数の値の合理的な推定は難しい場合が多いだろう。このような場合，合成後の不確かさが過小評価にならない方向（安全側評価）で，0, 1, −1 などの簡単な値で代用することが多い（章末問題【2】参照）。

相関を考慮した伝播則は煩雑になるため，相関を考慮しないで済む工夫があればそれが望ましい。相関を持ちうる 2 変数の片方を，2 変数の差や比で置き換えるという簡単な変数変換により，相関が無視しうる変数の組に変換できることがしばしばある（例えば，GUM H.1.2 参照）。

2.7.4 不確かさのバジェット表

合成した不確かさの各成分について，その大きさや算出過程を表にまとめたものを，不確かさのバジェット表という。入力量 x_i の標準不確かさの第 j 成分を $u_j(x_i)$ とすると，バジェット表には，各 $u_j(x_i)$ について，入力量 x_i を識別する名称や記号，第 j 不確かさ成分 $u_j(x_i)$ の原因，$u_j(x_i)$ の大きさ，評価のタイプ（A か B か），感度係数 c_i，$u_{ij}(y) = |c_i| \cdot u_j(x_i)$ の大きさなどを記載することが多い。また，寄与率 $u_{ij}^2(y)/u_c^2(y)$ の欄を設けると，合成標準不確かさの中で当該成分がどれほど重要かが明白になる。さらに，必要に応じて，各成分の自由度（次項参照）が記入されることもある。バジェット表の実例については *2.8* 節を参照されたい。

2.7.5 t 分布を用いた包含係数の計算

拡張不確かさを報告する場合に，*2.6.2* 項で挙げた条件 (2) が成立しにくいと考えられる場合がある。タイプ A 評価の実験標準偏差の自由度が小さい，あるいはタイプ B 評価で想定する先験的分布に十分な確信がないなどの理由で，$u_c(y)$ の信頼性が低い場合である。このとき，$u_c(y)$ に有効自由度を割り当てた上で，Student の t 分布を用いて包含係数を計算する方法がある。その手順はつぎのとおりである。

(1) 標準不確かさ $u(x_i)$ の自由度 ν_i を，$u(x_i)$ がタイプ A 評価によるときは
$\nu_i = n_i - 1$（n_i は実験標準偏差を求めるデータの個数）から，また，タイ

プ B 評価によるときは

$$\nu_i = \frac{1}{2} \left[\frac{\Delta u(x_i)}{u(x_i)} \right]^{-2} \tag{2.54}$$

から求める。ここで，$\Delta u(x_i)$ は $u(x_i)$ 自体の曖昧さを標準偏差として表現
したものである。

(2)　合成標準不確かさ $u_{\mathrm{c}}(y)$ の有効自由度（effective degrees of freedom）
ν_{eff} を Welch-Satterthwaite の近似式

$$\frac{u_{\mathrm{c}}^4(y)}{\nu_{\mathrm{eff}}} = \sum_i \frac{[c_i u(x_i)]^4}{\nu_i} \tag{2.55}$$

により計算する。ここで，$c_i = \partial y / \partial x_i$ は感度係数である。

(3)　自由度 ν_{eff} の t 分布の両側 $(1 - P)$ 点 $t(P; \nu_{\mathrm{eff}})$ を包含係数とする。す
なわち

$$k = t(P; \nu_{\mathrm{eff}}) \tag{2.56}$$

とする。

両側 $(1 - P)$ 点とは，t 分布の確率変数が範囲 $\pm t(P; \nu_{\mathrm{eff}})$ の外側に出る確率
が $1 - P$ になるように選ばれた境界値である。$P = 0.95$ の場合の，代表的な自
由度 ν の値に対する k の値を**表 2.3**に示す。ν_{eff} は一般に整数でないので，こ
のような表（t 分布表という）を利用する際には，ν_{eff} を切り下げて整数とする
か，上下の値の直線補間を行う。$\nu \to \infty$ の極限で，t 分布は標準正規分布（中

表 **2.3**　t 分布による 95 ％包含係数の値

自由度 ν	95 ％包含係数 k	自由度 ν	95 ％包含係数 k
1	12.71	10	2.23
2	4.30	15	2.13
3	3.18	20	2.09
4	2.78	30	2.04
5	2.57	40	2.02
6	2.45	50	2.01
7	2.36	100	1.98
8	2.31	200	1.97
9	2.26	∞	1.96

心が 0，標準偏差が 1 の正規分布）に一致し，$k = 1.96$ となる。2.6.2 項で述べた標準的包含係数 $k = 2$ はこれを近似したものである。

　式 (2.54) は，タイプ B 不確かさの自由度の「定義」であり，GUM で新たに導入された。この式は，タイプ A 評価において実験標準偏差 s 自体のばらつきと s の自由度の間に成立する関係を，タイプ B 不確かさの自由度の定義として読み替えたものである。タイプ B 不確かさの自由度の見積もりの例を以下に示す。

[例 1]　ディジタル表示の測定器において，繰り返し測定で同一値が得られる場合，表示の量子化に伴う不確かさを考慮する必要がある（2.4.4 項の [例 4]）。その大きさは，表示の分解能から一意的に決まり，曖昧さがないため，$\Delta u(x_i) = 0$ としてよい。このとき，式 (2.54) から，自由度は ∞ となる。

[例 2]　測定器の校正証明書に，包含係数を $k = 2$ とする拡張不確かさ U の値と，$\pm U$ は包含確率がおよそ 95 ％の包含区間を与えるとの記載があったとする。$k = 2$ は自由度がおよそ ∞ に相当する（**表 2.3**）ので，校正結果の不確かさの自由度を ∞ としてよいだろう。

[例 3]　外部情報を手がかりに，x_i の先験的分布として半幅 δ の一様分布を想定し，標準不確かさを $u(x_i) = \delta/\sqrt{3}$ と評価した。しかし，同じ半幅の三角分布（標準偏差 $\delta/\sqrt{6}$）も一定の妥当性があると考えられた。そこで，$u(x_i)$ 自体は一様分布の値を採用することとし，$\Delta u(x_i)$ の大まかな見積もりとして，$\delta/\sqrt{3}$ と $\delta/\sqrt{6}$ の差の半分（およそ 0.085δ）を採用することとする。$\Delta u(x_i)/u(x_i) \cong 0.015$ を式 (2.54) に代入し，自由度が $\nu_i = 23.3 \cong 23$（切り下げ）と求まる。

　t 分布を用いて包含係数を求めたとき，拡張不確かさはつぎの例のように報告する。

　[例]　測定結果 y は $32.15\,°\mathrm{C}$，その拡張不確かさ U は $0.93\,°\mathrm{C}$ である。ここで，U は自由度 9 の t 分布に基づく包含係数 2.26 から求めた拡張不確

かさであり，$y \pm U$ は約 95 ％の信頼の水準を持つと推定される区間を定める。

式 (2.54) における不確かさ自体の曖昧さ $\Delta u(x_i)$ を定量的に見積もることは容易でないことが多い。このため，タイプ B 評価で $u(x_i)$ を大きめに評価した上で，その自由度を ∞ とすることがある。しかし，このような見積もりは便宜的で，科学的正当性はないことに注意が必要である。実際，自由度を ∞ とすることは，その不確かさの大きさが十分信頼できると見なすことになるが，大きめに評価した不確かさが信頼できるとは，けっしていえない。また，タイプ B 評価をタイプ A 評価より信頼性が高いと機械的に仮定することも不合理である。有効自由度の適切な見積もりができない場合には，t 分布を利用する意味はないため，式 (2.54) や式 (2.55) のような込み入った計算を含まない標準的包含係数 $k = 2$ を，近似的であることを認識した上で用いるのが実際的であろう。

2.8 温度測定における不確かさの評価事例

この節では，温度測定の三つの例を対象として，不確かさの評価方法を具体的に示す[†]。

2.8.1 熱電対による温度測定の不確かさ

〔1〕 測定方法と測定モデル   挿し込み式温度計を，高純度アルミナ製保護管に入れた R 熱電対，補償導線，計測器から，図 2.4 のように構成する。温度計は図 4.37 に示す状態で，およそ 1000 °C の反応槽の温度制御に用いる。

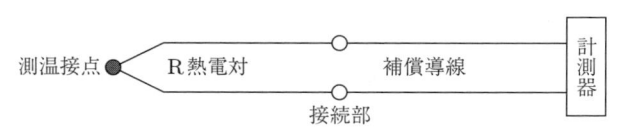

測温接点   R熱電対   接続部   補償導線   計測器

図 2.4 挿し込み式温度計の構成模式図

[†] 計算途中のものも含めて不確かさは有効数字を 2 桁として表記しているが，実際の計算はさらに下の桁まで行っているため，計算結果と見かけの数値が一致しないことがある。

計測器は JIS C 1602 に記載された規準起電力表を内蔵しており，熱電対が出力する起電力に対応する温度を表示する。挿し込み式温度計は，購入したものを校正することなく 1 年間継続的に使用し，その後は熱電対部分を廃棄・更新するものとする。表示温度 t_{d} は 1 分間に 1 回記録し，温度制御の目的に利用する。ある時点で得た測定結果を y と書くと，測定モデルは

$$y = t_{\mathrm{d}} \tag{2.57}$$

となる。これは式 (2.13) において平均をとらない最も簡単な場合に相当する。

〔**2**〕 **標準不確かさの評価**　　t_{d} に含まれる不確かさ成分が少なくないため，ここでは t_{d} について誤差の構造モデル（*2.3.2* 項）を書き下すことにする。反応槽中心部の温度を知りたいものとし，その真の値を μ とすると，誤差の構造モデルはつぎのように書ける。

$$t_{\mathrm{d}} = \mu + \delta\mu + \Delta_{\mathrm{ini}} + \Delta_{\mathrm{dft}} + \varepsilon_{\mathrm{rep}} \tag{2.58}$$

ここで，$\delta\mu$ は温度計感温部と反応槽中心部の温度差，Δ_{ini} は温度計ごとの初期特性の違いに起因する誤差，Δ_{dft} は 1 年間使用する間に生じうる測定器のドリフト（t_{d} はこの 1 年のどの時点で得たものか，ここでは指定しないものとする），$\varepsilon_{\mathrm{rep}}$ は繰り返し測定に伴う偶然誤差をそれぞれ表す。不確かさの伝播則を式 (2.58) に適用すると，次式を得る。

$$u_{\mathrm{c}}^2(y) = u^2(t_{\mathrm{d}}) = u^2(\delta\mu) + u^2(\Delta_{\mathrm{ini}}) + u^2(\Delta_{\mathrm{dft}}) + u^2(\varepsilon_{\mathrm{rep}}) \tag{2.59}$$

この例では感度係数はすべて 1 である。右辺の各成分を以下で評価する。

- $u(\delta\mu)$：　温度差 $\delta\mu$ が生じる主要因は，反応槽内の温度分布の存在と温度計の挿入長が十分でない場合の熱流出（*4.6.1* 項〔*1*〕参照）である。反応槽内温度分布は，過去の実験データから $\pm1.5\,^\circ\mathrm{C}$ の範囲にあることがわかっている。一方，熱流出については，JIS Z 8710 に推奨されているように，挿入長は保護管直径の 20 倍以上を確保しているため，温度計を通じての熱流出の寄与は無視しうるものと考える。以上から，$\delta\mu$ に対し

て ±1.5 °C の範囲内の一様分布を想定して，つぎを得る。

$$u(\delta\mu) = \frac{1.5\,^\circ\text{C}}{\sqrt{3}} = 0.87\,^\circ\text{C} \tag{2.60}$$

- $u(\Delta_{\text{ini}})$：温度計ごとの初期特性の違いに起因する誤差 Δ_{ini} は，さらに，R 熱電対素線に付随するもの（$\Delta_{\text{ini}(1)}$），補償導線に付随するもの（$\Delta_{\text{ini}(2)}$），計測器に付随するもの（$\Delta_{\text{ini}(3)}$）に分割できる（$\Delta_{\text{ini}} = \Delta_{\text{ini}(1)} + \Delta_{\text{ini}(2)} + \Delta_{\text{ini}(3)}$）。R 熱電対は JIS C 1602 に規定された Class 2（1 000 °C における許容差は ±2.5 °C）を用いている。これから $\Delta_{\text{ini}(1)}$ に対して一様分布を想定すると，つぎを得る。

$$u(\Delta_{\text{ini}(1)}) = \frac{2.5\,^\circ\text{C}}{\sqrt{3}} = 1.4\,^\circ\text{C}$$

R 熱電対用の補償導線として RCB を使用しており，その許容差は ±60 μV である（**表 4.10** 参照）。R 熱電対の 1 000 °C 付近での熱起電力感度は 13.23 μV/°C なので，60 μV の電圧変動は 60 μV/(13.23 μV/°C) = 4.5 °C の温度変動に相当する。そこで，$\Delta_{\text{ini}(2)}$ に対して ±4.5 °C の範囲の一様分布を想定すると，つぎを得る。

$$u(\Delta_{\text{ini}(2)}) = \frac{4.5\,^\circ\text{C}}{\sqrt{3}} = 2.6\,^\circ\text{C}$$

計測器の仕様書から，冷接点補償も含めた精度は 1 000 °C のとき，2.8 °C である。そこで，$\Delta_{\text{ini}(3)}$ に対して ±2.8 °C の範囲の一様分布を想定して，つぎを得る。

$$u(\Delta_{\text{ini}(3)}) = \frac{2.8\,^\circ\text{C}}{\sqrt{3}} = 1.6\,^\circ\text{C}$$

以上から

$$u(\Delta_{\text{ini}}) = \sqrt{1.4^2 + 2.6^2 + 1.6^2}\,^\circ\text{C} = 3.4\,^\circ\text{C} \tag{2.61}$$

となる。

- $u(\Delta_{\text{dft}})$：この温度計をこの例のような環境において使用するとき，温

度計に1年間に生じるドリフトの大きさは，文献から温度に換算して $1\,^{\circ}\mathrm{C}$ を超えないと推測できる[†]。Δ_{dft} に対して $\pm 1\,^{\circ}\mathrm{C}$ の範囲の一様分布を想定すると

$$u(\Delta_{\mathrm{dft}}) = \frac{1\,^{\circ}\mathrm{C}}{\sqrt{3}} = 0.58\,^{\circ}\mathrm{C} \tag{2.62}$$

となる。

- $u(\varepsilon_{\mathrm{rep}})$： 反応槽に対する一連の実測データには反応槽自体の温度変動が含まれるので，これらのデータは温度計の繰り返し性の評価には適当でない。そこで，時間的に十分に安定していることが確認された約 $1\,000\,^{\circ}\mathrm{C}$ の炉を別途準備し，これに温度計を挿入して，1分ごとに1回，計10回の繰り返しデータをとったものが**表2.4**である。その実験標準偏差は $0.17\,^{\circ}\mathrm{C}$ であることから

$$u(\varepsilon_{\mathrm{rep}}) = 0.17\,^{\circ}\mathrm{C} \tag{2.63}$$

となる。測定結果（式 (2.57)）は，繰り返し数1ゆえ，式 (2.63) には $1/\sqrt{10}$ の因子は現れないことに注意する（2.4.2項〔1〕を参照）。

表2.4 反応槽温度の測定データ

繰り返し番号, i	表示温度, $t_{\mathrm{d}}/^{\circ}\mathrm{C}$
1	1 001.2
2	1 000.9
3	1 001.0
4	1 000.7
5	1 001.1
6	1 001.0
7	1 000.8
8	1 001.0
9	1 000.8
10	1 001.2

[†] 長尺絶縁管を使用しているとし，4章の文献 65) における $1\,400\,^{\circ}\mathrm{C}$ での $1\,300$ 時間の結果から推測。

〔**3**〕 **不確かさの合成** 以上の結果を式 (2.59) に代入して，つぎの合成標準不確かさを得る。

$$u_c(y) = 3.6\,^{\circ}\mathrm{C} \tag{2.64}$$

表 2.5 に，以上の計算をバジェット表として整理する。表中の寄与率から，この例では，温度計ごとの初期特性の違いが，不確かさ全体の中で支配的要因であることがわかる。包含係数を $k = 2$ とすると，拡張不確かさとしてつぎを得る。

$$U = 7.1\,^{\circ}\mathrm{C} \tag{2.65}$$

表 2.5 熱電対による反応槽温度の測定の不確かさのバジェット表

不確かさの要因	標準不確かさ $u_i(y)$	寄与率 $u_i^2(y)/u_c^2(y)$
温度計感温部と反応槽中心部の温度差 $(\delta\mu)$	$0.87\,^{\circ}\mathrm{C}$	0.059
温度計ごとの初期特性の違い (Δ_{ini})	$3.4\,^{\circ}\mathrm{C}$	0.912
R 熱電対素線 $(\Delta_{\mathrm{ini}(1)})$	$1.4\,^{\circ}\mathrm{C}$	0.164
補償導線 $(\Delta_{\mathrm{ini}(2)})$	$2.6\,^{\circ}\mathrm{C}$	0.541
計測器 $(\Delta_{\mathrm{ini}(3)})$	$1.6\,^{\circ}\mathrm{C}$	0.206
使用期間中に温度計に生じるドリフト (Δ_{dft})	$0.58\,^{\circ}\mathrm{C}$	0.026
繰り返し測定のばらつき $(\varepsilon_{\mathrm{rep}})$	$0.17\,^{\circ}\mathrm{C}$	0.002
合成標準不確かさ	$3.6\,^{\circ}\mathrm{C}$	1.000

2.8.2 工業用白金測温抵抗体の $0\,^{\circ}\mathrm{C}$ における抵抗値の不確かさ

〔**1**〕 **測定方法と測定モデル** 公称抵抗値 $100\,\Omega$ の 4 導線式工業用シース白金測温抵抗体 (Pt100 と略す) の $0\,^{\circ}\mathrm{C}$ での抵抗値 R_x を，電圧降下法で測定した。**図 2.5** に示すように，氷点槽に Pt100 を浸漬し，測定回路には，直流電源，標準抵抗器 (抵抗値 R_s)，Pt100 を直列に接続した。標準抵抗器は 1 年に 1 回校正しており，直近の校正結果は $20\,^{\circ}\mathrm{C}$ において $R_s = 100.002\,00\,\Omega \pm 0.000\,25\,\Omega$ (包含係数 $k = 2$) であった。標準抵抗器と Pt100 にかかる電圧 (それぞれ E_s，E_x とする) を，スキャナのチャネルを切り替えながら電圧計で測定した。回路に流れる電流は，オームの法則により $I = E_s/R_s$ であるから，R_x はつぎのように求まる。

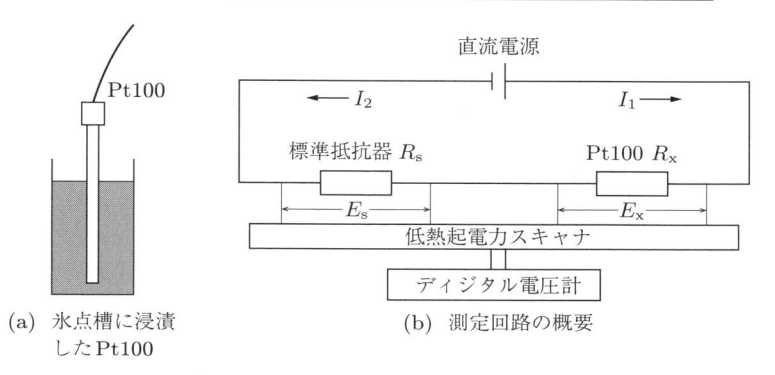

(a) 氷点槽に浸漬
　　したPt100

(b) 測定回路の概要

図 2.5 氷点（約 0 °C）での Pt100 抵抗値測定の概念図と測定回路

$$R_\mathrm{x} = \frac{E_\mathrm{x}}{I} = R_\mathrm{s} \cdot \frac{E_\mathrm{x}}{E_\mathrm{s}} \qquad (2.66)$$

この式が本例の測定モデルである。測定電流は直流 1 mA とし，回路内で発生する寄生熱起電力を除去するために，電圧は測定電流の向きを反転させて測定し，両者の絶対値の平均を 1 回の測定値とした。この測定を 10 回繰り返した結果を**表 2.6** に示す。

表 2.6　電圧 $E_\mathrm{s}, E_\mathrm{x}$ の測定値とこれらから求めた抵抗値 R_x

繰り返し番号, i	E_s/mV	E_x/mV	R_x/Ω
1	100.002 2	99.998 9	99.998 7
2	100.001 9	99.998 6	99.998 7
3	100.001 9	99.998 9	99.999 0
4	100.002 1	99.998 9	99.998 8
5	100.002 2	99.998 7	99.998 5
6	100.002 0	99.998 3	99.998 3
7	100.001 7	99.998 4	99.998 7
8	100.001 9	99.998 8	99.998 9
9	100.001 9	99.998 2	99.998 3
10	100.001 8	99.998 1	99.998 3
平　均	100.001 96	99.998 58	99.998 62

R_x を求める方法として，各回のデータ $E_{\mathrm{x}i}, E_{\mathrm{s}i}$（$i = 1 \sim 10$）のそれぞれについて抵抗値 $R_{\mathrm{x}i}$ を計算し，その平均 $\bar{R}_\mathrm{x}$ を求める方法と，$E_{\mathrm{x}i}, E_{\mathrm{s}i}$ のそれぞれの平均 $\bar{E}_\mathrm{x}, \bar{E}_\mathrm{s}$ を式 (2.66) に代入する方法の 2 通りがある。ここでは前者を

採用する[1]。これから，測定結果がつぎのように得られる。

$$R_{\mathrm{x}} = 99.998\,62\,\Omega \tag{2.67}$$

〔**2**〕 **不確かさ評価の基本方針**   式 (2.67) の抵抗値の不確かさを評価する。第一に，式 (2.66) で計算される抵抗値 R_{x} は氷点槽の温度 t における値 $R_{\mathrm{x}}(t)$ であり，t が厳密には $0\,°\mathrm{C}$ でないためにわれわれの知りたい抵抗値 $R_{\mathrm{x}}(0)$ とは異なる可能性を考慮する必要がある。t の $0\,°\mathrm{C}$ からのずれ Δt が十分小さいとき，$R_{\mathrm{x}}(t)$ の 1 次までのテイラー展開に基づいて，次式が近似的に成立する。

$$y = R_{\mathrm{x}} - c \cdot \Delta t \tag{2.68}$$

ただし，表記の簡単のため，最終的に知りたい測定量である $R_{\mathrm{x}}(0)$ を y，Pt100 の抵抗値の $0\,°\mathrm{C}$ 近傍での感度 $\mathrm{d}R_{\mathrm{x}}(t)/\mathrm{d}t$ を c と書いた。3.2.2 項の式 (3.14) より $c = 0.391\,\Omega/°\mathrm{C}$ である。測定では Δt の大きさは不明であり，補正しない（すなわち $\Delta t = 0$ と推定する）が，その不確かさ $u(\Delta t)$ は考慮する必要がある。

式 (2.68) に不確かさの伝播則を適用すると，次式を得る。

$$
\begin{aligned}
u_{\mathrm{c}}^2(y) &= u^2(R_{\mathrm{x}}) + c^2 u^2(\Delta t) + (\Delta t)^2 u^2(c) \\
&= u^2(R_{\mathrm{x}}) + c^2 u^2(\Delta t)
\end{aligned} \tag{2.69}
$$

ただし，$\Delta t = 0$ を利用した。式 (2.69) のうち $u^2(R_{\mathrm{x}})$ は，つぎのように，偶然的成分 $u_{\mathrm{rep}}^2(R_{\mathrm{x}})$（繰り返し測定のばらつきを表す成分）と系統的成分 $u_{\mathrm{sys}}^2(R_{\mathrm{x}})$ に分割しておくと，不確かさ評価の方針が明瞭になる[2]。

$$u^2(R_{\mathrm{x}}) = u_{\mathrm{rep}}^2(R_{\mathrm{x}}) + u_{\mathrm{sys}}^2(R_{\mathrm{x}}) \tag{2.70}$$

---

[1] 後者の場合，不確かさ評価において E_{xi} と E_{si} のばらつきの相関を考慮する必要が生じるため，計算が多少煩わしくなる（2.7.3 項〔2〕参照）。

[2] この分割は，式 (2.19) のような測定モデルと誤差の構造モデルを併用したモデルに伝播則を適用することによって，形式的に導くこともできる。

$u_{\mathrm{rep}}(R_{\mathrm{x}})$ は**表 2.6** の R_{x} のデータを用いてタイプ A 評価する。また，系統的成分 $u_{\mathrm{sys}}(R_{\mathrm{x}})$ は，式 (2.66) に相対不確かさの伝播則を適用して，つぎのように求めることができる（式 (2.49) 参照）。

$$\left(\frac{u_{\mathrm{sys}}(R_{\mathrm{x}})}{R_{\mathrm{x}}}\right)^2 = \left(\frac{u_{\mathrm{sys}}(R_{\mathrm{s}})}{R_{\mathrm{s}}}\right)^2 + \left(\frac{u_{\mathrm{sys}}(E_{\mathrm{x}})}{E_{\mathrm{x}}}\right)^2 + \left(-\frac{u_{\mathrm{sys}}(E_{\mathrm{s}})}{E_{\mathrm{s}}}\right)^2$$
$$+ 2r(E_{\mathrm{x}},\, E_{\mathrm{s}})\left(\frac{u_{\mathrm{sys}}(E_{\mathrm{x}})}{E_{\mathrm{x}}}\right)\left(-\frac{u_{\mathrm{sys}}(E_{\mathrm{s}})}{E_{\mathrm{s}}}\right) \quad (2.71)$$

右辺の標準不確かさは，すべて系統的成分を表すことに注意する。ここで，E_{x} と E_{s} の測定に同じ電圧計を使っているため，電圧計の系統誤差がこれらに共通に含まれることによる相関が存在する可能性を考慮した。したがって，上式の $r(E_{\mathrm{x}},\, E_{\mathrm{s}})$ は E_{x} と E_{s} の系統誤差の間の相関係数の推定値を表す。式 (2.69) から式 (2.71) をまとめて，あらためて相対標準不確かさの合成として表すと，次式を得る。

$$\left(\frac{u_{\mathrm{c}}(y)}{y}\right)^2 = \left(\frac{c \cdot u(\Delta t)}{R_{\mathrm{x}}}\right)^2 + \left(\frac{u_{\mathrm{rep}}(R_{\mathrm{x}})}{R_{\mathrm{x}}}\right)^2 + \left(\frac{u_{\mathrm{sys}}(R_{\mathrm{s}})}{R_{\mathrm{s}}}\right)^2$$
$$+ \left(\frac{u_{\mathrm{sys}}(E_{\mathrm{x}})}{E_{\mathrm{x}}}\right)^2 + \left(-\frac{u_{\mathrm{sys}}(E_{\mathrm{s}})}{E_{\mathrm{s}}}\right)^2$$
$$+ 2r(E_{\mathrm{x}},\, E_{\mathrm{s}})\left(\frac{u_{\mathrm{sys}}(E_{\mathrm{x}})}{E_{\mathrm{x}}}\right)\left(-\frac{u_{\mathrm{sys}}(E_{\mathrm{s}})}{E_{\mathrm{s}}}\right) \quad (2.72)$$

ここで，y と R_{x} の値は等しい（$\Delta t = 0$ ゆえ）ことを利用した。

〔**3**〕 **標準不確かさの評価**　式 (2.72) 右辺の各成分を以下で評価する。

- $c \cdot u(\Delta t)/R_{\mathrm{x}}$：　測定に用いた氷点槽の温度の時間的安定性と空間的均一性を含めた $0\,°\mathrm{C}$ からの差は，別の実験で評価されており，拡張不確かさ $5.0\,\mathrm{mK}$（包含係数 $k = 2$）と表されている。これから，$u(\Delta t) = 5.0\,\mathrm{mK}/2 = 2.5\,\mathrm{mK}$ を得る。したがって

$$\frac{c \cdot u(\Delta t)}{R_{\mathrm{x}}} = 9.8 \times 10^{-6} \quad (2.73)$$

　となる。

- $u_{\mathrm{rep}}(R_{\mathrm{x}})/R_{\mathrm{x}}$：　**表 2.6** から R_{x} の実験標準偏差は $s = 2.6 \times 10^{-4}\,\Omega$ であ

る。R_x の値は 10 個のデータの平均として求めているので，$u_\mathrm{rep}(R_\mathrm{x}) = s/\sqrt{10} = 8.1 \times 10^{-5}$ Ω である。したがって

$$\frac{u_\mathrm{rep}(R_\mathrm{x})}{R_\mathrm{x}} = 8.1 \times 10^{-7} \tag{2.74}$$

となる。

- $u_\mathrm{sys}(R_\mathrm{s})/R_\mathrm{s}$: 標準抵抗の値 R_s の不確かさは，標準抵抗器の校正の不確かさ $u_1(R_\mathrm{s})$ と，抵抗器の 1 年の使用期間中に生じうる時間的変動 $u_2(R_\mathrm{s})$，および周囲温度が校正時温度 20 °C とは異なることに起因する不確かさ $u_3(R_\mathrm{s})$ からなる。校正証明書に記載されている拡張不確かさを包含係数で割ることにより

$$u_1(R_\mathrm{s}) = \frac{0.000\,25\,\Omega}{2} = 1.3 \times 10^{-4}\ \Omega$$

となる。標準抵抗器の過去の校正履歴から，1 年間の時間的変動は最大でも 0.000 1 Ω を超えないことがわかっている。そこで，変動の値として半幅 0.000 1 Ω の一様分布を想定し

$$u_2(R_\mathrm{s}) = \frac{0.000\,1\,\Omega}{\sqrt{3}} = 5.8 \times 10^{-5}\ \Omega$$

となる。**表 2.6** のデータは，20 °C ± 2 °C の範囲内に温度制御された測定室で得たものである。標準抵抗器の仕様から抵抗の温度係数は 2×10^{-4} Ω/°C である。測定室温度に対して 20 °C±2 °C の一様分布を想定することにより

$$u_3(R_\mathrm{s}) = (2 \times 10^{-4}\ \Omega/\text{°C}) \times \frac{2\,\text{°C}}{\sqrt{3}} = 2.3 \times 10^{-4}\ \Omega$$

である。以上から，$u_\mathrm{sys}(R_\mathrm{s}) = \sqrt{u_1^2(R_\mathrm{s}) + u_2^2(R_\mathrm{s}) + u_3^2(R_\mathrm{s})} = 2.7 \times 10^{-4}$ Ω となる。したがって

$$\frac{u_\mathrm{sys}(R_\mathrm{s})}{R_\mathrm{s}} = 2.7 \times 10^{-6} \tag{2.75}$$

となる。

- $u_{\text{sys}}(E_{\text{x}})/E_{\text{x}}$, $u_{\text{sys}}(E_{\text{s}})/E_{\text{s}}$： 系統的成分のみを評価することにあらためて注意する。$u_{\text{sys}}(E_{\text{x}})$ は，電圧計の校正の不確かさ $u_1(E_{\text{x}})$ と，校正期間 1 年の間に生じうる時間的変動 $u_2(E_{\text{x}})$，測定電流の反転で除去しきれないスキャナの寄生熱起電力の寄与 $u_3(E_{\text{x}})$ の三つがおもな成分である。このうち，$u_1(E_{\text{x}})$ と $u_2(E_{\text{x}})$ は上述 (3) と同様の考え方で評価でき，$u_1(E_{\text{x}}) = 4.0 \times 10^{-7}$ V，$u_2(E_{\text{x}}) = 2.0 \times 10^{-7}$ V を得る。一方，スキャナ以外で発生する寄生熱起電力は，測定電流の反転で除去できるものとし，スキャナの寄生熱起電力はメーカの公称値から $\pm 0.1\,\mu$V の一様分布と想定すると

$$u_3(E_{\text{x}}) = \frac{0.1\,\mu\text{V}}{\sqrt{3}} = 5.8 \times 10^{-8}\ \text{V}$$

  となる。以上から，$u_{\text{sys}}(E_{\text{x}}) = \sqrt{u_1^2(E_{\text{x}}) + u_2^2(E_{\text{x}}) + u_3^2(E_{\text{x}})} = 4.5 \times 10^{-7}$ V を得る。対応する相対標準不確かさは，つぎのとおりである。

$$\frac{u_{\text{sys}}(E_{\text{x}})}{E_{\text{x}}} = 4.5 \times 10^{-6} \tag{2.76}$$

  また，$u_{\text{sys}}(E_{\text{s}})/E_{\text{s}}$ もこれと同じ大きさである。

- $r(E_{\text{x}}, E_{\text{s}})$： E_{x} および E_{s} の大きさがほぼ同じなので，これらの測定値に含まれる系統誤差のうち，電圧計の校正誤差（$u_1(E_{\text{x}})$, $u_1(E_{\text{s}})$ に対応）および校正期間内に生じる電圧計の時間的変動（$u_2(E_{\text{x}})$, $u_2(E_{\text{s}})$ に対応）には，E_{x} と E_{s} 間で完全な相関があると考えてよいだろう。式 (2.53) で説明した考え方を適用して，相関係数の推定値 $r(E_{\text{x}}, E_{\text{s}})$ が，つぎのように求まる。

$$r(E_{\text{x}}, E_{\text{s}}) = \frac{\sqrt{u_1^2(E_{\text{x}}) + u_2^2(E_{\text{x}})} \cdot \sqrt{u_1^2(E_{\text{s}}) + u_2^2(E_{\text{s}})}}{u_{\text{sys}}(E_{\text{x}}) \cdot u_{\text{sys}}(E_{\text{s}})}$$
$$= 0.98 \tag{2.77}$$

相関係数は 1 に近いので，これをかりに 1 とすると，式 (2.72) 右辺の最後の 3 項は

$$\left(\frac{u_{\text{sys}}(E_{\text{x}})}{E_{\text{x}}} - \frac{u_{\text{sys}}(E_{\text{s}})}{E_{\text{s}}} \right)^2 \cong 0$$

となることに注意する。これは，電圧計の系統誤差の効果は式 (2.66) の分母と分子で打ち消し合い，不確かさに大きな寄与をもたらさないことを反映している。

〔4〕　不確かさの合成　　以上の結果を式 (2.72) に代入して，つぎの相対合成標準不確かさおよび合成標準不確かさを得る。

$$\frac{u_c(y)}{y} = 1.0 \times 10^{-5} \tag{2.78}$$

$$u_c(y) = 1.0 \times 10^{-3}\ \Omega \tag{2.79}$$

表 2.7 に以上の計算をバジェット表として整理する。また，包含係数を $k = 2$ とすると，拡張不確かさはつぎのようになる。

$$U = 2.0 \times 10^{-3}\ \Omega \tag{2.80}$$

表 2.7　白金測温抵抗体の $0\,°C$ での抵抗値の測定における不確かさのバジェット表

不確かさの要因	標準不確かさ	相対標準不確かさ
氷点槽温度の $0\,°C$ からのずれ	$c \cdot u(\Delta t) = 9.8 \times 10^{-4}\ \Omega$	$c \cdot u(\Delta t)/R_x = 9.8 \times 10^{-6}$
R_x の繰り返し測定のばらつき	$u_{rep}(R_x) = 8.1 \times 10^{-5}\ \Omega$	$u_{rep}(R_x)/R_x = 8.1 \times 10^{-7}$
R_s の系統誤差	$u_{sys}(R_s) = 2.7 \times 10^{-4}\ \Omega$	$u_{sys}(R_s)/R_s = 2.7 \times 10^{-6}$
E_x の系統誤差	$u_{sys}(E_x) = 4.5 \times 10^{-7}\ V$	$u_{sys}(E_x)/E_x = 4.5 \times 10^{-6}$
E_s の系統誤差	$u_{sys}(E_s) = 4.5 \times 10^{-7}\ V$	$u_{sys}(E_s)/E_s = 4.5 \times 10^{-6}$
相関係数	$r(E_x, E_s) = 0.98$	
合　計	$u_c(y) = 1.0 \times 10^{-3}\ \Omega$	$u_c(y)/y = 1.0 \times 10^{-5}$

2.8.3　放射温度計を用いた鋼板表面温度測定の不確かさ

〔1〕　測定方法と測定モデル　　鋼板を熱処理する工程において，およそ $400\,°C \sim 500\,°C$ の鋼板表面温度を放射温度計で連続的に測定している。測定の状況を**図 2.6** に示す。測定対象の切り板の鋼板は両端が電極で掴まれていて，通電加熱により昇温されている。放射温度計は InGaAs 素子で波長約 $1.6\,\mu m$

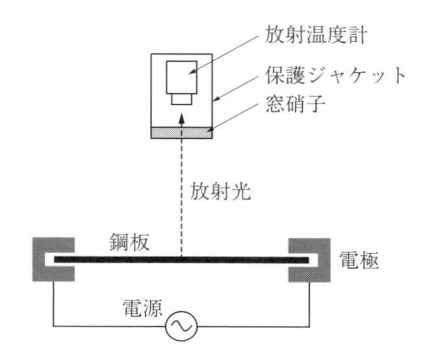

放射温度計
保護ジャケット
窓硝子

放射光

鋼板
電極
電源

図 2.6 放射温度計による鋼板表面
の温度測定

を検出する市販製品である。放射温度計は保護ジャケットに収納し，窓硝子を通して鋼板表面を観測する。

放射率の異なるさまざまな鋼板が測定対象となるため，ここでは放射温度計の放射率補正機能を使わずに，輝度温度（放射率を 1，すなわち黒体を仮定したときの見かけの温度）の観測値を得て，これに対して鋼板の放射率と窓硝子の透過率を以下の手順で補正することにより，鋼板の温度を求めている。

温度 T の黒体を対象としたときに放射温度計内部で出力される輝度信号を $S(T)$ とする。また，温度 T，分光放射率 $\varepsilon(\lambda)$ の物体を分光透過率 $\tau(\lambda)$ の窓硝子を通して観測したときの輝度信号を $S_{\varepsilon\tau}(T)$ とする。黒体でない現実の物体について強度 I_{d} の輝度信号が検出されたとき，温度計は $S(T_{\mathrm{s}}) = I_{\mathrm{d}}$ で定まる輝度温度 T_{s} を表示する。一方，その物体の真の温度 T は $S_{\varepsilon\tau}(T) = I_{\mathrm{d}}$ を満足する。したがって，T は次式を解くことにより求めることができる。

$$S_{\varepsilon\tau}(T) = S(T_{\mathrm{s}}) \tag{2.81}$$

一般に，放射温度測定における $S(T)$ の T 依存性は，適当な実効波長の値 λ_{d} を選べば，プランクの放射則で記述される黒体分光放射輝度の式（式 (5.26)）によって良い近似で表現できる。さらに，測定対象とする $400\,^{\circ}\mathrm{C} \sim 500\,^{\circ}\mathrm{C}$ の温度範囲で，波長が $1.6\,\mu\mathrm{m}$ 付近であれば，プランクの放射則は高い精度でウィーンの近似則（式 (5.29)）で表すことができる。したがって，つぎのように近似できる。

$$S(T) = a \cdot \exp\left(-\frac{c_2}{\lambda_\mathrm{d} T}\right) \tag{2.82}$$

ここで，a は定数，c_2 は放射の第 2 定数である。同様に，$S_{\varepsilon\tau}(T)$ の T 依存性についても，適当な実効波長 λ_d' の選択により，つぎのように近似できる。

$$S_{\varepsilon\tau}(T) = a \cdot \varepsilon(\lambda_\mathrm{d}') \cdot \tau(\lambda_\mathrm{d}') \cdot \exp\left(-\frac{c_2}{\lambda_\mathrm{d}' T}\right) \tag{2.83}$$

本項〔2〕の $u(\lambda_\mathrm{d})$ の評価の中で述べるように，ここで用いている放射温度計では，$\lambda_\mathrm{d} = \lambda_\mathrm{d}' = 1.55\,\mu\mathrm{m}$ と選択することにより，式 (2.82), (2.83) がともに良い近似となることがわかった。したがって，以下では $\lambda_\mathrm{d} = \lambda_\mathrm{d}' = 1.55\,\mu\mathrm{m}$ とする。

表記の簡単のため $\varepsilon = \varepsilon(\lambda_\mathrm{d})$，$\tau = \tau(\lambda_\mathrm{d})$ とすると，式 (2.81), (2.82), (2.83) から

$$T = \frac{1}{1/T_\mathrm{s} + \lambda_\mathrm{d}(\ln\varepsilon + \ln\tau)/c_2} \tag{2.84}$$

を得る。これが本例における測定モデルである。後述するように，この測定では鋼板の放射率 ε と硝子透過率 τ をそれぞれ 0.3, 0.89 と見積もった。したがって，輝度温度として例えば $T_\mathrm{s} = 408.0\,^\circ\mathrm{C}$ の表示が得られたとき，鋼板の温度はつぎのように求まる[†]。

$$T = 481.1\,^\circ\mathrm{C} \tag{2.85}$$

〔**2**〕 **標準不確かさの評価**　式 (2.85) で与えられる温度 T の不確かさを評価する。前項式 (2.70) と同様に，合成標準不確かさ $u_\mathrm{c}(T)$ を，偶然的成分 $u_\mathrm{rep}(T)$ と系統的成分 $u_\mathrm{sys}(T)$ に分割しておくことで，不確かさ評価の方針が明瞭になる。

$$u_\mathrm{c}^2(T) = u_\mathrm{rep}^2(T) + u_\mathrm{sys}^2(T) \tag{2.86}$$

このうち，$u_\mathrm{rep}^2(T)$ は繰り返し測定のデータを用いてタイプ A 評価する。一方，

[†]　式 (2.84) や後述の式 (2.87) の中では，温度 T, T_s はケルビンを単位として表したときの数値を用いる必要がある。

$u_{\mathrm{sys}}(T)$ は式 (2.84) に不確かさの伝播則を適用することにより求める。これら
をまとめて次式を得る†。

$$u_{\mathrm{c}}^2(T) = u_{\mathrm{rep}}^2(T) + \left(\frac{T^2}{T_{\mathrm{s}}^2}\right)^2 u^2(T_{\mathrm{s}}) + \left(-\frac{\lambda_{\mathrm{d}}T^2}{c_2\varepsilon}\right)^2 u^2(\varepsilon)$$

$$+ \left(-\frac{\lambda_{\mathrm{d}}T^2}{c_2\tau}\right)^2 u^2(\tau) + \left(-\frac{T^2(\ln\varepsilon + \ln\tau)}{c_2}\right)^2 u^2(\lambda_{\mathrm{d}}) \quad (2.87)$$

ただし，c_2 の不確かさは無視できるとした。右辺の第 2 項以降の不確かさは，
すべて系統的成分のみを評価することに注意する（偶然的成分はすでに $u_{\mathrm{rep}}(T)$
に含まれている）。

　上式右辺の各不確かさ成分を以下で評価する。

- $u_{\mathrm{rep}}(T)$： 繰り返し測定に伴うばらつきの効果を評価するため，測定対
  象の温度が時間的に十分安定していると考えられる状態のときに，上述
  の方法で 10 回の繰り返し測定を行った結果を**表 2.8** に示す。T の測定
  データの実験標準偏差は 2.6 °C であるから

$$u_{\mathrm{rep}}(T) = 2.6\,°\mathrm{C} \quad (2.88)$$

　となる。式 (2.85) の T の値は繰り返し数 1 で得られた値なので，上式

表 2.8　放射温度計による繰り返し測定データ

測定番号, i	輝度温度, $T_{\mathrm{s}}/°\mathrm{C}$	補正後温度, $T/°\mathrm{C}$
1	407.0	479.9
2	408.1	481.2
3	405.1	477.5
4	404.6	476.9
5	409.2	482.6
6	410.9	484.6
7	410.3	483.9
8	407.2	480.1
9	407.5	480.5
10	405.8	478.4
平均値	407.57	480.65

---

† 厳密には，式 $(2.82), (2.83)$ における λ_{d} と λ_{d}' が違いうることを不確かさ評価の中で
考慮する必要があるが，ここでは簡単のため，$\lambda_{\mathrm{d}} = \lambda_{\mathrm{d}}'$ と見なした。その妥当性につ
いては，$u(\lambda_{\mathrm{d}})$ の評価の中の説明を参照。

に $1/\sqrt{10}$ の因子は現れないことに注意する。

- $u(T_\mathrm{s})$：放射温度計が表示する値は輝度温度 T_s であり，その不確かさの系統的成分 $u(T_\mathrm{s})$ は，温度計の校正の不確かさ $u_\mathrm{cal}(T_\mathrm{s})$ と次回校正までに生じる時間的ドリフト $u_\mathrm{dft}(T_\mathrm{s})$ からなる。温度計は国家標準にトレーサブルな校正を1年に1回行っており，直近の校正の拡張不確かさ（包含係数 $k=2$）は $2\,^\circ\mathrm{C}$ であった。したがって $u_\mathrm{cal}(T_\mathrm{s})=2\,^\circ\mathrm{C}/2=1\,^\circ\mathrm{C}$ とする。また，過去の校正記録から，校正間隔内に最大 $1.5\,^\circ\mathrm{C}$ のドリフトが生じうることがわかっている。ドリフトの影響を $\pm1.5\,^\circ\mathrm{C}$ の範囲の一様分布と考えて，その標準不確かさは $u_\mathrm{dft}(T_\mathrm{s})=1.5\,^\circ\mathrm{C}/\sqrt{3}=0.87\,^\circ\mathrm{C}$ となる。以上から

$$u(T_\mathrm{s})=\sqrt{u_\mathrm{cal}^2(T_\mathrm{s})+u_\mathrm{dft}^2(T_\mathrm{s})}=1.3\,^\circ\mathrm{C} \tag{2.89}$$

となる。

- $u(\varepsilon)$：分光放射率 $\varepsilon=\varepsilon(\lambda_\mathrm{d})$ の不確かさ評価では，特定の波長 $\lambda_\mathrm{d}=1.55\,\mu\mathrm{m}$ において鋼材の分光放射率がとりうる値に幅があること以外に，下の $u(\lambda_\mathrm{d})$ の説明で述べるように，波長 λ_d に $1.55\,\mu\mathrm{m}\pm0.05\,\mu\mathrm{m}$ の範囲の幅があることも考慮する必要がある。鋼材の分光放射率をデータベースで調べたところ，$1.55\,\mu\mathrm{m}\pm0.05\,\mu\mathrm{m}$ の波長範囲に対する分光放射率は $0.27\sim0.33$ の範囲内にあることがわかった。そこで，ε に対して 0.30 ± 0.03 の範囲の一様分布を想定し，つぎのように評価する。

$$u(\varepsilon)=\frac{0.03}{\sqrt{3}}=0.017 \tag{2.90}$$

- $u(\tau)$：分光透過率 $\tau=\tau(\lambda_\mathrm{d})$ の不確かさについても，上述の ε と同じことがいえるが，硝子の表面反射損失と汚染による透過光の減衰は，$1.55\,\mu\mathrm{m}\pm0.05\,\mu\mathrm{m}$ の範囲での波長依存性は無視してよい。保護ジャケットの窓硝子を取り外して，波長 $\lambda_\mathrm{d}=1.55\,\mu\mathrm{m}$ における分光透過率 τ を測定したところ，測温に使用する前の清浄な硝子では $\tau=0.95$ であった。窓硝子は粉塵の付着などで徐々に汚れることから，定期的に洗浄す

ることにしている。洗浄前の汚れが付いたままの硝子の分光透過率を調査したところ，最も汚れている場合には $\tau = 0.83$ まで低下していた。これから τ が 0.89 ± 0.06 の範囲の一様分布に従うと想定し，つぎのように評価する。

$$u(\tau) = \frac{0.06}{\sqrt{3}} = 0.035 \tag{2.91}$$

- $u(\lambda_\mathrm{d})$： λ_d は式 (2.82) が良い近似となるように選ばれる実効波長の値である。用いた放射温度計の測定波長帯域が $1.2\,\mu\mathrm{m} \sim 1.7\,\mu\mathrm{m}$ の幅を持つと仮定し，測定対象温度を含む $300\,^\circ\mathrm{C} \sim 600\,^\circ\mathrm{C}$ の温度範囲で $S(T)$ を数値計算[†1]したところ， $\lambda_\mathrm{d} = 1.55\,\mu\mathrm{m} \pm 0.05\,\mu\mathrm{m}$ の範囲内で式 (2.82) が良く当てはまることがわかった。そこで， λ_d に対してこの範囲内の一様分布を想定し，つぎのように評価できる。

$$u(\lambda_\mathrm{d}) = \frac{0.05\,\mu\mathrm{m}}{\sqrt{3}} = 0.029\,\mu\mathrm{m} \tag{2.92}$$

同様に， λ'_d は，式 (2.83) が良い近似となるように選ばれる実効波長である。 $\varepsilon(\lambda)$ について上記データベースに示されている λ 依存性を仮定し，また， $\tau(\lambda)$ は上述のように λ 依存性が無視できるとして，同様の数値計算[†2]を行ったところ， $\lambda'_\mathrm{d} = \lambda_\mathrm{d}$ と選択することにより，式 (2.83) が良い近似となることがわかった。したがって，ここでは λ'_d は λ_d と同一の変数と見なし，独立な不確かさ成分として考慮しないこととした。

〔**3**〕 **不確かさの合成**　式 (2.87) 右辺に現れる感度係数は， $(T/T_\mathrm{s})^2 = 1.23$， $-\lambda_\mathrm{d}T^2/(c_2\varepsilon) = -204\,^\circ\mathrm{C}$， $-\lambda_\mathrm{d}T^2/(c_2\tau) = -68.9\,^\circ\mathrm{C}$， $-T^2(\ln\varepsilon + \ln\tau)/c_2 = 52.2\,^\circ\mathrm{C}/\mu\mathrm{m}$ と計算される。これから式 (2.87) により，測定結果 $T = 481.1\,^\circ\mathrm{C}$ に対する合成標準不確かさは

$$u_\mathrm{c}(T) = 5.5\,^\circ\mathrm{C} \tag{2.93}$$

[†1]　放射温度計の分光応答度を $R(\lambda)$，ウィーンの近似則で与えられる黒体の分光放射輝度を $L_\mathrm{b}(\lambda, T)$ として， $S(T) = \int R(\lambda) \cdot L_\mathrm{b}(\lambda, T)\mathrm{d}\lambda$ を計算した。

[†2]　$S_{\varepsilon\tau}(T) = \int \varepsilon(\lambda) \cdot \tau(\lambda) \cdot R(\lambda) \cdot L_\mathrm{b}(\lambda T)\mathrm{d}\lambda$ を計算した。

となる。合成の過程を**表2.9**のバジェット表に整理する。この例では，どの不確かさ成分も比較的似た大きさの寄与を持っていることがわかる。包含係数を$k = 2$とすると，拡張不確かさはつぎのようになる。

$$U = 11\,^{\circ}\mathrm{C} \tag{2.94}$$

表2.9 放射温度計による鋼板表面温度測定における不確かさのバジェット表

不確かさの要因	標準不確かさ $u(x_i)$	感度係数 c_i	$u_c(T)$ への寄与 $|c_i|u(x_i)$
繰り返し測定のばらつき	$u_{\mathrm{rep}}(T) = 2.6\,^{\circ}\mathrm{C}$	1	$2.6\,^{\circ}\mathrm{C}$
放射温度計のかたより 　温度計校正の不確かさ 　温度計の時間的ドリフト	$u(T_{\mathrm{s}}) = 1.3\,^{\circ}\mathrm{C}$ $u_{\mathrm{cal}}(T_{\mathrm{s}}) = 1.0\,^{\circ}\mathrm{C}$ $u_{\mathrm{dft}}(T_{\mathrm{s}}) = 0.87\,^{\circ}\mathrm{C}$	1.23	$1.6\,^{\circ}\mathrm{C}$
鋼板表面の放射率の不確かさ	$u(\varepsilon) = 0.017$	$-204\,^{\circ}\mathrm{C}$	$3.5\,^{\circ}\mathrm{C}$
硝子窓の透過率の不確かさ	$u(\tau) = 0.035$	$-68.9\,^{\circ}\mathrm{C}$	$2.4\,^{\circ}\mathrm{C}$
実効波長の不確かさ	$u(\lambda_{\mathrm{d}}) = 0.029\,\mu\mathrm{m}$	$52.2\,^{\circ}\mathrm{C}/\mu\mathrm{m}$	$1.5\,^{\circ}\mathrm{C}$
合成標準不確かさ	$u_c(T) = 5.5\,^{\circ}\mathrm{C}$		

章 末 問 題

【1】 配管内を流れる液体の温度 t を，配管内に挿入した温度計で1分ごとに10回測定してつぎの測定値を得た。

$$86.07,\ 86.01,\ 85.74,\ 85.90,\ 86.53,$$
$$85.65,\ 86.29,\ 86.25,\ 85.97,\ 85.86 \quad 単位：{}^{\circ}\mathrm{C}$$

温度計の仕様書には，表示部を含めた精度が $\pm 0.2\,^{\circ}\mathrm{C}$ と記載されている。

(a) 測定時間内の平均温度 $\bar{t}$ に対して標準不確かさを評価せよ。

(b) 個々の測定値の標準不確かさはいくらか。

【2】 ホイートストンブリッジによる抵抗測定における伝播則（式 (2.37)）を導け。抵抗 R_{A} と R_{B} の間に相関がある可能性があるが，相関係数の推定が難しい場合には，伝播則はどのように近似するのがよいか。

【3】 熱電対による温度測定の不確かさの評価事例（2.8.1 項）について，以下に答えよ。

(a) つぎのような変更を加えたとき，合成標準不確かさはいくらになるか。

   i) 熱電対素線を JIS C 1602 に規定された Class 1（1 000 °C での許容差が ±1 °C）に変更する。

   ii) 熱電対と補償導線の接続部分の温度が 100 °C 以下として，補償導線を RCA（許容差 ±30 μV）に変更する。

(b) 上の結果に基づき，測定の不確かさを小さくする方策について考察せよ。

参考文献と解説

1) N. C. バーフォード 著, 酒井英行 訳：実験精度と誤差, 丸善-Wiley (1997).

2) J. R. Taylor, 林茂雄, 馬場凉 訳：計測における誤差解析入門, 東京化学同人 (2000).

   1), 2) ともに，GUM の登場以前にその初版が出版された誤差論の入門書。統計的な考え方や手法について詳しく，現在でも有用である。

3) Recommendation INC-1 (1980), 英訳 P. Giacomo: Metrologia **17**, 73/74 (1981).

4) Guide to the expression of uncertainty in measurement, 2nd ed., International Organization for Standardization (1995).

   4) は不確かさの原典で GUM と略称される。現在は，同じ内容の文書 JCGM 100:2008 が，BIPM のウェブサイトから自由に入手できる。3) は GUM の考え方の基礎となった歴史的文書で，原文はフランス語である。その英訳は GUM にも収録されている。

5) R. B. Frenkel: Statistical background to the ISO 'Guide to the Expression of Uncertainty in Measurement', 4th ed., National Measurement Institute (2016).

6) I. Lira: Evaluating the Measurement Uncertainty — Fundamentals and Practical Guidance, CRC Press (2002).

   5), 6) では，不確かさ評価の背後にある統計的な手法や考え方が体系的に説明されている。

7) JIS Z 8404-2, 測定の不確かさ — 第 2 部：測定の不確かさの評価における繰返し測定及び枝分かれ実験の利用の指針 (2008).

8) ISO/TS 17503, Statistical methods of uncertainty evaluation – Guidance on evaluation of uncertainty using two-factor crossed designs (2015).

   7), 8) は，いずれも不確かさ評価のために分散分析法がどのように使えるかを解説している。ISO の専門委員会 TC69（統計的方法の適用）が作成した不確かさに関

わる ISO 文書に，ISO 21748，ISO/TS 21749，および文献 8) があり，文献 7)
はこの中の ISO/TS 21749 の翻訳 JIS である。文献 8) は JIS 化されていない。

9) C. Elster: Evaluation of measurement uncertainty in the presence of com-
bined random and analogue-to-digital conversion errors, Meas. Sci. Technol.,
11, 1359/1363 (2000).

量子化誤差に付随する不確かさを，ベイズ統計の立場で扱っている。

10) P. J. Mohr, D. B. Newell, and B. N. Taylor: CODATA recommended values
of the fundamental physical constants, Rev. Mod. Phys., **88**, 035009 (2016).

基礎物理定数の 2014 年調整値に至る解析が詳細に述べられている。

11) B. N. Taylor and C. E. Kuyatt: Guidelines for evaluating and expressing
the uncertainty of NIST measurement results, NIST Technical Note 1297
(1994).

GUM を NIST（米国国立標準技術研究所）の研究者向けに多少かみ砕いて再執筆
したもの。著者の一人 B. N. Taylor は，GUM および文献 10) の著者の一人でも
ある。

12) ISO/IEC Guide 98-3 (GUM), Supplement 1: Propagation of distributions
using a Monte Carlo method.

複数の確率変数の関数として定まる変数がどのような確率分布に従うか（すなわ
ち「分布の伝播」）を，モンテカルロ法を用いて数値的に求める方法が説明されて
いる。同一内容の文書 JCGM 101 は，BIPM のウェブサイトから自由に入手で
きる。

13) 尾藤洋一, 榎原研正：既知のかたよりを補正しない場合の不確かさ評価に関する
一考察, 精密工学会誌, **74**, 604/610 (2008).

14) B. Magnusson and S. L. R. Ellison: Treatment of uncorrected measurement
bias in uncertainty estimation for chemical measurements, Anal. Bioanal.
Chem., **390**, 201/213 (2008).

13) は，既知かたよりを補正しない場合の標準不確かさの評価方法が，長さ測定
を例に解析されている。14) には，補正しない既知かたよりがある場合の拡張不確
かさの決め方について，主として化学分析分野で提案されてきたいくつかの方法
が整理されている。

3

抵抗温度計測

接触式温度計測の一つで，産業分野では熱電対と並ぶ代表的方法の一つに，物質の電気抵抗の温度変化を利用する方法があり，材料物質として，金属または半導体であるサーミスタが使われる。本章では，その方法に係る温度計の種類・構造と抵抗測定回路，校正などの基礎的事項と，使用上の注意を含む応用事項について述べる。なお，極低温域の温度計測においても，種々の抵抗温度計が使用されており，その領域に特化した温度計が多い。そこで，それらについては 3.6 節にまとめて記載する。

3.1 原 理 と 特 徴

金属材料などの電気抵抗と温度の間に図 3.1 に示すような一定の関係があり，感温部を構成する素子の電気抵抗を測定することにより，温度を決定する方法が抵抗温度計測である。抵抗温度計は，測定対象に取り付けられる検出器，電源，指示・記録計（計測器），およびそれらを電気的に接続する導線などで構成される。感温部である抵抗素子が，金属の細線または薄膜などで構成されるものを測温抵抗体（resistance thermometer）と呼ぶ。一方，電気的性質が半導体で，温度上昇に伴い電気抵抗が大きく減少する素子は NTC サーミスタ（negative temperature coefficient thermistor）と呼ばれ，これを用いた検出器はサーミスタ測温体と呼ばれる。

物質中の電流は，電荷を持つ粒子が外部から加えられた電場の作用によって移動する現象であり，その流れの大きさは，キャリアである伝導電子や正孔の

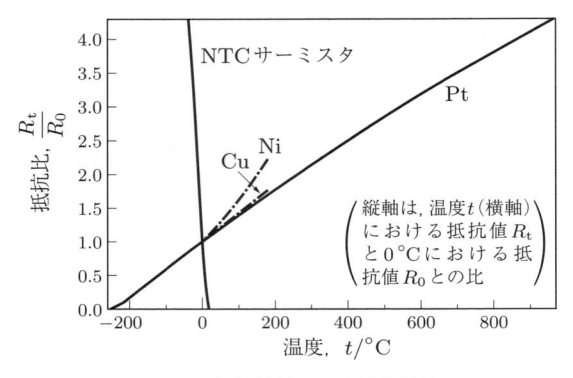

図 3.1 各種材料の温度抵抗特性

数とそれらの移動のしやすさで決まる[†1]。一様な物体の長さを l，断面積を A_c とし，n を単位体積当たりのキャリアの数，q をキャリアの電荷，μ を移動度とすると，電場の強さ U と物体の断面積を流れる電流 I の関係は

$$I = nqA_c\mu U \tag{3.1}$$

と表される[1]。

また，電位差 E と電流 I の間には

$$E = RI \tag{3.2}$$

の関係があることはよく知られており，オームの法則と呼ばれる。R を物体の電気抵抗と呼ぶ。$U = E/l$ であり，さらに式 (3.1) と式 (3.2) から R は

$$R = \frac{l}{nqA_c\mu} \tag{3.3}$$

と表される[†2]。すなわち，キャリアの数 n が多くなるほど，あるいは移動度 μ が大きくキャリアが移動しやすくなるほど，電気抵抗 R は減少する。

キャリアの数 n や移動度 μ の温度依存性により，電気抵抗 R は温度に応じて変化する。この主要なメカニズムは，測温抵抗体では，抵抗素子（resistor）

[†1] 金属の自由電子モデルによると，金属原子における価電子が伝導電子となって，金属中を自由に動き回る。

[†2] 抵抗率 ρ を使うと，式 (3.3) は $\rho = 1/(nq\mu)$ となる。

を構成する金属においてキャリアである電子の移動度 μ の温度依存性である。一方，半導体である NTC サーミスタでは，移動度の温度依存性よりもキャリアの数 n が温度によって増減することの効果のほうがきわめて大きく，互いに異なる。

3.1.1 測 温 抵 抗 体

金属の電気抵抗は，導体中の自由電子が電場の作用によって移動する際，金属格子の不完全性（規則正しく並んだ状態からのずれ）により受ける散乱によって[†1]，移動のしやすさが影響を受けることに起因する現象である。

この散乱には，金属結晶を構成する原子（金属イオン）の熱的な格子振動によるものと，格子欠陥（静的な原子配列の乱れと不純物原子）によるものとがある[†2]。前者に起因する抵抗率を ρ_L とし，後者に起因する抵抗率を ρ_i とすると，金属の抵抗率 ρ はそれらの和で

$$\rho = \rho_L + \rho_i \tag{3.4}$$

となる。ここで，ρ_L は温度に依存するが，格子欠陥が少ない場合にはその濃度に依存しない。逆に ρ_i は温度には依存せず，残留抵抗（residual resistance）と呼ばれ，純度が高いほど小さい。この関係は経験的なもので，マティーセンの規則（Matthiessen's rule）と呼ばれている[2]。

熱的な格子振動は温度の上昇に伴って増大する。**図 3.2** (a) に示す低温状態から，図 (b) に示すより高温の状態へと移ることによって，格子振動による電子の散乱が増え，結果として，式 (3.3) の分母の移動度 μ が減少するので，ρ_L は増加する。物質に固有の特性であるデバイ温度を超える温度領域では，ρ_L は温度にほぼ比例して増加する[2]。

そこで，金属の抵抗値 R と温度 T の関係を最も単純に，温度に比例する部分とそれ以外の部分に分け

[†1] 逆に，規則正しく並びかつ静止した格子からは，ほとんど散乱を受けない[2]。
[†2] 静的な原子配列の乱れのみを格子欠陥という場合がある。

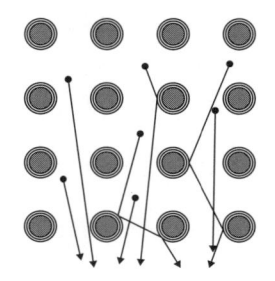 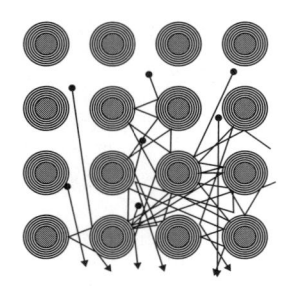

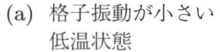

（a）格子振動が小さい
　　低温状態
（b）格子振動が大きい
　　高温状態

図 3.2 金属結晶における格子振動と自由電子の散乱の
　　　　模式図（円は金属イオンを示している）

$$R = AT + R_z \tag{3.5}$$

と表す。ここで，A は比例定数であり，また，R_z は温度に依存しない部分で，式 (3.4) の ρ_i も含まれる。

　特定の基準とする温度を T_a として，そこにおける抵抗値を R_a とし，R から基準とする R_a を引くと

$$R - R_a = A(T - T_a)$$

となる。ここで，$A/R_a = \alpha$ とおくと

$$R = R_a\{1 + \alpha(T - T_a)\} \tag{3.6}$$

となる。この式は，金属の抵抗値の温度変化を表す近似式としてよく使われる。

　また，式 (3.5) を微分すると $dR/dT = A$ であるから

$$\alpha = \frac{1}{R}\frac{dR}{dT} \tag{3.7}$$

となる。α は抵抗の**温度係数** (temperature coefficient)[†] と呼ばれ，単位は K^{-1}（または $°C^{-1}$）である。

[†] α を TCR (temperature coefficient of resistance) と呼ぶことがある。

α は金属の物性を示す種々の表に取り上げられることが多いが，一定の α 値でこの式を適用できる温度範囲はそれほど広くはない。α は温度によって変わるので，α の値とともにその値をとる温度も示す必要がある。

測温抵抗体では，式 (3.6) における温度の単位をケルビンからセルシウス度に変換し，基準とする温度を $t_a = 0\,°\mathrm{C}$，$R_a = R_0$（$0\,°\mathrm{C}$ の抵抗値）として

$$R = R_0(1 + \alpha t) \tag{3.8}$$

と表し，この式において $t = 100\,°\mathrm{C}$ のときの抵抗値 R_{100}，R_0 から計算される温度係数 $\alpha_{0,100}$ によって，温度抵抗特性を記述することがよく行われる[†]。純粋な金属ならば，$\alpha_{0,100}$ は $3.8 \times 10^{-3}\,°\mathrm{C}^{-1}$ から $6.8 \times 10^{-3}\,°\mathrm{C}^{-1}$ 程度である。

測温抵抗体の抵抗素子を構成する金属材料には，つぎのような条件が要求される。

(1) 使用温度範囲において，温度と抵抗の関係がなるべく簡単に表され，その関係が一義的で，その結果として互換性のある素子の量産が可能であること。

(2) 抵抗値が安定で，温度以外の要因によって変化しないこと。

(3) 抵抗の温度係数 α がなるべく大きいこと，すなわち感度が高いこと。

(4) 抵抗率がなるべく大きいこと。これにより，金属の場合，所定の抵抗値を持たせるための金属量が少量で済み，小型化に適する。

(5) 加工，製作が容易であること。

代表的な素材である白金はこれらをバランス良く満たしている。白金を材料とする測温抵抗体には，工業用と，温度標準を設定する 2 次温度計（*1.2.2*項参照）として用いる標準用とがある。標準用としての安定性や再現性を維持するためには，特に上記 (2) に優れていることが重要であり，この特性を最大限に発揮するために，標準用は工業用とは異なる構造を採用している。また，両者では，使用温度範囲や使い方が異なる。

測温抵抗体は，熱電対と比較してつぎのような特徴がある。

[†]　または，抵抗比 $R_{100}/R_0 = 1 + \alpha_{0,100} \times 100\,°\mathrm{C}$ の値で表す。

　測温抵抗体は抵抗値測定からただちに温度が求まり，熱電対における基準接点のような仕組みは不要である。ただし，最高使用温度は熱電対に比べて低く，素子を構成する材料が金属の細線であり，また硝子を使用した素子もあって，強い衝撃や長期間の振動を受けると破損する恐れがある。熱電対では外径 0.15 mm以下のものも実用化されているのに対し（4.3.2 項参照），測温抵抗体は抵抗素子の形状が大きく，ここまでの小型化はできない。したがって，応答が遅く，狭い場所の測定にも適さない。

3.1.2　NTC サーミスタ

　NTC サーミスタは金属とは異なり，抵抗値は温度の上昇に伴って減少する。すなわち，負の温度係数を持つ。固体結晶の電子の状態を記述するバンド理論によれば，半導体では価電子帯から伝導帯に熱的に励起されるキャリアの数が温度の上昇に伴って増加する[†]。したがって，式 (3.3) の分母の n が大きくなるので，抵抗 R は減少する。

　熱的に励起されるキャリアの数 n は，バンドギャップエネルギを E_g として，次式で表される[3),4)]。

$$n = A \exp\left(\frac{-E_g}{2kT}\right) \tag{3.9}$$

ここで，k はボルツマン定数，T は温度，A は比例定数である。

　式 (3.3) において，右辺における n 以外の項は一定と考える。そして，特定の基準となる温度 T_a において，式 (3.9) の関係にあるキャリアの数を n_a とし，そのときの抵抗値を R_a とする。キャリアの数 n のときの R との関係は

$$R = R_a \left(\frac{n_a}{n}\right) \tag{3.10}$$

となり，この n と n_a に式 (3.9) の関係を代入し，$E_g/2k = B$ とおくと

$$R = R_a \exp\left\{ B\left(\frac{1}{T} - \frac{1}{T_a}\right) \right\} \tag{3.11}$$

[†]　伝導を担うキャリアは，励起された電子とその電子が抜けた正孔の両方となる。

となる。この式は，NTC サーミスタの抵抗値と温度の関係を表す式として広く用いられており[5),6)]，B は NTC サーミスタの特性を表す数値で **B 定数**（B-value）と呼ばれている。NTC サーミスタでは，T_a は 298.15 K（25 °C）とされることが多い。

なお，NTC サーミスタについても，測温抵抗体と同様の式 (3.7) で温度係数 α が定義される（*3.3.1* 項参照）。

NTC サーミスタは，互換性がやや犠牲にされているが，白金測温抵抗体の抵抗素子に比べて感度が 1 桁以上高いという特徴がある。素子としてのサーミスタは小さくでき，機械的衝撃や振動に対しても頑丈である。量産性に優れており，計測の目的に合わせた多様な形状・測定範囲のものが作られている。

3.2　測温抵抗体の種類と構造

代表的な測温抵抗体に白金測温抵抗体（platinum resistance thermometer）がある。*3.1.1* 項に述べたように，2 種類の白金測温抵抗体が存在し，それぞれが目的に適した異なる構造を採用している。一方は，標準用白金抵抗温度計（standard platinum resistance thermometer; SPRT）で，もう一方は工業用白金測温抵抗体（industrial platinum resistance thermometer）である。

工業規格で規定されている工業用測温抵抗体（industrial resistance thermometer）は，現在では白金測温抵抗体のみであるが，ニッケルおよび銅を抵抗素線として使用した測温抵抗体があり，本節では，これらについても触れる。また，極低温域まで使用できる，白金に微量のコバルトを加えた合金による測温抵抗体が開発されている。これについては，*3.6* 節に記す。

以下，特に紛らわしい場合を除いて，標準用白金抵抗温度計を白金抵抗温度計，工業用白金測温抵抗体を測温抵抗体と表記し，白金以外の材料による測温抵抗体については材料名を前に付して，銅測温抵抗体のように記す。

3.2.1 標準用白金抵抗温度計

白金抵抗温度計では，材料である白金の純度のほか，素線の機械的歪み，加工上の熱処理などが抵抗値と温度の関係に影響を与える。ITS-90 における補間用の温度計（*1.2.2* 項参照）である白金抵抗温度計は，不純物を含まない純粋な白金の持つ温度特性をできるだけ忠実に再現できるように，つぎのような特徴を持っている[7]。

(1)　高純度の白金が使われている。

金属材料の高純度の指標として，残留抵抗比（residual resistance ratio; residual resistivity ratio）が使われることが多い。これは，室温における抵抗率と，液体ヘリウム温度（4.2 K）における抵抗率の比である[†]。液体ヘリウム温度では格子の振動はほぼ止まっているため，式 (*3.4*) の ρ_L はほぼ零と見なせる。一方，室温付近では ρ_L の大きさが支配的となるので

$$\frac{\rho_{300K}}{\rho_{4.2K}} = \frac{\rho_{L,300K} + \rho_i}{\rho_{L,4.2K} + \rho_i} \approx \frac{\rho_{L,300K}}{\rho_i} \tag{3.12}$$

と表すことができる。

白金抵抗温度計の抵抗値を液体ヘリウム温度で測ることはできないので，式 (*3.12*) の残留抵抗比に替えて，水の三重点における抵抗値と，ガリウムの融解点（29.764 6 °C）または水銀の三重点（−38.834 4 °C）における抵抗値との比，すなわち式 (*1.53*) または式 (*1.54*) を純度に関する指標としている。

(2)　素線に応力が加わらず屈曲部が生じない構造を採用して，白金線がストレインフリーな状態を保つ構造としている。これは，熱応力などに起因する抵抗値の変動を抑制するために必要な条件である。このような構造のため，機械的衝撃には弱く，氷水中での 20 mm 程度の落下で数 mK に相当する抵抗値変動が生じることがある。

(3)　室温以下で使用するカプセル型を除き，歪み取りのため，使用期間中に

[†]　純度の指標とするためには，試料が十分に焼き鈍しされていることが前提となる。抵抗率の比の代わりに抵抗値の比を用いることもある。

熱処理することができる材質・構造である。

(4) 白金素線への汚染を防ぐため，室温以下で使用するカプセル型のシース
は白金または硝子であり，その他のタイプでは石英シース（quartz glass
sheath)[†]である。

この白金抵抗温度計の性能を十分引き出すためには，高精度な抵抗測定が必
要であり，ブリッジなどが使われる（*3.4.1* 項参照）。

白金抵抗温度計は，一つの温度計で低温域から高温域まで使用することはで
きず，使用温度域によって 3 種類に分けられる[7]。**表 *3.1*** にその違いと特徴を
示す。構造は，**図 *3.3*** に示す (a) カプセル型（capsule type）と (b) ロングス
テム型（long-stem type）の 2 種類がある。また，使用されている材料によっ
ては，表の使用温度範囲から制限を受ける場合がある。使用する際に最も注意
を要することは，白金線の汚染と石英の失透（devitrification of quartz glass）
であり，これらは高温になるほど増加する。アルカリ金属（水道に含まれる）の
付着や指の指紋などが失透を招くので，石英表面はつねに清浄に保つ必要があ
る（詳細は文献 7) を参照）。失透した石英は脆く，気体を通しやすくなる。

カプセル型は低温域における使用のために用いられる。熱接触を良くするた
め，内部にヘリウムガスが封入されている。4 本の白金導線が外部に数十 mm
出ているので（図 (a)），それに銅の細線を接続して使用する。温度計は通常銅

表 *3.1* 標準用白金抵抗温度計の種類

呼称 (構造)	使用温度範囲	公称抵抗値	特　徴
カプセル型	$-259\,°C$（14 K） $\sim 30\,°C$	$25\,\Omega$	焼き鈍しすることができない。シース内には一般に，室温で約 30 kPa のヘリウムが封入される。
ロングステム型	$-196\,°C$（77 K） $\sim 660\,°C$	$25\,\Omega$	表面をつや消し加工された石英シース。内部にはアルゴンと微量の酸素が封入されている。
高温用ロングステム型	$0\,°C \sim 962\,°C$	$2.5\,\Omega$, $0.25\,\Omega$	抵抗値が小さいこと以外は，基本的にロングステム型と同じ。

備考 1. 公称抵抗値は $0\,°C$ における抵抗値。
　　　2. カプセル型の一部には，$232\,°C$ まで使用できるものもある。

[†]　石英を fused silica ともいう。

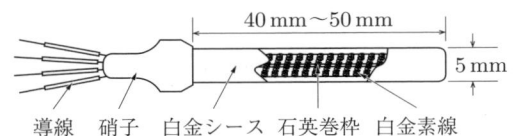

(a)　カプセル型標準用白金抵抗温度計

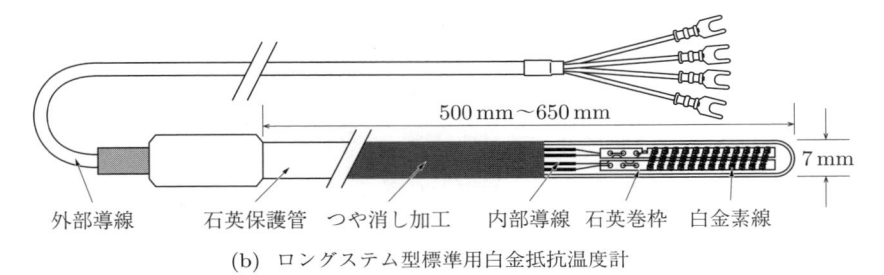

(b)　ロングステム型標準用白金抵抗温度計

図 3.3　標準用白金抵抗温度計の構造（寸法は代表的な値）

ブロックの穴に挿入して使われる。導線は，それを伝導して内部へ流入する熱を取り除くため，その銅ブロックに熱アンカし，さらにクライオスタット内で熱アンカするなどの工夫を要する。

　ロングステム型は，白金素線が密閉した石英シースの保護管に収められ，保護管の外に外部導線が 2 m 程度出ている（図 (b)）。外部導線は計測器にそのまま接続できる。ガスの対流を抑えるために，保護管内には石英の円板が挿入されている。保護管としての石英が光の伝送路となって，先端部の熱を放射の形で外部へ逃がし，結果として先端部の温度低下を引き起こす。それを防止するため，先端部を除く石英の表面にはつや消し加工が施されている。

　660 °C を超える温度領域では，低い温度領域に比べて絶縁抵抗（insulation resistance）が低下する。その影響は抵抗が小さいほど減少するので，この温度域で使用する白金抵抗温度計は，抵抗値が他の型に比べ 1/10 または 1/100 と小さく，高温用ロングステム型として区別される。高温用ロングステム型はさらに式 (1.55) も満足する必要がある。

3.2.2 工業用測温抵抗体の種類

現在では，測温抵抗体といえば白金測温抵抗体を指すが，測温抵抗体が JIS として規格化された当時（1954 年）は，白金に加え，ニッケルや銅の測温抵抗体も規定されていた。

〔**1**〕 **白金測温抵抗体**　　工業用の測温抵抗体は，互換性が必要条件となる。そのために，基本特性である抵抗と温度の関係が，**規準抵抗値**（reference resistance）を定める式として，工業規格で標準化されている[†1]。

わが国では，JIS C 1604「測温抵抗体」[8)] が工業規格として 1954 年に制定され，そのときに国内製品の平均値を採用した規準抵抗値表が規定された。その後，この規準抵抗値表を適用しながら国内製品の特性を厳密に調査し，その結果に基づき，1960 年に規準抵抗値表の修正をはじめとした抜本的改正が行われた。以後，数回の改正が行われたが，規格の中枢をなす規準抵抗値表は，1974 年に「1968 年国際実用温度目盛（IPTS-68）」[†2]の採用に伴う温度値の修正のみが行われただけで，ほぼそのまま使用され続けてきた。

海外では，DIN 規格，BS 規格など欧州でほぼ統一された規準抵抗値表が古くから規定されていたが，これと国内の規準値は一致せず，それぞれ異なるものを使用してきた。1983 年に IEC 751 として測温抵抗体の国際規格が制定されたとき（現在は IEC 60751[9)] と規格番号が変更されている），規準抵抗値表は欧州系のそれが採用され，IEC 規格と JIS 規格の規準抵抗値には約 2 ％に相当する温度差が生じた。1989 年になって，IEC 751 の規準抵抗値表の JIS への導入が図られた。この際，わが国で永年の実績を持つ規準抵抗値表の取り扱いが大きな問題になったが，産業界で多数稼働中のものを廃止することを懸念して，**表 3.2** に示す二つの種類が共存することになった。

白金測温抵抗体は，Pt と公称抵抗値（nominal resistance）（0 °C における

[†1]　JIS C 1604 の 1997 年の改正で，従来の抵抗値表による規定から，式によって定める方法に変更された。

[†2]　IPTS-68 は International Practical Temperature Scale of 1968 の略称で，現在の ITS-90 に変更される前の国際温度目盛（*1.2.2* 項参照）である。さらに一つ前の国際温度目盛が IPTS-48 である。

表 *3.2*　白金測温抵抗体の種類

記号	R_{100}/R_0	規準抵抗値
Pt100	1.385 1	JIS C 1604 に規定の式から算出する。IEC 規格に整合。
JPt100	1.391 6	JIS C 1604^{-1989} の付表（規準抵抗値表）による。

備考 1. R_{100} は 100 °C における抵抗値。R_0 は 0 °C における抵抗値。

　　2. 式 (3.8) における温度係数 $\alpha_{0,100}$ との関係は，$R_{100}/R_0 = 1 + \alpha_{0,100} \times 100$ °C。

　　3. 記号の数字は公称抵抗値を意味する。Pt の種類には 100 以外もある。例えば，Pt500（公称抵抗値 500 Ω）など。

名目上の抵抗値）を組み合わせて，公称抵抗値が 100 Ω なら記号で Pt100 のように表す。1989 年の JIS 改正で，IEC 規格の基本特性を取り入れたことにより，それに従う測温抵抗体を Pt と呼ぶことにし，それまでのわが国独自の白金測温抵抗体には頭に "J" を付け，JPt として区別することになった。R_{100}/R_0 は，**表 *3.2*** に示すように JPt が Pt より大きく，白金の純度は JPt のほうが高い。1997 年の JIS C 1604 の改正により JPt は JIS から除外されたが，産業界で引き続き使われている。

　二つの規準抵抗値の算出方法をつぎに述べる。Pt については

　　−200 °C から 0 °C の範囲：

$$R_t = R_0\{1 + At + Bt^2 + C(t - 100\,°C)t^3\} \tag{3.13}$$

　　0 °C から 850 °C の範囲：$R_t = R_0(1 + At + Bt^2)$　　　　　　(3.14)

となる。ここで，$A = 3.908\,3 \times 10^{-3}\,°C^{-1}$，$B = -5.775 \times 10^{-7}\,°C^{-2}$，$C = -4.183 \times 10^{-12}\,°C^{-4}$ である。R_0 は 0 °C における抵抗値，R_t は温度 t における抵抗値を表す。この式は白金の温度と抵抗の関係を近似する式として，Callendar-Van Dusen の式と呼ばれている[†]。

　1990 年に温度目盛が IPTS-68 から ITS-90 に変更されたことに伴い，係数 A, B, C の値は IEC 規格において変更され，JIS では 1997 年改正時に変更された。このときに，欧州で市販されている白金抵抗素子の特性を調査し，その結果も反映して，温度目盛の変更に伴う温度値の修正を超えた変更がなされた[10]。

[†]　$t \geqq 0$ °C に対する 2 次式は，Callendar の式と呼ばれる。

その際，$600\,{}^\circ\mathrm{C} \sim 850\,{}^\circ\mathrm{C}$ の領域については，特性が 2 次式から外れることが指摘され，式 *(3.14)* の右辺に付加すべき補正項も提案された。この温度領域では，絶縁抵抗低下の影響を受けることが原因と考えられている。しかし，IEC 規格の 2008 年の改正でこれに対応する変更はなされず，後述する許容差の規定において，その適用温度範囲の上限が $660\,{}^\circ\mathrm{C}$ とされた（後出の**表 3.3** 参照）。JIS も 2013 年改正でそれに整合した。

JPt100 は Pt100 より白金の純度が高く，その規準抵抗値は白金抵抗温度計に用いられる手法を採用していた。JPt100 として JIS に規定されたのは 1989 年で，規準抵抗値は当時の国際温度目盛 IPTS-68 に準拠しており，以下の方法で算出できる。

$0\,{}^\circ\mathrm{C}$ から $630\,{}^\circ\mathrm{C}$ の領域では，IPTS-68 における白金抵抗温度計の補間式は IPTS-48 に引き続き，Callendar の式 *(3.14)* を使用していた。ただし，この補間式から求められる温度がさらに密接に熱力学温度に近づくように，補正が加えられている[11),12)]。補正前の温度 t' における JPt100 の抵抗値を R_{t} として，式 *(3.14)* と同等の式は

$$R_{\mathrm{t}} = R_0(1 + At' + Bt'^2) \tag{3.15}$$

となる。ここで，定数 A と B の JPt の規準抵抗値に対応する値は

$$A = 3.974\,973 \times 10^{-3}\ {}^\circ\mathrm{C}^{-1}$$
$$B = -5.897\,3 \times 10^{-7}\ {}^\circ\mathrm{C}^{-1}$$

である。t_{68} を求めるための t' に対する補正は，つぎの式 *(3.16)* による。

$$t_{68} = t' + 0.045\left(\frac{t'}{100\,{}^\circ\mathrm{C}}\right)\left(\frac{t'}{100\,{}^\circ\mathrm{C}} - 1\right)$$
$$\times \left(\frac{t'}{419.58\,{}^\circ\mathrm{C}} - 1\right)\left(\frac{t'}{630.74\,{}^\circ\mathrm{C}} - 1\right){}^\circ\mathrm{C} \tag{3.16}$$

R_0 は $0\,{}^\circ\mathrm{C}$ における抵抗値で $100\,\Omega$，t_{68} は IPTS-68 温度目盛によるセルシウス度である。

0 °C 以下の領域では，IPTS-68 は基準関数を用いる方法に変更され，それ以前の IPTS-48 まで使用されていた式 (*3.13*) は使われなくなった。JPt100 の規準抵抗値表は，1974 年の JIS 改定時に，当時の製造者から供給を受けた試料の抵抗値を測定し，その結果に基づいて決定された。0 °C 以下で用いる IPTS-68 の基準関数は複雑なので，ここではこのときの決定による，−200 °C から 0 °C の JPt100 の規準抵抗値を近似する実験式として，式 (*3.17*) を示す。

$$R_{\mathrm{t}} = R_0 \left(1 + \sum_{i=0}^{7} a_i t_{68}^{i} \right) \tag{3.17}$$

ここで

$$a_0 = 0, \qquad\qquad a_1 = 3.971\,686 \times 10^{-3}\,°\mathrm{C}^{-1},$$
$$a_2 = -1.157\,433 \times 10^{-6}\,°\mathrm{C}^{-2}, \quad a_3 = -2.051\,844 \times 10^{-8}\,°\mathrm{C}^{-3},$$
$$a_4 = -3.629\,438 \times 10^{-10}\,°\mathrm{C}^{-4}, \quad a_5 = -3.157\,615 \times 10^{-12}\,°\mathrm{C}^{-5},$$
$$a_6 = -1.369\,914 \times 10^{-14}\,°\mathrm{C}^{-6}, \quad a_7 = -2.303\,654 \times 10^{-17}\,°\mathrm{C}^{-7}$$

である。

1997 年の JIS 改正で JPt100 は規格から除外されてしまったため，規準抵抗値の ITS-90 への対応はなされていない。ただし，両温度目盛の差 $t_{90} - t_{68}$ は −200 °C〜400 °C の範囲で −0.048 °C〜0.014 °C の大きさであり，後述する許容差と比較して 1/10 程度かそれ以下なので，JPt100 の使用においてこの差を意識する必要はない。

Pt および JPt に対して規準抵抗値を定める関係式は，個々の測温抵抗体の特性には一致しない。いくつかの測温抵抗体をサンプルとして，温度と抵抗の関係を調べた結果から，平均的な姿として導き出されたものであり，個別の測温抵抗体はこの規準値からわずかではあるが離れている。

そこで，規格では，個別の測温抵抗体の抵抗値と，規準抵抗値との差の温度換算値が許容される範囲を許容差（tolerance）として規定しており，この許容差の範囲内で互換性が維持される。**表 *3.3*** に許容差を示す。2013 年の改正で従

表 **3.3** 白金抵抗素子の許容差（JIS C 1604^{-2013}）

巻線素子		薄膜素子		許容差/°C
許容差クラス	適用温度範囲/°C	許容差クラス	適用温度範囲/°C	
W0.1	$-100 \sim 350$	F0.1	$0 \sim 150$	$\pm(0.1\ +0.001\,7|t|)$
W0.15	$-100 \sim 450$	F0.15	$-30 \sim 300$	$\pm(0.15+0.002\ \ |t|)$
W0.3	$-196 \sim 660$	F0.3	$-50 \sim 500$	$\pm(0.3\ +0.005\ \ |t|)$
W0.6	$-196 \sim 660$	F0.6	$-50 \sim 600$	$\pm(0.6\ +0.01\ \ \ \ |t|)$

備考 1. $|t|$ は温度（単位 °C）の絶対値。

2. クラスの呼称に付く W は巻線（wire），F は薄膜（film）を表す。

3. 本表の許容差クラスは抵抗素子に対する呼称で，測温抵抗体の許容差クラスは，0.1, 0.15, 0.3, 0.6 が，それぞれ AA, A, B, C に対応する。

4. 測温抵抗体の許容差が適用される温度範囲には，素子の範囲より狭いクラスがある。

来のクラス A とクラス B に加え，新たにクラス AA およびクラス C が追加された。それぞれの許容差クラスには，適用される温度範囲がある。

　許容差に関しては，このほかに，使用する素子の種類（巻線素子か薄膜素子）による適用温度範囲の違いも規定されている。また，温度範囲は受け渡し当事者間で合意して任意に定めることもできる。

　測温抵抗体による通常の温度計測では，測定された抵抗値から温度への変換は規準抵抗値で行われるため，許容差よりも良い精度は達成できない。また，許容差の範囲で使用する場合に，測温抵抗体を校正した結果によって計測器を調整する，あるいは読み値を補正するという行為は発生しない[†]。その点で，決められた温度定点で校正をして，偏差関数の係数を個別に決定しないと使えない白金抵抗温度計とは，使用方法が根本的に異なる。

〔**2**〕　**ニッケルおよび銅測温抵抗体**　ニッケル測温抵抗体は，温度係数が白金より大きく，低い温度領域で用いられる。使用温度範囲は $-50\,°\mathrm{C} \sim 300\,°\mathrm{C}$ であるが，200 °C を超えた付近に温度係数の特異点があることから，180 °C を上限にしているものもある。JIS からは 1960 年に除外されている。

　R_{100}/R_0 は 1.618 で，DIN 43760（現在は廃止されている）に規定されてい

[†]　入力バイアスや入力補正などと呼ばれる，測温抵抗体の測定値に一定の補正値を加算できる機能を持つ調節計などがある。この機能を使うと，校正結果を調節計の表示および制御に反映できるが，測温抵抗体による温度計測に必須の機能ではない。

たニッケル測温抵抗体の温度と抵抗値の関係は，$-60\,^\circ\mathrm{C}$ から $180\,^\circ\mathrm{C}$ の間で式 (3.18) により表される。

$$R_\mathrm{t} = R_0\{1 + (5.485\times10^{-3}\,^\circ\mathrm{C}^{-1})t + (6.65 \times 10^{-6}\,^\circ\mathrm{C}^{-2})t^2$$
$$+ (2.805 \times 10^{-11}\,^\circ\mathrm{C}^{-4})t^4\} \qquad (3.18)$$

ここで，t は温度，R_t は温度 t における抵抗値，R_0 は $0\,^\circ\mathrm{C}$ の抵抗値で $100\,\Omega$ である。

銅は高純度の線材が容易に得られ，温度に対する抵抗変化に直線性があり，特性がほぼ一定しているので互換性を維持しやすい利点がある。しかし，抵抗率が小さく抵抗素子を作るには長い線を巻く必要があることが，難点である。一般的な公称抵抗値は白金より小さく，したがって感度も低いが，測定電流を Pt100 などの場合よりやや大きくして感度を上げる使い方もある。銅は高温での酸化が著しく，使用温度は $130\,^\circ\mathrm{C}$ 程度が上限である。

銅測温抵抗体は，1974 年に JIS から除外された。その後も回転電気機械に装備して線輪または軸受けなどの温度測定に使用する銅測温抵抗体は，日本電機工業会規格 JEM1252（回転電気機械用測温抵抗体）に規定があったが，現在は白金測温抵抗体に変更されている。JIS C 1604^{-1960} に規定されていた $0\,^\circ\mathrm{C}$ から $120\,^\circ\mathrm{C}$ の間の，温度 t における抵抗値 R_t と，$0\,^\circ\mathrm{C}$ における抵抗値 R_0 の比 R_t/R_0 の値は，式 (3.19) により表される。

$$\frac{R_\mathrm{t}}{R_0} = 1 + (4.25 \times 10^{-3}\,^\circ\mathrm{C}^{-1})t \qquad (3.19)$$

ニッケルおよび銅測温抵抗体は，各国規格において廃止されており，統一された規準はない。そのため，通常の温度計測においてこれらを積極的に採用する利点はない。

3.2.3　工業用測温抵抗体の構造

測温抵抗体は抵抗素子，内部導線，絶縁物，端子，保護管などからなり，このうち感温部を形成するのが白金抵抗素子（platinum resistor）で，抵抗回路

を白金の細線で構成する巻線素子（wire wound resistor）と，白金薄膜で構成する薄膜素子（thin film resistor）がある。

　抵抗素子を感温部として温度を測定するためには，抵抗素子を外力から破壊されないよう保護することと，測定対象への挿入が容易に実行され，配管や容器などへの設置が適切になされるような形状を保持することが必要になる。そのために，これらの部品を接続して金属保護管に収めた保護管付測温抵抗体と，内部導線，絶縁物，保護管が一体となった無機物絶縁ケーブルを使用するシース測温抵抗体（mineral insulated metal sheathed resistance thermometer）の，二つの代表的な構造がある。

〔**1**〕　**抵 抗 素 子**　　抵抗の温度係数は金属の不純物濃度に依存し，かつ結晶の歪みにも影響される。そのため，抵抗素子には，金属が熱歪みを受けないような材料を選択する，あるいは熱歪みの影響を低減できる構造が採用されている。

　測温抵抗体の国際規格である IEC 60751 は，2008 年に抵抗素子の規定を新たに導入するなど大幅に改正された。それを受けて，2013 年に JIS C 1604 においても同様の改正がなされた。巻線素子と多くの薄膜素子では，その温度抵抗特性にわずかな違いが見られることを反映して，これらの規格では，**表 3.3** のように，両者の許容差に対して異なる適用温度範囲を規定している。

　市販されている抵抗素子は材料によって使用温度範囲が限定されることなどがあるので，適用温度範囲を**表 3.3** の値によって一義的には決められない。規格では，この点を考慮して，適用温度範囲を受け渡し当事者間で任意に決定してもよいこととされている。

　巻線素子には，マイカ巻抵抗素子，硝子封入抵抗素子，セラミック封入抵抗素子がある。

　マイカ巻抵抗素子は，幅が 3 mm〜10 mm の細長いマイカ板の両側に歯形の溝を付けて，この溝に沿って抵抗素線である白金の細線を互いに短絡しないように巻き，その両側に少し幅の広いマイカ板を当て絶縁している。さらに，その上にステンレスフィンを縛り付けて外径をほぼ円形にした，**図 3.4** に示す構造

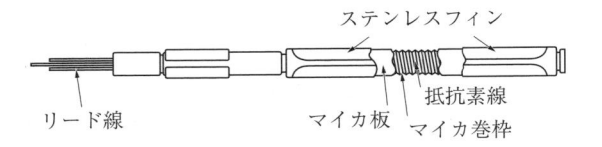

図 3.4　マイカ巻抵抗素子

である。適合する内径の保護管に入れたとき，外側のフィンが板バネとなり保護管の内面に接して抵抗素子を支え，振動や衝撃に影響されないようにするとともに，フィンは熱伝導を良くし，応答遅れと自己加熱を軽減する効果も持つ。

　マイカ巻抵抗素子は，抵抗素線が完全には固定されていないので，白金の熱による歪みが少なく，抵抗特性は比較的安定である。しかしながら，形状が大きく微小な箇所の温度測定には適さないため，使用頻度は減少傾向にある。

　硝子封入抵抗素子は，**図 3.5** に示す構造を持ち，リード線（白金合金など）に白金の抵抗素線を溶接し，硝子の巻枠に溶着する。硝子に白金の平行 2 線を巻いた後，表面を硝子でコーティングして絶縁する。

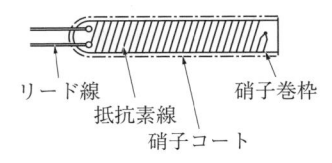

図 3.5　硝子封入抵抗素子

　抵抗素子の寸法は，外径が 1 mm 以下，長さ 10 mm 程度のものから外径 3 mm，長さ 20 mm 程度のものまで各種ある。

　硝子封入抵抗素子は，抵抗素線が硝子によって完全に固定されるので，使用中に両者の熱膨張の違いによる歪みを受けないよう，抵抗素線と同一の熱膨張係数を持つ材料を巻枠として選択しなければならない。硝子は成分を調整すると熱膨張係数を変えることができるので，抵抗素線と同等の熱膨張係数を持つものを使用する。この種の硝子は軟化点が 450 °C 程度と低く，素子の使用温度上限は 400 °C 程度になる。低温側は −200 °C まで使用可能である。

　セラミック封入抵抗素子は，**図 3.6** に示すような丸棒形の抵抗素子である。硝子封入素子とは異なり，抵抗素線を枠に巻き付けるのではなく，コイル状の

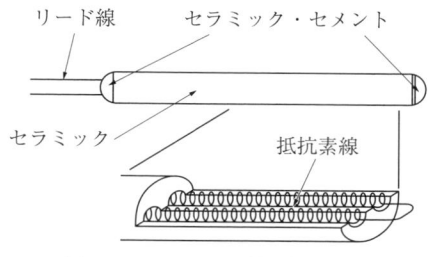

図 3.6 セラミック封入抵抗素子

素線をセラミックの孔に通して封入した構造を持つ。一般にセラミックの熱膨張は白金より小さく，孔の内部を完全固定すると，抵抗の温度係数に影響する。逆に，内部の白金線が固定されないと，耐振動性が極端に弱くなるなど問題があるため，白金の熱膨張を妨げず，かつある程度の耐振動性を持たせるための工夫が，内部構造に施されている。

　基本的に白金の細線とセラミックのみで構成されることから（リード線は白金または白金合金），使用温度範囲は広く，$-200\,°C$ から最高 $850\,°C$ 程度のものまで製作されている。抵抗素子の寸法は，硝子封入抵抗素子とほぼ同じである。

　白金薄膜抵抗素子は，セラミックの基板に，おもにスパッタリングなどの物理蒸着により白金薄膜を作成し，フォトリソグラフィにより抵抗回路を形成した素子で，レーザトリミングにより公称抵抗値への調整が行われる。

　形状は**図 3.7** に示すような平形で，リード線の取り付け部に補強のための盛り上がりがある。大きさは数 mm 角以下で，補強部の高さが $1\,\text{mm} \sim 1.5\,\text{mm}$ である。巻線素子に比べて大幅な量産化が可能で，寸法の違いに加え，リード線の材質に白金合金以外を使用して（使用温度範囲は限られる）低価格化を図る

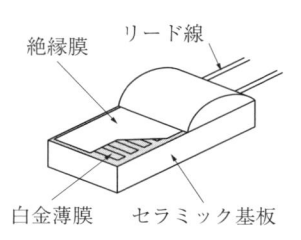

図 3.7 白金薄膜抵抗素子

など，バリエーションが豊富である。

　白金と異なる熱膨張係数を持つセラミック材料を基板に使用する薄膜素子の多くは，巻線素子とは異なる温度抵抗特性を呈する。測温抵抗体では，温度に対応する抵抗値に，規準抵抗値からの許容差という考え方を導入している。薄膜素子と巻線素子との差はわずかで，この許容差の大きさの範囲内であることから，規準抵抗値は両者で同一とされた。しかしながら，差は高温になるほど大きくなるので，薄膜素子に対する許容差クラスの呼称に F，巻線素子へのそれに W を付して区別し，適用される温度範囲の上限を F のほうは低くして，W より狭めている。0°C 以下の温度領域でも，適用される温度範囲の下限は F のほうが高く，巻線素子より狭い。

　〔**2**〕　**保護管付測温抵抗体**　　古くから使用されている，最も一般的な保護管（protection tube）付測温抵抗体は，**図 3.8** に示す構造である。抵抗素子には，マイカ巻素子あるいはその他の素子にフィンを取り付けたものを用いて，素子のフィンが保護管の内面に接して抵抗素子を支える構造としている。保護管内は温度勾配が大きいので，端子から抵抗素子までの内部導線は純度が良くて，局部的な不均質による熱起電力が発生しない材料とする。さらに，使用する最高温度で酸化，蒸発や，その他の変質をしないことが必要であり，銀線あるいはニッケル線が用いられる。絶縁には，低温ではフッ素樹脂などの耐熱樹脂を，中高温では磁器絶縁管を用いる。

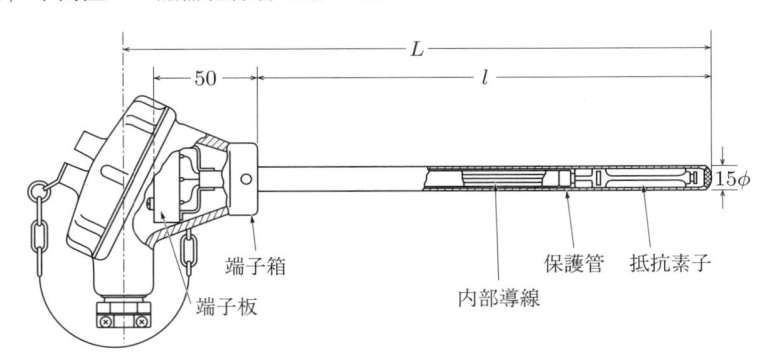

図 3.8　保護管付測温抵抗体

計測器と測温抵抗体を接続する外部導線は，端子箱のコンジット（**図 3.8** で
はケーブルグランドが付いている）から導入し，端子板に配置されている端子
に繋がれる。JIS には導線形式として，2 導線式，3 導線式，4 導線式が規定さ
れているが，計測器の大部分が 3 導線式に対応しているため，他の導線形式は
ほとんど用いられない（*3.4.2* 項参照）。

保護管内に湿気が入ると，絶縁が低下して温度の指示が低下したりふらつい
たりする。冷水など室温より低い温度測定用の測温抵抗体では，端子箱内への
シリコングリースの充填などによる防湿対策が講じられる。

図 3.8 では，保護管の途中になにもないが，測定対象へ挿入し固定するため
に，通常はフランジまたはねじが付くことが多く，この接続部から先端までの
長さが最大の挿入長さとなる。タンクや配管に取り付ける場合，液面レベルや
測定対象の流れに接する部分が挿入長さであり，これより短い。実際の挿入長
さを，実挿入長さまたは浸漬長さと呼ぶ場合もある。

ところで，測温体とは一体をなさず，分離可能なものとして対象に設置する
部品も保護管と呼ばれており，紛らわしい。このような保護管は，強度を確保
するのに市販の金属パイプの肉厚では不足する場合，棒材から中をくり抜いて
厚肉の保護管として製作される。このタイプの保護管については，*4.3.3* 項の
サーモウェルに記述する。

〔**3**〕　**シース測温抵抗体**　　わが国でシース測温抵抗体，シース熱電対，シー
スヒータと呼ばれているものはいずれも，金属シース（metal sheath）の内部
に電気導線を通し，導線相互および導線と金属シース間を無機物の充填により
絶縁したケーブル（mineral insulated cable）として形成される。無機物には
マグネシア（MgO）やアルミナ（Al_2O_3）が使われる。導線にニッケルや銅を
用いたものは，英語の呼称を略して MI ケーブルと呼ばれる[†]。シース熱電対は
導線が熱電対素線であり，シースヒータは発熱体を導線としたものであって，
基本的に構造はいずれも同一である。

金属シースには，ステンレス鋼や耐熱合金など多くの種類がある。測温抵抗

[†] 　mineral insulated metal sheathed（MIMS）cable とも呼ばれる。

体では，使用温度領域に鑑みステンレス（316 または 316L が多い）シースで，ニッケル導線のものを使用することが多い。シース測温抵抗体は，このケーブルを所用の長さに切断した片端に抵抗素子を取り付け，さらにその先端を溶接で封じたものである。シース内部の MgO による吸湿を防止するため，内部導線が引き出されたもう一方の端は，空気と触れないようエポキシ樹脂などで封じる。

シース測温抵抗体は，細形で絶縁物が緻密に充填されていて空気層がないため，応答が速く，振動に強く，素子が封入されている先端部を除いて曲げ加工が容易にできる。抵抗素子には，マイカ巻き素子以外が使われる。

図 3.9 にその構造を示す。シース外径は，3.2 mm, 4.8 mm, 6.4 mm, 8.0 mm が一般的である。シースの肉厚は薄いので，強度を保つ必要がある場合には，サーモウェルと併用されることが多い。

ステンレスシース　　無機物（MgO）　内部導線（Ni）　抵抗素子

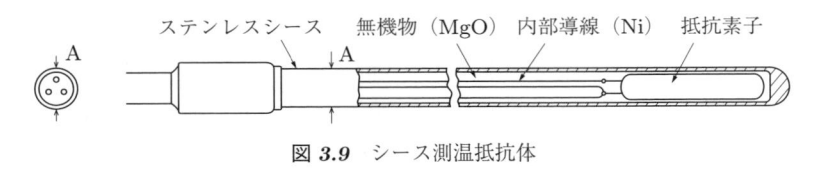

図 3.9 シース測温抵抗体

3.3　サーミスタ測温体

サーミスタは，その温度抵抗特性から，温度の上昇により抵抗値が減少する NTC サーミスタと，ある温度を境にして抵抗値が急増する PTC サーミスタ（positive temperature coefficient thermistor），ある温度を超えると抵抗値が急激に減少する CTR サーミスタ（critical temperature resistor thermistor）に分類される。

代表的な PTC は，チタン酸バリウム（$BaTiO_3$）に微量の希土類元素の酸化物などを加えて導電性を持たせたもので[13]，チタン酸バリウムの強誘電体から常誘電体への相転移に伴い，約 120°C で抵抗値が急増する。この温度はキュ

リー温度（Curie temperature）あるいはキュリー点と呼ばれ，微量の添加物によりこの温度を調節して，所望のキュリー温度を持つものが作られている。

　この性質を利用して，PTC は温度が上昇すると電流を流れにくくする電流制限素子として使用される。PTC や CTR は抵抗値が急激に変化する狭い温度領域において，おもに民生品用の温度センサとして使われることはあっても，一般的な工業温度計測に使用されることはない。

　温度計測に使用されるのはもっぱら NTC サーミスタである。NTC サーミスタはサーミスタの中でも歴史が最も古く，自動車や家庭電気機器などの民生品に温度センサとして多量に使われている。また，1975 年には工業計測を目的としたサーミスタ測温体の規格が JIS C 1611[5] として制定された。サーミスタ測温体は NTC サーミスタを感温素子とし，内部導線，保護管，内部導線相互間および内部導線と保護管との短絡を防ぐ絶縁物などから構成される測温体である。

　本節の以下の記述は NTC サーミスタに対するものであり，NTC サーミスタのことを単にサーミスタと記す。

3.3.1　サーミスタの材料と特性

　サーミスタは，おもにマンガン（Mn），鉄（Fe），コバルト（Co），ニッケル（Ni）など，遷移金属の酸化物を 2 種以上配合した混合物の焼結体でできており，組成に応じて常温における抵抗値や温度特性を調整できるので，異なる特性を持つ多種類のサーミスタが製造されている。ただし，温度係数（B 定数）と抵抗率の組合せは自由に選択できるわけではなく，一般的に B 定数が大きくなると抵抗率も大きくなる傾向にある。

　サーミスタの特性は近似的に式 (3.11) で表され，R_a は基準にする温度 T_a における抵抗値である。T_a には 298.15 K（25 °C）が選ばれることが多い。特に式 (3.11) 中の B は，B 定数と呼ばれる，サーミスタの特性を表す重要な特性値である。ただし，B 定数は一定ではなく，温度範囲によって変化するので，その数値をとる温度範囲とともに示される。

　サーミスタの任意の温度 T における温度係数 α は，測温抵抗体と同じく式

(3.7) で定義され，この式の R に式 (3.11) を代入して

$$\alpha = \frac{1}{R}\frac{\mathrm{d}R}{\mathrm{d}T} = -\frac{B}{T^2} \qquad (3.20)$$

となる。α の単位は K^{-1} である。また，この値を 100 倍して$\mathrm{\%K}^{-1}$ で表すこともある[6]。ここで，T は温度，R は温度 T におけるサーミスタの抵抗値，B は B 定数である。NTC なので α は負であり，その絶対値は式 (3.20) に示されるように，高温になるほど小さくなる。

サーミスタの特性を表す式 (3.11) によれば，$1/T$ と $\ln R$ の関係は直線になって，その傾きが B であるが，実際にはわずかに曲がる。そこで，$1/T$ を $\ln R$ の多項式に，または逆に $\ln R$ を $1/T$ の多項式にすることにより，両者の関係を実測に近づけることができる[14]。

$$\frac{1}{T} = a_0 + a_1 \ln R + a_2 (\ln R)^2 + a_3 (\ln R)^3 \qquad (3.21)$$

$$\ln R = b_0 + \frac{b_1}{T} + \frac{b_2}{T^2} + \frac{b_3}{T^3} \qquad (3.22)$$

ここで，T は温度，R は温度 T におけるサーミスタの抵抗値，a_0, a_1, a_2, a_3 および b_0, b_1, b_2, b_3 は定数である。

式 (3.21) は，Steinhart と Hart が提唱した，個別サーミスタの校正結果からサーミスタの温度と抵抗値の関係を補間する式であり[15]，そのときは 2 乗の項 $a_2 (\ln R)^2$ を省略しても近似の正確さへの影響はほとんどないとされた。式 (3.21) から 2 乗の項を省いた式は，一般に Steinhart-Hart 式と呼ばれている。

サーミスタは特性，すなわち R_a および B 定数にバリエーションが多く，工業用の温度計測に使用するには指示・記録計との関係においても標準化が必要であり，JIS C 1611 ではサーミスタ測温体の温度特性と許容差を定めている。温度特性の互換性を保つ方法として，サーミスタ自身に互換性を持たせる方法と（素子互換），サーミスタに抵抗器を接続してその合成抵抗に互換性を持たせる方法とが採用されている[†]。

[†]　JIS C 1611 には，これら二つに加えて比率式が規定されているが，現在はほとんど見られなくなった。

3.3.2 サーミスタの構造

　工業計測用に使われるサーミスタ素子はビード形と呼ばれ，**図 *3.10*** (a) のように 2 本の白金合金線上にサーミスタの原料を粒状に焼成したものである。そのままでは機械的，熱的に不安定なため，図 (b) のようにジュメット線を延長し硝子で被覆して使用される。リード線には，使用温度範囲に応じてジュメット線以外も使われる。

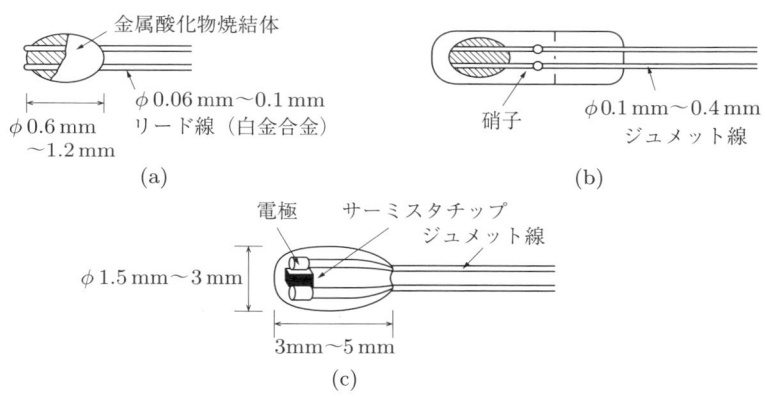

図 *3.10* サーミスタ素子の形状

　現在では，焼結体としてディスク形あるいはチップ形に成形され，これに図 (c) のように電極を施してリード線を取り付け，硝子でコーティングしたものが，一般的なサーミスタ素子として市販されている。工業計測用としてはサーミスタを素子のままで使うことはほとんどなく，通常，金属保護管に入れて使用する。

3.4　測温抵抗体の測定回路

　本節では，測温抵抗体を温度検出器とし，その信号を温度値に変換して指示・記録などを行う計測器に用いられる測定回路の原理を説明する。

3.4.1 測定回路の原理

測温抵抗体は温度によりその抵抗値が変化するものであるから，電気抵抗値を測定することによって温度を知ることができる。一般的に電気抵抗値は，抵抗体へ電流を流すとその両端に現れる電圧は電流に比例するという，いわゆるオームの法則を利用して，抵抗値を電圧に変換することによって測定される。

〔1〕 **ブリッジ回路の基本**   電気抵抗測定の最も原理的な方式に，ブリッジ回路（ホイートストンブリッジ; Wheatstone bridge）がある。**図 3.11** にホイートストンブリッジの原理図を示す。抵抗 R_A, R_B は固定抵抗，R_S は可変抵抗，R_t は被測定抵抗器すなわち測温抵抗体である。いま，R_A および R_t, R_B および R_S で分圧される電圧が等しくなるように R_S を調整すると，検流計 G に流れる電流 I_g は 0 となる。このときブリッジは平衡状態にあるといい，つぎのような関係が成立する。

$$I_t R_A = I_S R_B \tag{3.23}$$

$$I_t R_t = I_S R_S \tag{3.24}$$

したがって，$I_S/I_t = R_t/R_S = R_A/R_B$ なので

$$R_t = \frac{R_A}{R_B} \cdot R_S \tag{3.25}$$

であり，R_A, R_B, R_S が既知であれば，以上の関係より R_t が求められる。

ここで，R_A/R_B を比例辺といい，実際のホイートストンブリッジでは R_A/R_B は 10 の n 乗（n は整数）で設定できるようになっている（倍率あるいはレンジ

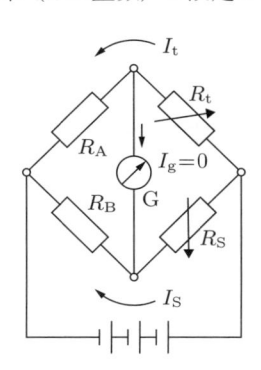

図 3.11 ホイートストンブリッジの原理図

設定）。また，R_S は可変抵抗であり，測定辺とも呼ばれ，必要な分解能を持った可変抵抗器で構成される。以上より，R_t は R_S の値と比例辺の倍率との積で求めることができる。従来からホイートストンブリッジは，電気抵抗の精密測定に最もよく使用されており，校正装置など精密測定回路の基本となるものである。

〔**2**〕 **直流電流比較ブリッジと交流ブリッジ** 〔1〕で説明したような，原理的な形のブリッジ回路の使用は近年減ってきており，校正現場などにおける標準用白金抵抗温度計の精密抵抗測定では，直流電流比較（direct current comparator; DCC）ブリッジ，あるいは交流ブリッジがよく用いられる。いずれもブリッジを自動で平衡させて抵抗比を自動測定する装置が実用化されている。

図 **3.12** に DCC ブリッジの原理図を示す。R_S が基準となる抵抗器，R_t が被測定抵抗器（ここでは抵抗温度計），$\mathrm{DC_S}$ と $\mathrm{DC_t}$ は直流電流源を表している。R_S, R_t にはそれぞれ電流 I_S, I_t が流れ，両端電圧 $E_\mathrm{S} = I_\mathrm{S} R_\mathrm{S}$, $E_\mathrm{t} = I_\mathrm{t} R_\mathrm{t}$ が生じるので，両者の差が検流計 G により検出される。また，電流 I_S, I_t は，それぞれ巻線 N_S, N_t を流れ，その結果コア内部に生じる起磁力の差を，検流計 D により検出している。DCC ブリッジでは，ホイートストンブリッジのように可変抵抗 R_S の値を変更してブリッジを平衡させるのではなく，コアに巻かれ

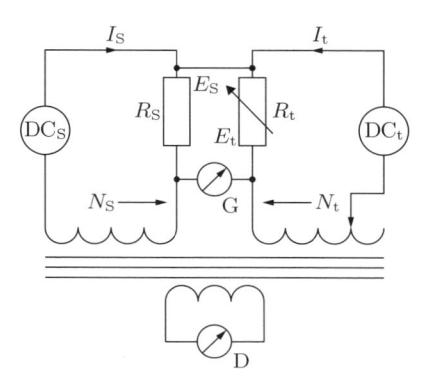

図 **3.12** DCC ブリッジの原理図[16]

た巻線 N_t の巻数と電流 I_S, I_t を変化させてブリッジを平衡させる。いま，検流計 G に流れる電流 $= 0$ の場合，$I_S R_S = I_t R_t$ が成り立ち，検流計 D を流れる電流 $= 0$ より $I_S N_S = I_t N_t$ が成り立つので，抵抗値 R_t は

$$R_t = \frac{N_t}{N_S} R_S \qquad (3.26)$$

として求められる。DCC ブリッジでは測定電流は直流電流であるため，実際には交流電流を重畳させる磁気変調技術を用いて直流電流の比較を行う。現行の実用モデルでは，$10\,\mathrm{m\Omega}$ から $100\,\mathrm{k\Omega}$ と幅広い抵抗の範囲を $0.02\,\mathrm{ppm}$ 程度の小さな不確かさで測定できるとされている。

　一方，交流ブリッジでは測定電流として交流電流を直接用いる。図 **3.13** に，交流ブリッジの原理図を示す。基準抵抗 R_S と被測定抵抗器 R_t は直列に接続され，トランスのコイル P およびコイル S にそれぞれ並列接続されている。コイルの入力インピーダンスは非常に高くほとんど電流が流れないため，R_S と R_t には同じ交流電流が直列に流れる。R_S 両端の電圧は，トランスの巻数固定の 1 次側コイル P に印加され，2 次側コイル S に電圧が発生する。2 次側コイルは巻数が可変となっており，被測定抵抗 R_t に発生する電圧と 2 次側コイルに発生する電圧とをバランスさせることができる。

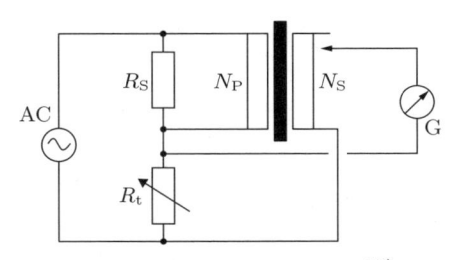

図 **3.13**　交流ブリッジの原理図[17)]

　いま，検流計 G を流れる電流が 0 のとき，$R_S N_S = R_t N_P$ が成り立ち，被測定抵抗 R_t は

$$R_t = \frac{N_S}{N_P} R_S \qquad (3.27)$$

で求められる。実際には，2次側コイルは分解能分の巻線数があるわけではなく，それぞれのタップに対して巻線数 10 のコイルがカスケード状に接続され，必要な分解能を得ている。

　交流ブリッジは，以下のような特長を有する。コイルの巻数比より直接抵抗比が求まるので，直流抵抗ブリッジに比べてアナログ的な非線形性や経時変化，温度などによる影響を受けにくい。ブリッジが交流的に平衡するため，寄生熱起電力（parasitic thermoelectromotive force）や計測器の DC オフセットなど直流的な測定の不確かさ要因の影響を受けない。直流ブリッジでは極性を反転させて，これらを低減する必要があるので，交流ブリッジのほうが，測定時間が短時間で済む。

〔**3**〕　**電位差計またはディジタル電圧計**　　図 **3.14** の回路は電位差計またはディジタル電圧計を用いた抵抗測定回路である。被測定抵抗へ一定電流を流し，その両端の電圧を測定する。また，抵抗値が既知の基準抵抗に同じ電流を流したときの電圧と比較することにより，被測定抵抗である測温抵抗体の抵抗値を求めることができる。スイッチ SW を 1-1′ 側と 2-2′ 側にそれぞれ切り替えて，測温抵抗体 R_t および基準抵抗 R_S に生じる電圧値をそれぞれ E_t, E_S とすると，R_t の値は式 (3.28) によって求められる。

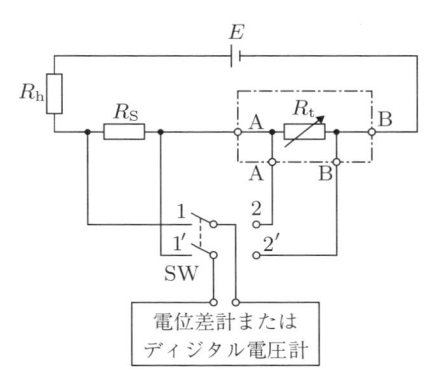

図 **3.14**　電位差計またはディジタル
電圧計による測定方法

$$R_\mathrm{t} = \frac{E_\mathrm{t}}{E_\mathrm{S}} R_\mathrm{S} \qquad\qquad (3.28)$$

この場合，測温抵抗体の抵抗測定精度は基準抵抗器の精度にほぼ依存するので，精密標準抵抗器を用いれば，高い精度を必要とする温度測定に使用できる（*2.8.2*項参照）。

〔**4**〕 **測 定 電 流**   測温抵抗体では温度検出端へ電流を流して測定するため，測定電流が大きいと，*3.5.1*項に説明するように，温度検出端の抵抗素子に生じる自己加熱により測定結果は実際の温度より高くなってしまう。電気回路上は，測定電流が大きいほうが感度も上がり，また外部ノイズの影響も受けにくいので，高精度測定に適しているが，この自己加熱による抵抗値上昇の影響が大きくなるので，あまり大きな電流は流せない。そこで，JIS C 1604 では，最大測定電流は自己加熱の大きさが該当する許容差クラスにおける許容差の 25 % を超えない値とするよう定められており，一般には，0.5 mA，1 mA，2 mA が用いられる。

なお，実際の計測器では，その方式により，必ずしも上記の電流値を流しているとは限らないので，自己加熱の絶対量が問題になる場合は注意が必要である。例えば，回路の省電力化により測定電流が 0.5 mA より小さいものや，スキャナ方式（多点切り替え測定）のシステムなどで測定タイミングに応じてパルス状に電流を流す方式では，自己加熱はさらに小さくなる。

3.4.2 測温抵抗体の結線方式

測温抵抗体では，電流を流してその両端に発生する電圧を測定すると述べたが，実際の温度計測では，温度検出端と計測器とは導線によって結線されるのが通常であり，この配線抵抗によって生じる測定誤差を考慮する必要がある。測温抵抗体の結線では，その導線の本数に応じて，2 導線式，3 導線式，4 導線式に分類される。工業的には 3 導線式が一番よく使われている。

〔**1**〕 **2 導 線 式**   2 導線式（**図 3.15**）は最もシンプルで安価な計装が可能であるが，測温抵抗体の抵抗値を R_t，測定電流を I，測定電圧を E とし，2

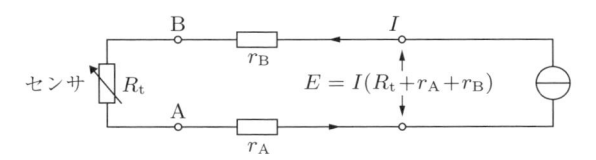

図 3.15 2 導 線 式

本の導線抵抗をそれぞれ r_A, r_B とすれば

$$R_t = \frac{E}{I} - (r_A + r_B) \tag{3.29}$$

となり，導線抵抗分 $r_A + r_B$ を補正する必要がある。また，周囲温度変化など で導線抵抗が変化すれば，その分が直接測定誤差となるため，白金測温抵抗体 による精密温度測定には向かない。サーミスタなど，温度検出端自体の抵抗値 が比較的大きい場合は，導線抵抗の影響が相対的に小さくなるので，コストの 面からよく使用される。

〔**2**〕 **3 導 線 式**　測定精度と配線コストの兼ね合いから，工業的に最も よく使用される方式が 3 導線式である。**図 3.16** で，電流は r_A, r_B を経由して 流れ，中央の B 線は入力抵抗が非常に大きい演算増幅器に繋がるのみで，基本 的に電流を流さない。導線抵抗 r_B 分の電圧降下 E_2 が測定でき，$R_t + r_A$ 分の 電圧降下は E_1 で測定できる。ここで，E_1 と E_2 の差をとると

$$E_1 - E_2 = IR_t + I(r_A - r_B) \tag{3.30}$$

となる。

通常は 3 本の導線は同じものを使用するので，配線抵抗値も同じで，導線間 の温度差もほとんどないと見なすことができ，$r_A = r_B$ とおける。したがっ

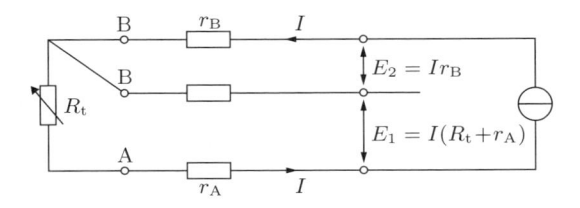

図 3.16 3 導 線 式

て，式 (3.30) において $r_A - r_B = 0$ となり，導線抵抗の影響はキャンセルされるので，測温抵抗体の抵抗値 R_t のみを測定できる。ただし，許容値を非常に小さくする場合には，$r_A - r_B$ が完全に 0 ではないことの影響が無視できなくなる。

〔**3**〕 **4 導 線 式**　　4 導線式は，標準器や研究用途など測定精度を重視する場合に用いられる配線方式である。**図 3.17** に示すように，電流を流す導線と電圧を測定する導線を完全に分離し，電圧検出導線に電流を流さないため，測温抵抗体の抵抗値を正確に測定することができる。

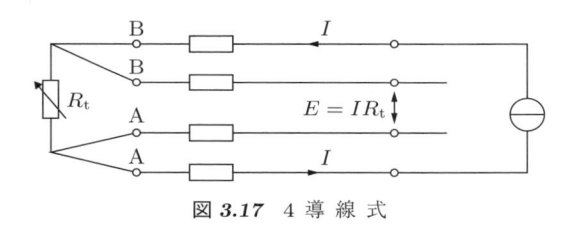

図 3.17　4 導 線 式

3.4.3　計 測 器 の 実 例

実際の計測器では，測定された電気抵抗値を温度に換算して，メータやディジタル表示器で直接指示したり記録する。また，指定された測定温度範囲に対応して直線化された統一信号（DC1〜5 V や DC4〜20 mA などの工業計器用標準信号）に変換して，記録計や調節計などの受信計器に伝送する。ここでは，測温抵抗体変換器の実例について説明する。

〔**1**〕 **アナログ温度変換器**　　3.4.2 項〔2〕で 3 導線式による導線抵抗補償の原理について説明した。これを電気回路で実現する導線抵抗補償回路例を**図 3.18** に示す。I は測温抵抗体に流す測定電流である。

演算増幅器 U では，二つの入力間電圧差が 0 となるように，その出力 E が制御されるので

$$E = \left(1 + \frac{R_3}{R_4}\right) R_t I + \left(1 + \frac{R_3}{R_4}\right) \left(r_A - \frac{R_2}{R_1} r_B\right) I \tag{3.31}$$

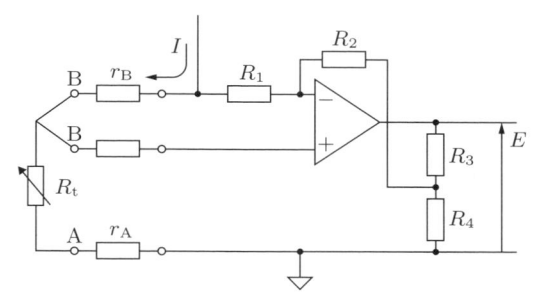

図 **3.18** 導線抵抗補償回路

となる。ここで，それぞれの導線抵抗は等しいため $r_A = r_B$ として，回路抵抗定数を $R_1 = R_2$ とすれば，式 (3.31) の右辺第 2 項は 0 で

$$E = \left(1 + \frac{R_3}{R_4}\right) R_t I \qquad (3.32)$$

となり，導線抵抗の影響がキャンセルされて，出力 E は R_t と I のみに依存する。

　以上の回路より，かりに電流 I が一定であれば，出力電圧 E は測温抵抗体の抵抗値 R_t に比例する。しかし，R_t と温度 t とは完全な直線関係ではないため，出力電圧 E は測定温度 t に対して直線的に変化しない。このため，E が t に対して直線的に変化するよう E を補正する必要がある。このことを**リニアライズ**という。白金測温抵抗体では，この非直線性があまり大きくないため，測温抵抗体の抵抗値の変化に連動して測定電流 I を変化させて，自動補正することができる。

　白金測温抵抗体では温度が上昇すると抵抗値が増加するが，その増加率は温度が高くなるほど低下する（*3.2.2* 項の式 (*3.13*) および式 (*3.14*) 参照）。**図 3.19** にリニアライザの回路例を示す。温度が上昇して R_t が増加すると演算増幅器 U への入力電圧も増加し，演算増幅器の出力電圧も増加するため，測定電流 I が増加する。その結果，温度上昇に伴う増加率の低下が打ち消され，電圧 E を温度 t に対してほぼ比例的に出力させることができる。**図 3.19** における電流 I は，つぎのようになる。

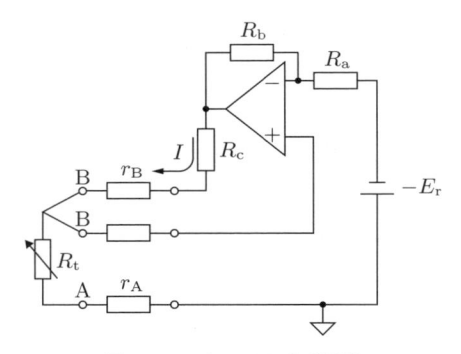

図 3.19 リニアライズ回路

$$I = \frac{(R_\mathrm{b}/R_\mathrm{a})E_\mathrm{r}}{R_\mathrm{c} - R_\mathrm{t}(R_\mathrm{b}/R_\mathrm{a}) + r_\mathrm{B} - (R_\mathrm{b}/R_\mathrm{a})r_\mathrm{A}} \tag{3.33}$$

温度検出端や導線が断線したときに，その状態を検出する機能を**バーンアウ
ト検出**という。例えば，炉などの装置の温度制御を行っている場合に，温度検
出端や導線に断線が発生して受信計器の測定温度が不定になると，正しい温度
制御が行われないだけではなく，装置の過加熱などが生じ，装置の故障や，最
悪の場合，火災などが発生し非常に危険である。そこで，万が一断線が発生し
た場合に，それを検出して測定値を計器上限値または下限値などある一定値に
保持する機能を付加し，装置を保護する必要がある。

図 3.18 の回路の例では，センサ（素子）R_t または導線 r_A が断線した場合，
測定値は上限側に振り切れるが，中央の B 線が断線した場合は，演算増幅器の
入力インピーダンスが高いため測定値は不定となってしまう。そのため，断線
時に不定になる信号線には，測定値に影響しない範囲で微小電流を流すなど，断
線時に必ず上限値か下限値どちらかに振り切れるような工夫がされている（後
出の**図 3.20** 参照）。また，信号レベルの異常をアナログ回路，あるいはディジ
タル値で検出し，強制的に測定値を所定のレベルに保持する機構を設けて，バー
ンアウト検出を実現している例もある。

〔**2**〕 **ディジタル方式**   マイクロコントローラ（以下マイコン）の普及に
より，リニアライズや導線抵抗補償をマイコンの演算機能で処理することで，

アナログ回路を単純化することが一般化している。近年はマイコンや A/D コ ンバータなど電子部品の性能向上に加え，コモディティ化で価格も低下してお り，マイコンの演算機能でより高精度な測定が低コストで実現できるだけでな く，次章で述べる熱電対も含めた，ユニバーサル入力化やマルチチャネル化な どの高機能化も進んでいる。

図 **3.20** に，ディジタル方式での測温抵抗体測定回路の実例を示す。導線も 含む測温抵抗体へは，定電流源 i より測定電流が供給される。回路中の RC 回 路はフィールドからのノイズを除去するためのものである。また，R_{bo} は中央 B 線のバーンアウト検出用に微小電流を流すための抵抗で，測定精度に影響し ない範囲で可能な限りの高抵抗が選ばれる。おのおのの A，B（中央），B（コモ ン）信号の電圧値は，マルチプレクサで切り替えて演算増幅器に入力され，適 切なゲインで増幅される。マルチプレクサや演算増幅器のゲインは，マイコン により制御されている。演算増幅器の出力は，A/D 変換器に入力されディジタ ル化されて，マイコンに伝達される。一般的に，温度測定の場合は高速性より も分解能や安定性が要求されるため，二重積分型や $\Delta\Sigma$ 型の A/D 変換器がよ く用いられている。

測定シーケンスを説明する。測定周期中に，マイコンの指令により E_f，E_a，E_b，

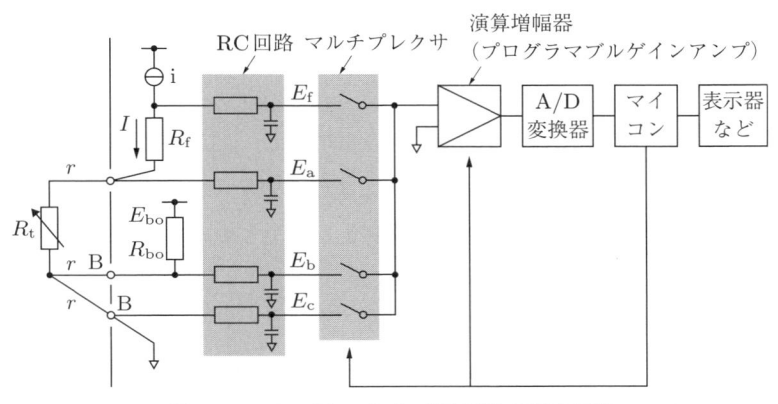

図 **3.20** ディジタル方式の測温抵抗体測定回路

E_c を順次測定し，A/D 変換データがマイコンのメモリに格納される。必要なデータが揃ったら，メモリに格納されたこれらのデータを用いて，例えば式 (3.34) および式 (3.35) のような演算をマイコンで行うことで，R_t を求めることができる。さらに，R_t の値からマイコンによってリニアライズ演算を行い，温度データへ変換する。以降，測定周期ごとに同様の測定演算を繰り返す。

$$R_t = \frac{E_a + E_c - 2E_b}{I} \tag{3.34}$$

$$I = \frac{E_f - E_a}{R_f} \tag{3.35}$$

リニアライズの方式例として，センサの特性テーブルをメモリに格納しておき，直線または多項式の近似式で演算して補間する方法がとられる。要求される測定精度やメモリ容量などを考慮して，特性テーブルの細かさや補間式は適切なものを選択する。

このように，ディジタル方式では，従来アナログ演算回路で行っていたような，導線抵抗補償や，リニアライズをディジタル処理できるので，アナログ回路が簡略化でき，計測器の高精度化や低コスト化が比較的容易に実現できる。

3.5　使用上の注意と選択基準

抵抗温度計による温度測定における注意事項には，抵抗温度計特有の事項と，接触式温度計として熱電対などと共通する事項とがある。両方の事項を含む抵抗温度計の使用上の注意を図 **3.21** に一覧としてまとめる。

3.5.1　自 己 加 熱

測温抵抗体による温度測定では，感温部の抵抗素子に電流を流す必要がある。これを測定電流と呼び，この電流によって引き起こされる抵抗素子の温度上昇を自己加熱（self-heating）と呼ぶ。自己加熱の分だけ測定結果は実際の温度よ

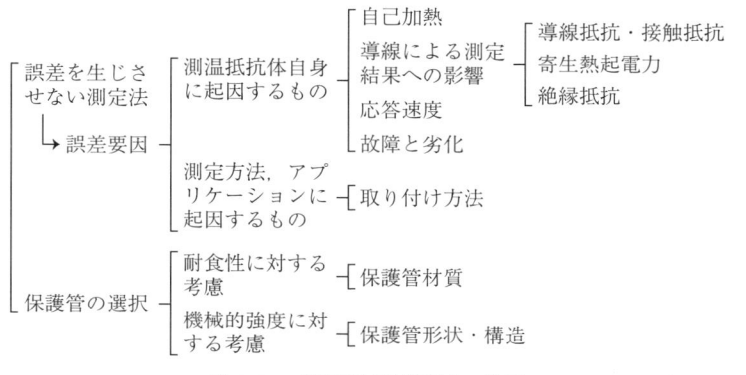

図 3.21 測温抵抗体使用上の注意

り高くなるので，目的とする測定精度に照らして無視できる程度に自己加熱を抑えなければならない。

　自己加熱は電流の 2 乗に比例するジュール熱によるものである。測温抵抗体の抵抗値を R とし，測定電流を I とすると，ジュール熱は I^2R であり，引き起こされる温度上昇 Δt は，ジュール熱に比例し

$$\Delta t = FI^2R \tag{3.36}$$

と表される[†]。ここで，比例定数 F は単位消費電力当たりの温度上昇であり，自己加熱係数（self-heating coefficient）と呼ばれ，°C/mW で表す。

　図 3.22 は，それぞれ緩やかに攪拌された，氷点槽および 150 °C の油温槽における，外径 3.2 mm のシース測温抵抗体の自己加熱測定の結果を示している。異なる電流値で抵抗値を測定して，横軸に I^2R をとり，温度差 Δt との関係をプロットしている。温度差 Δt は，外挿で求めた電流 $I = 0$ のときの抵抗値と測定された抵抗値との差を温度換算した値である。図の直線の傾きが自己加熱係数 F となる。なお，自己加熱の大きさは使用される素子の種類などにも依存するので，外径などの形状が同じ測温抵抗体でも個々に異なる場合も多い。

　自己加熱の大きさは，測温抵抗体の構造と周囲条件，すなわち測定対象の状

[†]　右辺の R は，厳密には $t + \Delta t$ における R となるが，Δt に相当する ΔR は R に比べてわずかであり，無視できる。

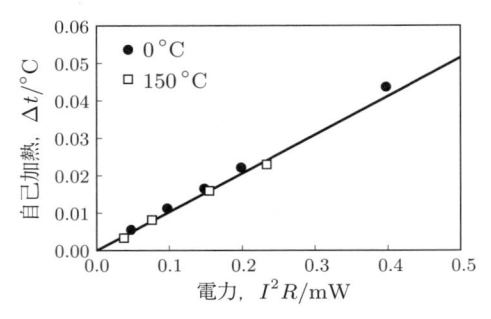

図 3.22　外径 3.2 mm シース測温抵抗体の
自己加熱の例

態（液体または気体）や流速などにも依存する。したがって，自己加熱係数も
それらの状況により変化する値であって，測温抵抗体の構造のみで決定される
ものではないことに注意を要する。攪拌水中における自己加熱を基準にとると，
静止水中では 2〜4 倍，流動空気中では 5〜10 倍，静止空気中では 10〜20 倍の
自己加熱が生じる。

　校正における標準用白金抵抗温度計の扱いでは，異なる二つの電流値で抵抗
値を測定し，**図 3.22** における電流 0 の状態に外挿した抵抗値を求める方法が
よく用いられる（3.7.3 項参照）。

　サーミスタ測温体では，自己加熱特性を熱放散定数（dissipation factor）と
いう量で表す。熱放散定数は 1 °C の温度上昇をもたらす電力量と定義され，単
位は mW/°C で，自己加熱係数の逆となる。熱放散定数を k として

$$\Delta t = \frac{P}{k} = \frac{I^2 R}{k} \tag{3.37}$$

と表される。ここで，P はサーミスタによる消費電力[†]，I は測定電流である。
また，R はサーミスタの抵抗値で，周囲温度 t に自己加熱分の Δt を加えた温
度における抵抗値である。

[†]　電流と抵抗の単位をそれぞれ mA，kΩ で表した数値を使うと，計算結果は電力 P の
単位を mW とする数値になる。式 (3.36) の $I^2 R$ も同様である。

3.5.2 導線による測定結果への影響

抵抗温度計の感温部は抵抗素子あるいはサーミスタ素子であり，指示・記録計（計測器）へは導線で結ばれる。測温体の内部にあってその構造の一部となっているものを内部導線と呼び，測温体から計測器までのケーブルを外部導線と呼ぶ。導線に係る測定結果への影響に関して留意すべき事項として，〔1〕導線抵抗，接触抵抗による影響，〔2〕寄生熱起電力による影響，〔3〕絶縁抵抗による影響の三つがある。

〔1〕 **導線抵抗，接触抵抗による影響**　測温抵抗体は感温部の素子の抵抗値を測定するものであるから，感温部の素子から計測器までの抵抗測定回路中の抵抗には十分注意しなければならない。また，4導線式による抵抗測定を実施するのが基本であって，標準器としての用途などの精密温度測定は4導線式で実施されるが，工業用の測温抵抗体では3導線式が一般的である。3.4.2項〔2〕で示したように，3導線式は各導線の抵抗値がバランスしていることが重要であるので，特に長いまたは細い外部導線の場合は注意を要する。

シース測温抵抗体では，細くなるほど内部導線相互の抵抗値の差が大きくなるので，3導線式でシースが長い場合は注意を要する。

〔2〕 **寄生熱起電力による影響**　抵抗温度計は，抵抗素線（素子リード線）と内部導線，外部導線それぞれが異なる材料であることが多い。すなわち，抵抗測定回路中にいくつかの異種金属の接合点があり，各接合点の温度に差があるとゼーベック効果による熱起電力が発生する。これが寄生熱起電力であり，直流による抵抗測定では測定結果に影響する。

測温抵抗体で，以前のように5mA以上の測定電流を使用した場合には信号が十分に大きく，寄生熱起電力の大きさは相対的に小さかった。しかし，現在では，測定電流は2mA以下が通常で，しかもますます小さくなる傾向にあり，寄生熱起電力による測定結果への影響は，以前に比較して大きくなっている。

〔3〕 **絶縁抵抗による影響**　導線中の絶縁抵抗が低下し，感温部以外の箇所を測定電流が流れると，正確な抵抗値を測定できない。測温抵抗体Pt100で，素子抵抗に絶縁抵抗が並列に加わったとする単純なモデルを考えたとき，測定

対象温度が $100\,°C$, 絶縁抵抗 $R_Z = 500\,k\Omega$ の場合, 測定結果は $0.1\,°C$ 低く表示される。

通常の使用においてここまで絶縁抵抗が下がることはないが, シース測温抵抗体において, 絶縁物の MgO が吸湿して数 $k\Omega$ まで絶縁抵抗が低下した事例があり, 高湿度雰囲気や常温より低く結露を引き起こす環境での使用においては, 吸湿による絶縁の劣化に注意が必要である。

絶縁不良により内部導線と大地が保護管（またはシース）を介して接地状態になった場合に, 抵抗値測定のための電源回路のマイナス側が接地されていると, 大地を通して保護管–導線–電源–大地–保護管という別の回路（保護管–導線間が絶縁不良）が形成されることになり, 測定結果に影響する要因となる。また, ノイズとの関係などについて, 4.5.3 項も参照されたい。

3.5.3 応 答 速 度

接触式温度計の特性としての応答速度は, ステップ応答に対する時定数（63.2 % 応答）または 90 % 応答の時間で表されることが多く, サーミスタ測温体を規定する JIS C 1611 では 90 % 応答で表すとされている。しかし, 測温抵抗体の JIS では, 50 % 応答の時間で応答特性を表す規定になっている[†]。

応答速度は, 温度計の形状（外径・肉厚）および構造によって大きく異なるが, 一般的には下記のことがいえる。

(1) 測定対象の温度変化により, 熱は測温体の保護管, 充填物そして素子へと伝達されるので, それらの熱応答が速いほど素子の熱応答も速い。すなわち, 保護管径が細く熱容量が小さいほど, 熱時定数は小さい。

(2) 保護管と素子との熱接触が良いほど, 熱時定数は小さい。

(3) 保護管と素子の間の空間が小さいほど, 熱時定数は小さい。

マイカ巻抵抗素子の板バネには, 保護管と素子との熱接触を良くする効果が

[†] JIS C 1604「測温抵抗体」においても, 以前は 90 % 応答の時間を規定していたが, 1989 年の改定で, 応答の項目は削除され, 1997 年の改定で再び応答が規定された。その解説には, IEC の測温抵抗体規格では 50 % 応答の時間を規定していたので, そのとおりにしたと説明されており, ほかに特段の理由は明記されていない。

ある。また，金属シースと素子の間に熱伝導の良い無機充填物があるシース測温抵抗体は，(2) と (3) の効果を併せ持っている。

3.5.4 故 障 と 劣 化

測温抵抗体では，保護管の損傷などの外観上から認識できるもの以外の故障は，抵抗素線あるいは素子リード線と内部導線との接合部などで起こる断線が多くを占める。3.2.3項〔1〕で説明したように，測温抵抗体の抵抗素子は，薄膜素子を除いて白金の細線を抵抗素線としており，強い衝撃や長期間の振動で断線する，あるいは白金線の巻きの上下でショートすることがある。

測温抵抗体が一定の温度を測定中で，式 (3.4) における抵抗 ρ_L が変わらない状況であっても，残留抵抗 ρ_i が変化することにより抵抗値のドリフト（resistance drift），すなわち劣化が起こる。このおもな原因は，保護管からの金属蒸気による白金への汚染と白金線（膜）の歪みである。

450°C におけるシース測温抵抗体の初期ドリフトを調べた調査研究によると，抵抗値は最初の数十時間は減少し，その後上昇に転じて，1 000 時間経過後の初期値からの変化はおおむね $0.01\,\Omega$〜$0.03\,\Omega$（$0.025\,°C$〜$0.075\,°C$）だった[18]。初期の抵抗値減少は，抵抗素子製造時の歪みが 450°C における熱処理により解放され，その結果 ρ_i が減少したことによるもので，続く抵抗値の増加は，金属シースから白金線への汚染が生じ，ρ_i が増加したことによると考えられる。この抵抗値の増加がいわゆる劣化である。

汚染の影響は高温であるほど大きい。歪みはヒートサイクルなどにより生じる。白金線が封じ込められているセラミック封入素子は，歪みを受けにくいが，振動・衝撃には最も弱い素子であることに注意を要する。また，保護管内部の充填物などが熱応力の関係で抵抗素子に影響する場合がある。

3.5.5 取り付け方法（挿入長さ）

接触式温度計では，測定対象が流れる配管，あるいは容器や炉の内部に挿し込んで使用する方法が一般的である。正確な温度測定には，図 **4.37** で説明され

るように温度計自身の熱抵抗が大きいことが必要である。その手段として，挿し込む深さ，すなわち挿入長さを長くするのが一般的であり，従来，金属保護管では外径の 15〜20 倍の挿入長さが必要であるといわれてきた。測温抵抗体では，抵抗素子が保護管内で先端から数十 mm を占め，熱電対の測温接点に比較して大きいので，その分だけ余計に挿入長さが必要になる。

　管内を流れる流体の温度計測において，配管径が細い場合の温度計の取り付けには，**図 3.23** に示すような工夫が施されることが多い。特に C は挿入長さを長く確保する方法である。**図 3.24** の A のように取り付けた場合，約 400 °C のガスの温度を測定していたときに，測定結果が B に比較して 13 °C 低かった。A のほうの挿入長さが短いことと，保温されていない部分が多いためである[19]。

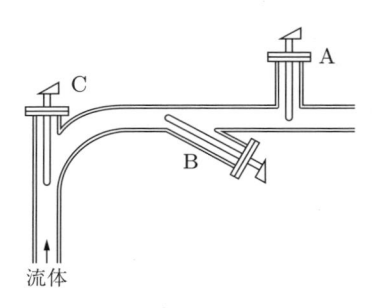
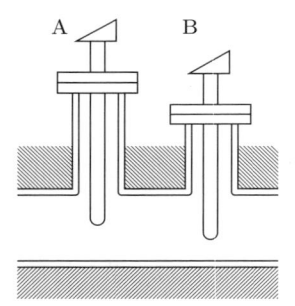

図 **3.23**　温度計の取り付け例 1　　　　図 **3.24**　温度計の取り付け例 2

　また，流体の温度測定など，保護管に強度が必要とされる場合，厚肉の保護管（4.3.3 項参照）を配管などの対象に取り付け，そこにシース測温抵抗体を挿入する使用方法があり，実際問題として，外径の 15 倍以上の挿入長さを確保できないことも多い。したがって，挿入長さによっては，測定誤差が少なからずあることを認識しておく必要がある。

3.5.6　選 択 基 準

　温度を測ろうとするとき，なんのために温度を測定するのか，測定結果をどのように利用するのかといったことを明確にした上で，総合的に検討して温度計を選択する必要があることは，*1.3.2* 項で述べたとおりである。

　測温抵抗体を温度計として選択した場合に，どのような測温抵抗体が使用目的に適したものであるかを決定する際に特に重要な項目は，測定する温度，測定精度と保護管の選定に係る測定対象の種類や，流体の場合は流れの条件である。また，可燃性ガスや引火性液体の蒸気が存在し，空気と混合して爆発性雰囲気を形成する可能性のある場所では，防爆電気機器としての測温抵抗体を使用しなければならない。

　〔**1**〕　**測定温度範囲**　　測温抵抗体の抵抗素子には，使用可能な温度範囲が異なる数種類のタイプがある。また，巻線素子か薄膜素子かに依存して，許容差の適用温度範囲が異なる。3.2.3項〔2〕で述べたように，保護管付測温抵抗体の内部に使用する絶縁物などの部品は，使用する温度に応じて異なる材料を使うのが通常である。したがって，測定対象の温度，すなわち何度くらいを測定するのかは，最も重要な選択基準となる。

　選択に際しては，測定（使用）温度範囲を製造者に伝え，適切な測温抵抗体を入手して使用する必要がある。測温抵抗体は，基本的には，個別の仕様に定められた使用温度範囲を外れた（下限温度以下も含む）温度領域では使えない。

　〔**2**〕　**測 定 精 度**　　どれくらいの精度で温度を知る必要があるのか，これは結構難しい問題で，必要精度を深くは考えず，精度の高い，すなわち許容差の小さいものに越したことはないという選択がなされることも多い。検出器としての測温抵抗体の精度は温度計測の正確さに係る重要な要素ではあるが，他の要素も数多くある。

　測温抵抗体の測定電流の値はある程度自由に選ぶことができる。しかし，**図3.22**に示したように，測定電流が大きいと，許容差の小さいクラスを選択した意味がないほどに自己加熱が大きくなってしまう場合があるので，自己加熱による温度上昇が，求める精度に照らして十分小さくなるような，適切な測定電流の計器を選択しなければならない。

　応答速度も精度に関係するので，応答の速い検出器が求められる傾向が強い。それには保護管の外径が細く，肉厚の薄いものが適しているが，外力に対する強度が弱くなるので，条件によっては保護管の役割を果たせない。

結局，測定環境や条件と精度のバランスをとることが重要であり，精度のみの要求を満足させようとしても，他の特性に影響を及ぼして正確な温度計測が実現できないことに留意すべきである。

〔**3**〕　**保護管の選択**　　測定対象物の種類や温度，対象の圧力や，流体の場合はさらに流速などを考慮して，保護管材質，保護管形状を選択する。

また，きわめて大きな応力を受ける測定箇所で機械的強度を確保するためには，サーモウェル（4.3.3項を参照）の使用を検討する。

比較的低い温度領域で使用される測温抵抗体では，熱電対と異なり，耐熱性の金属保護管が必要とされることはほとんどない。耐食性が要求される場合，できるだけ実績のある材料を使うことが望ましい。また，ステンレスなどの金属保護管で強度を保ち，耐薬品性という観点から，これに片封じしたテフロンなどの樹脂を被せる方法が比較的多く採用されている。液面レベルが樹脂より下であっても，樹脂の開放端から金属保護管と樹脂との境界面への，薬液蒸気の侵入防止を図る必要がある。

3.6　極低温用温度計

低温になると，一般に金属の電気抵抗は極端に減少する。工業規格として $-200\,°C$（73.15 K）までの温度領域で規準抵抗値が規定されている白金測温抵抗体は，70 K 以下になると感度が急に低下し，20 K 付近で室温のときの約 1/4 以下となる。さらに，10 K 付近より下がると抵抗値の温度依存性がきわめて小さくなり，温度計としての性能が低下する。

熱電対では，タイプ E は 10 K 以下の温度領域においても熱起電力は変化するが，その変化量は小さい。4 K 付近において $2\,\mu V/K$ ほどと[20]，室温における約 $60\,\mu V/K$ の 1/30 程度になって，それ以下では急激に減少する。

極低温域，特に 4 K 以下まで使用できる温度計測用として，通常の温度領域で使われるものとは別の組成を持つ素子が開発されてきた。それらの多くは，

抵抗温度計測の原理によるものである。極低温域で使用される抵抗温度計の温度と抵抗値の関係を，奈良による原図[21]に一部加筆し，**図 3.25** に示す。図では，白金，白金コバルトおよびロジウム鉄は，$0\,°C$ の抵抗値が $100\,\Omega$ の場合を示し，それら以外は代表的な製品の抵抗値を示した。

　他の原理による極低温用の温度計として，熱電対やダイオードの順方向電圧の温度依存性，電気容量の温度依存性に基づく温度計などがある。**表 3.4** に極低温用温度計の特徴を示す。

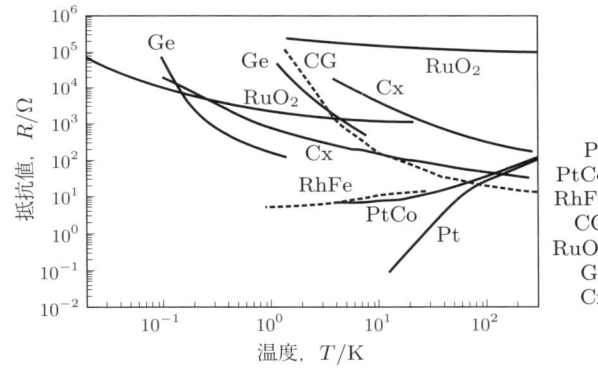

図 3.25 　種々の抵抗温度計の極低温域における特性

表 3.4 　極低温用温度センサの特徴

種類	使用温度範囲	再現性	備　考
ロジウム鉄抵抗	0.3 K 以上	0.1 mK〜5 mK	標準用温度計の再現性は高い
白金コバルト抵抗	0.5 K 以上	10 mK*	標準用温度計の再現性は高い
ゲルマニウム抵抗	0.05 K 以上	1 mK	感度が高い
窒化ジルコニウム抵抗	0.1 K 以上	数 mK**	磁場の影響小
カーボングラス抵抗	1 K 以上	数 mK	現在，入手が困難
酸化ルテニウム抵抗	0.01 K 以上	数十 mK**	磁場の影響小
クロメル/金鉄熱電対	1.4 K 以上	0.1 K〜0.5 K	4.2.4 項〔3〕を参照
ダイオード	1.4 K 以上	10 mK***	
静電容量式	1.4 K 以上		磁場の影響を受けない

備考 1. ロジウム鉄，白金コバルトは金属の抵抗変化，ゲルマニウムから酸化ルテニウムまでは半導体タイプの抵抗変化を示す。後者の感度は温度により大きく変化する。
　　 2. 窒化ジルコニウム抵抗センサは，セルノックス（Cernox™）と呼ばれている。
　　 3. 再現性の欄の*は株式会社チノーのカタログ，**は Lake Shore Cryotronics 社のカタログ，***は 4.2 K における値で Scientific Instruments 社のカタログによる。

3.6.1　極低温用温度計の種類

〔**1**〕　**測温抵抗体**　　貴金属に磁気モーメントを有する原子を微量加えた希薄合金には，10 K 以下でも温度計として十分使用可能な抵抗値の温度依存性を示すものがあり，この性質を生かして，1971 年に NPL（英国立物理学研究所）からロジウム鉄希薄合金（Rh-0.5 mol％Fe）による抵抗温度計が発表された。1975 年には，計量研究所（現 産業技術総合研究所）が白金にコバルトを微量加えた希薄合金（Pt-0.5 mol％Co）による抵抗温度計を開発し，工業用温度計として実用化されている。

ロジウム鉄温度計（rhodium-iron resistance thermometer）と白金コバルト測温抵抗体（platinum-cobalt resistance thermometer）の感度（dR/dT）を**図 3.26** に示す。ロジウム鉄温度計の感度は，常温から 100 K 付近まではほぼ一定で，それより下がると，25 K 付近までは低下し，さらにそれ以下では，図に示すように温度が下がるにつれて上昇するという特徴がある。

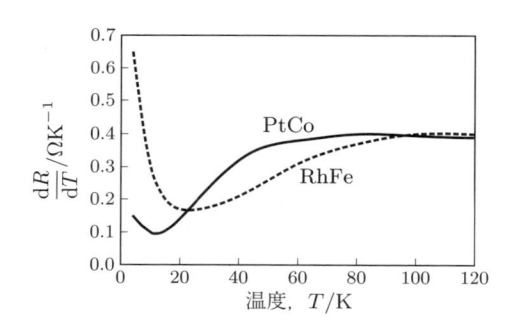

図 3.26　ロジウム鉄温度計[22]と白金コバルト測温抵抗体[23]の感度（縦軸は 273 K における抵抗値を 100 Ω としたときの値）

ロジウム鉄温度計には，規準抵抗値のような形で温度と抵抗値の関係が確立されておらず，使用に際し多数の温度点において校正する必要がある。ロジウム鉄温度計は，約 25 K 以下（ネオンの三重点が 24.5561 K である）の温度領域において，標準器としての用途に使われている。

一方，白金コバルト測温抵抗体は工業用温度計として開発されたもので，常温から 4 K 以下までの温度領域で使用できる。感度は 85 K 付近まではほぼ一定で，それ以下では徐々に低下し，13 K 付近で最小（$R_0 = 100\,\Omega$ の場合約

$0.09\,\Omega/\mathrm{K}$）となり，さらに下がるとわずかに上昇する（**図 3.26**）。$0\,°\mathrm{C}$ におけ
る公称抵抗値は $100\,\Omega$ が多く，メーカの独自仕様として，白金測温抵抗体のよ
うに許容差を定めて互換性を持たせている。

　また，外径は工業用より大きいものの，内部にヘリウムガスが封入された，
$0.5\,\mathrm{K}$ 以上の標準器用の白金コバルト測温抵抗体がある。

　〔**2**〕　**半導体タイプの抵抗温度計**　　温度に対する抵抗変化が半導体タイプの
負温度特性を持つゲルマニウム抵抗温度計（germanium resistance thermome-
ter）は，安定性が高く，$30\,\mathrm{K}$ 以下の温度領域において標準器としても使われて
きた。高純度のゲルマニウムは抵抗率が大きいため温度計として使用できず，
不純物としてヒ素を添加した n 形半導体にすると，**図 3.25** からわかるように，
$10\,\mathrm{K}$ 以下で温度測定に適した抵抗値と温度係数を持つようになる。不純物濃度
により素子の特性が大きく変化するので，互換性がなく，温度計ごとに温度と
抵抗値の関係の値付けが必要である。

　ゲルマニウム素子は，応力が加わるとピエゾ抵抗効果により抵抗値が大きく変
化する。このため，素子を金属容器中で支えてストレインフリーな状態を保つ
構造にし，熱接触を良くするために，容器にはヘリウムガスが封入されている。

　$2\,\mathrm{K}$ 以下まで使用可能で，磁場による影響が小さい温度計として，四谷らが開
発した窒化ジルコニウム薄膜による抵抗温度計は[24]，半導体タイプで負温度特性
を持ち，Lake Shore Cryotronics 社によりセルノックス（Cernox[TM]; ceramic
nitride-oxide）という名称で商品化されている。

　この素子は，酸素・窒素・アルゴン雰囲気中でジルコニウムに反応性スパッ
タリングを行い，サファイア基板上に窒化ジルコニウムと酸化ジルコニウムの
薄膜を生成したものである[25]。雰囲気ガスの分圧を変えることにより，感度な
どの特性が異なるものを作成できる。温度計に互換性はなく，使用前に個別に
温度と抵抗値の関係を値付けしなくてはならない。

　この温度計への磁場の影響を $\Delta T/T$ で表すと，$2\,\mathrm{K}$ における代表値は $8\,\mathrm{T}$ の
磁場中では $3.1\,\%$，$19\,\mathrm{T}$ では $5\,\%$ とされている[26),27)]。

　その他の抵抗温度計として，カーボングラス抵抗温度計（carbon glass resistance thermometer）や，酸化ルテニウム抵抗温度計（ruthenium oxide thermometer）（RuO_2）などがある。磁場の影響が比較的小さいカーボングラス抵抗温度計は，磁場中での使用に適したセルノックスなどの温度計が出現したこともあって需要が減り，入手は困難である。

〔**3**〕　**他の種類の温度計**　4 K 以下で使用できる他の種類の温度計として，静電容量式温度計（capacitance thermometer）（$SrTiO_3$），ダイオード温度計（diode thermometer）（Si と GaAlAs の 2 種類）などがある。また，極低温域で使用される熱電対には，クロメル/金鉄熱電対（KP vs Au-0.07％Fe）がある（4.2.4項〔3〕を参照）。

3.6.2　磁場中での温度測定

加速器における事例をはじめとして，物性研究など低温においては，磁場中における温度測定が重要な位置を占める。それには，磁場の影響を受けない温度計，または磁場の影響を補正できる温度計を使用する必要がある。後者の方法は，温度計の磁場依存性に対する異方性が大きい場合など，困難を伴うこともある。また，温度制御における使用では，前者の温度計が必須とされる。

他の方法として，磁場の影響を受けない温度計（例えば電気容量式）で温度制御を行っておいて，正確な温度は零磁場の状態で測定する手法がある。電磁石にコンペンセーションコイル（compensation coil）を設置して，磁場が打ち消されている場所に温度計を置く方法[28]などが実施されている。

1990 年までに行われた研究成果をもとに，国際度量衡委員会の下部組織である測温諮問委員会が，各種の温度計に対する磁場の影響をまとめている[29]。

これまでのところ，19 T までの磁場中で，その影響がほとんどない（0.05％以下）のは，$SrTiO_3$ による電気容量式温度計だけである。しかし，この温度計はメーカのカタログにも記載され[30]，またほかでも指摘されているように[31]，温度を変えたとき短時間でドリフトを起こす特徴があり，安定して落ち着くまでに数時間を要し，また長期安定性が悪い。このため，磁場中の温度制御には使用されるが，正確な温度の測定には不向きである。磁場の影響が小さい温度計とし

て比較的よく使用されているのは，最も新しく開発されたセルノックスである。

測温諮問委員会のまとめには，クロメル/金鉄熱電対やタイプ E 熱電対の磁場の影響についての記載もある。しかし，熱電対による磁場中の測定は，つぎのような難点を伴う。4 章で説明するとおり，熱電対の熱起電力は温度勾配のかかる部分の全体で発生する。熱起電力に対する磁場の影響は温度依存性を持つため，温度勾配の状況によって影響の大きさが変わり，適切な補正が難しい。

3.7　抵抗温度計の校正

抵抗温度計を含む接触式温度計の校正は，温度が既知で，かつ均一で時間的（少なくとも校正作業を実施する時間）に安定な状態に，被校正（校正対象の）温度計を挿入して実施される。その方法には，定点校正と呼ばれる方法と，比較校正と呼ばれる方法の二つがある。温度定点（*1.2.2* 項参照）により温度が既知の安定な状態を実現する方法が定点校正であり，一方，恒温槽[†]などにより均一で安定な温度を実現し，被校正温度計とは別の標準器としての温度計（以下，標準温度計（reference thermometer）という）によりその温度を決定するのが比較校正である。

ITS-90 では，$-259\,°C \sim 962\,°C$ における温度目盛は，標準用白金抵抗温度計（以下，白金抵抗温度計という）によって定義されるので（*1.2.2* 項参照），抵抗温度計の校正は，極低温域を除き，その連鎖により最終的に定点校正された白金抵抗温度計へ繋がる。そのため，定点校正は白金抵抗温度計に対して実施され，比較校正はその他の抵抗温度計に対して実施されるのが一般的である。ただし，温度定点実現装置の校正に，上位標準の定点実現装置で校正された工業用測温抵抗体を用いることや，窒素の沸点（$-195.798\,°C$）において白金抵抗温度計を比較校正することなどもあり，状況に応じて適切な方法が選択される。

白金抵抗温度計の校正に用いる定点実現装置は，計量標準供給制度のもとで，

---

† 　使用する媒体を前に付けて水温槽，油温槽などと呼ばれている。最近はオイルバス（oil bath），ソルトバス（salt bath）（媒体が硝石）と呼ぶこともある。

*1.2.3*項に述べた特定標準器へトレースされる。

定点校正と比較校正のそれぞれの利点・欠点は，以下のとおりである。

定点校正（fixed point calibration）：

- 通常は，比較校正よりも安定し，かつ再現性の良い温度が得られる。
- しかし，温度定点は離散しており，それらの温度でしか行えない。
- 温度定点実現装置は通常，白金抵抗温度計の仕様（寸法・形状）を想定しているため，異なる形状の温度計の校正には適さない。また，温度定点が実現されている部分に挿入できないこともある。

比較校正（comparison calibration）：

- 原理的に，定点校正より精度は劣る。
- 任意の温度での校正が可能である。
- 恒温槽の形状を工夫することにより，定点校正が不可能な寸法・形状の温度計にも広範囲に対応できる。

3.7.1 定 点 校 正

表 *1.2* に示した温度定点のうち，水銀の三重点（$-38.8344\,°C$）から銀の凝固点（$961.78\,°C$）までは，水銀および水の三重点を除いて，それぞれの金属の$101\,325\,Pa$ の圧力下における凝固点または融解点である。温度が均一で時間的に安定な状態は，純物質の固体と液体が共存する熱平衡状態では一定圧力のもとで温度が一定であることにより達成されている。温度定点の実現には，不純物の影響を軽減する技術が確立されている凝固点が用いられており[7]，液相から固相への相変化を利用する。ガリウムは高純度の試料が得られ不純物の影響を受けにくいことと，過冷却が大きいことから，融解点が用いられている[7]。定点の温度値は国際温度目盛（ITS-90）に付与されているが（*1.2.2*項参照），個別の温度定点実現装置は，上位標準の温度定点実現装置で校正された白金抵抗温度計などを用いて校正されることにより，国家標準にトレーサブルな温度値が与えられる。

アルゴンの三重点（$-189.3442\,°C$）〜 アルミニウム点（$660.323\,°C$）の間で

は，ロングステム型の白金抵抗温度計（*3.2.1*項参照）が使われる。メーカの仕様上はアルミニウム点までとなっているものが多いが，この温度でミリケルビンレベルの安定した再現性を示す温度計は少なく，上限を亜鉛点（419.527°C）とすることもある。高温用ロングステム型の白金抵抗温度計は，アルミニウム点を超え，銀点まで使用できる[32),33)]。

　水銀の三重点より低温で使用する場合に必要とされるアルゴンの三重点における校正は，それの代わりに，窒素の沸点（boiling point of nitrogen）を用いた比較校正も利用されている[34)]。この場合，ITS-90 の目盛が付与されたカプセル型白金抵抗温度計，またはそれにより校正されたロングステム型を標準温度計として用いる。

　アルゴンの三重点以下の温度定点は，すべて室温では気体である元素の三重点が使われており，断熱カロリメトリーと呼ばれる方法で実現されている[35)]。設備や技術が水銀点以上とはまったく異なるため，これらの定点実現装置は普及しておらず，特に酸素の三重点以下の定点実現は容易でない[†]。校正対象は，室温からの熱流入を抑制できるカプセル型白金抵抗温度計になる。

　温度定点の一例として，**図 1.7** (a) に示したような装置（市販品）により実現した亜鉛の凝固点（freezing point of zinc）を**図 3.27**に示す。定点セルが入っ

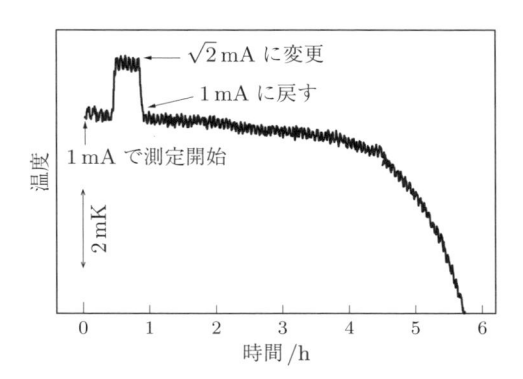

図 3.27　亜鉛の凝固点の実現例（白金抵抗
　　　　　　温度計による測定）

[†]　わが国で実現しているのは，産業技術総合研究所計量標準総合センターのみである。

た電気炉の温度を融解温度より上げて亜鉛を融解させた後，電気炉の温度を凝固点より数度低い温度に保持すると，融解した亜鉛の温度が下がり，わずかな過冷却を経て凝固点に回復する。図では，この凝固開始から約 4 時間，1 mK 以内の凝固点が観察されている。途中の $\sqrt{2}$ mA の部分は，自己加熱量（3.5.1 項参照）を評価するために，測定電流を 1 mA から $\sqrt{2}$ mA に変更したため，見かけ上の抵抗値（温度）が上がった状態を示している。

白金抵抗温度計の，温度 T における抵抗値と水の三重点における抵抗値との比を $W(T) = R(T)/R(273.16\,\mathrm{K})$ とすると，温度定点間を補間する関係は，**表 1.3** (a) に示した補間式に校正結果を適用して係数 a, b などの数値を決定することにより，抵抗比 $W(T)$ と温度 T の関係として得られる。補間方法の詳細は ITS-90 のテキストに述べられている[36]。定点における校正の不確かさの，定点間の温度目盛への伝播については，文献 34),37) に解説されている。

ところで，氷点（ice point）は水の凝固点であり，温度定点として安定な温度を維持できるため，測温抵抗体の校正に広く利用されているが，氷点を実現するときの水は毎回入れ替えられるのが通常であり，氷点槽が温度定点実現装置として校正されることはない。氷点槽を安定な温度状態を実現した比較校正用温槽として扱うのが一般的であり，標準温度計により 0°C であることを確認する必要がある。

3.7.2 比 較 校 正

比較校正は，標準温度計と被校正温度計（複数本が可能）を温槽またはバスと呼ばれる液体を媒体とする恒温槽に浸し，均一で安定な温度状態において両者の示度を比較する。

液体の媒体を使用せず，金属塊により均一で安定な温度を実現する比較校正用機器が，近年普及している。広範囲な形状の被校正温度計に対応できることを比較校正の利点として挙げたが，保護管が曲がった温度計などをこのタイプで校正することは難しい。

比較校正の概要を**図 3.28** (a) に示す[38]。定電流源から測定電流を流し，ディ

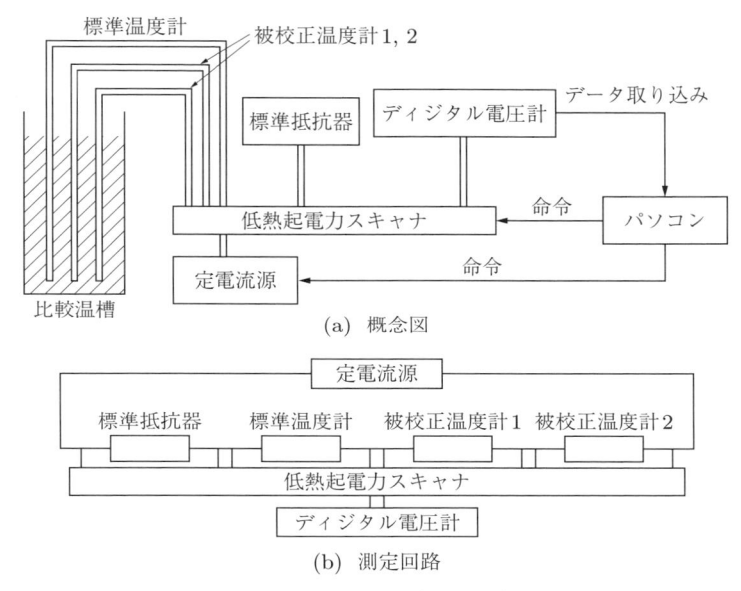

(a) 概念図

(b) 測定回路

図 3.28 比較校正の概念図と測定回路

ジタル電圧計で電圧を測定している。温度計および標準抵抗器からの信号はス
キャナで切り替え，機器のコントロールとデータ取得はパソコンで行っている。
この測定方法は**図 3.14** に示した方法であり，各温度計の抵抗値は，標準抵抗
器の電圧測定値と抵抗値から式 (3.28) により求められる。測定電流が標準温度
計と被校正温度計で異なる場合には，二つの定電流源が必要になることがある。

　比較校正では，使用する校正装置の温度安定性が重要なので，液体を媒体と
する温槽では十分な攪拌が必要である。**図 3.29** は温度の時間的安定性の実測
例であり，温度計の比較校正用として市販されている恒温槽にシリコンオイル
を媒体として，$20\,°C$ に制御したときの温度変化を示している。温槽の中にそ
のまま温度計を浸漬した場合と，熱容量の大きな均熱ブロック（金属塊に温度
計挿入孔をあけたもの）を入れて測定した場合の両方を示している。

　均熱ブロックを入れたほうが温度変化は緩やかになり，変動幅も約 2 時間で
$10\,\mathrm{mK}$ 以内と小さくなっている。ただし，温槽の安定性による不確かさを考え
るとき，n 回の繰り返し測定を行えば，タイプ A で評価した不確かさは実験標

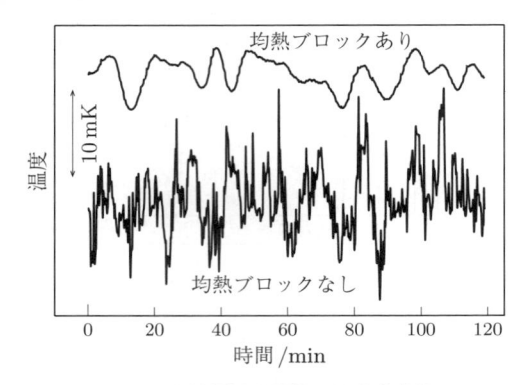

図 3.29　比較校正用温槽の温度安定性の
測定例（20 °C）

準偏差の $1/\sqrt{n}$ になること（*2.4.1* 項参照），および，標準温度計と被校正温度
計が示す温度変化に強い相関が現れ，不確かさがさらに小さくなる場合もある
こと（*2.7.3* 項参照）を考慮すると，均熱ブロックなしの場合も，図に見られる
変動幅に比べて不確かさは小さくなる。

　したがって，必要とされる不確かさの大きさを考慮して，均熱ブロックの利
用の可否を選択するのがよい。均熱ブロックの形状にも依存するが，その有無
によって自己加熱の大きさが異なることがあり，自己加熱量が大きいほどその
差も大きいので注意を要する。

　恒温槽の媒体には，おもに，0 °C 以下ではアルコール，おおよそ 0 °C〜100 °C
では水，−20 °C 程度から 250 °C 付近まではシリコンオイル（使用する温度で
適切な粘度になるよう低温と高温とでは異なるタイプを使う），300 °C〜550 °C
では硝酸カリウムと硝酸ナトリウムの混合物（硝石）あるいはアルミナ粉体が
使われている。

　金属塊を使用する比較校正器は，液体を用いる温槽と比べて可搬性が高く，温
度計を使用している場所に持ち込んで校正できることや，オイルなどの媒体に
よる被校正温度計の汚染を防止できることなどの利便性がある。熱接触を確実
にするため，金属塊には，標準温度計および被校正温度計の外径に合わせた温
度計挿入孔が必須である。

3.7.3 校正における留意事項

〔**1**〕 **抵抗温度計の自己加熱** 3.5.1 項で述べたように，抵抗温度計では電力消費に伴うジュール熱に起因する自己加熱は避けられない。図 **3.27** からわかるように，測定温度は同じでも，測定電流の大きさに依存して抵抗温度計の示度が異なる。ITS-90 の目盛を設定する白金抵抗温度計では，自己加熱による目盛の不確かさへの影響を抑えるため，二つの異なる電流により抵抗値を測定し，測定電流 0 mA への外挿値を測定結果とする取り扱いが行われている[†]。

公称抵抗値 25 Ω のロングステム型白金抵抗温度計で，1 mA の測定電流に対して 0 mA への外挿値との差で表した自己加熱の大きさは，水の三重点では 1 mK～2 mK 程度である[39]。高温側の温度定点におけるそれは，水の三重点に比べて大きくなる。したがって，白金抵抗温度計を定点校正し，これを用いて別の定点装置の値付けをする場合などには，両方の定点における抵抗値測定結果は，上記のような測定電流 0 mA への外挿値を使うことで，校正の不確かさを小さくすることができる。しかし，比較校正における標準温度計として使用する場合には，目標とする不確かさと比べて無視できる大きさである場合，このような取り扱いは不要であろう。

工業用測温抵抗体は，素子の小型化が進んでいる影響もあって，概して白金抵抗温度計より自己加熱が大きい。そのため，測温抵抗体や指示計器付測温抵抗体を標準温度計とする場合には注意が必要である。ただし，同じ比較装置（温槽など）で，かつ同じ測定電流を使う限り，自己加熱にはある程度の再現性があるので，目標とする校正の不確かさに照らして再現性を評価しておくことが望ましい。

〔**2**〕 **抵抗測定方法** 校正では，温度計としての指示計器に，工業用とは異なる電気計測器が使われることが多く，典型的な計測器はディジタルマルチメータである。この場合，測定電流を自由に選択できないディジタルマルチメータの抵抗レンジを使用するのではなく，通常は図 **3.14** や図 **3.28** に示したように電圧レンジで使用し，測定電流用には別の電流源を用意する。抵抗値は，直

[†] 具体的な取り扱いは章末問題【**1**】を参照。

流電気の分野で国家標準（特定標準器）にトレースされた標準抵抗器との比較により求める。

　白金抵抗温度計の定点校正における抵抗値測定は，校正の不確かさが小さいことが要求されるので，最も精度の良い抵抗値測定が可能なブリッジを使用することが多い。3.4.1項で述べたように，ブリッジには直流と交流があり，白金抵抗温度計にはどちらも使われている。工業用の抵抗温度計に交流を使うことは，通常ない。

章　末　問　題

【1】 標準用白金抵抗温度計を水の三重点で校正したところ，測定電流 $1\,\mathrm{mA}$ での測定値が $25.000\,00\,\Omega$，測定電流 $\sqrt{2}\,\mathrm{mA}$ での測定値が $25.000\,17\,\Omega$ であった。測定電流 $0\,\mathrm{mA}$ への外挿値を求めよ。

【2】 標準用白金抵抗温度計を校正したところ，その抵抗値は水の三重点で $25.000\,1\,\Omega$，ガリウム点（$29.764\,6\,^{\circ}\mathrm{C}$）で $27.952\,5\,\Omega$ であった。この温度計を比較校正の標準温度計として用いたとき，抵抗値は $26.838\,3\,\Omega$ であった。比較温槽の温度は何 $^{\circ}\mathrm{C}$ か。ITS-90 の定義式を用いて $0.000\,1\,^{\circ}\mathrm{C}$ の桁を四捨五入し，$0.001\,^{\circ}\mathrm{C}$ の桁まで求めよ。なお，ITS-90 の定義に基づく計算は，手計算は現実的でないので，表計算ソフトウェアなどを適宜用いよ。

【3】 2 導線式結線方式で，Pt100 と Pt1000 の測温抵抗体を用いて常温付近の温度測定を行う場合に，導線抵抗値の温度変化が測定精度に及ぼす影響を，それぞれ評価せよ。なお，導線抵抗値は 1 本当たり $10\,\Omega$，導線抵抗の温度係数は $0.003\,9\,^{\circ}\mathrm{C}^{-1}$ とし，温度変化による導線の膨張収縮などは考慮しない。

【4】 測温抵抗体において，白金抵抗素子の抵抗と絶縁抵抗が並列接続されているというモデルを想定し，$100\,^{\circ}\mathrm{C}$ を測定しているときに絶縁抵抗が $500\,\mathrm{k}\Omega$ に低下したときの影響を Pt100 と Pt1000 の場合で求め，温度換算値で示せ。なお，$R_{100}/R_0 = 1.385\,1$ で，$100\,^{\circ}\mathrm{C}$ 付近における $1\,^{\circ}\mathrm{C}$ 当たりの抵抗変化（感度）は式 (3.14) を用いて算出できるものとする。

参考文献と解説

1) ファインマン, レイトン, サンズ 著, 富山小太郎 訳：ファインマン物理学 II, 246/250, 岩波書店 (1968).

2) キッテル 著, 宇野良清, 津屋昇, 新関駒二郎, 森田章, 山下次郎 訳：キッテル固体物理学入門 第 8 版（上）, 第 6 章「自由電子フェルミ気体」, 丸善 (2005).

3) ファインマン, レイトン, サンズ 著, 砂川重信 訳：ファインマン物理学 V, 277/282, 岩波書店 (1979).

4) キッテル 著, 宇野良清, 津屋昇, 新関駒二郎, 森田章, 山下次郎 訳：キッテル固体物理学入門 第 8 版（上）, 第 8 章「半導体」, 丸善 (2005).

> 1) と 3) は学部 1, 2 年生を対象として行われた講義に基づく物理学の教科書である。1) では, 気体を入れた器に電荷を持つイオンを加えた状況下で電場をかけたときのイオンの移動を計算している。気体が抵抗器のような働きをしていて, 金属における電子の移動と類似の状況が丁寧に説明されている。2) と 4) は固体物理学関係の非常に有名な教科書である。

5) JIS C 1611, サーミスタ測温体, 参考 1 (1995).

6) JIS C 2570-1, 直熱形 NTC サーミスタ第 1 部：品目別通則 (2015).

> 5) は JIS C 1604「測温抵抗体」を参考にし, 1975 年に制定されたサーミスタ測温体の JIS 規格である。1995 年の改定は, 使用する単位の SI 化を図ることが目的だったため, 実質的な変更はなく, 規定内容は制定当時のままである。6) は NTC サーミスタの品質評価などを目的として, 用語, 検査手順および試験方法を規定している。対応国際規格である IEC 60539-1[2008] をもととし, わが国の実情に合わせた変更を実施している。

7) 櫻井弘久, 田村収, 新井優：1990 年国際温度目盛に関する補足情報, 計量研究所報告, **41**-4, 307/358 (1992).

> 標準用白金抵抗温度計の構造と使用方法については第 4 章に, 温度定点については第 3 章に, 詳細が説明されている。この情報のアップデート版, "Guide to the Realization of the ITS-90" が, 国際度量衡局（BIPM）のウェブサイトからダウンロードできる。
> http://www.bipm.org/en/committees/cc/cct/guide-its90.html

8) JIS C 1604, 測温抵抗体 (2013).

9) IEC 60751, Industrial platinum resistance thermometers and platinum temperature sensors (2008).

8) は測温抵抗体の JIS 規格である。9) は 1983 年に制定された測温抵抗体の国際規格である。JIS C 1604 は，この時点では IEC 規格に整合していなかったが，その後の改定を経て，現在では IEC 規格と整合している。

10) L. Crovini, A. Actis, G. Coggiola, and A. Mangano: Precision calibration of industrial platinum resistance thermometers, in TEMPERATURE, Its Measurement and Control in Science and Industry, **Vol.6** (ed J. F. Schooley), 1077/1082, American Institute of Physics (1992).

工業用白金測温抵抗体の規準抵抗値を最新の 1990 年国際温度目盛（ITS-90）に適合させるために実施された校正結果の報告。

11) 計量研究所 監修：1968 年国際実用温度目盛, コロナ社 (1971).

付録 I の「国際温度目盛の発展史および IPTS-68 と IPTS-48 との差」に標準用白金抵抗温度計による補間方法の変更が説明されている。

12) 計量研究所 仮訳：1968 年国際実用温度目盛（1975 年修正版），計量管理, **26**-1, 44/54 (1977).

付録の「国際温度目盛の発展史」に 11) と同じ説明がされている。

13) 二木久夫, 村上孝一：温度センサ, 日刊工業新聞社 (1980).

温度計，温度センサ全般について解説されている。抵抗温度計分野では，サーミスタについて測温抵抗体より詳しい解説がある。

14) W. R. Siwek, M. Sapoff, A. Goldberg, H. C. Johnson, M. Botting, R. Lonsdorf, and S. Weber: A precision temperature standard based on the exactness of fit of thermistor resistance-temperature data using third degree polynomials, in TEMPERATURE, Its Measurement and Control in Science and Industry, **Vol.6** (ed J. F. Schooley), 491/496, American Institute of Physics (1992).

NTC サーミスタの温度抵抗特性を調査し，15) で提案された式を含む補間式について議論している。

15) J. S. Steinhart and S. R. Hart: Calibration curves for thermistors, Deep Sea Research and Oceanographic Abstracts, **15**-4, 497/503 (1968).

現在最もよく使われている，個別に校正された NTC サーミスタの補間式を発表した原著論文。

16) Guildline Instruments Ltd: Technical Manual for Model 9975 Direct Current Comparator Resistance Bridge.

図 **3.12** の引用元。

17)　WIKA Alexander Wiegand SE & Co. KG: Advantages of AC resistance thermometry bridges. Catalog 14113518 08/2014 GB.

　　　図 *3.13* の引用元。

18)　H. Sato: Stability test of industrial platinum resistance thermometers at 450 °C for 1000 hours, in TEMPERATURE, Its Measurement and Control in Science and Industry, **Vol.8** (ed C. Meyer), 417/420, American Institute of Physics (2013).

　　　白金測温抵抗体の 450 °C における抵抗値の時間変化を調査し，その挙動とメカニズムの関係を考察している。

19)　日本電気計測器工業会 編：新編温度計の正しい使い方 改訂第 5 版，日本工業出版 (2012).

　　　第 5 章の 5-4 に接触式温度計の設置方法の具体例が紹介されている。

20)　L. L. Sparks, R. L. Powell, and W. J. Hall: Reference tables for low-temperature thermocouples, NBS Monograph 124, National Bureau of Standard (1972).

　　　4 章文献 17) 参照。

21)　奈良広一：低温高磁場における温度計測，計測と制御，**32**-5, 386/390 (1993).

　　　発表時点における，低温強磁場下での測温技術の研究をまとめたもの。

22)　R. L. Rusby: The rhodium-iron resistance thermometer — Ten years on, in TEMPERATURE, Its Measurement and Control in Science and Industry, **Vol.5** (ed J. F. Schooley), 829/833, American Institute of Physics (1982).

　　　ロジウム鉄抵抗温度計の発表から 10 年後の，開発者による特性や補間方法などのレビュー。

23)　T. Shiratori, K. Mitsui, K. Yanagisawa, and S. Kobayashi: Platinum-cobalt alloy resistance thermometer for wide range cryogenic thermometry, in TEMPERATURE, Its Measurement and Control in Science and Industry, **Vol.5** (ed J. F. Schooley), 839/843, American Institute of Physics (1982).

　　　極低温域の工業用温度計として開発された白金コバルト測温抵抗体を発表した論文。

24)　T. Yotsuya, M. Yoshitake, and J. Yamamoto: New type cryogenic thermometer using sputtered Zr-N films, Appl. Phys. Letters, **51**-4, 235/237 (1987).

　　　極低温域で使用でき，かつ磁場の影響が小さい温度計として開発された窒化ジルコニウム薄膜による抵抗温度計の原著論文。

25)　S. S. Courts and P. R. Swinehart: Review of Cernox^{TM} (zirconium oxy-
nitride) thin-film resistance temperature sensors, in TEMPERATURE, Its
Measurement and Control in Science and Industry, **Vol.7** (ed D. C. Ripple),
393/398, American Institute of Physics (2003).

　　窒化ジルコニウムによる抵抗温度計を製品化した製造者による，量産方法や製品
　　の特性に関するレビュー。

26)　Lake Shore Cryotronics, Inc: Cernox^{TM} RTDs, Sensor Catalog.

　　セルノックス温度計のカタログ。

27)　B. L. Brandt, D. W. Liu, and L. G. Rubin: Low temperature thermometry
in high magnetic field. VII. Cernox^{TM} sensors to 32 T, Rev. Sci. Instrum.,
70-1, 104/110 (1999).

　　製品化された窒化ジルコニウム温度計の，極低温における強磁場の影響を調べて
　　いる。

28)　小林達生：極低温強磁場下の比熱測定, 大阪大学低温センターだより, 第 92 号,
21/25 (1995).

　　極低温強磁場下の温度測定例が記載されている。

29)　Comité Consultatif de Thermométrie (CCT): Thermometry in magnetic
fields, Techniques for Approximating the International Temperature Scale of
1990, 160/168, BIPM (1990).

　　当時の温度計の磁場による影響をまとめている。窒化ジルコニウム抵抗温度計（セ
　　ルノックス）は，当時実用化されていなかったので掲載されていない。1997 年発
　　行の reprint 版が，以下からダウンロードできる。
　　http://www.bipm.org/utils/common/pdf/its-90/ITS-90_Techniques.pdf

30)　Lake Shore Cryotronics, Inc: Capacitance temperature sensors, Sensor Cat-
alog.

　　静電容量式温度計のカタログ。

31)　家泰弘：磁場中での温度測定と温度制御, 東京大学低温センターだより, 第 15 号,
17/27 (1992).

　　物性研究者が低温強磁場中における温度計測や制御について，経験に基づくそれ
　　らの注意点を指摘し，また実際的な対応法を述べている。

32)　新井優, 原田克彦：ITS-90 のアルミニウム凝固点の不確かさ評価, 熱物性, **12**-4,
205/210 (1998).

33)　新井優, 原田克彦：一界面法による ITS-90 の高温定点の実現方法, 熱物性, **13**-4,
258/263 (1999).

32) と 33) の 2 編の論文にわたって一界面法と二界面法の差異が論じられており，両者に大きな差異はないという結論である。

34)　中野享, 櫻井弘久, 田村収：窒素の沸点までの温度目盛の近似的実現方法, 産業技術総合研究所計量標準報告, **8**-1, 1/10 (2010).

計量法トレーサビリティ制度の中で，窒素の沸点をアルゴンの三重点の代わりに用いることの妥当性を考察した報告。

35)　櫻井弘久：断熱カロリメトリーによる酸素三重点の実現, 計測自動制御学会論文集, **32**-10, 1395/1398 (1996).

室温で気体である酸素の三重点を，断熱カロリメトリーにより実現した報告の一つ。具体的な手法も記述されている。

36)　計量研究所：1990 年国際温度目盛（ITS-90）, 計量研究所報告, **40**-4, 308/317 (1991).

1990 年国際温度目盛（ITS-90）のテキストの日本語訳。

37)　櫻井弘久：ITS-90 の不確かさの伝搬, 計量研究所報告, **49**-2, 135/151 (2000).

1990 年国際温度目盛（ITS-90）に従って校正した標準用白金抵抗温度計について，定点における校正の不確かさの，定点間の温度目盛への伝播について解説した報告。

38)　浜田登喜夫, 本間誠一：白金抵抗温度計を用いた温度測定に関わる不確かさ, 電気検定所技報, **30**-4, 137/146 (1995).

本書では白金抵抗温度計の比較測定の例として引用しているが，日本国内に「不確かさ」の考え方が導入された初期の見積もり方も示されている。

39)　浜田登喜夫：はじめての精密工学 白金抵抗温度計を用いた精密温度測定, 精密工学会誌, **76**-8, 885/891 (2010).

白金抵抗温度計を用いた精密温度測定に関して，実際に使う人のレベルでの解説。自己加熱量を実測した事例も豊富である。

4

熱電対による温度計測

||||| ||||||||| ||||| ||||||||| ||||| ||||||||| ||||| ||||||||| |||||

　熱電対（thermocouple）は，温度を電気信号（電圧）に変換する温度センサである。それ自体は線材 2 本のみで構成された，きわめて手軽で簡単・便利なものである。**図 4.1** に最もシンプルな，素線を絶縁管に通しただけの例を示す[†1]。2 本の素線の一方の先端を接続し（図 (a) の左端)[†2]，その部分を測りたい熱浴中に入れ，もう一方の開放端を一定温度（原則 0 °C）に保つことにより，温度が測定できる。

接続部　　　　　　　　絶縁管　　　　　　　　熱電対素線

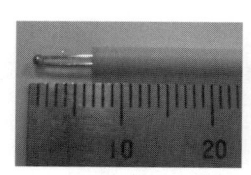 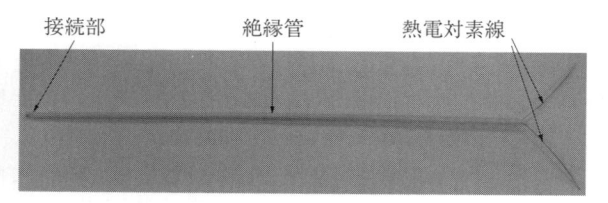

　(a)　接続部分を拡大　　　　　　　　　(b)　熱電対の全景

図 4.1　素線を絶縁管に通しただけの熱電対の例

　非常に簡単な構造で便利であるため，特に産業界における温度計測では，ユーザの要求に適応した特性を多く有しており，鉄鋼・非鉄金属・火力および原子力発電・石油精製・石油化学・半導体・各種合成化学・窯業・食品など，ほとんどすべての分野にわたって最も一般的に使用されている。しかしながら，線材 2 本で構成されるようにセンサそのものはシンプルであるが，必ずしも特性を十分理解して適切に使用されているとは限らない。したがって，この熱電対についての正しい理解を深め，この特色が十二分に発揮できるような使い方を

[†1]　後出の**図 4.14** に，模式図を示している。
[†2]　溶接した接続部分が見やすいよう，故意に絶縁管から大きく引き出して撮影している。

することは，高精度の温度計測を達成し，ひいては工業生産の効率改善と品質
向上を図るために，きわめて重要である。

　熱電対を用いた温度計測を行う場合の構成要素としては，温度信号の検出要
素（熱電対素線・絶縁管・保護管・基準接点など），信号伝達要素（補償導線・銅
導線など），および信号処理要素（計測器・指示計・記録計・調節計など）があ
る。このうちの信号処理要素は，本質的には微小直流電圧（−10 mV〜50 mV
程度）の計測器と変わらない。したがって，本章においては，熱電対を用いた
温度計測に独特の構成要素である熱電対素線，補償導線，およびこれらの付属
品に関する記述に重点を置き，併せて計測器に関しても一通り原理的な説明を
行うこととする。

4.1　原 理 と 特 徴

　熱電対は，本章の冒頭に記載した通り，温度を電気信号（電圧）に変換する
温度センサである。根底には，固体物理学における自由電子の振る舞いと密接
に関連した現象が潜んでいる。ここでは物理的な原理に触れつつ，まずは直感
的にわかりやすい図を用いて，できるだけ平易に温度測定の原理を説明する。

4.1.1　熱電対の原理

　図 4.2 は，導体中の自由電子の運動状態を模式的に描いたもので，左が高温，
右が低温である。導体中の電子の運動状態は，気体分子の運動状態同様に温度

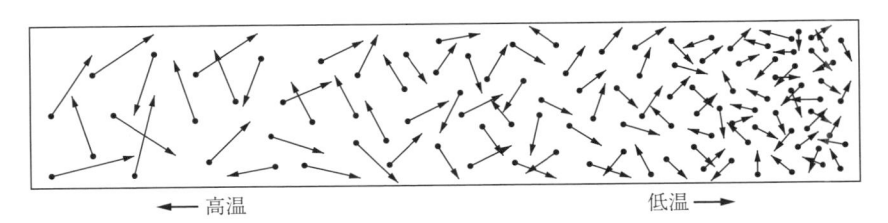

← 高温　　　　　　　　　　　　　　低温 →

図 4.2　導体中の自由電子の運動状態と電子密度

の高い状態では激しく，電子は多くの距離を移動する。一方，低温では相対的にこの動きは穏やかである。結果的に，導体の高温側では電子密度が相対的に低く，低温側では高い状態で，温度勾配による電子の移動と移動した電子自身により作られる電場による移動の妨げがつり合う[1]。高温側の電子密度は低いので相対的にプラスに，低温側の電子密度は高いので相対的にマイナスの状態となる。この両端の電位差を熱起電力（thermoelectromotive force）と呼ぶ。

この現象は，1821年ゼーベック（T. J. Seebeck）により最初に発見され，**ゼーベック効果**（Seebeck effect）と呼ばれている[2]。ゼーベックは，この現象を異種金属の両端を接合した閉回路の接合部分の温度を変えることにより，電流が流れることから発見した。

温度 T において単位温度当たりに発生する熱起電力 E は，**ゼーベック係数** S（あるいは熱電能（thermopower））と呼ばれ，式 (4.1) で表される[†]。

$$S(T) = \frac{\mathrm{d}E}{\mathrm{d}T} \tag{4.1}$$

このゼーベック係数は物質の種類に依存した温度の関数であるが，個々の物質に対して具体的に書き表すことはできない。また，式 (4.1) では温度の関数であることを明示的に示すため，$S(T)$ と記述したが，(T) を省略して，単に S と記述されることも多い。熱起電力の関係を説明する際，微小部分で発生する熱起電力の和として積分形式の記述も多くなされるので，本書も説明の一部をそれにならって記述する。ただし，積分が具体的に実行できるものではない。概念としての理解の助けとして見てほしい。

ここで説明したゼーベック係数は 1 本の導体におけるもので，**絶対熱電能**（absolute thermopower）と呼び，後述する式 (4.6) における S_{AB}，すなわち一対での**相対熱電能**（relative thermopower）と区別することもある。

本書では，金属（導体）A の両端の温度が T_{a} ならびに T_{b} であった場合の熱起電力を，$E_{\mathrm{A}}(T_{\mathrm{a}}, T_{\mathrm{b}})$ と記述する。各温度での熱起電力は，各微小部分の熱電能を足し合わせた総和になるので，このことを式 (4.2) のように記述する。

[†] 1 章で S はエントロピだったが，本章で S はゼーベック係数とする。

$$E_{\mathrm{A}}(T_{\mathrm{a}},\,T_{\mathrm{b}}) = \int_{T_{\mathrm{a}}}^{T_{\mathrm{b}}} \frac{\mathrm{d}E_{\mathrm{A}}}{\mathrm{d}T}\mathrm{d}T = \int_{T_{\mathrm{a}}}^{T_{\mathrm{b}}} S_{\mathrm{A}}\mathrm{d}T \tag{4.2}$$

金属（導体）中の自由電子の多くの性質は，固体物理の教科書 3),4) に記載されているとおり，自由電子フェルミ気体モデルで説明できる。理想電子気体のエネルギ ε を持つ状態が，熱平衡において占められる確率は，式 (4.3) に示したフェルミ–ディラックの分布関数（Fermi-Dirac distribution function）で与えられる[†1]。

$$f(\varepsilon) = \frac{1}{\mathrm{e}^{(\varepsilon-\mu)/kT} + 1} \tag{4.3}$$

ここで，μ は化学ポテンシャル，k はボルツマン定数，T は熱力学温度である。

温度を変えた場合の ε と $f(\varepsilon)$ の関係を**図 4.3** に模式的に示す。絶対零度（0 K）ではすべて基底状態にあるため，図中の μ[†2] を境に，左が 1，右が 0 の分布状態である。式 (4.3) と**図 4.3** のグラフを，定性的・概念的に説明すると，以下のようになる。

(1) 温度が上昇するに従って電子の持つ運動エネルギが上昇し，高いエネルギ準位を占める割合が徐々に増える（図 (b), (c) 中の網掛け部分）。

(2) **図 4.2** に示したように，導体の温度が場所により異なると，それぞれの場所における**図 4.3** の分布関数は，異なる形になる。

(3) 自由電子は導体中を自由に動けるので，上述のとおり自由電子の持つエ

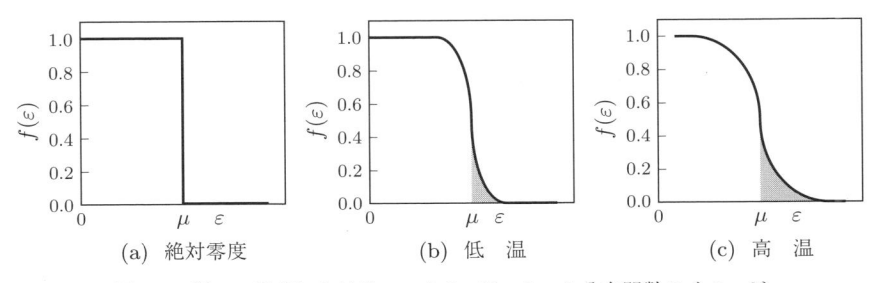

(a) 絶対零度 　　　 (b) 低 温 　　　 (c) 高 温

図 4.3 種々の温度におけるフェルミ–ディラック分布関数のイメージ

[†1] 本式の導出は，先に示した参考文献などを参照されたい。
[†2] 絶対零度では $\mu = \varepsilon_F$（フェルミ準位）である。

ネルギ分布が異なると，高温側から低温側へと移動する。結果的に，導体全体を見ると，相対的に高温側がプラス，低温側がマイナスの状態の電位差が両端に生ずる。この差は両端の温度に依存するので，理論上はこの電位差と温度の関数関係をあらかじめ求めておけば，温度計として使用できる。

原理は上述のとおりであるが，実際に温度センサとして使用するには二つの問題がある。

- 関数関係は理論的には定量的に導けない。

  式 (4.3) を記述する際，**金属**（**導体**）としか記述しなかったとおり，定性的にはあらゆる金属での電子濃度分布を示すが，個々の種類の金属に対して，温度と熱起電力の関係を定量的に導くことはできない。

- 実測するには導線が必要。

  図 4.2 の電位差測定には，両端に導線を接続しなければならない。しかしながら，その接続した導線の両端の温度は通常異なるので，その導線でも同じ現象が起こり，1 本の金属線単独の電位差は容易には測定できない。

このため，実際に熱電対として使用する際には，2 種類の金属線（あるいは合金線）を一対として，**図 4.4** のように結線して使用する。左端で金属 A, B が接合され，温度 T に曝されている。金属 A, B の反対側は開放され，温度 T_0 に保たれている状態である。なお，ここでは $T > T_0$ とする。

金属 A の両端の温度は異なるため，内部的に見れば**図 4.2** の状態である。同

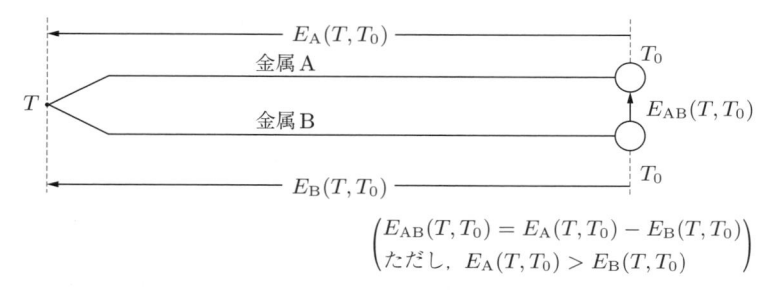

$$\left(\begin{array}{l} E_{AB}(T, T_0) = E_A(T, T_0) - E_B(T, T_0) \\ ただし,\ E_A(T, T_0) > E_B(T, T_0) \end{array} \right)$$

図 4.4　熱電対の結線と発生する熱起電力の大きさ

様に，金属 B も図 *4.2* の状態で，定性的にはまったく同じ状態になっている。

前述のとおり，式 *(4.3)* は定性的にすべての金属に成り立つが，金属の種類により，温度と熱起電力との定量的な関係は異なる。このため，図中に示した $E_A(T, T_0)$ と $E_B(T, T_0)$ の大きさは，金属の種類が違えば異なり，金属 A, B の開放端側に両者の電位差の違いに相当する電圧が実測される。この電圧と温度の関係をあらかじめ求めておけば，温度センサとしての使用が可能になる。これが，熱起電力を測定して温度を知る熱電対の測定原理である。

このことをゼーベック係数を用いて積分形式で表すと，式 *(4.4)*〜*(4.6)* となる。

$$E_{AB}(T, T_0) = \int_{T_0}^{T} \frac{dE_A}{dT} dT - \int_{T_0}^{T} \frac{dE_B}{dT} dT \tag{4.4}$$

$$= \int_{T_0}^{T} S_A dT - \int_{T_0}^{T} S_B dT \tag{4.5}$$

$$= \int_{T_0}^{T} (S_A - S_B) dT = \int_{T_0}^{T} S_{AB} dT \tag{4.6}$$

式 *(4.4)* 右辺第 1 項は，図 *4.4* の $E_A(T, T_0)$ の部分を積分形式で記述したもので，第 2 項は同様に $E_B(T, T_0)$ に相当する。

式 *(4.5)* は，式 *(4.4)* において式 *(4.1)* の定義どおりに微分形式で書かれていたゼーベック係数を，$dE_A/dT = S_A$ と置き換えている。

式 *(4.5)* にある二つの項の積分区間は同じなので，被積分関数である S_A と S_B をまとめると，式 *(4.6)* となる。ここで，S_{AB} は，金属 A, B でできた熱電対の相対ゼーベック係数である。

図 *4.4* において，通常，熱電対が使われる際には，図中の T が実際に測定したい熱浴温度で，熱電対の両脚が接続されたこの部分を測温接点（measuring junction）あるいは温接点（hot junction†）と呼ぶ。もう一方は，既知の一定温度に保っておく。一定温度に保っておく側（図中の T_0）を基準接点（reference junction）あるいは冷接点（cold junction）と呼び，原則は氷点（ice point）

---

† 室温以下を測定する場合は，hot junction とは通常いわない。

（0°C）を用いる。熱電対の温度と熱起電力の関係も，基準接点が 0°C の場合の値が広く公表・規格化され，使われている。

　今日の産業分野の温度計測では，基準接点に氷点を用いることはほとんどなく，室温が基準接点となる。その場合，その温度を計器に内蔵される別の温度センサで計測するなどして既知の温度とするが（4.5.1 項参照），氷点のように一定温度にはならない。そのため，基準接点温度の測定精度や変動に対する応答特性が熱浴温度 T の測定に影響する。

　図 **4.5** は，熱電対の位置と温度分布を模式的に示している。これは例えば電気炉の横から熱電対が挿し込まれている状態を表しており，図の左端が炉の中心部付近，すなわち，高温で温度がほぼ一定の領域（領域 A）である。そこから炉口に近づくに従って徐々に温度が下がり（領域 B），炉の外は再び温度がほぼ一定（領域 C）である。図で示したとおり，温度勾配（temperature gradient）が大きいのは領域 B のみで，領域 A および領域 C における温度勾配は小さい†。式 (4.2) に示したように，熱起電力は微小部分における熱電能と温度差との積の総和（積分）であるから，温度勾配が大きい領域 B で発生した熱起電力が，全体で実測される熱起電力の多くを占めていることになる。このことをわかりやすく示すために，図 **4.5** では図 **4.2** を上に描画している。熱電対で測定され

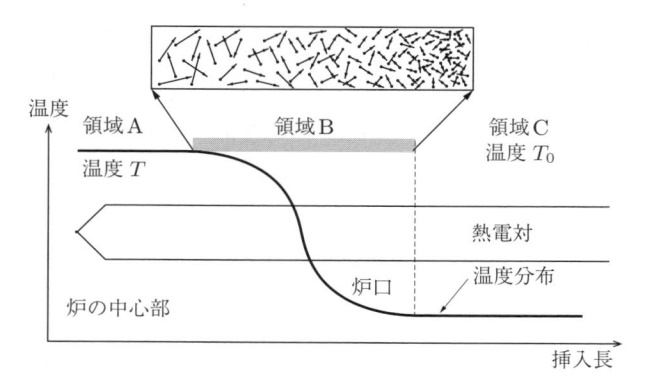

図 **4.5** 炉の温度分布と熱起電力発生箇所の関係

---

† 　基準接点を氷点とする場合は，領域 C でも基準接点付近の温度勾配は大きい。

る種々の現象を理解する上で，これは非常に重要なことである。

　上述のように，熱電対の熱起電力発生原理を固体物理学に基づいて説明でき
るようになったのは，熱起電力の存在が発見されてから1世紀ほどあとである。

　その後，この熱起電力の大きさは，それぞれの導体が均質で，組合せが同じ
であれば，両端の温度のみによって定まり，導体の長さや太さ，両端以外の温
度などには無関係であることが確認されている。したがって，一端の温度を一
定温度（原則として0℃）に保てば，熱起電力値を測定することにより，他端
の温度を知ることができる。

　本書は温度計測の書籍なので，熱電対の測定原理に関わるゼーベック効果を
中心に解説した。ほかに温度（熱）と電気量が関わる可逆的な現象として，ペ
ルチェ効果（Peltier effect）やトムソン効果（Thomson effect）が知られてい
る[5]）。

〔1〕　**熱電対における3法則**　　熱電対回路に関して三つの基本法則がある。
これらは，熱電対の使用法が正しいかどうかの判断や，測温における信頼性評
価を行う際の手助けとして利用できる，熱電対を使用する上でぜひ知っておく
べき法則である。ただし，法則と呼ばれてはいるものの，物理学における法則
とは異なり，理論から導かれるものでなく，先に述べた熱電対の熱起電力発生
原理を理解すれば自然に導ける自明のものである[1]）。熱起電力は測温接点で発
生するのではなく，温度勾配のかかっている素線全体で発生することに留意し
理解してほしい。

（**a**）　**均質回路の法則**（law of homogeneous metals）　　**図4.6**に示すよ
うに，熱電対素線A, Bがどちらも電気的に均質であれば，素線途中に温度の異
なる部分T_2（極端に高温または低温）があっても，全体の熱起電力$E_{AB}(T_1, T_0)$
は影響を受けない。

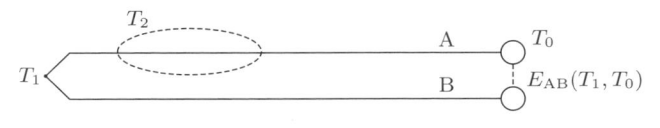

図 **4.6**　均質回路の法則

　熱起電力は，温度勾配のあるところで発生する。一部が高温（あるいは低温）になっていれば，当然ながらその部分でも発生はするが，その両側で発生する熱起電力は大きさが同じで方向が逆なので，全体の熱起電力総和を求める場合はキャンセルされて影響を与えない。

(b)　中間温度の法則 (law of successive temperatures)　　**図 4.7** の一番上に示すとおり，冷接点温度が T_0，測温接点温度が T_1 であれば，熱起電力は $E_{AB}(T_1, T_0)$ である。ここで途中の P 点温度が T_2 であるような状態であった場合，$E_{AB}(T_1, T_0) = E_{AB}(T_1, T_2) + E_{AB}(T_2, T_0)$ が成り立つ。

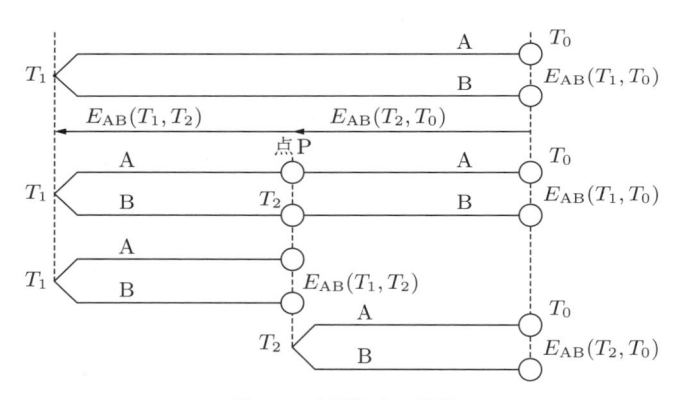

図 4.7　中間温度の法則

(c)　中間金属の法則 (law of intermediate metals)　　**図 4.8** に示すように，熱電対回路の途中に，熱電対素線とは異なる第三の金属 C を接続しても，金属 C の両端の温度 T_2 と T_3 が等しければ，その影響はまったくない。すなわち，第三の金属 C 部分が元の熱電対素線 A である場合と，まったく同じ熱起電力 $E_{AB}(T_1, T_0)$ が得られる。

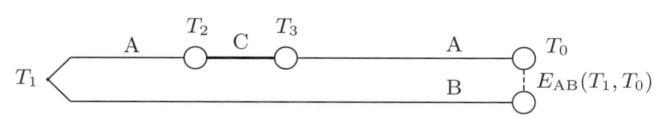

図 4.8　中間金属の法則

〔**2**〕 **3 法則の応用例と注意事項**

（**a**） **均質回路の法則の応用と注意事項**　　均質回路の法則は，熱電対を用いて温度を測定する場合，測温接点から遠く離れた点で計測を行っても，均質な熱電対で配線する限り，途中の温度分布や温度変化に留意する必要がないことを意味しているので，実際の産業計測におけるほとんどすべての現場でこの法則を利用しているともいえる。

しかしながら，現実問題としては，熱電対素線が金属材料として完全に均質であることはあり得ず，また使用開始当初は十分な均質性を有していても，使用中の熱履歴などの影響を受けて徐々に不均質（inhomogeneity）（*4.6.4* 項参照）が発生し増大していく。したがって，熱電対を配線する場合には，測温部以外の著しい温度勾配や急熱急冷をできるだけ避けるように配慮することが，実際の温度計測の現場では望ましい。

（**b**） **中間金属の法則の応用と注意事項**　　熱電対の配線において，これらを接続する必要が生じた場合，接続部分が短ければその部分の温度は一様と見なせるので，銀ろう付けやハンダ付けを行ったり，銅のターミナルにねじ止めして接続したりしても，測定に影響しない。しかしながら，この接続部分に温度差が予想される場合や，きわめて高精度の温度測定を行う場合などには，第三の金属が入らない溶接や圧接により接続を行ったり，熱電対素線と同材質の金属でターミナルを作成したりするなどの配慮が必要である。すなわち，**図 4.8**において，金属 C の両端の温度 T_2 と T_3 が等しくない場合は，$\int_{T_3}^{T_2} S_{\mathrm{C}} \mathrm{d}T$ が零ではない有限な値となるため，異材を間に挟んだ影響を受ける。

（**c**） **中間金属の法則を応用した直接貼り付け**　　**図 4.9** は，通電加熱されている板材表面に R 熱電対素線を距離をあけて別々に取り付けたものである。

これは，**図 4.8** に示した中間金属の法則を応用した測り方で，金属 A が R 熱電対の Pt 側，金属 B が R 熱電対の Pt-13％Rh 側，金属 C が貼り付けられた板材である。R 熱電対素線がそれぞれ貼り付けられた部分の温度が同じと見なせる場合は，間に異材が入っていても正しい温度が測定される[†]。

[†]　具体例は後出の**図 4.44** を参照。

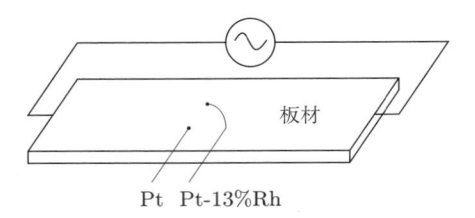

図 4.9 熱源に素線を離して直接貼り付け

なお，この図のように通電加熱した板に熱電対素線を直接貼り付けると，加熱用の電源電圧が熱電対にもかかるが，4.5.3項 (b) に記載する，商用電源周波数成分ノイズの影響をキャンセルする機能が備わっている計測器を用いれば，測定可能である。ただし，すべての計測器にこの機能が備わっているとは限らないので，個々の計測器の仕様を確認する必要がある。また，商用周波数の交流以外を用いる場合は，この機能は働かないので注意を要する。

熱電対素線の測温接点は，溶接，ろう付け，カシメなど，もともとの素線材質とは合金組成が異なる状態になるが，測温接点部分が十分小さければ（温度勾配がなければ），同様にまったく測定に影響は与えない。

(d) 材質による熱起電力の加算　図 4.10 のように，2種類の金属導体 A，B をある基準となる金属，例えば C と組み合わせたときの熱起電力 $E_{\mathrm{AC}}(T_1, T_0)$ および $E_{\mathrm{BC}}(T_1, T_0)$ が既知であれば，A と B を組み合わせたときの熱起電力 $E_{\mathrm{AB}}(T_1, T_0)$ は $E_{\mathrm{AC}}(T_1, T_0) - E_{\mathrm{BC}}(T_1, T_0)$ に等しい。

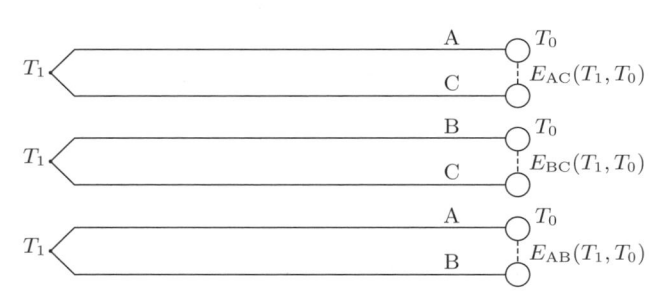

図 4.10 材質による熱起電力の加算。$E_{\mathrm{AB}}(T_1, T_0) = E_{\mathrm{AC}}(T_1, T_0) - E_{\mathrm{BC}}(T_1, T_0)$

　この応用例も実際にきわめて広く使われる。通常は基準となる金属として白金線が使用される。どのような金属であっても，白金線と組み合わせたときの熱起電力がわかっているもの同士であれば，それらを組み合わせた場合の熱起電力は計算によって得られる。**表 4.1** に，おもな金属および合金の $100\,^\circ\mathrm{C}$ における対白金熱起電力を示す。

表 4.1　おもな金属・合金の $100\,^\circ\mathrm{C}$ における対 Pt 熱起電力

金属・合金名	熱起電力/mV	金属・合金名	熱起電力/mV
Bi	−7.34	Ir	+0.67
コンスタンタン	−3.5	Cu	+0.77
Ni	−1.47	Ag	+0.79
Co	−1.33	Au	+0.79
アルメル	−1.29	Cd	+0.90
Pd	−0.57	W	+1.12
Ta	+0.33	Mo	+1.31
Al	+0.42	Fe	+1.88
Sn	+0.44	ニクロム	+2.20
Pb	+0.44	クロメル	+2.81
マンガニン	+0.61	Ge	+33.9
Rh	+0.65	Te	+44.8

　備考：基準接点を $0\,^\circ\mathrm{C}$ に保ち熱電対として熱起電力を測ったとき，
　　　　＋符号の場合は Pt 線がマイナス脚，− 符号では逆となる。

　一例として，実際に K 熱電対などの素線を購入すると，クロメル側・アルメル側それぞれに白金に対する熱起電力測定結果が，検査表として添付される場合がある。これは，白金に対する個々の素線の熱起電力がわかっていれば，それぞれを組み合わせた場合の熱起電力を知ることができるからである。

4.1.2　熱電対の特徴

　熱電対を使用して温度計測を行う場合，他の温度計を使用したときと比べて，つぎに要約するような利点・欠点がある。

利点

(1)　温度を電気量に換算・検出できるので，測定・調節・制御・増幅・変換などが容易に行える。

(2) 比較的安価で，入手しやすく，測定方法が簡便なわりには測定精度が高く，測定の遅れ（タイムラグ; time lag）も比較的少ない。感度を特に必要とする場合や寿命を要求する場合など，状況に応じて自由に寸法（例えば線径）を選ぶことができる。

(3) 広い温度範囲の測定ができる。例えば R 熱電対の場合は $0\,°C$ から $1\,600\,°C$ までの測温が可能である。

(4) 測定物と計器間の距離を大きくとることができ，回路の途中に局部的な温度変化が生じても，測定値にはほとんど影響を与えない。

(5) センサそのものには電源がまったく不要である。このため，可動コイル式の計測器を使えば，電源なしでも測温が可能である。

欠点

(1) 測定温度の $±0.2\,\%$（または $±2\,°C$ 程度）より良い精度を得ることは，特別な配慮を行わない限り難しい（$2.8.1$ 項および関連する章末問題【3】を参照）。

(2) 基準接点を一定温度に保つ（例えば $0\,°C$）か，または基準接点温度の熱起電力補償が必要であり，その温度または補償の正確さが測温接点の温度測定に影響する。

(3) そのほかに，組立時の油分などの付着による汚れが寿命に影響を与えることや，測温接点溶接時の熱歪みによる断線事故，さらに両極同士の測温接点以外の部分における接触による短絡事故などがあるので，注意を要する。

4.2　熱電対の種類と特性・選択基準

4.2.1　貴金属熱電対と卑金属熱電対

　熱電対を構成する材料は，融解点が高く，空気中で酸化されにくく，また塑性加工性に優れていることが重要である。貴金属は理想的な熱電対材料であり，貴金属を用いた熱電対を貴金属熱電対（noble-metal thermocouple）という。

貴金属以外の金属を用いた熱電対を卑金属熱電対（base-metal thermocouple）という。JIS C 1602^{-2015}（熱電対）では，3種の貴金属熱電対（B, R, S）と，6種の卑金属熱電対（K, E, J, T, N, C）を規定している。

JIS規格で規定された9種類の熱電対の構成材料と基準関数（reference function）の温度範囲ならびに許容差クラスを**表 4.2**に示す。B, R, S熱電対は白金または白金ロジウム合金で構成されており，種類によりロジウム含有量は異なるが，耐酸化性，耐熱性などの基本的特性は同じである。卑金属熱電対の材料は種類によって異なり，特性も大きく異なる。

表 4.2 JISで規定されている熱電対の種類と構成材料・許容差

種類の記号	＋側導体	－側導体	基準関数の温度範囲	許容差クラス
B	ロジウム 30％を含む白金ロジウム合金	ロジウム 6％を含む白金ロジウム合金	0 °C〜1 820 °C	2, 3
R	ロジウム 13％を含む白金ロジウム合金	白金	−50 °C〜1 768.1 °C	1, 2
S	ロジウム 10％を含む白金ロジウム合金	白金	−50 °C〜1 768.1 °C	1, 2
N	ニッケル，クロムおよびシリコンを主とした合金	ニッケルおよびシリコンを主とした合金	−270 °C〜1 300 °C	1, 2, 3
K	ニッケルおよびクロムを主とした合金	ニッケルおよびアルミニウムを主とした合金	−270 °C〜1 372 °C	1, 2, 3
E	ニッケルおよびクロムを主とした合金	銅およびニッケルを主とした合金	−270 °C〜1 000 °C	1, 2, 3
J	鉄	銅およびニッケルを主とした合金	−210 °C〜1 200 °C	1, 2
T	銅	銅およびニッケルを主とした合金	−270 °C〜400 °C	1, 2, 3
C	レニウム 5％を含むタングステン・レニウム合金	レニウム 26％を含むタングステン・レニウム合金	0 °C〜2 315 °C	2

備考：許容差クラスに対応する温度は，JIS C 1602^{-2015} 参照。

熱電対の国際規格としては，IEC 60584がある。わが国のJIS規格もこれに準拠しているため，規準熱起電力は同じである。JIS規格は1981年に大幅な改正が行われ，種類の記号がIEC規格に統一された。それ以前では，例えばK熱

電対は CA 熱電対と呼ばれていた。さらに，日本独自規格であった PR 熱電対が廃止され，代わりに R 熱電対が採用された。PR 熱電対の+側導体のロジウム含有量は約 12.8 ％で，R 熱電対の 13 ％より少ないために熱起電力の互換性はない。1995 年の JIS 規格改正では，新しい国際温度目盛（ITS-90）に対応した規準熱起電力表に変更された。R 熱電対と S 熱電対の基準関数は，国際度量衡委員会の測温諮問委員会（CCT）の共同研究により −50 °C〜1 064.18 °C の範囲において ITS-90 による校正結果から更新された[6),7)]。1 064.18 °C より高温の基準関数および他種の熱電対の基準関数は，従来の IPTS-68 の関数から ITS-90 に換算された。

　表 4.3 に貴金属熱電対と卑金属熱電対の特色を示す。貴金属熱電対は再現性が良く品質のばらつきが少ないのが特徴で，温度の校正用標準器としても使われている。卑金属熱電対は貴金属熱電対と比べて再現性は良くないが，安価であり，幅広い分野で温度制御用センサとして使われている。

表 4.3 貴金属熱電対と卑金属熱電対の特色

	利　　　点	欠　　　点
貴金属 熱電対	● 精度が高く，特性のばらつきが少ない ● 経時変化が少ない ● 1 000 °C 以上の高温測定が可能である ● 耐酸化性，耐薬品性に優れている ● 電気抵抗が低い	● 還元雰囲気中での使用に不適 ● 低温域の感度が低い ● 補償導線の誤差が大きい ● 熱伝導率が高い ● 高価である
卑金属 熱電対	● 感度が良い ● 還元雰囲気でも使用できる種類がある ● 低温度域でも測定できる種類がある ● 価格が安い	● 耐酸化性が良くない ● 経時変化が大きく，寿命も短い ● 1 000 °C 以上の高温測定には不向きな種類が多い ● 電気抵抗が高い

　そのほかに，純金属で構成された熱電対の規準熱起電力も，IEC 62460 で規格化されている。組み合わせる純金属は，金と白金，および白金とパラジウムである。R 熱電対よりも再現性に優れるため，温度定点の校正や研究用として利用されている。

4.2.2 各種貴金属熱電対の種類と特徴

貴金属の明確な定義はないが，一般的には，金（Au），銀（Ag），白金（Pt），パラジウム（Pd），ロジウム（Rh），イリジウム（Ir），ルテニウム（Ru），オスミウム（Os）の8元素を指す。熱電対には，金，白金，パラジウム，ロジウム，イリジウム，あるいはこれらの合金が使われている。代表的な貴金属熱電対について，一覧を**表 4.4**に示し，以下で説明する[†]。

表 4.4　貴金属熱電対の種類

熱電対の種類	規準熱起電力表の温度範囲	参照規格
R	$-50\,°C\sim1\,768.1\,°C$	JIS C 1602
S	$-50\,°C\sim1\,768.1\,°C$	JIS C 1602
B	$0\,°C\sim1\,820\,°C$	JIS C 1602
Au/Pt	$0\,°C\sim1\,000\,°C$	IEC 62460
Pt/Pd	$0\,°C\sim1\,500\,°C$	IEC 62460
Pt-40%Rh/Pt-20%Rh	$0\,°C\sim1\,888\,°C$	ASTM E1751
Platinel II	$0\,°C\sim1\,395\,°C$	ASTM E1751
Ir/Ir-40%Rh	$0\,°C\sim2\,110\,°C$	ASTM E1751

〔**1**〕　**R 熱電対（Pt-13%Rh/Pt）**　　+側導体にロジウム（Rh）を 13.00%±0.05%含む白金ロジウム合金，-側導体に純白金を組み合わせた熱電対である[8]。-側の白金に必要な純度は 99.99%よりも良いとされる。すべての貴金属熱電対に共通することとして，真空中・不活性ガス中や還元雰囲気および金属蒸気（鉛や亜鉛など）や非金属蒸気（ヒ素，リン，硫黄など）が存在する場所では，熱電対の劣化を防ぐために適切な保護管に入れて使用すべきである。また，高温で炭素や硫黄と反応すると，共晶合金となって脆くなり，断線しやすくなる。純白金は 1 400°C を超えると 2 次結晶成長により結晶粒の粗大化が進み，bamboo-structure（4.7.1 項〔3〕参照）を形成して結晶粒界で断線しやすくなるため，使用上限温度は B 熱電対より低く設定されている。白金ロジウム合金は純白金より硬く，手触りによる素線の硬さで極性を判別できる。

[†]　本書では，R, S, B を白金系熱電対と呼ぶ。しかし，Pt-20%Rh/Pt-40%Rh も含める場合や，R, S のみを指す場合もあるので，文脈からの判断が必要になることもある。

〔**2**〕 **S 熱電対 (Pt-10 %Rh/Pt)**   ＋側導体にロジウム (Rh) を 10.00 %
±0.05 %含む白金ロジウム合金，－側導体に純白金を組み合わせた熱電対であ
る[8]。この熱電対の歴史は古く，1886 年に H. L. Le Chatelier が発表したの
が最初である。従来の熱電対より再現性と安定性に優れていたため，1927 年
国際温度目盛（ITS-27）から 1968 年国際実用温度目盛（IPTS-68）において，
660 °C から金の凝固点温度の範囲で補間計器として指定されていた。1990 年
国際温度目盛（ITS-90）では補間計器から外され，代わりに白金抵抗温度計が
銀の凝固点温度の範囲で指定された。R 熱電対より熱起電力は小さく，日本で
は専ら標準用として使用されている。R 熱電対と同様に，手触りによる素線の
硬さで極性を判別できる。

〔**3**〕 **B 熱電対 (Pt-30 %Rh/Pt-6 %Rh)**   ＋側導体にロジウム (Rh)
を 29.6 %±0.2 %含む白金ロジウム合金，－側導体にロジウム (Rh) を 6.12 %
±0.02 %含む白金ロジウム合金を組み合わせた熱電対である[8]。R, S 熱電対は
一方が純金属 (Pt) であるため，相手方素線 (PtRh 合金) からの昇華などに
よる熱起電力低下が起きやすいが[†]，B 熱電対はその影響は小さい。50 °C 以下
では感度が低く，規準熱起電力は ±3 μV 以下である。そのため，精密な温度制
御が不要なときは，基準接点の温度が 50 °C 以下であれば，特に基準接点補償
はなくてもよい。製造者による熱起電力特性のばらつきはやや大きい。高温に
おける安定性は，使用する絶縁管と保護管の品質が大きく影響する。高純度ア
ルミナ製で鉄の含有量が少ない製品が最も適しているとされる。

4.2.3 各種卑金属熱電対の種類と特徴

2015 年に改正された JIS C 1602 では，6 種類の卑金属熱電対が規定されて
おり，その特徴を説明する。

〔**1**〕 **K 熱 電 対**   ＋側導体にクロム (Cr) を約 9 %〜9.5 %含むニッケル
合金，－側導体にアルミニウム (Al)，マンガン (Mn)，シリコン (Si) など
を少量含むニッケル合金を組み合わせた熱電対である。この熱電対の歴史は古

[†] 後出の**図 4.48** 参照。

く，1906 年にホスキンス社の A. L. Marsh により開発され，＋側導体はクロメル，－側導体はアルメルという商標で販売された。使用可能な温度範囲が通常は 0°C〜1 000°C と広く，耐食性に優れ，熱起電力の直線性も良いため，幅広い分野の温度制御に使用されている。還元雰囲気中では使用に適さない。－側導体は磁性があり，約 152°C にキュリー点（Curie point）が存在する。このため，キュリー点前後の温度においては熱起電力の直線性が悪い。この熱電対は，約 200°C〜550°C で加熱し続けると，使用環境にもよるが熱起電力が 2°C〜4°C 相当高くなることがある。この現象は，クロムを含むニッケル合金において結晶格子の規則性が変化するという短範囲規則格子変態（short-range ordering）を原因とする説が多いが，実際の K 熱電対の結晶構造の解析で確認された例はなく，理論的にも説明できていない。D. D. Pollock[9] は電子のスピンクラスタの特性変化が原因であるとし，物性理論による説明を行っている（*4.7.2* 項〔*3*〕参照）。

〔**2**〕 **E 熱 電 対**　　＋側導体に K 熱電対の＋側と同じニッケル合金，－側導体にコンスタンタンと呼ばれる銅・ニッケル合金を組み合わせた熱電対である。JIS で規定されている熱電対の中では最も熱起電力が高く，K 熱電対の約 1.5 倍であり，高感度である。K 熱電対と同様，還元雰囲気や真空中での使用には適さない。なお，E 熱電対は両脚とも非磁性であり，J 熱電対に比べて耐食・耐酸化性に優れているが，後出の**表 4.14** に示す JIS の常用限度である 700°C 以上の温度では酸化が急速に進むので，これ以上の高温では K, N，あるいは R, S を使用したほうが無難である。

また，後出の**図 4.11** に示すとおり，極低温では感度が低下するが，低温側での測温にも幅広く使われる。

〔**3**〕 **J 熱 電 対**　　＋側導体に鉄，－側導体にコンスタンタンと呼ばれる銅・ニッケル合金を組み合わせた熱電対である。＋側導体の鉄の純度は約 99.5％で，残りはマンガンなどの微量元素が含まれる。鉄に含まれる不純物はロットにより異なるため，J 熱電対は規準熱起電力に一致するような－側導体を選択して製品化される。そのため，異なる製造者の導体を組み合わせて使用することは

推奨できない。後出の**表 4.14**に示す JIS の常用限度である 600°C 以下では，還元雰囲気で空気中と同様に使用できるという利点がある。

〔**4**〕**T 熱 電 対**　　＋側導体に純度約 99.95％の銅，－側導体に E 熱電対と同じコンスタンタンと呼ばれる銅・ニッケル合金を組み合わせた熱電対である。370°C を超える温度での使用は銅の酸化が進み脆くなるため推奨されないが，熱起電力特性の変化は少ない。品質のばらつきが小さく，導体に沿った熱起電力の均質性も良好である。しかし，－200°C 以下においては，＋側導体に不純物として含まれる微量な遷移金属（特に鉄）が熱起電力に影響し，品質の差が大きくなる。＋側導体は熱伝導率が高いため，使用状態によっては測温対象の温度に影響を与える可能性がある。そのため，極低温の測定においてはクロメル/金鉄熱電対を使用するほうが有利である。

〔**5**〕**N 熱 電 対**　　＋側導体に約 14％のクロム，約 1.4％のシリコン，鉄，を含むニッケル合金（ナイクロシル），－側導体に約 4.4％のシリコン，コバルト，鉄を含むニッケル合金（ナイシル）を組み合わせた熱電対である。この熱電対はオーストラリアで 1960 年代後半から開発が始まり，1972 年に N. A. Burley[10]から発表された。その後，NBS（現 NIST）の Burns らと共同研究で詳細な特性の研究[11]が行われ，K 熱電対より高温の安定性が優れていることが示された。わが国でも日本学術振興会において評価が行われ，1 200°C で 1 000 時間の安定性（熱起電力変化）は K 熱電対の 1/4 以下であったとの報告がある[12]。N 熱電対の磁気変態点は常温以下であるため，常温以上では磁場の影響を受けないとされている。JIS には 1995 年改定版から採用された。

〔**6**〕**C 熱 電 対**　　＋側導体にレニウム 5％を含むタングステン・レニウム合金，－側導体にレニウム 26％を含むタングステン・レニウム合金を組み合わせた熱電対である。この熱電対は原子炉などの超高温下で使用することを目的に開発され，基準関数は 2 315°C まで定義されている。空気中または酸化雰囲気中では著しく酸化するため，還元性または不活性雰囲気中でのみ使用可能である。IEC 60584 には A 熱電対も規定されているが，これは－側導体にレニウム 20％を含むタングステン・レニウム合金を使用したものである。わが国

では流通実績がないため，2015 年改定の JIS では採用が見送られた。ASTM E1751/E1751M^{-2015} では＋側導体に 3 ％，－側導体に 25 ％のレニウムを含む熱電対も規定されている。

4.2.4　その他の熱電対

〔**1**〕　**金／白金熱電対（Au/Pt）**　　　＋側導体に純金線，－側導体に純白金線を組み合わせた熱電対である。合金を使用していないため，熱起電力の熱履歴現象および不均質による熱起電力への影響が従来の合金製熱電対よりもきわめて小さく，再現性の高い測定が可能である[13]。金の熱膨張係数は白金の約 1.6 倍あり，温度の上昇とともに熱膨張による測温接点の歪みが大きくなる。これを解消するために測温接点に応力解放コイルを取り付けることもあるが，耐久性に欠けるため，研究などの用途に限られる。金の融解点が低いため，上限温度は 1 000 ℃までである。

〔**2**〕　**白金／パラジウム熱電対（Pt/Pd）**　　　＋側導体に純白金線，－側導体に純パラジウム線を組み合わせた熱電対である。金／白金熱電対と同じ理由から再現性の高い測定が可能で，1 500 ℃まで使用できるため，わが国の接触式温度計（熱電対）のトレーサビリティでは，銀点および銅点の特定 2 次標準器†として利用されている。基準関数は，米国とイタリアの標準研究所の共同研究[14]により作られたものが，IEC 規格に採用された。米国では，金の凝固点温度までの定点校正と白金抵抗温度計および金／白金熱電対による比較校正が実施され，イタリアでは，800 ℃から 1 500 ℃にわたり銀および銅の凝固点温度と放射温度計による比較校正が実施された。パラジウムは 400 ℃〜850 ℃の温度域で表面酸化が顕著になり，薄紫から黒の間で変色するが，900 ℃以上では熱分解して純金属（銀白色）に戻る。パラジウムの酸化が熱起電力特性に及ぼす影響はほとんどないとされている。

ただし，パラジウムは，昇華量が白金より約 1 桁多いため[15]高温では昇華に

---

†　国家計量標準（特定標準器）により直接校正された機器の，計量法（JCSS）関連での呼称。_1.2.3_ 項参照。

よる消失が速く，産業計測における R や S の代替としては実質的に使用できない。使用時間の限られた標準用・研究用でのみ，その有用性が発揮される。

〔3〕 **クロメル/金鉄熱電対**　　＋側導体に K 熱電対と同じクロム・ニッケル合金（KP），－側導体に希薄の鉄（0.07at％）を含む金（AuFe）を組み合わせた熱電対であり，極低温の測定に使用される。過去において鉄ではなくコバルトが使用されていたこともあったが，この合金（Au-2.1at％Co）は過飽和固溶体であるため，常温においてもコバルトが結晶粒界を移動し，熱起電力特性が変化するために使われなくなった。極低温の測定では基準接点に液体窒素を利用することもあり，その場合は熱起電力の変換が必要である。

図 **4.11** に，100 K 以下におけるクロメル/金鉄熱電対の感度（dE/dT）を，タイプ E 熱電対のそれとともに示す。タイプ E は温度が下がるにつれて感度が低下していくのに対し，クロメル/金鉄熱電対は 10 K 程度まで感度の温度による変化が少なく，この領域の温度測定に適した熱電対である。

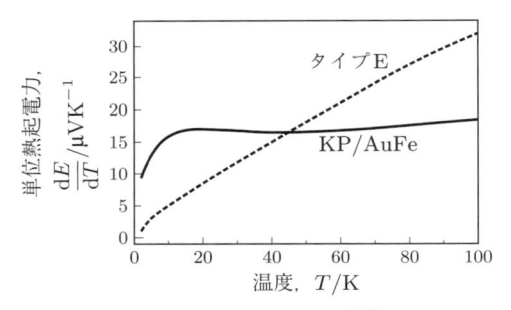

図 **4.11**　クロメル/金鉄熱電対[16]および
タイプ E 熱電対[17]の感度

なお，金の熱伝導率は大きいので，使用にあたっては注意を要する。クロメルの熱伝導率は，金の 1/20 程度と小さい。

〔4〕 **Pt-40％Rh/Pt-20％Rh 熱電対**　　B 熱電対よりもさらにロジウムの含有量を増やすことで，1 900 ℃ 近い温度までの高温測定を可能にした熱電対である。ASTM E 1751 では 0 ℃～1 888 ℃ の熱起電力表があり，熱起電力は小さく，最高温度においても 5 mV に満たない。近年の研究[18]で，ASTM

E 1751 の熱起電力は 1 500 °C 以上の温度域において温度が数 °C 異なる可能性があるとの報告がある。これは，もとの熱起電力表が作られた 1965 年当時のパラジウムの融解点は現在より約 1 °C 低く，また，白金の融解点は約 3 °C 高く見積もられていたことが主要因であると推測されている。機械的耐久性と耐酸化性は B 熱電対より優る。発明者の名前から Land-Jewell 熱電対と呼ばれることもある。

室温付近では B 熱電対よりやや大き目の熱起電力が出るので，産業計測においては補償導線を使用すべきであるが，熱起電力特性が似通った補償導線は，熱電対素線そのものの使用量が少ないためか，製造・販売されていない。このため，接続部分の温度を補償することができないので，その分実際の温度とは異なることに留意して使用する必要がある。

〔**5**〕 **プラチネル II 熱電対**　プラチネル熱電対はエンゲルハード社の J. Accinno と J. F. Schneider によって開発され，1960 年に発表された。「プラチネル」は同社の登録商標である。この熱電対の特徴は，K 熱電対と同等の熱起電力特性を持つことにある。開発の背景には，ジェットエンジン内のガス温度測定用に K 熱電対より長寿命な熱電対が求められていたことがある。当初，プラチネル熱電対は，成分の異なるプラチネル I とプラチネル II が開発された。− 側導体は両者とも同じで，金 65 ％とパラジウム 35 ％の合金である。＋側導体は，プラチネル I がパラジウム 83 ％，白金 14 ％，金 3 ％の合金，プラチネル II がパラジウム 55 ％，白金 31 ％，金 14 ％の合金である。機械的強度はプラチネル II のほうが優るため，プラチネル I は使用されなくなった。熱起電力特性は K 熱電対と同等であるが，より幅広い普及を目指して，NBS とエンゲルハード社の共同研究により，プラチネル II の規準熱起電力表が作成された[19]。ASTM E1751 の規準熱起電力表は，これを ITS-90 に変換したものである。

〔**6**〕 **イリジウム・ロジウム熱電対**　産業の発達とともに，白金ロジウム熱電対よりも高い温度測定が可能な熱電対の要求が高まって開発された熱電対である。規準熱起電力表は，NBS の研究によって作成された。1962 年にロジウム 60 ％を含むイリジウム合金とイリジウムの組合せによる熱電対（Ir-60 ％Rh/Ir）の規準熱起電力表[20]が，さらに 2 年後の 1964 年にはロジウムの含有量が異な

る2種の熱電対（Ir-40％Rh/Ir と Ir-50％Rh/Ir）の規準熱起電力表[21]が発表された。この研究において，0°C～1371°Cの範囲はS熱電対，2093°Cまでは光高温計が標準として使われた。そのため，1371°C以上の規準熱起電力表にはそれなりの不確かさがあることに注意する必要がある。

4.2.5 熱電対の選択基準

熱電対には，ここまでに示した構成材料（材質）の種類のほかに，4.3節に示す構造的な種類，さらには規格の許容差（tolerance）の種類（クラス）（**表 4.2**参照）などがあり，どの熱電対を選ぶかは，得られるデータ・制御の精度などに大きな影響を与えることもあるので，きわめて重要である。ここでは，これらを加味した熱電対の選択基準について説明するが，熱電対の使用条件は千差万別であり，それぞれについて個々に取り上げることは困難で，一般論的な表現に留まる点はやむを得ぬものとしたい。

熱電対†は，酸化，還元あるいは腐食（例えば硫化性ガスなどによる）に対してけっして完全ではなく，特に高温下においてはこれらの現象が加速度的に強くなるので，永久的なものではない。したがって，要求する精度にも関連して，そのランニングコストについてもよく見極める必要がある。特に工場などで生産設備の温度制御に使用する場合は，所定の位置に着装したまま容易に基準熱電対などと比較校正できる設計あるいは構造にしておくことも（4.6.4項〔3〕参照），選択基準とは直接関係ないが使用目的によっては重要なことである。

なお，熱電対は線材だけでなく，板，条（リボン）あるいはパイプなどの特殊形状品も，種類によってはある程度の工業的規模で生産・制作されており，これらも使用選択の検討対象にすることができる。ここでは，一般的な選択基準について説明するとともに，JISに定められている9種類の代表的な熱電対について，その特徴を**表 4.5**に簡単にまとめて示す。さらに詳細を必要とするときは，つぎの各項目を参照されたい。

---

† ここでは素線，金属保護管およびシース熱電対のシースなども含む。

表 **4.5** 広く使用されている熱電対の種類と特徴の比較

種類	利 点	欠 点
B, R, S	● 精度が良く，ばらつきや劣化が少ない ● 耐酸化性，耐薬品性が良好 ● 1 400 °C 以上の高温測定が可能 ● 標準用として使用可能（R, S）	● 還元雰囲気には不適 ● 材料が非常に高価
K, N	● 1 000 °C 以下での耐酸化性が良好 ● 卑金属熱電対中では安定性が良好	● 還元雰囲気には不適 ● 貴金属熱電対に比べて経時変化大 ● 卑金属熱電対中では高価
E	● K 熱電対より安価	● 還元雰囲気には不適
J	● 還元雰囲気で使用可 ● K, E 熱電対より安価	● Fe が錆びやすい ● 特性にばらつきが大きい
T	● 低温域まで使用可 ● 安価	● 最高使用温度が低い ● Cu が酸化しやすい
C	● 超高温用	● 酸化雰囲気では使えない

〔**1**〕 **測定温度範囲・雰囲気** 熱電対の選択としてまず重要な測定温度範囲と雰囲気のみを考慮して一つの表にまとめると，**表 4.6** のようになる。〔**2**〕以降で述べる他の要因も併せて考慮する必要があるが，まずはこの表で大まか

表 **4.6** 熱電対の選択基準表

備考 1. "20" は Pt-40 %Rh/Pt-20 %Rh の略，"Ir" は IrRh 系の略，"P" は Platinel II の略。
 2. 上記と KP/AuFe 以外は，JIS での呼称である。
 3. 室温以下の温度域では，雰囲気による制限はない。
 4. 超高温〜極低温の温度領域は **表 1.5** と同じである。

な熱電対素線の候補をいくつか挙げ，他の要因を考慮して一つに絞り込めばよい。なお，Au/Pt ならびに Pt/Pd は，標準用のみの使用で産業計測には使われないため，除外している。逆に，JIS 規格には含まれないが，研究目的や産業計測である程度使われている KP/AuFe などは記載している。

　高温の大気中で使用する場合，材料そのものが高価な白金系を使うか，比較的安価な K（あるいは N）を使うかは悩ましい。おおむね 1 000 °C 以上で常用されるのであれば，寿命（熱起電力変化）の面からよほどコスト重視である場合を除けば，白金系を使うのが無難である。常用が 800 °C 未満であれば，特別に精度重視でない限りは K（N）を選択する。この間の温度域が常用温度の場合は，費用のみならず，交換が容易な場所か，測定精度はどの程度必要かなど，他の要因を重視して選択する。

　熱電対素線の基準関数の温度範囲は**表 4.2** に記載されている。ただし，個別の製品仕様により，基準関数が存在する温度範囲すべてで規格許容差を満たすとも限らないので，製造メーカが保証する個別製品の使用温度範囲を確認して，実際の使用に供する必要がある。

　なお，雰囲気に関しては熱電対素線の種類の選択も重要であるが，それ以上に雰囲気と素線を遮蔽する保護管あるいはシース材質の選択が重要である。これらについては *4.3* 節を参照されたい。

　〔*2*〕　**精度・感度**　　測温抵抗体の選択基準（*3.5.6* 項〔*2*〕）同様に重要な項目であり，類似の視点からの選択が必要である。注意すべきなのは，許容差の種類の呼称が同じ（例えば Class 2）であっても，熱電対の種類により，温度の絶対値が異なる点である。白金系は許容差が小さく，卑金属系は大きい（JIS C 1602 参照）。

　熱電対の種類以上に，制御精度は熱電対の感度や応答速度に左右される。素線径が細いほど応答（レスポンス）が良い（保護管の材質・肉厚も影響する）。反面，素線径が細いほど寿命が短い。特殊な場合を除いて，結局はランニングコストとの兼ね合いであり，熱電対の使用条件下での寿命を把握または推察し，交換サイクルを早めて精度あるいは応答を優先するか，コストを優先して精度

や応答をある程度犠牲にするかになる。ただし，熱電対のみの精度を要求しても，これに繋がる補償導線や計器の精度も当然影響するので，計測系全体を見て決定するのが肝要である（*2.8.1* 項ならびに *4.6.1* 項参照）。

〔**3**〕**周 辺 条 件**　測定対象場所外部の雰囲気や温度も，熱電対を含む測温回路の寿命や精度に影響する。例えば，基準接点部の温度変化（補償導線を繋げる場合の接続点の温度と補償導線の許容差範囲），動力源あるいは高圧線からのノイズの影響，特異な例として放射線の影響なども，周辺条件として配慮すべき事項である。

〔**4**〕**コ ス ト**　温度測定は熱電対だけでなく補償導線や計器を含むものであり，特に大規模な事業所において，補償導線は種類を決定すると容易に変更できるものではない。生産現場の場合には，十分にイニシャルコストとランニングコスト（測温回路の点検・校正・交換など）を比較・検討して選択すべきである。

4.2.6　熱電対の特殊な応用例

〔**1**〕**消耗型浸漬熱電対**　溶鋼温度を正確に測定できるようになったのは，1937 年に英国 NPL の F. H. Schofield が "Quick immersion" 法[22]を提唱してからである。

その後，さまざまな改良が行われ，世界中の製鉄所で使用されるようになった。この方法で使用される消耗型浸漬熱電対は，棒の先に交換可能なカートリッジを取り付け，それを融解金属中に直接浸漬させて温度を測定する。カートリッジ先端には U 字形石英管が取り付けられており，その中に R 熱電対が通っている。カートリッジは使い捨てなので，R 熱電対は線径 0.05 mm～0.2 mm の細く短いものが使われている。カートリッジ内部に流入した溶鋼の凝固温度も測定することで，溶鋼炭素含有量を推定できるものもある。

消耗型浸漬熱電対は，吹錬ランスのほかに 1 本ランスを設け，吹錬中に転炉内に降下させ測定する。実際の使用状況は，文献 23),24) を参照されたい。

消耗型浸漬熱電対で溶鋼中の炭素濃度を精度良く測定するためには，熱電対

での高い測温精度が要求される。しかし，この測定に使われる R 熱電対に組み合わせて使用される補償導線は，R 熱電対の規準熱起電力からの偏差曲線が屈曲しており（後出の**図 *4.22*** 参照），広い温度範囲にわたって正確に測定できない欠点を持っている。そこで，R 熱電対との接続点の温度が 60°C 付近であることから，酢酸ナトリウムの転移点である 58.38°C で校正し，±1°C のものを供給することにより，高い精度の測温が可能となったのである（4.4 節参照）。R 熱電対素線そのものの検査に関しても，日本学術振興会第 19 委員会第 2 委員会において実用化と高精度化の研究が行われ，その後のパラジウム線溶融法による校正技術の確立にもおおいに寄与した（4.8.2 項参照）。

〔**2**〕 **シート熱電対** シート熱電対は，それぞれ薄いシート状で L 字形の＋脚と－脚を，短辺のほうで数 mm 重ねて貼り合わせ，測温接点を形成したものであり，シートカップルと呼ばれている。シートは，測温接点を含んで，絶縁のために 5 mm〜10 mm 角のポリイミド樹脂テープで挟まれている。また，熱電対素線径が 0.2 mm 以下の被覆熱電対線（後出の**図 *4.15*** 参照）に形成した測温接点を，ポリイミド樹脂で囲んで同様のシート状に仕上げたものもある。種類はタイプ K とタイプ T が一般的である。

これらは，物体の表面に貼り付けて使う用途向けであり，熱電対としては 300°C 程度まで使用できるが，絶縁のためのポリイミド樹脂の耐熱は 250°C 程度が限度となる。

〔**3**〕 **同軸熱電対** 同軸熱電対は，外側の管状の金属が内側の金属線を挟み込む形状で，両者の間に数十 μm のセラミック薄膜を形成して絶縁した熱電対である。その形状から同軸熱電対（coaxial thermocouple）と呼ばれ，タイプ E, K, T, J とタイプ S が市販されている。

この熱電対は，風洞などの壁に穴をあけて設置し，壁の内表面の急速な温度変化を捉える目的で考案されたものであり，高速流体に曝されても破損しない堅牢性を持ち，ミリ秒以下の温度変化が計測可能であるとされている。

〔**4**〕 **差動熱電対** 熱電対は 2 種の異なる金属線を接続して使用するのが基本であるが，**図 *4.12*** のように 3 本を組み合わせると，温度差を測定するこ

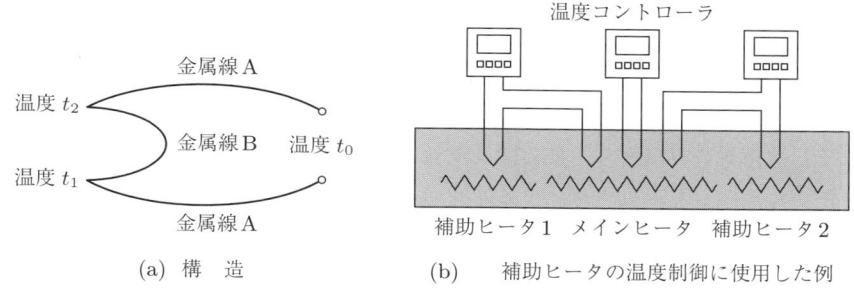

(a) 構　造　　　　　　(b)　　補助ヒータの温度制御に使用した例

図 *4.12*　差動熱電対

とが可能になる。この使用法を差動熱電対（differential thermocouple）とい
う。通常，金属線 A と金属線 B を組み合わせて両端の熱起電力を測定するの
に対し，金属線 B の端にさらに金属線 A を接続する。2 本の金属線 A の末端
温度 t_0 が等しければ基準接点補償は不要であり，接点温度 t_1 と t_2 の差に応じ
た電圧 E が出力される。$E_{1-2} = S(t_1 - t_2)$ である。

　出力電圧を測定温度近傍のゼーベック係数（V/°C）で割れば，温度に換算で
きる。差動熱電対は，電気炉の温度分布を改善するための補助ヒータ用センサ
としても使用例がある。

　〔**5**〕　**多点式熱電対**　　温度分布を測定することを目的に，複数の熱電対の測
温接点を任意の間隔でずらし，1 本のシースに束ねて仕上げた熱電対を，多点
式熱電対という。熱電対の本数が増えると仕上がり外径が太くなってしまうた
め，極細の熱電対が使われる。

　〔**6**〕　**機械加工中の温度上昇測定**　　金属や硝子などの材料を研削加工する
と，熱が発生して加工物の温度が上昇する。この温度上昇は表面で顕著であり，
実際に熱電対を用いて実測されている。foil/workpiece thermocouple method
と呼ばれる方法で，名前のとおり加工物（workpiece）そのものを一方の熱電対
脚とし，マイカなどで絶縁された薄板（foil; 箔）をもう一方の熱電対脚として，
加工材に埋め込んで熱電対を形成し，温度測定を行う。

　加工物が鉄の場合，コンスタンタン薄板を埋め込んで測定される[25]。これは
いわば J 熱電対である。加工物が硝子の場合には，表裏にそれぞれコンスタン

タン箔と銅箔を貼り付け，T 熱電対を形成して測定される[26]。加工による表面温度上昇は急峻であり，熱容量が大きい加工物そのものを熱電対として使用した場合の応答性の確認には，レーザ光をパルス照射して変化を見ることも行われる。熱電対のみならず，他の温度センサも用いて，切削などの機械加工時の温度変化を測定した例を集めたレビューもある[27]。

4.3　熱電対の構造

　熱電対の最も簡単な構造は，**図 4.13**に示すように，＋脚と－脚の素線を単に接続しただけのものである。これを裸熱電対（bare thermocouple element）という。

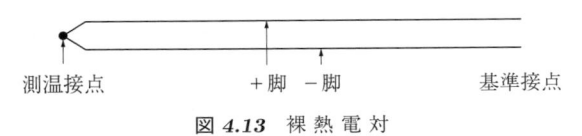

測温接点　　　　　　＋脚　－脚　　　　　　基準接点

図 4.13　裸 熱 電 対

　接続点である測温接点は，線の表面の酸化物や汚れを十分取り除いた後，それを密着させたりねじり合わせたりして接触させ，半田や銀ろう付け，溶接など適当な方法により接続される。測温接点の形状や接続方法は，熱電対の種類，線径および使用温度によって異なる。その大略の選択基準を**表 4.7**に示す。

表 4.7　熱電対の種類・線径と測温接点の接続方法

熱電対の種類	線径	ガス溶接	アーク溶接	抵抗溶接	
T	太い	適 (a)	適 (a)	不適	(a)
	細い	適 (a)	適 (a)	不適	
J	太い	適 (a)	適 (a)	適 (b)	(b)
	細い	適 (a)	適 (a)	困難 (c)	
K, N, E	太い	適 (a)	適 (a), (c)	適 (b)	(c)
	細い	適 (a)	適 (a)	適 (c)	
R, S, B	細い	適 (a)	適 (c)	適 (c)	

備考 1. 線径が「太い」とは 1.6 mm 以上，「細い」とはそれ未満を指す。
　　 2. (a), (b), (c) は測温接点（先端）の形状を示す。
　　 3. 半田や銀ろう付けは，使用温度をそれらの融解点より低い温度に制限する。測温接点の形状は (a) が一般的である。R, S, B には使用しない。

　図 *4.14* のように，裸熱電対の素線に絶縁管（insulating tube）を通したものが，絶縁管付熱電対である。絶縁管は磁器製であり，＋脚と－脚の素線を絶縁して接触を防止する。素線や絶縁管を破損などから保護するために，これを保護管（protection tube）に入れたものが保護管付熱電対であり，温度計測に広く用いられている。

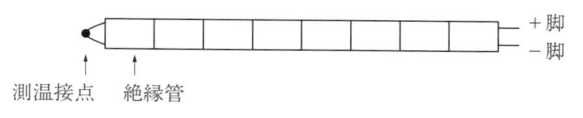

図 *4.14*　絶縁管付熱電対

　使用温度がそれほど高くない場合には，磁器製絶縁管の代わりに，塩化ビニル，フッ素樹脂や硝子繊維などを用いて連続的に絶縁することができる。このような製品を被覆熱電対あるいはデュプレックス熱電対と呼んでいる。この熱電対は，**図** *4.15* に示すように，個別に絶縁被覆された＋脚と－脚の素線を 2 本平行またはより合わせて一対にし，この外側に同材質のシースを被せてある。また，絶縁管付熱電対と異なり，十分な可撓性を有する。もともとは通常の電線と同じように，長尺の被覆熱電対線（ケーブル）として製作され，それから必要な長さを切り取って，被覆から素線をむき出して測温接点を形成する。簡便なため，被覆の耐熱温度範囲内における温度測定には広く用いられている。極性と熱電対の種類を識別するための被覆の色は，工業規格に定められた補償導線に対する色別（カラーコード）と同じ色が使われる。これについては，4.4 節で説明する。

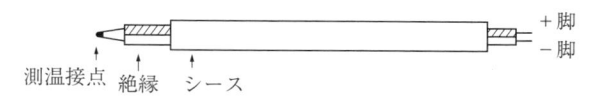

図 *4.15*　被覆熱電対（デュプレックス熱電対）

4.3.1　保護管付熱電対

　保護管付熱電対は，前述の絶縁管付熱電対を保護管に収め，測温接点の反対側に端子を付けたものである。通常は，この端子から計測器までを補償導線（4.4節参照）で結線し，測温接点から基準接点（4.5.1 項参照）までの全体で熱電対温度計として機能する。熱電対と補償導線との接続点となるこの端子を補償接点と呼ぶ。

　保護管は，先端を封じた金属あるいは磁器のパイプで，**図 4.16** に示すような構造を持つ。熱電対素線を雰囲気による酸化や腐食から守り，同時に強度を持たせて絶縁管付熱電対を測定対象にまっすぐに挿入する役目を果たしている。熱電対素線は端子箱内の端子に取り付けられており，さらに補償導線を接続する端子が用意されている。端子箱は，端子が露出したものと，箱に蓋があって端子が内蔵されるものの2種類に大別できる。**図 4.17** に端子箱の概略を示す。

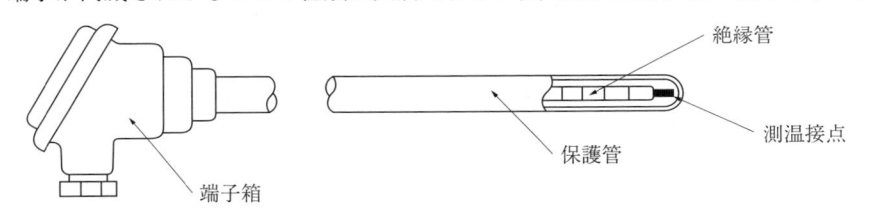

図 4.16　保護管付熱電対の構造

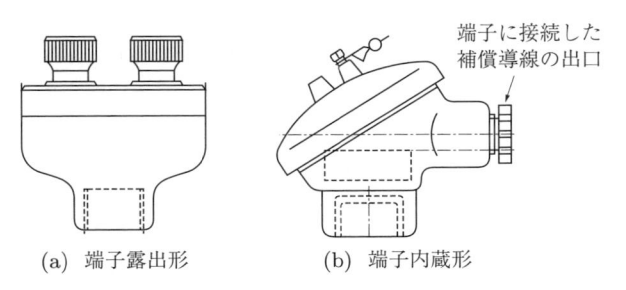

(a)　端子露出形　　　　　　(b)　端子内蔵形

図 4.17　熱電対用端子箱（図の下側に保護管が付く）

　保護管付熱電対は，高温で使用する最も基本的な構造の熱電対であり，保護管は非金属製と金属製とに分けられる。つぎに述べるシース熱電対に対し，大型であることや応答速度に劣ることが欠点である。

〔**1**〕 **絶 縁 管** 熱電対用の絶縁材料としては，低温では塩化ビニル（最高使用温度 60 °C），ポリエチレン（最高使用温度 70 °C），フッ素樹脂（最高使用温度 250 °C 前後）などが使用できる。これらは軽量薄肉で，取り扱いや任意の長さへの切断などが簡単で，しかも熱電対を容易に屈曲させられるといった特色を持っているが，材料の耐熱性に依存して低温側に使用が限定される。耐熱性に優れた絶縁材料として最も広く使用されるのは，磁器製のものである。

表 **4.8** 熱電対用非金属保護管および絶縁管に使用される材料

材料	概略成分	曲げ強度/MPa		熱伝導率/W·m^{-1}·K^{-1}
		室温	1 200 °C	400 °C における値
ムライト (Mullite)	56 %Al$_2$O$_3$-SiO$_2$	160	90	3.4
アルミナ (Alumina)	Al$_2$O$_3$ > 95 %	250	80	21
高純度アルミナ (Alumina)	Al$_2$O$_3$ > 99.6 %	380	210	25
マグネシア (Magnesia)	MgO > 99 %	240	—	15
ジルコニア (Zirconia)	ZrO$_2$ > 90 %	200	—	2.4
窒化ケイ素 (Silicon nitride)	Si$_3$N$_4$ > 97 %	690	—	17
再結晶炭化ケイ素 (Silicon carbide)	SiC > 99 %	350	—	130*

材料	熱膨張係数/K 0 °C〜1 000 °C の値	電気 抵抗率 /Ω·cm	最高 使用温度 /°C	用途
ムライト	$4.9×10^{-6}$	>10^{13}	1 500	保護管・絶縁管
アルミナ	$7.8×10^{-6}$	>10^{13}	1 600	保護管・絶縁管
高純度アルミナ	$8.1×10^{-6}$	>10^{13}	1 800	保護管・絶縁管
マグネシア	$13.5×10^{-6}$	>10^{14}	1 700	保護管・絶縁管
ジルコニア	$10×10^{-6}$	—	1 750	保護管
窒化ケイ素	$3.3×10^{-6}$	>10^{14}	1 200	保護管
再結晶炭化ケイ素	$4.1×10^{-6}$	—	1 600	二重保護管の外側

備考 1. メーカカタログに基づく代表値であり，個別製品の特性値や保証値ではない。
   2. 表中のジルコニアは，カルシア安定化ジルコニア（calcia stabilized zirconia）。
   3. 炭化ケイ素には SiO$_2$ や Si$_3$N$_4$ などとの焼結による製品がある。再結晶品より緻密だが，最高使用温度は低い。
   4. *は常温における値。

絶縁管の特性としては，使用温度および雰囲気において十分な絶縁性を有することのほかに，熱的・機械的衝撃に耐える十分な強度を持つこと，金属としての熱電対素線と反応したり，これを侵すような物質を含んだりしないこと，使用中に曲がりや融着を起こさないことなどが要求される。

表4.8に，熱電対用の絶縁管および保護管に使用される代表的な磁器とそのおもな性質を示す。絶縁管は一つ穴または二つ穴で，二対（ダブルエレメント）用として四つ穴がある。穴径は熱電対素線の線径に合わせて種々のサイズがあり，絶縁管自体の断面には円形と楕円形がある。長さは，長尺の1000 mmと短尺の100 mm以下があるが，卑金属熱電対で多く使用される内径の大きい絶縁管には長尺のものはない。特に高温で使用される貴金属熱電対においては，*4.7.1*項〔*1*〕で説明する理由から，なるべく長尺の絶縁管を使うことが望ましい。

熱電対素線に絶縁管を通す際は，埃や油脂（皮脂）などが付着しないように手袋をはめる。その際に無理な力が加わって，絶縁管が割れたり，熱電対素線に歪みが加わったり，酸化被膜を傷つけたりして寿命低下の原因とならないように，注意が必要である。

〔**2**〕　**非金属保護管**　　熱電対に用いられる保護管は，金属保護管（metal protection tube）と非金属保護管（non-metal protection tube）に分けられる。非金属保護管と比べて金属保護管は加工が容易であり，耐衝撃性や引張り強度もはるかに大きいので使用に便利であるが，使用温度範囲が低く，雰囲気に対する耐食性にも劣る。したがって，金属保護管を使用できない高温では，非金属保護管を用いなくてはならない。

非金属保護管の材料は，絶縁管と同じ各種の耐熱磁器であり，その代表的なものは**表4.8**のとおりである。焼結方法などの違いにより緻密性に欠けるものがあるので，それらは単独では使用せずに，緻密質なアルミナ保護管などの外側に被せて二重保護管とし，内部の保護管を保護する目的で使用される。アルミニウムに対する耐食性に優れる窒化ケイ素は，アルミ溶湯温度測定の保護管に用いられる。

磁器製の非金属保護管は，一般的には金属パイプに無機セメントなどで固定

し，図 **4.17** に示したような端子箱が付いた形状とする。

〔**3**〕 **金属保護管** 金属保護管は，加工の容易性など，非金属保護管に比較して使用上の利点が多いので，どうしても非金属保護管を使用しなければならない場合以外に広く使用される。高温を測定する熱電対用の保護管として求められる特性は

(1) 高温強度が高いこと，特に高温クリープ強度が高いこと

(2) 高温での耐酸化性，耐食性に優れていること

(3) 高温において，熱電対素線との反応や，素線に対する有害なガスの発生などがないこと

である。

原則的には，このような諸条件を満足する合金であれば，どのようなものでも金属保護管として使用は可能である。しかし，実際問題としては，このほか

表 **4.9** 代表的な金属保護管の特性

材料・種類		主要成分	最高使用温度/°C	特 徴
軟鋼（STPG）		C<0.3%-Fe	600	酸化性の雰囲気に弱いため，非腐食性の流体に使用する。
ステンレス	SUS304	19%Cr, 9%Ni-Fe	900	最も一般的なステンレス鋼。硫黄や還元炎には弱い。
	SUS310S	25%Cr, 20%Ni-Fe	1 000	耐酸化性に優れ，高温強度大。硫化物に弱い。
	SUS316	18%Cr, 12%Ni, 2.5%Mo-Fe	900	各種媒質に対して SUS304 より優れた耐食性がある。
	SUS316L	18%Cr, 14% Ni, 2.5%Mo-Fe, C<0.030%	900	高温アルカリなどの耐食性に優れる。
NCF600（インコネル 600）		16%Cr, 76%Ni-Fe	1 050	高温強度大。酸化雰囲気に適す。硫黄や還元炎には弱い。
SUH446（サンドビック P4）		27%Cr-Fe	1 000	高温腐食に強く 1 080°C まで剝離しやすいスケールの発生がない。
チタン		Fe<0.2%-Ti	250	低温域での耐食性，時に海水への耐食性に優れる。

備考：JIS Z 8704[28)] の表 11 に，他の材料の特徴が記載されている。

に素管の入手のしやすさ，価格などの要素が加わって，一般に広く用いられる材料は数種類に限定される。**表4.9**に，広く使用される金属保護管の材料・種類と使用温度，特徴を要約して示す。

通常の保護管は，シームレス管または溶接管の素管を所要の長さに切断し，先端を溶接により封じて作られる。他端は端子箱（**図4.17**）を装着するために，ねじ切りなどを行う。また，測定箇所に取り付けるために，中間にフランジやねじを溶接などによって取り付けることも多い。

このようにして作られた保護管は，当然のことながら肉厚が市販の素管の肉厚により決定され，それ以上の厚さを求めることはできない。したがって，強度が不足する場合には，素材にパイプを使わず，棒材から中心部をくり抜いて厚肉の保護管として使用する。このような保護管については，4.3.3項に記載する。

4.3.2 シース熱電対

シース熱電対は，**図4.18**に示すような，熱電対素線の周囲を無機絶縁物が取り囲み，最外層を金属シースが覆う，熱電対素線と絶縁物，保護管が一体となった構造を持つ，無機物絶縁金属シース熱電対（mineral insulated metal sheathed thermocouple）である。わが国ではこれを単にシース熱電対と呼んでいる（3.2.3項〔3〕も参照）。もともとは長尺のケーブルとして製作されたものを必要な長さに切断し，測温接点などの加工をして熱電対を形成する。今日では，接触式温度計の中で最も多く使用されている。絶縁物に酸化マグネシウム（MgO），金属シースにステンレスやNCF600（インコネル600）を使用し

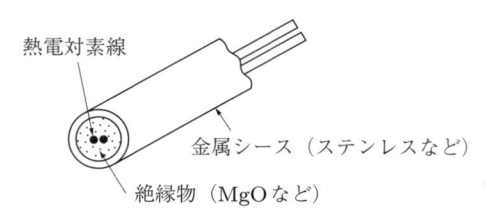

図4.18 シース熱電対ケーブルの構造

たものが一般的である。

　シース熱電対ケーブルはつぎのように製造する。まず，金属の素管中に熱電対素線を挿入して位置を固定し，この間隙に絶縁物（MgO）の粉末を充填する。その後，両端を封じてスウェージング加工や冷間ドロー加工を施し，所要寸法までダイスによる引き抜きを繰り返し，熱処理して，シース熱電対ケーブルとして仕上げられる。

　図 **4.19** に，先端部の測温接点の形状を示す。図 (b) の非接地形（ungrounded junction; insulated junction）が最も一般的であるが，熱電対素線を接地回路から絶縁する必要がない場合は，図 (a) の接地形（grounded junction）にすると応答が速い。図 (c) の露出形（exposed junction）はシース熱電対としての特色がいかされておらず，特に応答速度を速める必要がある場合の特殊な形とされていたが，現在では外径 0.15 mm 以下のシース熱電対が開発されており，これを使用することで速い応答を期待できる。図 (a) と図 (b) は後述する工業規格の中に規定されているが，図 (c) は規定されていない。

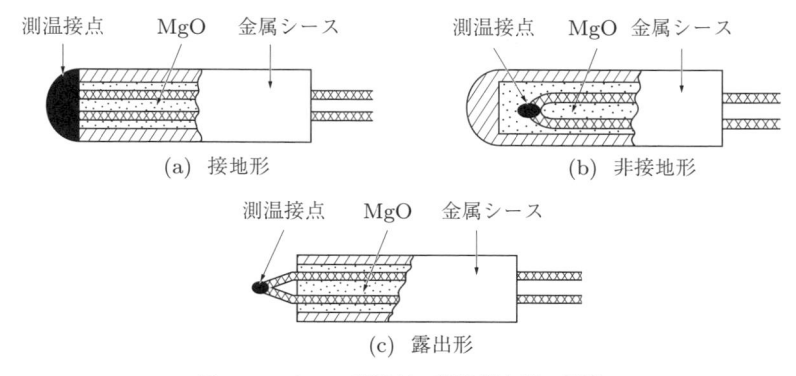

図 4.19　シース熱電対の測温接点部の形状

　シース熱電対のもう一方の端は，大気中の湿気がシース内部に侵入することを防止するためにエポキシ樹脂などを用いて封じ，むき出された熱電対素線は端子箱内の端子で補償導線に接続される（**図 4.17** (b)）。端子箱を使用せず，補

償導線を直接シース熱電対に接続した構造もあり，接続部は金属パイプを被せて内部にエポキシ樹脂などを充填する。

シース熱電対の特徴は以下のとおりである。

(1) 小型軽量である。仕上がり外径[†1]が通常 0.5 mm～8 mm と細いため，保護管付熱電対に比べて全体が小型軽量で応答速度が速く，作業性も向上する。種類がタイプ K に限定されるが，外径 0.15 mm 以下のものもあり，狭い場所や熱容量の小さいものの温度計測が従来以上に簡単にできるようになった。当然，熱電対素線は細いものとなるが，外径 0.5 mm 以上については，後述する工業規格に外径ごとの最小素線径に関する規定がある。

(2) ある程度の曲げ加工が可能である。絶縁層の MgO はきわめて緻密になっていて，空気層のような隙間はない。柔軟性があり，使用現場である程度の折り曲げが可能である。ただし，過度の折り曲げを繰り返すと，熱電対素線に局部的に歪みが入って均質でなくなり，寄生熱起電力などの誤差の原因となるので，注意しなくてはならない。

(3) 長尺物ができる。メーカや外径により異なるが，もともとは 10 m から数百 m 以上の金属シースケーブルとして製造されるため，熱電対としても長尺品が製造可能である。

(4) 熱電対線の線径のわりに耐熱性が良い。一方，絶縁層を形成している MgO は非常に湿気を吸収しやすいので，夏の湿度が非常に高いわが国では，これによる絶縁低下に注意が必要である。

(5) 細くて小型であるため，機械的強度に乏しく，先端部分を除く挿入部に金属パイプを被せるなどの補強や，次項に述べるサーモウェルとの併用が必要になる場合がある。

シース熱電対は，工業標準として国際規格では IEC 61515[29)]，わが国では JIS C 1605[30)] として，熱電対の規格とは別に規定されている[†2]。これらの中

[†1] 溶接で封じたシース先端部は外径が太くなるため仕上げ加工を行うので，そのときの寸法のこと。

[†2] IEC 規格には，熱電対への加工前の長尺ケーブルに対する要求事項も含まれている。

にはタイプ K, N, J, E, T が含まれており，中でもタイプ K の使用比率が高い。

　熱電対の高温使用時における熱起電力のドリフトは，素線の化学的変質による場合が多く見られる。シース熱電対は，保護管付熱電対に使われる素線よりも酸化に対しては抵抗力があるが，高温における使用では，シース材からの，熱電対素線とは異なる成分の金属蒸気により汚染される。この影響を低減するために，高温用の新しいシース材料が開発され，それを用いたシース熱電対が作られている。

　これらの材料は，蒸気圧の高い Mn を含まない耐熱ニッケル合金である。N熱電対の＋脚であるナイクロシルに微量の Mg を耐酸化性向上のために加えたナイクロシル・プラス（Nicrosil-plus）[31] や，組成がこれとわずかに異なるナイクロベル（Nicrobell）[32] などが開発された。現在，これらと同様の特徴を持つ材料として，Incotherm alloy TD がある。また，高温域における耐久性に優れた別のシース材料として Hoskins 2300 がある。

　これらの新しい材料は，1 000 °C を超える高温領域でシース熱電対の寿命を延ばす有効な方法の一つと考えられるが，このような高温域では絶縁抵抗の劣化も測定結果に影響するので，その点の注意も必要である（4.6.5 項参照）。

4.3.3　サーモウェル

　4.3.1 項に記したように，通常の金属保護管は市販のパイプから作られるので，材料としてのパイプより厚肉のものは製作できない。したがって，保護管の強度が通常の肉厚では足りない場合は，パイプを素材に使わず，棒材の中心部をくり抜いて厚肉の保護管として製作する。このような保護管は，先端部に溶接箇所はなく，くり抜き保護管あるいはサーモウェル（thermowell）[†]と呼ばれる。

　サーモウェルは通常の保護管より重く，測温の応答遅れをもたらし，また価格も高いといった短所があるが，化学工業などにおける高圧ガスや高速流体の測温のように，測定対象に挿入された保護管がきわめて大きい応力を受けるよ

[†]　ウェル保護管と呼ばれる場合もある。

うな箇所では，このような保護管が必要とされ，広く常用されている。

　サーモウェルの代表的形状を**図 4.20** に示す。配管などへの取り付けは，ねじやフランジを用いるほか，それらを使用せず直接溶接するなど，多くの方法がある[33]。

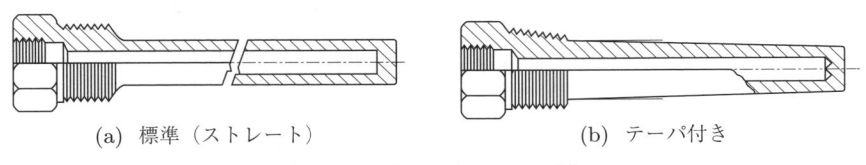

(a) 標準（ストレート）　　　　　　　　(b) テーパ付き

図 *4.20* サーモウェルの一例

　サーモウェルにおいても，4.3.1 項〔3〕で述べた，耐食性に優れていることなどの特性が重要であることに変わりはない。加えて，温度計用の保護管として強度を保持することが重要であるので，測定対象の流体の圧力，密度，流速などの環境条件を考慮して，流体から受ける保護管根元への荷重や，流れによって誘起される振動に対する強度の確認が実施されてきた[33]。

　1995 年に起きた，高速増殖炉の原型炉「もんじゅ」におけるサーモウェルの折損によるナトリウム漏えい事故は，従来から考慮されていたカルマン渦による揚力方向（流れに垂直）の振動によるものではなく，対称渦放出を伴う流れ方向の振動が原因であった[34]。これを受けて，日本機械学会ではサーモウェルなどの配管内円柱状構造物に対する流力振動評価指針を策定した[35]。また，アメリカ機械学会（ASME）でも，この事故原因を考慮に入れて規格を改定した[36]。

　また，強度との関係ではなく，熱電対や測温抵抗体の点検・交換などのメンテナンス性を考慮して，熱電対との分離が可能な保護管としてサーモウェルを使用することがある。このような場合には，強度確保が目的ではないので，くり抜き保護管ではなく，市販の金属パイプを用いて先端部を溶接で封じた保護管を使用することもある。

4.4 補 償 導 線

　熱電対は，測温接点と基準接点の両者の温度によって定まる起電力を出力する。未知数である二つの温度に対して，一つの出力しか得られない。そのため，基準接点を既知の一定温度に保つか，あるいは別の方法によってその温度を既知とすることにより，測温接点の温度を求めることができる。

　したがって，熱電対は測定対象からそのまま延長して，計器の端子などの基準接点に接続するのが原則である。よって，熱電対の端子箱から計器までは，ケーブル状の熱電対線，すなわち 4.3 節で述べた被覆熱電対（デュプレックス熱電対）を使用するのが便利である。しかし，これらは熱電対素線がより線ではなく単線であることや，遮蔽（シールド）がないことなど，ケーブルとしての十分な仕様を満たしていない。

　そこで，端子箱と計器の間を結び，その間の温度勾配が発生している部分で使用している熱電対と同等の熱起電力を発生し，熱電対をそのまま延長したのと同じ効果を得るためのケーブルとして，補償導線（thermocouple extension cable）がある。この部分も熱電対による温度計測の一部を構成する。

　一方，4.5 節で示す温度変換器を端子箱内に取り付けられるタイプの熱電対があり，その場合は変換器の入力端子が基準接点となる。すなわち，変換器が熱電対の信号を受ける計器であり，信号はここでプロセス制御用統一信号（4.5.2 項参照）に変換されるので，熱電対による温度計測はここで終了となる。この先は通常の銅線による信号伝達となんら変わるところはなく，補償導線は不要である。

　補償導線には，熱電対と同じ材質の心線（後出の**図 4.23** 参照）により構成されるエクステンション形（extension cable）と，熱電対とは異なる，より安価な材質の心線により構成されるコンペンセーション形（compensating cable）の 2 種類がある。

コンペンセーション形は異なる材質ではあるが，常温から一定の温度までは熱電対とほぼ同じ熱起電力を発生する材料を組み合わせている。しかしながら，後述するようにエクステンション形とは異なる特性を持つことに注意を要する。また，熱電対と同じ材質の構成材料を使用して延長した場合のコスト増を避けるのが目的であるので，貴金属熱電対用は当然として，ほかに K 熱電対と N 熱電対用のみが JIS に規定されている。

4.4.1 補償導線の種類と特徴

補償導線は JIS C 1610[37] で規格化されており，2012 年の改正で，対応する国際規格 IEC 60584-3[38] との整合化が図られた。これにより，補償導線の種類を識別するための色別（カラーコード）に大きな変更が生じた。なお，本節では，IEC 規格への整合前の内容が規定されている JIS C 1610^{-1981} を旧規格と記す。

表 4.10 に補償導線の種類を示す。種類の記号は，表の備考 2. で説明する。許容差は，熱電対との接続点の温度（補償接点温度）範囲において，補償導線の熱起電力から組み合わせて使用する熱電対の規準熱起電力を引いた値の最大限度であり，電圧値で表される。熱電対の熱起電力特性は非直線的で，感度（1°C 当たりの熱起電力変化）が測定温度によって異なるので，この許容差の温度換算値は組み合わせて使用する熱電対によって測定される温度により異なる。許容差の温度換算値は，電圧値で表される許容差を測定温度における感度で割って求められる。

特に，貴金属熱電対の非直線性は大きいので，注意が必要である。**表 4.11** は，B 熱電対と R 熱電対の場合で，補償導線の許容差がおのおのの熱電対の測定温度に対して与える影響の大きさを温度換算値で示している。なお，B 熱電対の補償導線には，許容差は規定されていない。表の備考を参照されたい。

補償導線の熱起電力特性は，熱電対と同じ材質を使用するエクステンション形では，広い温度範囲にわたって熱電対と同等であるのに対し，コンペンセーション形のそれは熱電対とは異なる。この点を把握しておくことが大切である。

表 4.10　補償導線の種類と記号，許容差

熱電対の種類	補償導線の種類の記号	旧規格の記号	心線の構成材料（前：＋脚，後：－脚）	熱電対との接続点の温度/℃	許容差/μV	
					クラス1	クラス2
B	BC	BX	銅－銅	0〜100	—	—
R	RCA	RX	銅－銅・ニッケル合金	0〜100	—	±30
	RCB		銅－銅・ニッケル合金	0〜200	—	±60
S	SCA	SX	銅－銅・ニッケル合金	0〜100	—	±30
	SCB		銅－銅・ニッケル合金	0〜200	—	±60
K	KX	KX	ニッケル・クロム合金－ニッケル合金	−25〜200	±60	±100
	KCA	WX	鉄－銅・ニッケル合金	0〜150	—	±100
	KCB	VX	銅－銅・ニッケル合金	0〜100	—	±100
N	NX	—	ニッケル・クロム合金－ニッケル・シリコン合金	−25〜200	±60	±100
	NC	—	銅・ニッケル合金－銅・ニッケル合金	0〜150	—	±100
E	EX	EX	ニッケル・クロム合金－銅・ニッケル合金	−25〜200	±120	±200
J	JX	JX	鉄－銅・ニッケル合金	−25〜200	±85	±140
T	TX	TX	銅－銅・ニッケル合金	−25〜100	±30	±60

備考 1. 熱電対との接続点は，補償接点である。

　　 2. 補償導線の種類の記号は，最初が組み合わせて使用する熱電対の種類の記号，つぎが心線の構成材料による区分で，X はエクステンション形，C はコンペンセーション形を表す。コンペンセーション形は，さらに許容差または補償接点温度による種類分けがある場合，3 桁目に記号 A または B を付して区分する。

　　 3. タイプ B 用は＋と－が同一材料（銅）である。そのため，許容差は規定しない。

　　 4. KCA，KCB は，それぞれ JIS C 1610 の 1995 年改正時における KCB，KCC に該当する。1995 年改正時の KCA に該当するものは存在しない。

図 4.21 は K 熱電対用補償導線の熱起電力特性を K 熱電対の規準熱起電力からの偏差で示しており，横軸の温度 50 ℃，100 ℃，150 ℃ における縦軸は熱起電力偏差の温度換算値である。KX はエクステンション形であり，熱起電力特性は規準値に対して一定の範囲内に収まっていて，基本的に K 熱電対と同等

表 4.11 B 熱電対, R 熱電対用補償導線の許容差が測定温度に与える影響（絶対値）

熱電対の種類	補償導線の種類	熱電対との接続点の温度	測定温度が下記のときの影響				
			700 °C	1 000 °C	1 300 °C	1 500 °C	1 700 °C
B	BC	60 °C	0.9 °C	0.7 °C	0.6 °C	0.5 °C	0.5 °C
		80 °C	2.6 °C	1.9 °C	1.6 °C	1.5 °C	1.5 °C
		100 °C	4.9 °C	3.6 °C	3.1 °C	2.9 °C	2.8 °C
R	RCA	—	2.5 °C	2.3 °C	2.1 °C	2.1 °C	—
	RCB	—	5.1 °C	4.5 °C	4.3 °C	4.3 °C	—

備考 1. B 熱電対用補償導線 BC は＋と－が同一材料（銅）であり, 許容差は規定されていない。本表では, 補償導線は同一材料なので熱起電力は発生しないものとし, 補償接点の温度における B 熱電対の規準熱起電力に相当する電圧値を補償導線 BC の許容差と見なして計算した。
　　 2. R 熱電対については, 表 4.10 で電圧値で示されている許容差を測定温度における R 熱電対の感度〔μV/°C〕で割って温度に換算した値である。

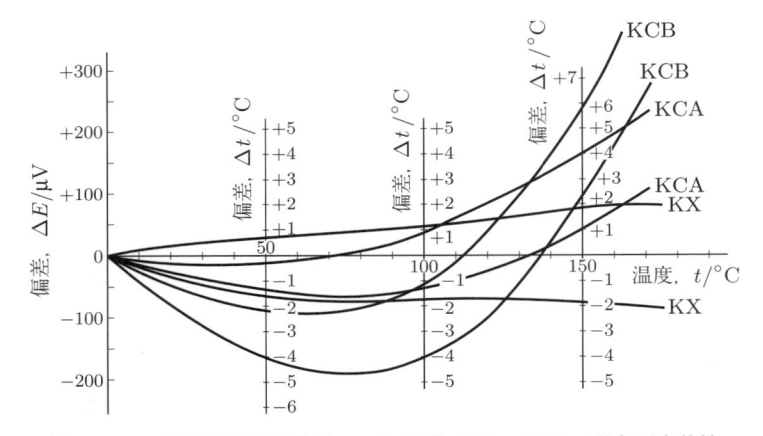

図 4.21 K 熱電対用補償導線 KX および KCA, KCB の熱起電力特性

である。それに対し, コンペンセーション形の KCA と KCB の熱起電力特性は異なり, 特に KCB の特性は規準値に対する湾曲が大きい。最も安価な KCB が以前から多く使われているが, このような特性が K 熱電対による温度計測値に影響するので, 注意が必要である。KCA は湾曲が KCB ほど著しくないので, 狭い温度範囲では KX にさほど見劣りしない特性が得られる。K 熱電対用補償導線を使用する場合は, この KCA の特性を踏まえて上手に使いこなすことが, コストを高めず温度計測値への影響も最小限に抑えるポイントとなる。

つぎに，R熱電対用の補償導線RCAとRCBの熱起電力特性を図**4.22**に示す。0°C〜60°C付近における特性が規準熱起電力との差として小さいものは，100°C〜150°Cにおいてマイナス側に大きく外れ，逆に，150°C付近における特性が規準熱起電力に近いものは，40°C〜100°Cでプラス側に大きく外れる。特に100°C以上の領域においてマイナス側への偏差が大きいものがあるので，熱電対との接続点の温度は，100°C以下，できれば60°C以下に抑えることが望ましい。R熱電対とS熱電対は，200°C以下では同じような熱起電力特性を示すので，補償導線は実質的に同じものである。

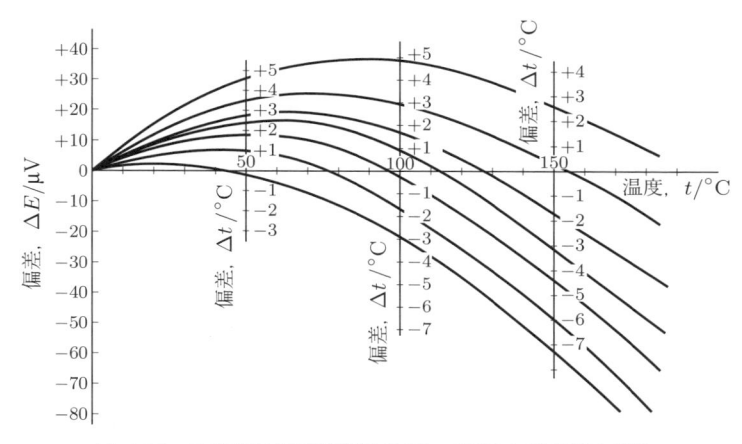

図 **4.22** R熱電対用補償導線RCA，RCBの熱起電力特性

4.4.2 補償導線の構造

補償導線は，外観は通常の電線と類似しているが，機能上は以下のような特徴がある。

高くても50mV程度の電圧しか作用しないので，高い耐電圧特性は不要であり，絶縁体の厚さを薄くして小型，軽量化ができる。電流はほとんど流れないので，動力線のような自己加熱による絶縁劣化などを考える必要がなく，使用周囲温度のみを考慮して絶縁体の耐熱性を考慮すればよい。また，微小な熱起

電力を伝達するため，各種の誘導をできるだけ小さくすることが肝要で，種々の遮蔽が施されることが多い。

一対の補償導線の断面は平形または丸形で，心線，絶縁物，介在物（必要な場合），遮蔽（シールド）（必要な場合），シース（表面被覆）からなる。代表的な形状を図 **4.23** に示す。

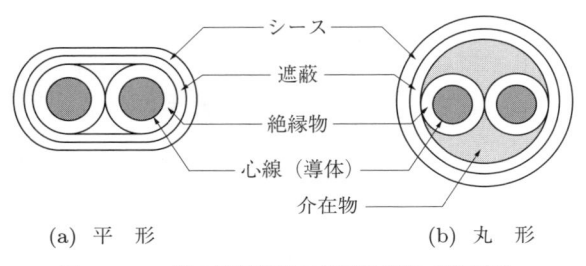

(a) 平 形   (b) 丸 形

図 **4.23**　一対の補償導線の代表的構造（断面図）

心線は単線とより線があり，わが国ではより線が多く使われている。可撓性（柔軟性）などの機械的強度はより線のほうが強いので，敷設時のトラブルなどを考慮して，より線のほうが好まれていると思われる。また，細い線材を多数より合わせて柔軟性のある心線（導体）を構成し，シースに可撓性フッ素樹脂やシリコンゴムを用いたきわめて柔軟性に富んだ製品がある。これらは機器内部の狭い場所や可動部の配線用途に使用される。

絶縁物で最も一般的なのは塩化ビニルである。ほかにポリエチレン，耐熱用には硝子，シリコンゴム，フッ素樹脂などが使われる。絶縁を施した＋－両脚の線を平行に並べて小型で安価に仕上げたものが，図 (a) の平形の補償導線である。図 (b) の丸形の補償導線は，＋－両脚の線をより合わせ（対より），介在物を入れて仕上がりを円形にしたものである。

静電遮蔽（シールド）には，軟銅線編組，銅テープ，アルミポリエステルテープ†（アルミマイラテープ）が使われる。電磁遮蔽が必要な用途には，銅テープ

---

†　アルミニウム面に接するように，ドレインワイヤが施される。

の上に鉄テープを巻くか，あるいは銅線編組の上に鉄線編組を施した遮蔽を用
いる。後者のほうが，可撓性がある。

　シースは，使用条件などにより，強度，耐熱性，耐薬品性，耐摩耗性などを
備えた材料を選択する必要がある。一般的には絶縁物と同じ材料が使われてお
り，そこから選択することになる。図には示していないが，外傷防止や機械的
強度を増すため一般的なシースの外側にさらに保護のための鎧装（がい）を施すことが
ある。この保護層としては，ステンレス線編組，鋼帯や鉄線が使われる。鉄線
鎧装は立て坑などにケーブルを敷設する場合に，ケーブルに加わる張力を負担
する役割を果たす。鋼帯や鉄線の鎧装では，通常，防食層としてその上に塩化
ビニルまたはポリエチレンが被覆される。

　以上は一対の補償導線の構造に関する説明であったが，シース内が多対の絶
縁被覆された心線からなる補償導線もあり，それらの断面は丸形である。

　補償導線は，熱電対の種類に応じて異なる種類を使用する必要がある。また，
通常の銅線とは異なり，一対2本の極性が決まっている。これらの識別を容易
にできるように，＋－の絶縁物とシースの色別が定められている。この色別は
各国まちまちで，国際標準化がなかなか進んでいない。JIS C 1610 は 2012 年
の改正で IEC 規格に完全に整合したが，使用現場において変更が反映されるに
は，相当の時間を要すると考えられる。**表 4.12** に JIS C 1610 に規定される色
別，旧規格の色別，および ASTM E230 の色別をまとめる。表に示すように，

表 4.12　補償導線の色別

組み合わせて用いる熱電対の種類	JIS C 1610			旧規格			ASTM E230[39]		
	＋	－	シース	＋	－	シース	＋	－	シース
B	灰	白	灰	赤	白	灰	灰	赤	灰
R, S	橙	白	橙	赤	白	黒	黒	赤	緑
K	緑	白	緑	赤	白	青	黄	赤	黄
N	桃	白	桃	—	—	—	橙	赤	橙
E	青紫	白	青紫	赤	白	紫	紫	赤	紫
J	黒	白	黒	赤	白	黄	白	赤	黒
T	茶	白	茶	赤	白	茶	青	赤	青

備考：絶縁物が硝子繊維の場合は，着色糸を使うなどの工夫がされている。

2012 年の改正内容は従前の内容とは大きく異なるので，注意が必要である。

　4.3節に記した被覆熱電対（デュプレックス熱電対）の色別は，わが国では**表 4.12** と同じである。ASTM では被覆熱電対（デュプレックス熱電対）の色別は補償導線とは別に規定され，シースの色は熱電対の種類によらずタイプ K, N, E, J, T について茶色と定められている。

4.5　熱電対の測定回路

　本節では，熱電対を温度検出器とし，その信号を温度値に変換して指示・記録などを行う計測器に用いられる測定回路の原理を説明する。やや旧式の内容も含まれるが，基本的な考え方を理解するために原理的な説明を一通り行う。

4.5.1　基準接点補償

　熱電対の熱起電力は，測温接点と基準接点それぞれの温度によって決定されるので，基準接点温度が不明では正しい温度を測定することはできない。基準接点が 0 °C であれば，熱起電力表に沿った熱起電力が発生するので，熱起電力の電圧を測定すると，そのまま温度を求めることができる（**図 4.24**）。研究室やセンサの校正などで高精度な測定が求められる場合は，以下に述べる氷点式基準接点など，0 °C の基準接点が用いられるが，実際の工業計器などは**図 4.25**のような接続になるので，基準接点（通常は計器端子）温度は不定である。よって，基準接点（端子）の温度を測定することにより，実際の熱起電力を補正し

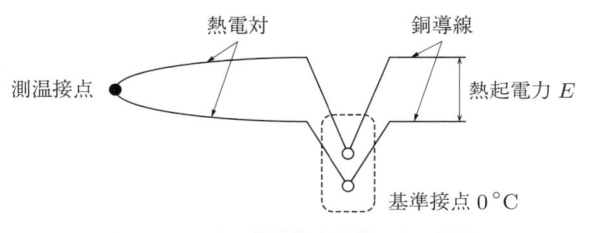

図 4.24　0 °C 基準接点補償による測定

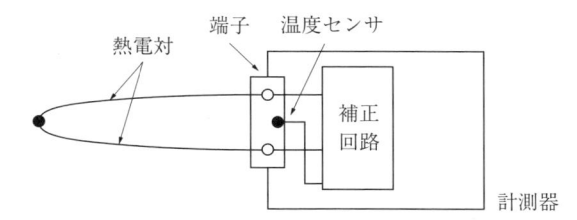

図 **4.25** 端子温度測定による基準接点補償

て温度に換算する必要がある。この機能が基準接点補償（reference junction compensation; RJC）である。

〔**1**〕 **氷点式基準接点**　　氷点式基準接点は，氷と水の熱的平衡状態を保つことによって氷点の 0 °C を実現するものである（**図 4.26**）。氷点式基準接点を実現するにはつぎの点に留意する。

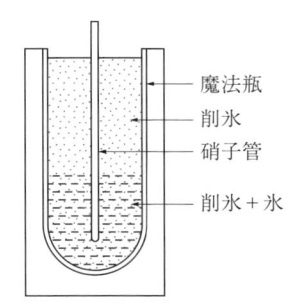

図 **4.26**　氷点式基準接点装置

　清浄な氷を用意する。氷は，蒸留水で作ったものが理想的であるが，市販の氷でよく，透明な部分を清浄な水で洗って使う。自家用製氷器で水道水から作る場合は，透明な氷ができる製氷機を用いる。魔法瓶に，細かく削った十分な量の氷を固く詰める。微量の水を加えてもよい。長時間使用していると，接点の周囲の氷が融解して氷の間に空間が生じ，空気で接合点が取り囲まれたようになって氷点でなくなる。また，水が多い場合には，氷が上に浮いて水の中に接点が置かれるので，これも氷点でなくなる。

　口径 12 cm，深さ 30 cm 程度の魔法瓶に氷と適当な水を十分に固く詰めて使用すれば，数時間は 0.01 °C の正確さで 0 °C を保持することができる。

〔**2**〕　**電子冷却式基準接点**　　熱電素子によって密閉容器内の高純度水を冷却し，水が氷に変わるときの体積変化を利用して温度調整を行い，一定の氷と水の共存状態を自動的に保つことにより，基準接点の温度を氷点に保つ（**図 4.27**）。

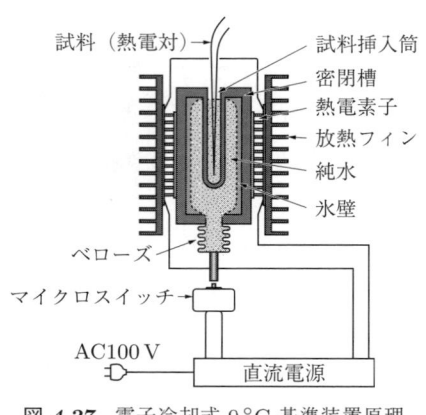

試料（熱電対）　試料挿入筒
密閉槽
熱電素子
放熱フィン
純水
氷壁
ベローズ
マイクロスイッチ
AC100 V
直流電源

図 4.27　電子冷却式 0°C 基準装置原理
構成図（コペル電子 HP より）

　この装置は，操作が簡単で，氷や水の補充などが不要であり，長時間使用できる特長を持つ。氷点温度の安定性は温度制御の方法により決定され，基準温度の正確さは，常温での使用で 0.03°C 以内のものもある。

〔**3**〕　**補償式基準接点**　　補償式基準接点は，計測器の測定回路の一部に温度係数の大きい抵抗器，または半導体などを温度センサとして使用する基準接点補償回路を設け，基準接点となる入力端子の温度変化に対応する熱電対の熱起電力変化を，補償回路の電圧変化で自動的に補正する。補正する電圧は熱電対の種類によって異なるので，使用する熱電対ごとに指定が必要である。

　近年主流のディジタル方式の計測器では，入力端子の温度を計測器に内蔵された温度センサで直接測定し，入力端子温度に相当する熱起電力をマイコン演算により補償して，基準接点が 0°C に相当する熱起電力を求めた上で温度に変換する方式がとられる。**図 4.28** の曲線は，熱電対の基準接点 0°C における熱起電力の非直線性を示している。ディジタル式計測器では，各種熱電対の起電力特性をメモリで保持する。いま熱電対で測定する温度を t，入力端子（基準接

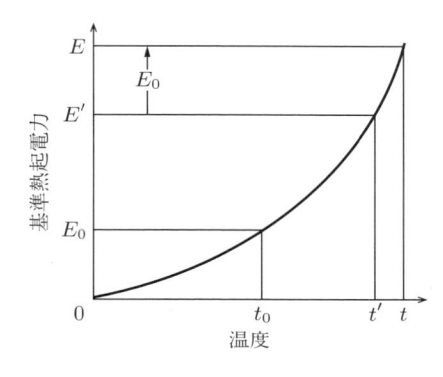

図 4.28 熱起電力の温度に
対する非直線性と基準接
点温度補償

点）温度を t_0 とすると，熱起電力は $(E - E_0) = E'$ となる。このまま基準接点 $0\,°\mathrm{C}$ の熱電力曲線に基づいて温度換算すると，温度測定値は t' となってしまう。しかし，既知の端子温度 t_0 に相当する熱起電力 E_0 を同じ熱起電力曲線からマイコン演算で求め，測定された熱起電力 E' にディジタル的に加算してやれば，基準接点温度が $0\,°\mathrm{C}$ の場合に相当する熱起電力 E を求めることができ，本来の正しい温度 t が得られる。

ディジタル方式の計測器では，複数種類の熱電対の熱起電力特性をメモリに保持しておけば，ソフトウェアで各種熱電対への対応が可能になるため，マルチレンジ方式が容易に実現できる。

4.5.2 測定回路と計測器

〔1〕 **電位差計方式** 図 4.29 に電位差計回路例を示す。電位差計方式は標準熱電対の試験・校正，および熱電温度計の校正など，精密温度測定が可能である。図 4.29 は，熱電対の素線を直接 $0\,°\mathrm{C}$ を実現する基準接点装置に導き，基準接点装置内で銅導線と接続し，銅導線で電位差計に接続する b 結線（JIS Z 8704^{-1993}）方式である。基準接点が $0\,°\mathrm{C}$ に保たれているため，測温接点の温度にそのまま対応する熱起電力を測定することができる。ポテンショメータ R_S において，ブラシ位置と電圧との関係をあらかじめ目盛り付けしておく。検流計 G の流れが零のときのブラシ位置から，このときの熱起電力の値を読み取る

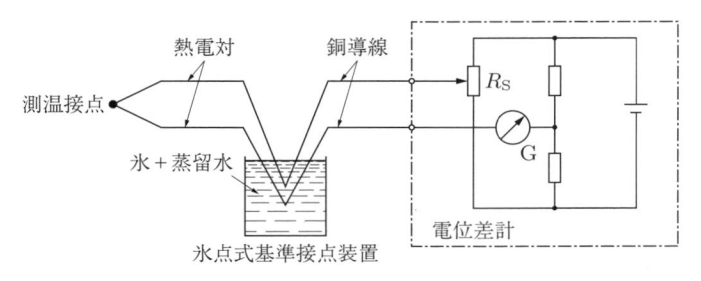

図 4.29 電位差計による測定例

ことにより，温度を測定する。電位差計方式は熱電対に電流を流さずに熱起電力を測定できるので，高精度な測定が可能である。しかし，近年は高入力抵抗のディジタル電圧計が普及しており，熱起電力を高精度に直読できるため，このような電位差計はほとんど用いられない。

〔**2**〕 **アナログ温度変換器**　　熱電対の熱起電力を，指定された測定温度範囲に対応して直線化された，プロセス制御用統一信号 DC1～5 V や DC4～20 mA に増幅変換し，記録計，調節計などの受信計器に送るための計器が温度変換器である。図 **4.30** に，熱電対受信回路例を示す。

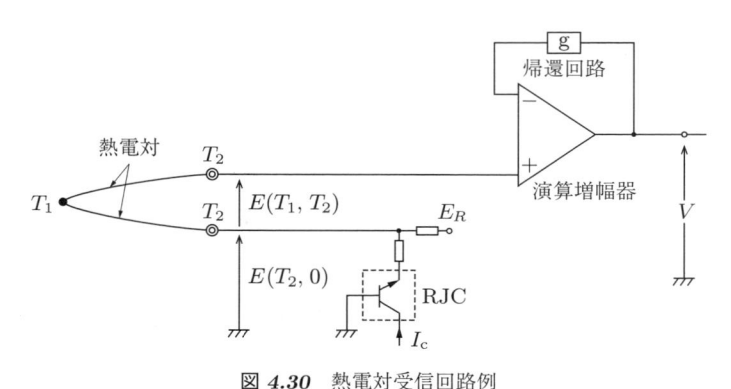

図 4.30 熱電対受信回路例

本例では，基準接点補償はトランジスタの特性を利用して実現している。トランジスタのベース-エミッタ間電圧は，温度およびコレクタ電流で変わる。コレクタ電流 I_c，参照電圧 E_R，抵抗などの回路定数を適当に選べば，熱起電力

$E(T_1,\,T_2)$ に加算される補正電圧を，一定の温度範囲にわたって，一定の誤差内で $E(T_2,\,0)$ に合わせることができる。すなわち，加算後の電圧は，T_1 に対する規準熱起電力 $E(T_1,\,0)$ とほぼ等しくなる。また，熱電対の熱起電力は，接点の温度を T_1，T_2 として

$$E(T_2,\,T_1) = \alpha(T_1 - T_2) + \frac{1}{2}\beta(T_1{}^2 - T_2{}^2) \tag{4.7}$$

の形で近似できる。なお，$\alpha,\,\beta$ は熱電対の種類によって異なる定数である。熱起電力は式 (4.7) のように温度に対して非直線性を持つため，リニアライザによる直線化が必要である。**図 4.30** は負帰還回路による直線化の例であるが，このほかにアナログ回路によりリニアライズする方法として，半導体特性によるリニアライズ，IC 乗算器によるリニアライズ，抵抗補間によるリニアライズなど，種々の方式がとられている。

〔**3**〕　**ユニバーサル入力方式**　　3.4.3項〔2〕でも触れたように，近年はマイコンの普及により，基準接点補償やリニアライズなどの処理を，マイコンの演算機能でディジタル的に処理することが一般化している。アナログ方式では熱電対種類ごとにハードウェアを指定する必要があるのに対し，ディジタル方式では，複数の熱電対種類の特性をメモリテーブルに格納し，ディジタル演算による処理が可能となるので，ソフトウェアでさまざまな熱電対種類に対応する

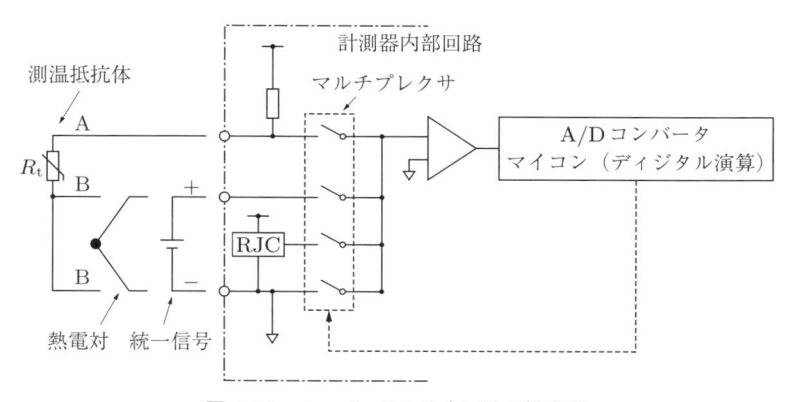

図 4.31　ユニバーサル入力回路の構成例

マルチレンジ方式が容易に実現できる。

　さらに，汎用工業計器などでは，熱電対や測温抵抗体，プロセス制御用統一信号などの各種電圧電流入力に対応できるユニバーサル入力方式を持つ計測器もある。図**4.31**にユニバーサル入力方式の構成例を示す。ユニバーサル入力方式では，接続されるセンサ形式に応じた必要な信号の組合せを，計器内部のマルチプレクサで選択して測定する。

　〔**4**〕**多チャネル入力化**　　データロギングシステムなどでは，より多くの測定点を効率良く測定することが望まれる。この場合，多チャネル入力をスイッチにより切り替えながら，一つの測定回路で測定することがよく行われる。このような多チャネル入力切り替えスイッチのことをスキャナと呼ぶ（図**4.32**）。

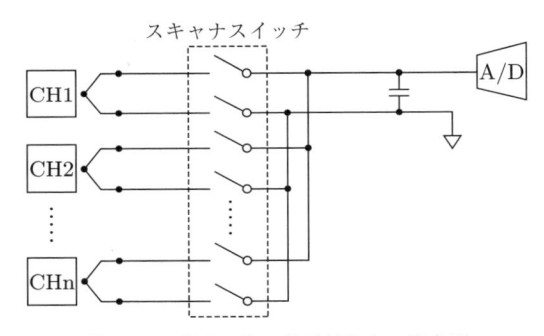

図 **4.32**　多チャネル熱電対入力の構成例

　熱電対測定の場合，4.5.3項で述べているとおり，測定対象が高温になるとセンサの絶縁抵抗（insulation resistance）が低くなり，回り込み電流やノイズなどの影響を受けて，正しい測定ができなくなる場合がある。そのため，スキャナ方式の測定器では，スイッチで各チャネルのプラス側とマイナス側を同時に切り替えることにより，測定チャネルごとの入力絶縁を確保している。実際の測定現場では，測定入力チャネル間に，動力などからの漏れ電流などによって，数百 V 程度のノイズ電圧がかかる場合がある。したがって，チャネル切り替えスイッチには高耐電圧の半導体スイッチや電磁リレーなどが用いられる。半導体スイッチを用いたスキャナは，可動部がないため高速で半永久的に使用でき

る特長があるが，スイッチのオン抵抗が高いため，ノイズの影響を受けやすい欠点がある。一方，電磁リレーを用いたスキャナは，オン抵抗が小さくノイズの影響を受けにくいが，測定周期や寿命に制限がある。測定する対象や目的に応じて，適切な方式を選択することが重要である。

4.5.3　熱電対測定の留意点

電気的ノイズへの対応　　実際の温度測定現場には，種々の電気的なノイズが存在している。また，大地自身にも電流が流れるため，不適切なアース処理は，それ自身大きなノイズ発生源となりうる。一方，熱電対の熱起電力は微弱であり，本質的にこれらの電気的ノイズの影響を受けやすく，適切に取り扱わないと正しい測定ができない。当然，測定器側でもそれなりの対策がなされているが，ノイズ対策は測定システム全体で考える必要がある。**図 4.33** で示すように，ノイズは測定器へのかかり方によって

- 大地に対して信号ラインに共通（同相）にかかるコモンモードノイズ
- 信号ライン間に発生するノーマルモードノイズ

の 2 種類に分類される。

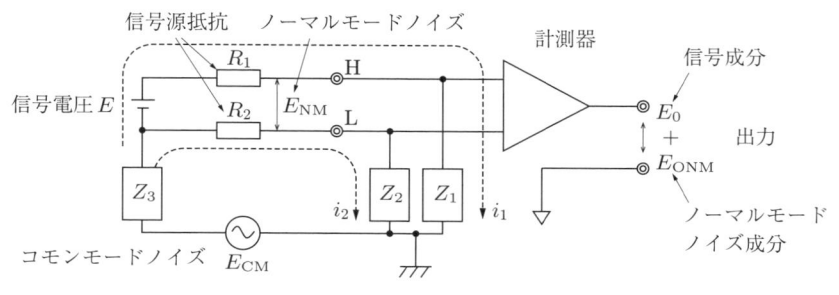

図 4.33　コモンモードノイズとノーマルモードノイズ

（ a ）　コモンモードノイズ対策　　コモンモードノイズは，測定回路が大地に対して完全に絶縁されている場合は，原理的に測定結果に影響はない。しかし，実際には信号ラインはなんらかのアンバランスなインピーダンスを大地に

対して持っているため，コモンモードノイズがノーマルモードに変化して測定
結果に影響を与える場合がある。以下はおもな対策である。

- 必ず一点アースを心がける（**図 4.34**）。絶縁型のシース熱電対でも，高温になると絶縁抵抗が劣化して接地状態に近くなることがあるので，注意が必要である。複数接地になり，グランドループが構成されると，測定系に異常なノイズ電流がコモンモードとして流れ，測定誤差が生じてしまう。

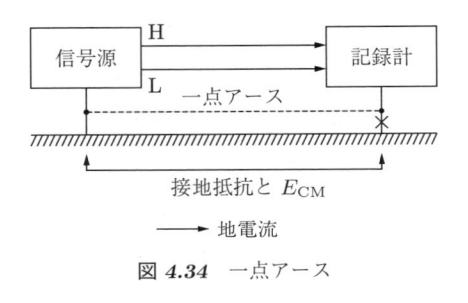

図 *4.34*　一点アース

- アースは最も電気的ノイズが大きい場所でとる。ノイズ発生源になるべく近いところでアースにノイズ電流を流してしまうので，他ラインへのノイズ影響も最小限に抑えることができる。
- シールド線を使用し，静電ノイズの影響を受けにくくする。
- 電源などの動力線とはなるべく離して配線する。または，隔壁（セパレータ）や鉄製パイプなどで配線を分離する。
- （c）で述べるアイソレータ（絶縁変換器）を使用する。

（*b*）　**ノーマルモードノイズ対策**　　ノーマルモードノイズは，通常コモンモードノイズが変化して発生するため，まずは上で述べたコモンモードノイズ対策が重要である。

　それでも除去し切れないノーマルモードノイズについては，測定器に備えられているノイズ除去機能を活用して低減することも可能である。

- ローパスフィルタの活用。ディジタル式計測器では，一時遅れフィルタや移動平均フィルタを備えたものもあるので，それらを使用する。ただ

し，これらのフィルタは信号の応答性を損なう可能性があるので注意する。高速応答性が要求される測定系には向かない。

- 計測器によっては，商用電源周波数成分ノイズの影響をキャンセルする方式を採用しているものがある。例えば，積分型の A/D 変換器を用いた計測器の場合など，積分時間を正しく設定（通常は商用電源周期の整数倍）しないと，電源周波数成分ノイズの影響を効果的に除去することはできない。

(*c*) 入出力絶縁　　　例えば，電気炉の炉壁温度を熱電対で測定する場合，たとえ常温では測定端（計測器入力端子）が接地に対して絶縁されていても，操業中に高温になると，炉壁を構成する耐火煉瓦の絶縁が著しく低下する。同時に熱電対の保護管の絶縁抵抗も低下するため，コモンモードノイズ対策でも述べたように，電気炉に印加されている電圧が耐火煉瓦や保護管の絶縁抵抗を介して電気雑音となって熱電対に加わり，測定誤差要因となる。

　また，計測器の入出力間が絶縁されていないと，計測器の出力端を接地したときに，計測器回路に異常電流が流れて回路が破損する恐れや，出力側に手を

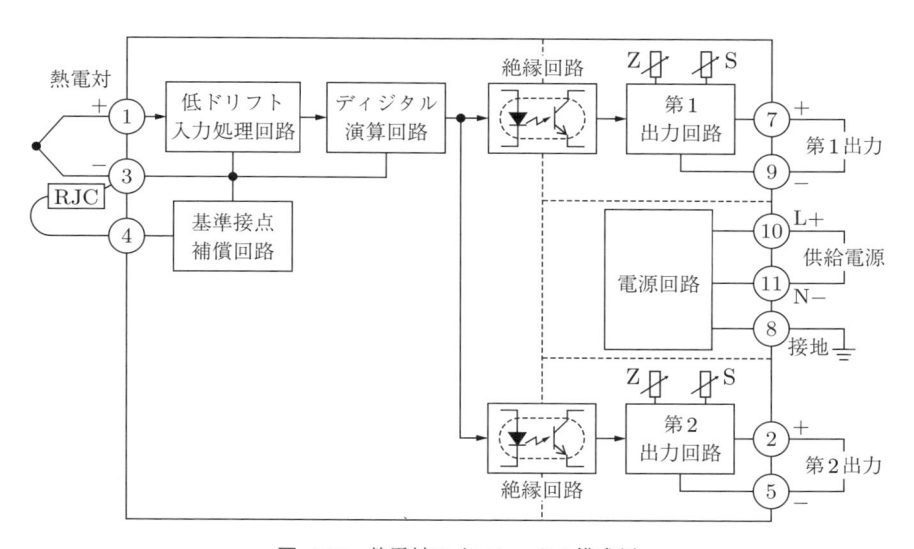

図 *4.35*　熱電対アイソレータの構成例

触れたときに感電する恐れがある。

このような問題を解決するため，熱電対計測システムでは測定入力回路と出力回路間を電気的に絶縁することが重要である。工業用計測器では，一般的に入出力間が回路内部で絶縁されており，例えば，図 **4.35** に示すアイソレータ（絶縁変換器）を用いて計測システムを構築する。

4.6 使用上の注意

4.6.1 熱 接 触

熱電対による温度測定が成立する前提条件である熱接触について，具体的な事例を以下に説明する。

〔**1**〕 **定常状態の熱流の存在**   図 **4.36** (a) に示すように，固体である物体 X の表面に熱電対素線 S を接着して温度を測定する状況を取り上げる。物体 X は高温で，周囲の雰囲気は常温とする。熱電対は金属なので熱伝導が良く，それを通して熱が流出するので，つねに抜熱される S と，ある熱抵抗で接触している X とでは温度が異なる。この影響を小さくするには，X と S の間の熱抵抗を小さくするか，S と接続している外界との間の熱抵抗を大きくする。温度センサを設置する際に，図 (b) に示すように，物体 X の内部に温度センサ S の接触部分を埋め込むことができれば，X と S の熱抵抗を小さくすることができる。また，図 (c) にあるように，素線を物体 X の表面に沿わすと，素線自身の温度が物体 X の温度に近づくため，素線からの熱流を減少させることになる。なお，図 (c) では，S と X の間に隙間があるが，これは電気的に絶縁する必要があることを意味しており，熱的には接触させている状態と見ていただきたい。

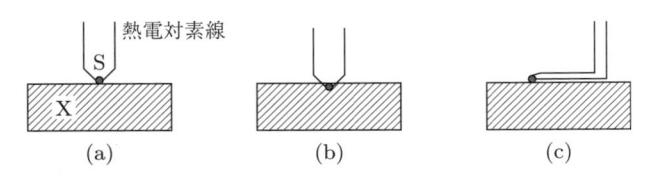

図 4.36 熱電対の取り付け方による熱流出の違い

素線の径を小さくすることでも熱の流出を低減する効果を得られるが，十分に細い素線でなければ X と S の温度を一致させることはできないことを認識しておく必要がある。

つぎの例として，**図 *4.37*** のように，温度センサとして保護管付きの熱電対を使用して容器内で加熱された気体の温度を測定する状況を考える。保護管と熱電対素線を伝って容器の外に向かう熱流の熱抵抗を大きくするためには，熱電対素線と保護管の径を細くして，容器内に深く挿し込めばよい。熱電対の測温接点と測定対象との熱抵抗を小さくしたいのであれば，保護管と熱電対素線の間に粉体を密に充填して，熱伝導率の悪い空気層を除く方法もある。このように，測定対象物体 X と熱電対素線 S をできる限り等温にするためには，測定環境に応じた対策を講じることが肝要である。

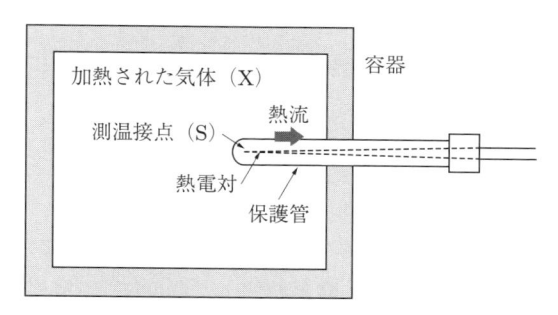

図 *4.37* 挿し込んで使用する温度計の不確かさ要因

なお，このような場合のおおよその挿入長として，JIS Z 8710[40] では，金属保護管は直径の $15 \sim 20$ 倍，非金属保護管は $10 \sim 15$ 倍を推奨している。

〔**2**〕 **過渡応答**[41]　　温度センサを測定対象に熱接触させた直後から熱平衡状態[†]に至るまでの時間のことを時間遅れと呼び，この過渡的な状態の間は正確な温度計測が行えない。いま物体 X は熱容量が十分に大きく一定温度であるとして，X の中に温度センサを素早く挿入して温度指示を観察することを考える。温度センサに加えられる熱量変化 dQ は，次式で与えられる。

[†]　ここでは，一定温度になった状態を指す。

$$\mathrm{d}Q = \rho \mathrm{d}T_{\mathrm{s}} \tag{4.8}$$

ここで，ρ および $\mathrm{d}T_{\mathrm{s}}$ はそれぞれ温度センサ S の熱容量，温度上昇である。また，ニュートンの冷却の法則（Newton's law of cooling）により，熱量変化 $\mathrm{d}Q$ はつぎのように表現される。

$$\frac{\mathrm{d}Q}{\mathrm{d}t} = m(T_x - T_{\mathrm{s}}) \tag{4.9}$$

ここで，t は時間，T_x は物体 X の温度，T_{s} は温度センサ S の温度，m は比例定数である。時定数 τ を $\tau = \rho/m$ とおき，式 (4.8) と式 (4.9) を変形すると，式 (4.10) となる。

$$\frac{\mathrm{d}T_{\mathrm{s}}}{\mathrm{d}t} = \frac{T_x - T_{\mathrm{s}}}{\tau} \tag{4.10}$$

初期温度 T_0 の温度センサ S が時間 $t = 0$ のときに物体 X に熱接触したとすると

$$T_{\mathrm{s}} = (T_x - T_0)\left\{1 - \exp\left(-\frac{t}{\tau}\right)\right\} + T_0 \tag{4.11}$$

となる。式 (4.11) は温度指示値の時間変化を示す式で，いわゆる温度センサの時間遅れを知ることができる。経過時間 t と温度 T_{s} の推移をグラフで示すと，図 **4.38** のようになる。温度センサの初期温度 T_0 に対して，時定数 τ が経過した時点の指示は $(T_x - T_0)$ の 63.2 ％にまで上昇し，2τ では 86.5 ％になる。このような過渡状態では，温度センサは測定対象の物体 X と等しい温度ではな

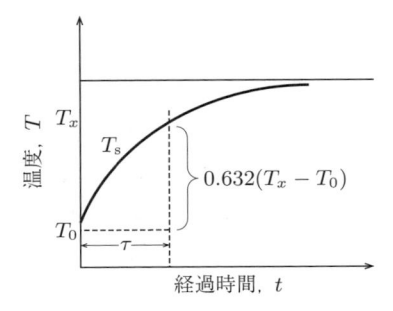

図 4.38 温度センサの応答性

い。時定数 τ の温度センサで正しく測温するためには，時定数の5倍（5τ）以上の時間が目安になる。時定数は，例えば熱電対であれば，感温部の熱容量で変わる。この熱容量は，素線の直径や保護管の構造などによって決まる。

　上述の例のように，温度センサの時間遅れについては，常識的には十分長い時間物体 X と温度センサ S を熱接触させておけばよいと考えられがちであるが，物体 X の温度 T_x が一定割合で変化するときは状況が異なる。この場合，物体 X の温度は

$$T_x = T_{x_0} + rt \tag{4.12}$$

で与えられる。T_{x_0} は X の初期温度，r は時間 t とともに温度が変化する割合である。温度差 $(T_x - T_{\mathrm{s}})$ は，S の初期温度を T_0 とすると

$$T_x - T_{\mathrm{s}} = r\tau + (T_{x_0} - T_0) \times \exp\left(-\frac{t}{\tau}\right) \tag{4.13}$$

となる。各温度の時間的な変化を図 **4.39** に示す。経過時間が十分に大きければ，式 (4.13) の右辺第2項は無視できて，次式となる。

$$T_{\mathrm{s}} = T_x - r\tau \tag{4.14}$$

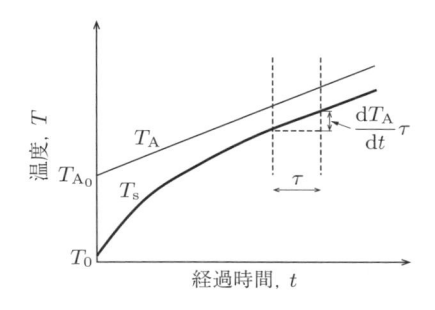

図 **4.39**　温度が一定割合で変化する
場合の応答

　すなわち，温度センサの指示温度 T_{s} は時々刻々と変化する測定対象の温度 T_x よりつねに $r\tau$ だけ低くなる。ここでは時定数 τ をできるだけ小さくすれば温度計測の追従性が良くなる。

〔**3**〕 **熱じょう乱**[42),43)]　　ここからは測定対象の物体 X と温度センサ S が熱接触した後に，X の温度も熱交換により変化する状況を考える。図 **4.40** において，X および S の熱的な接触を始める前の温度 T_x および T_s と，熱平衡に到達して共通の温度 T_c との関係を調べる。X および S の熱容量をそれぞれ M_x, M_s として，系全体では熱量が保存されるとすれば

$$M_x(T_x - T_c) = M_s(T_s - T_c) \tag{4.15}$$

となる。これから，共通な温度 T_c は

$$T_c = T_x - \frac{M_s}{M_x + M_s}(T_x - T_s) \tag{4.16}$$

と導かれる。本来の計測の目標は T_x を知ることであるが，結果として得られるのは共通な温度 T_c であって，その差は，式 (4.16) の右辺第 2 項が示すとおりである。これが熱接触により生じたじょう乱の一例である。

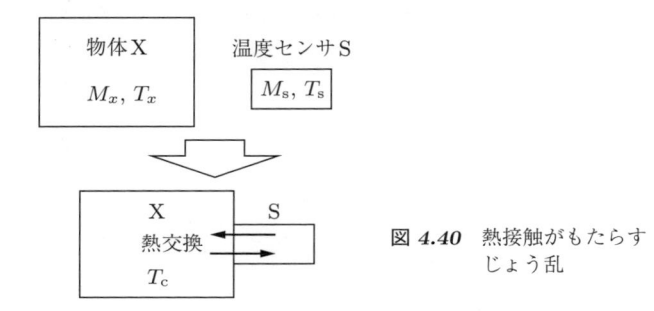

図 **4.40**　熱接触がもたらすじょう乱

　じょう乱を小さくする方策は，式 (4.16) からわかるように，$M_x \gg M_s$ とするか，T_x と T_s の初期の温度差を小さくするかである。前者は，要するに，熱容量の小さい検出素子を用いることであって，前述の検出素子の時間遅れの軽減策と同一のアプローチとなる。後者は，もし温度 T_x がある程度予測できるのであれば，検出素子を予熱ないしは予冷しておいてから対象に熱接触させることも解決策となる。

4.6.2　気体温度計測

熱電対や抵抗温度計などで気体の温度を正確に測定するためには，特別な配慮が必要である。気体中に置かれた温度センサは気体から熱伝達（対流）によって熱を受け取るだけではなく，測定容器内壁との間で熱放射による熱の交換を行う。条件によっては熱伝達より熱放射のほうが大きくなることもあり，接触式温度計による気体温度計測では，この放射熱による影響を小さくすることが要の技術となる。

〔**1**〕　**気体温度計測の基礎理論**[1]

（**a**）　**放射シールドなしモデル**　　閉ざされた空間の気体温度を測定することを考える。仮定として，気体の温度は内壁より高いとする。このとき，温度センサは，熱伝達による気体からの熱の吸収，熱放射による内壁への熱流出，熱伝導による測定リード（またはシースなど）からの熱流出の三つのバランスがとれたときに熱平衡状態に達する。熱伝導による熱流出は，測定リードを閉空間内に深く挿入することで小さくすることが可能であることから，ここでは無視できると仮定する。このような熱のやりとりの状況と，それを等価の電気回路に置き換えたものを**図 4.41** に示す。Q_c は熱伝達により気体から温度センサへ移動する熱流で，Q_r は熱放射により温度センサから内壁へ移動する熱流である。温度センサが熱平衡状態に達したとき，Q_c と Q_r は等しくなる。

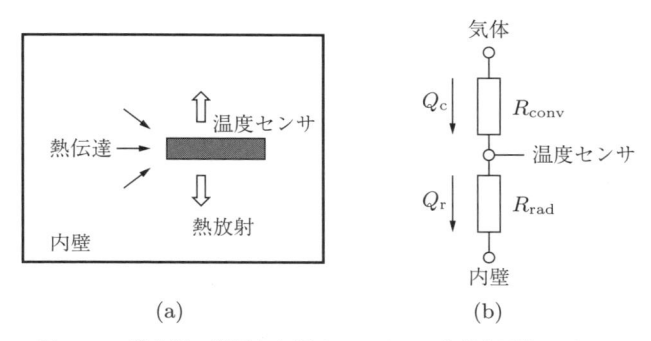

図 **4.41**　閉空間に設置した温度センサ (a) と等価電気回路 (b)

ここで，温度センサの温度を T_{tc}，気体の温度を T_g，温度センサの実効表面積を A_{tc}，熱伝達係数を h としたとき，ニュートンの冷却法則により，Q_c は

$$Q_c = hA_{tc}(T_g - T_{tc}) \tag{4.17}$$

で表される。一方，Q_r は内壁の温度を T_w としたとき，シュテファン‐ボルツマンの法則（5.1.1 項〔5〕参照）を用いて

$$Q_r = \varepsilon' \sigma A_{tc} \left(T_{tc}^4 - T_w^4\right) \tag{4.18}$$

で表される。ここで，ε' は温度センサと内壁の放射率 ε_{tc} および ε_w によって決まり，壁の面積を A_w とすると，つぎの式で近似できる。

$$\frac{1}{\varepsilon'} = \frac{1}{\varepsilon_{tc}} + \frac{A_{tc}}{A_w}\left(\frac{1}{\varepsilon_w} - 1\right) \tag{4.19}$$

さらに，温度センサの表面積は内壁の面積に比べて十分に小さいと見なせるとき，すなわち，$\varepsilon' \cong \varepsilon_{tc}$ のとき

$$Q_r = \varepsilon_{tc} \sigma A_{tc} \left(T_{tc}^4 - T_w^4\right) \tag{4.20}$$

となり，熱平衡状態のとき，$Q_c = Q_r$ より

$$T_g - T_{tc} = \frac{\varepsilon_{tc}}{h}\sigma\left(T_{tc}^4 - T_w^4\right) \tag{4.21}$$

となる。この式より，温度センサが示す温度 T_{tc} と内壁の温度 T_w がわかれば，気体温度を計算により求めることが可能である。ただし，温度の単位は摂氏（℃）ではなくケルビン（K）である。

このように，単に温度センサを空間内に設置しただけでは，正確な気体温度の測定は期待できない。特に高温で速度が遅い気体（低い h）で，内壁の温度が低く，放射率 ε_{tc} が大きいときに，測定誤差（$T_{tc} - T_g$）が大きくなる。

（**b**）　**放射シールド付モデル**　　熱放射による熱流出を小さくする手段として，温度センサに筒状の放射シールドを設置することが有効である。先ほどと同様に，放射シールドの温度を T_{sh}，熱伝達係数を h_{tc}，片面の面積を A_{sh}，放射率を ε_{sh} としたとき，温度センサについてはつぎの式が成り立つ。

$$T_{\mathrm{g}} - T_{\mathrm{tc}} = \frac{\varepsilon_{\mathrm{tc}}}{h_{\mathrm{tc}}}\sigma \left(T_{\mathrm{tc}}^4 - T_{\mathrm{sh}}^4\right) \tag{4.22}$$

放射シールドについては，両面の熱伝達と熱放射による熱流を考慮し

$$2(T_{\mathrm{g}} - T_{\mathrm{sh}}) = \frac{\varepsilon_{\mathrm{sh}}}{h_{\mathrm{sh}}}\sigma \left(T_{\mathrm{sh}}^4 - T_{\mathrm{w}}^4\right) - \frac{\varepsilon_{\mathrm{tc}}}{h_{\mathrm{tc}}}\sigma \left(T_{\mathrm{tc}}^4 - T_{\mathrm{sh}}^4\right) \frac{A_{\mathrm{tc}}}{A_{\mathrm{sh}}} \tag{4.23}$$

となる。

　ここで，放射シールドの効果を確認するため，簡便的に $\varepsilon_{\mathrm{tc}} \approx \varepsilon_{\mathrm{sh}}$, $A_{\mathrm{tc}} \ll A_{\mathrm{sh}}$ と仮定して，上の 2 式を簡略化する。

$$T_{\mathrm{g}} - T_{\mathrm{tc}} = \frac{\varepsilon}{h}\sigma \left(T_{\mathrm{tc}}^4 - T_{\mathrm{sh}}^4\right) \tag{4.24}$$

$$T_{\mathrm{g}} - T_{\mathrm{sh}} = \frac{\varepsilon}{2h}\sigma \left(T_{\mathrm{sh}}^4 - T_{\mathrm{w}}^4\right) \tag{4.25}$$

式 (4.24) と式 (4.25) を比較すると，放射シールドにより放射率の寄与が半減していることがわかる。条件にもよるが，n 重の放射シールドは $1/(n+1)$ の効果があるとされる。二重の熱シールドモデルおよび熱伝達係数 h の扱いについては，文献 44), 45) で詳細が報告されている。

　図 4.42 は，気体温度が 600 °C のときに，内壁温度と気体流量が熱電対の指示に与える影響を計算したものである。計算は，シールドなしの場合は式 (4.21)，シールドありの場合は式 (4.24) と式 (4.25) を使用し，T_{g} と気体温度の差が 0.01 °C 以下になるまで反復した。この計算において，放射率は温度に

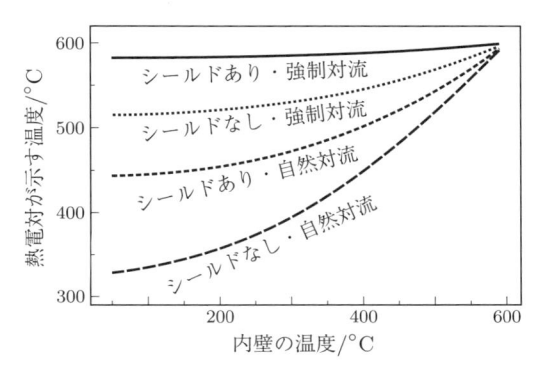

図 4.42 内壁温度と気体流量が熱電対の指示に
与える影響

かかわらず 0.4, 熱伝達係数は自然対流のとき $10\,\mathrm{Wm^{-2}K^{-1}}$, 強制対流のとき $100\,\mathrm{Wm^{-2}K^{-1}}$ と仮定した。この条件における計算結果では, 内壁温度 $200\,^\circ\mathrm{C}$ のときに「シールドなし・自然対流」と「シールドあり・強制対流」では $230\,^\circ\mathrm{C}$ もの差が生じることになる。

〔**2**〕 **吸引式温度計**　前述したように高温の気体温度計測では, 温度センサに放射シールドを設置し, 熱伝達係数 h が大きいときに誤差が小さくなる。この状態を実現した温度計が吸引式温度計 (suction pyrometer; aspirated thermocouple) である (**図 4.43** 参照)。この温度計は熱電対に複数の放射シールドを設置し, ポンプで高温ガスをセンサ先端方向から高速で吸引して熱伝達係数を高めることで, 真温度により近い測定が可能である。吸引式温度計の評価については文献 46), 47) などで報告されている。この温度計の欠点は, 本体が重く, 吸引ポンプが必要であり, ガスに煤が含まれる場合はフィルタを要し, 測定温度によっては冷却水が必要になることである。そのため, 連続使用することは現実的でなく, シミュレーションによる計算値の検証などの目的で一時的に利用される。

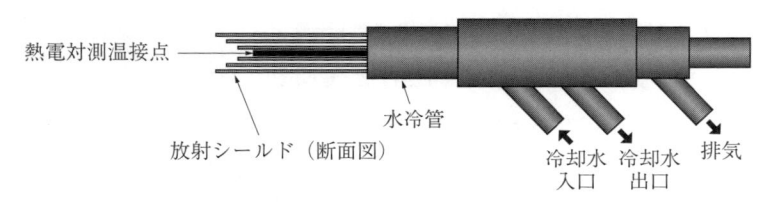

熱電対測温接点

水冷管

放射シールド (断面図)

冷却水　冷却水　排気
入口　　出口

図 4.43　吸引式温度計

〔**3**〕 **二対の熱電対による気体温度測定**　同種で測温接点の溶接部の直径が異なる二対の熱電対の出力差を利用して放射の影響を補正する試みがある。比較的気体の温度変化が遅く, 厳密な温度を必要としない測定の場合に対しては, S. Brohez らが簡易で実用的な手法を発表している[48]。その手法では, 測温接点の直径が $0.25\,\mathrm{mm}$ と $1\,\mathrm{mm}$ の二対の熱電対を近接させて設置し, それぞれの示す温度と RRE (reduced radiation error) と呼ばれる値を用いて気体温

度を算出する。RRE は内壁温度や気体温度および対流速度にはさほど依存せず, 広い温度範囲で一定の値を保つとされ, つぎの式で定義される。

$$\text{RRE} = \frac{T_\text{g} - T_1}{T_{0.25} - T_1} \tag{4.26}$$

ここで, T_g は求めたい気体の温度, $T_{0.25}$ と T_1 は測温接点直径 0.25 mm と 1 mm の熱電対が示す温度を表す。この直径の熱電対の組合せにおいて RRE は理論値で 1.8 としており, 式 (4.26) から二対の熱電対の測定温度だけで T_g を計算できる。実際には熱電対の時定数に差があるため, 計算温度にはばらつきが生じる。そのため, 移動平均をとるのが現実的である。

4.6.3 表面温度測定

熱電対に限らず, 3 章に記載した抵抗温度計などを含めて, 熱浴中に接触式温度センサを挿入して温度計測を行う場合, 正しく温度を測定するためには, 少なくともつぎの 2 条件が満たされている必要がある。

(1) センサの熱浴に対する挿入長 (immersion depth) が十分深く, センサ自身あるいは保護管やシース材などを伝わって逃げる (あるいは逆に流入する) 熱が無視できる (4.6.1 項〔1〕参照)。

(2) 測定対象としている熱浴の熱容量が挿入するセンサの熱容量に比べて十分大きく, センサの挿入がもとの熱浴 (温度を測りたい場所) の状態を乱さないと見なせる (4.6.1 項〔3〕参照)。

しかしながら, 実際の産業計測の現場では, これらの条件を満足しない状況として, 固体表面に熱電対を貼り付けて測定せざるを得ない場合が多々ある。ここからは, 固体表面に熱電対を貼り付けた場合の具体的な事例を取り上げ, 「どの程度異なる温度が表示されるのか?」を実測結果とともに見ていく。

図 4.44 は, 内径 8 mm, 板厚 0.5 mm の Pt-20％Rh 合金製パイプに, 細い ϕ76 μm R 熱電対と, パイプの肉厚と同じ直径の R 熱電対を直接溶接して温度を測定している。Pt-20％Rh 合金製パイプが直接通電加熱され, 熱源の温度を測っている形になるが, いうまでもなく, 接触式温度計を正しく使う際に必要

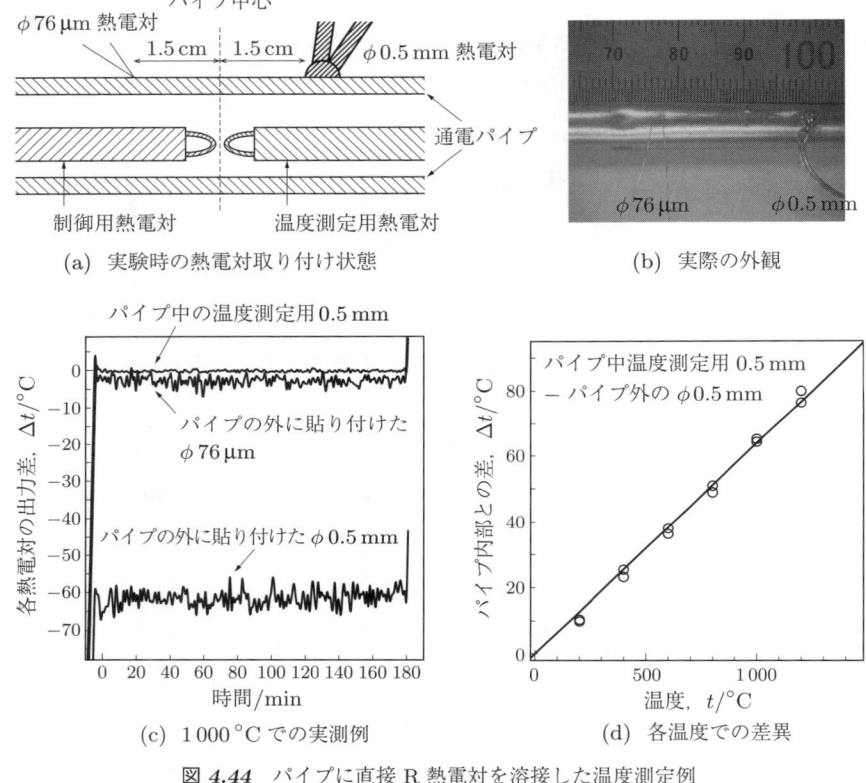

(a) 実験時の熱電対取り付け状態 　　　　(b) 実際の外観

(c) 1 000 ℃ での実測例 　　　　(d) 各温度での差異

図 4.44 パイプに直接 R 熱電対を溶接した温度測定例

な 2 条件を満たしていない。

　図 (a) はパイプと各熱電対の位置関係を示したもので，図 (b) は外観である。図 (c) は 1 000 ℃ を指示したパイプ内の熱電対と，外側に貼り付けた熱電対との差を示している。φ76 μm ではほぼ同じかやや低い程度であるが，熱電対素線を伝う熱の流出が大きい φ0.5 mm では，60 ℃ もの差異がある。図 (d) は，φ0.5 mm の熱電対について種々の温度で測定した結果をプロットしている[49]。この結果から明らかなように，接触式温度計を用いて表面温度を正確に測定することは，実際には非常に難しい。

　そこで，実際の産業計測現場では，表面温度をなるべく正確に測定するため

の工夫が施される。ここからは，そのような工夫が行われた例の概要をいくつか紹介する。詳細は，引用している原著資料を参照されたい。

〔**1**〕 **極細熱電対を用いる方法**[50]   これは，図 **4.36** (a) の方法で測定を行った例であり，熱接触状態は悪い。このため，熱容量がとりわけ小さい，きわめて細い熱電対として，最小 $\phi 25\,\mu\mathrm{m}$ の極細熱電対素線を使用している。しかしながら，極細熱電対を用いた場合でも，単に接触させるだけでは差が大きく，熱接触状態を良好にするため，グリスを介在させることにより，より良い測定を可能にしている。また，接触させる際に押し付ける力も変えて相関を見ている。シミュレーションも行っており，実測結果とは比較的良い一致を示している。ただし，この例は数十°C までと，比較的室温に近い温度域での例である。

〔**2**〕 **表面に沿わす方法**[51]   図 **4.36** (c) の方法で，表面にシース熱電対を沿わせて測定した例である。表面との接触面積を増やすことにより，測温接点近傍からシース材を伝わって逃げる熱が低減される。さらに，テープで密着性を上げており，$\phi 1.0\,\mathrm{mm}$ のシース熱電対であれば，直径の 50 倍（5 cm）以上沿わせる必要があるとしている。温度はこちらも低く，125°C までの実験である。

〔**3**〕 **取り付け方の工夫**[52]   上記 2 例は比較的低温で，接着テープ，グリスといった比較的簡便な手段を補助的に用いることにより，熱接触状態を良好にしていたが，本例は 300°C を超える温度域であり，なおかつガスタービン燃焼器なのでガスの流量も多く，堅牢さも要求される。このため，実機を模した試験片に外径の異なる複数のシース K 熱電対（原著論文では CA 熱電対）を，壁に穴をあけて垂直に埋め込む，L 字に曲げて壁の内面・外面に沿わすなど，異なる条件での測定結果を比較したり，計算やスポット式輻射計（放射温度計）による結果と比較したりしながら議論している。

〔**4**〕 **専用薄膜温度センサの作成**   燃焼中のガソリンエンジンの熱流束を求めるために必要な内壁表面温度などを測定するため，スパッタリングにより専用の薄膜熱電対[53] ならびに薄膜白金抵抗温度計[54] を作成し，測定に供している。センサ薄膜をエンジン材から絶縁する被膜の影響をシミュレーションに

より求めた結果では，4 μm で 6.1 K の差異が出ると見積もっている。

〔**5**〕　**内部温度から表面温度を外挿により推定する方法**[55]　　固体内部の温度を，横から挿し込んだ接触式温度計で深さ方向に複数点測定し，その結果から表面温度を外挿により求めている。単に測定しているのみでなく，個々の要因から推定温度の不確かさの見積もりまで行っている。

このように，固体表面温度を接触式温度計で測定するには，個々の事例に合った工夫や，実機を模した実験片を用いた，実機では測定できない箇所の測定など，実際の状況に適した方法を試行錯誤しながら見つけていくことが，正確な測温という観点からは重要である。また，**図 4.44** (d) に示したように，同一の方法を用いた場合，測定温度が高くなるにつれて誤差の絶対値は大きくなり，例示した工夫を応用することが困難になることも多い。

4.6.4　熱電対の不均質

理想的な熱電対の場合，すなわち素線に沿ったゼーベック係数がどこをとっても均質な熱電対の場合，4.1.1 項〔 1 〕(a) の均質回路の法則が成立し，発生する熱起電力の大きさは，測温接点と基準接点の温度のみで決定される。

しかし，現実の熱電対は，新品であれ使用済みであれ，大なり小なりゼーベック係数の均質性にばらつきがある。この状態を不均質（inhomogeneity）という。不均質がある熱電対は均質回路の法則が成り立たないため，温度勾配域に不均質が存在すると，その測定温度には大きな誤差がある可能性が高い。一方，熱電対の一部に不均質があっても，これが温度勾配域になければ，測定温度の誤差は小さい。よって，熱電対で信頼性の高い温度計測を行うためには，熱源の温度分布の把握と，熱電対に顕著な不均質があるかどうかの情報が必要である。

不均質が生じる原因は，熱電対が汚染・酸化・歪み・熱処理などを受けて導体内の合金組成や結晶構造が局所的に変化し，素線に沿ったゼーベック係数が均質でなくなるためである。しかし，熱電対全体の物性構造を解析することはきわめて困難であることから，一般的には不均質の評価は定性的な試験によって行われる。

　不均質の評価試験は，200°C 前後の温度分布が秀逸な温槽に熱電対を挿入し，移動させながら熱起電力の変化を測定する手法で実施されることが多い。温度勾配域が急峻なほど不均質の検出能力が高まるため，油温槽などがよく利用される。温槽を使用せずに，ホットエアガンを移動させながら熱電対に当てて不均質を測定する方法もある[56]。

　高温で使用される白金系や K（N）熱電対では，高温に曝されていた部分が劣化し，均質ではない（不均質な）状態になることが多い。このような状態になった熱電対の出力の異常を，**図 4.45** を使って説明する。A は，劣化部分（不均質部分）が，炉の均熱範囲に完全に入った状態である。この場合は，熱起電力が発生する温度勾配のかかる部分は正常なので，熱起電力に異常は認められず，正常な値を示す（**図 4.5** も参照）。B は，劣化部分（不均質部分）が，温度勾配のかかる部分に入った状態である。この場合は，正しい熱起電力は得られない。どの程度異常な値が出るかは，劣化の程度に依存する。

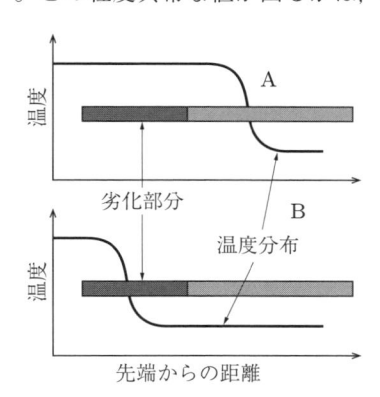

図 4.45　先端部分が劣化した（不均質になった）熱電対

　この図は，説明のため，先端からある区間までしか劣化した部分がない状態を示しているが，実際の熱電対では劣化の程度の激しい部分が測温接点から遠ざかるに従って徐々に軽くなるような分布になることは想定できるだろう。このような状態になった熱電対の熱起電力測定例を，以下に示す。

〔**1**〕 **R 熱電対の不均質測定例**　表 **4.13** は，電気炉への挿入深さにより熱電対の校正値が異なる例を示している。これは，古い R 熱電対を，挿入深さの異なる 2 種の電気炉により比較校正した結果である。校正温度の決定には別の R 熱電対を標準熱電対（*4.8.4* 項参照）として用いた。電気炉 1，電気炉 2 の挿入深さはそれぞれ 180 mm と 400 mm である。両者の測定結果には，1 100 °C で 1.5 °C 相当の温度差が生じた。

表 *4.13* 異なる 2 種の電気炉による校正結果の違い

校正温度/°C	規準熱起電力/mV	電気炉 1 による熱起電力/mV	電気炉 2 による熱起電力/mV	温度差/°C
300	2.401	2.389	2.393	0.4
500	4.471	4.456	4.465	0.8
700	6.743	6.726	6.739	1.1
900	9.205	9.189	9.207	1.4
1 100	11.850	11.838	11.859	1.5

備考：電気炉 1 の挿入深さは 180 mm，電気炉 2 の挿入深さは 400 mm である。

　この原因を探るために不均質評価を実施した結果が，**図 *4.46*** である。油温槽の温度を 200 °C の一定に保った状態で，熱電対のバス中への挿入長を 10 mm ずつ変えながら，熱起電力を測定した。グラフの横軸がバスへの挿入長で，縦軸が熱起電力である。標準熱電対として用いた R 熱電対は，測温接点からの距離で 100 mm から 400 mm にわたり一定の熱起電力を発生しているが，校正対象

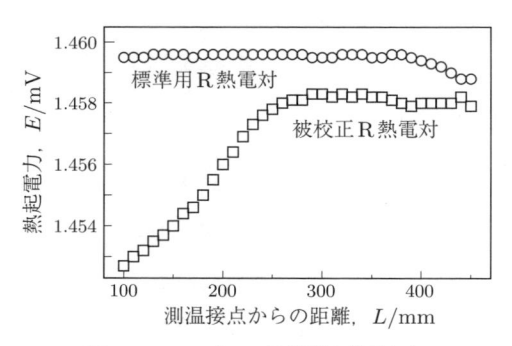

図 *4.46* 200 °C の油温槽を使用した不均質測定例

のR熱電対は一定ではない。これは，熱起電力を出す能力，すなわちゼーベック係数が測温接点方向に向かって低下していることを示している。

〔**2**〕 **K熱電対の挿入長（温度分布）の違いによる熱起電力変化** 挿入長を変えた場合のK熱電対の熱起電力変化を測定した例を，**図 4.47**に示す[57])。この測定例では，炉の中央（35 cmの位置）に熱電対を置き，190時間までの熱起電力変化を，炉内への挿入長を変えて測定している。

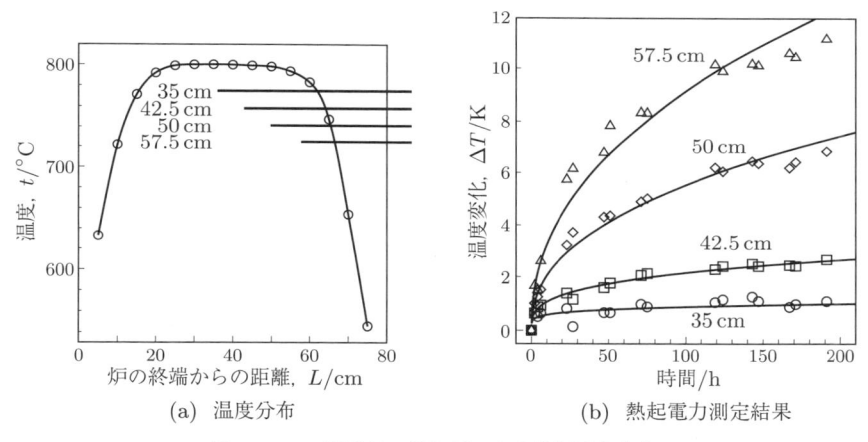

| (a) 温度分布 | (b) 熱起電力測定結果 |

図 4.47 K熱電対の挿入長による熱起電力変化

測温接点の位置が中央である場合は，この測定期間中には熱起電力変化がほぼないにもかかわらず，測温接点の位置が浅く挿入長が短くなるに従って＋側に変化している。一番浅い挿入長ではわずか200時間ほどの使用でしかないが，約10°Cの熱起電力変化が測定されている。

この結果は測っただけのもので，熱起電力変化の原因についてはまったく言及されていないが，使用後の熱電対の熱起電力は，与えられる温度分布が変わると，短時間でも非常に大きく変化することを示している。このため，実際に使用されているK熱電対を炉から取り外し，校正炉に入れて校正を実施する場合，測温接点の温度が両者で同じであっても炉の温度分布は一般に異なるので，測定結果が異なることが起こる。

〔**3**〕　**実炉での問題点**　　多数の熱電対を使用している大規模な生産現場では，熱電対を実炉から取り外して定期的に校正（検査）し，継続使用の可否を判断するが，実炉と校正炉の温度分布まで考慮して結果を検討することは稀であろう。すでに述べたとおり，個々の熱電対に対して個別に不均質の状態を定量的に計測することは困難である。このため，ある程度使用された熱電対の継続使用の可否判断を行うのであれば，現実的対応として以下のような方法が望ましい。

（**a**）　**実炉に新品の熱電対を入れて表示温度を比較**　　実際に使用されている炉の構造によるが，使用中の熱電対の近くに新品の熱電対を挿入できるのであれば挿入し，使用中の熱電対の指示温度と比較し，継続使用の可否判断を行う。これが可能なら最良の方法である（*4.2.5* 項も参照）。

（**b**）　**挿入長の短い校正炉を利用**　　熱電対用の比較校正炉は，温度の安定性・均一性を良くする目的で，比較的挿入長の長い炉が多い。実炉で使用された熱電対は，高温に曝された部分で種々の劣化が起こっている。このため，安定性・均一性が保たれる範囲で挿入長の短い炉，実炉よりも挿入長の短い炉を用いる。これにより，劣化部分が校正炉の温度勾配のかかる部分に入って，劣化による熱起電力変化が検知しやすくなる。

この場合，実炉の挿入長のほうが長いので，本来はまだ使える熱電対を使用不可と判断するケースが出てくるが[†1]，逆[†2]はない。品質管理上では，安全側での誤判断となる（**表 4.13**，**図 4.47** 参照）。

4.6.5　シース熱電対のシャントエラー

シース熱電対特有の現象として，シャントエラー（shunting error）と呼ばれる現象がある。これは，絶縁物として通常使われるマグネシアの絶縁性が高温により低下することで，起電力の測定値が不正確になる現象であり，中の素線や外側のシース材の種類とは無関係に，どのようなシース熱電対についても起

[†1]　実炉に入れた状態が**図 4.45** 上図で，校正炉に入れた状態が**図 4.45** 下図である。
[†2]　使えない熱電対を使用可と判断すること。

こりうる。この現象に関しては，過去に詳細に調査され，報告書も公開されているので，参照されたい[12),58),59)]。

　なお，これらの実験結果から，大きなシャントエラーが起こるのは，見方によっては製品仕様上の限界を超えた場合とも見なせる。重要なことは，このような現象が起こる可能性をよく認識して使用することである。

4.7　熱電対素線の劣化と寿命

　熱電対素線は，他の金属・合金同様に，種々のガスや金属などと反応し，組成が変化する。特に熱電対が高温に曝されると，その反応速度が速い。よって，使用開始時にいかに規準熱起電力に近く，特性の良好なものであっても，高温で長時間使用する間に，程度の差こそあれ変質が劣化して，熱起電力特性も変化し，ついには使用に堪えなくなる。使用に堪えられなくなるまでの時間を寿命と呼び，寿命を決定する熱電対の劣化の進行は，温度，雰囲気のみならず熱電対を取り巻くいくつかの条件によって大きく変化する。

　表 4.14 に JIS C 1602^{-2015} にある熱電対の常用限度および過熱使用限度を示す。ここで，常用限度とは，裸熱電対を大気中で 1 000 h（R および S は 200 h）連続使用した場合に熱起電力の変化が ±0.75 ％（R および S は ±0.5 ％）に達する大略の温度のことであり，過熱使用限度とは，連続 25 h（R および S は 5 h）での変化が同じく 0.75 ％（R および S は ±0.5 ％）である大略の温度を指している。しかしながら，この 1 000 h および 25 h という値は，古い実験結果をもとにして，かなり控えめに見積もられたものであり，現在の市販品では通常この 10 倍程度の寿命があると考えてさしつかえない。一応これを念頭に置き，これ以外に使用雰囲気，必要精度あるいは過去の実績などを勘案して寿命を想定することが望ましい。

　各種熱電対のうち，高温の測定に使用され，その寿命が問題となるのは，白金系熱電対および K（N）熱電対であるので，以下にこれらの劣化の進行につ

表 4.14 各種熱電対の常用限度および過熱使用限度

記号	線径/mm	常用限度/°C	過熱使用限度/°C
B	0.50	1 500	1 700
R, S	0.50	1 400	1 600
N	0.65	850	900
	1.00	950	1 000
	1.60	1 050	1 100
	2.30	1 100	1 150
	3.20	1 200	1 250
K	0.65	650	850
	1.00	750	950
	1.60	850	1 050
	2.30	900	1 100
	3.20	1 000	1 200
E	0.65	450	500
	1.00	500	550
	1.60	550	600
	2.30	600	750
	3.20	700	800
J	0.65	400	500
	1.00	450	550
	1.60	500	650
	2.30	550	750
	3.20	600	750
T	0.32	200	250
	0.65	200	250
	1.00	250	300
	1.60	300	350

いて述べる。また，補償導線の場合は比較的低温で使われるので，芯線の劣化はほとんど考える必要はないが，被覆材料の劣化による絶縁低下に注意を払う必要がある。

4.7.1 白金系熱電対の劣化

〔**1**〕 **昇華・付着によるロジウム濃度変化に起因した熱起電力変化**   白金系熱電対の熱起電力変化を実験室で測定した例を，**図 4.48** に示す[60]。約 1 700 °C に 2 000 時間維持したときの経過を，R，S および B 熱電対に関して測定した結果である。長尺で継ぎ目のない 1 本の絶縁管と，長さ 50 mm の短尺絶縁管を並べて使用した結果を対比しており，長尺絶縁管では大きな変化が観察されていないのに対して，短尺絶縁管では R 熱電対で最大 64 °C もの温度差に相当する熱起電力変化が観察されている。

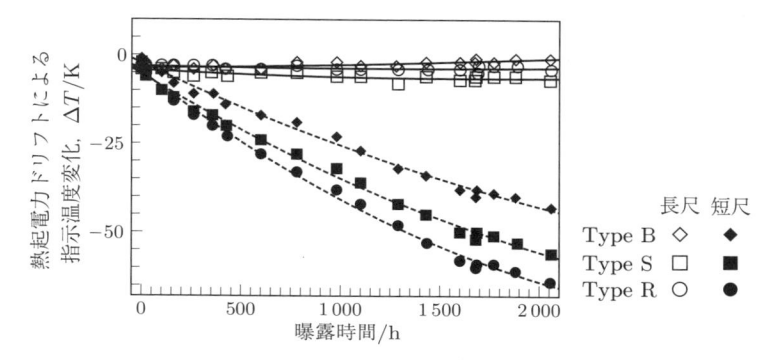

図 4.48 1 700 °C における白金系熱電対の熱起電力ドリフト測定例

図 4.49 は,試験後の短尺絶縁管に入れていた R 熱電対素線のロジウム濃度を測定した結果である。絶縁管の繋ぎ目である 50 mm ごとに白金側のロジウム濃度が上がっていることがわかる。高温で昇華した素線成分が相手方素線に付着し,両脚のロジウム濃度差が小さくなることに呼応して,熱起電力が低下したものである。この結果から,絶縁管は単に両脚を絶縁する働きのみならず,昇華物の付着を防ぐ役割も果たしているといえる[61]。よって,可能な限り長尺絶縁管に入れて使用することが,熱起電力ドリフトの影響を小さくする観点で有効である。

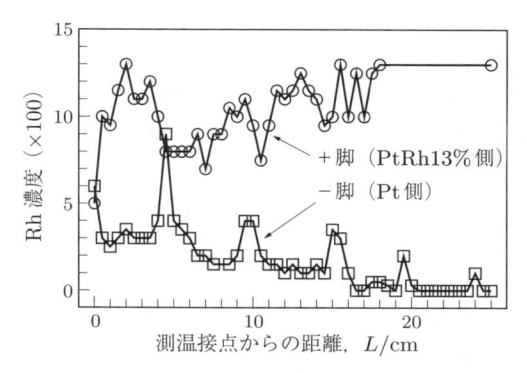

図 4.49 ドリフト試験後の R 熱電対の
ロジウム濃度測定結果

〔**2**〕 **不純物による汚染**   本書の旧版[42]を含めて，熱電対の教科書的出版物[1),33)]には，白金系熱電対は還元雰囲気に弱く，使えない旨の記述がある。これは経験的に間違いはないが，その原因は水素（H_2）や一酸化炭素（CO）ガスと白金の直接的な反応である，とまで言及しているものがある。しかしながら，ガスとの直接反応について，その裏づけとなる観察事実まで明示的に示されている例はないようで，「還元雰囲気で断線した事実はあるが，原因は推測」である可能性が高い。

具体的に還元雰囲気で反応（合金化）した例を，**図 4.50** に示す。B 熱電対

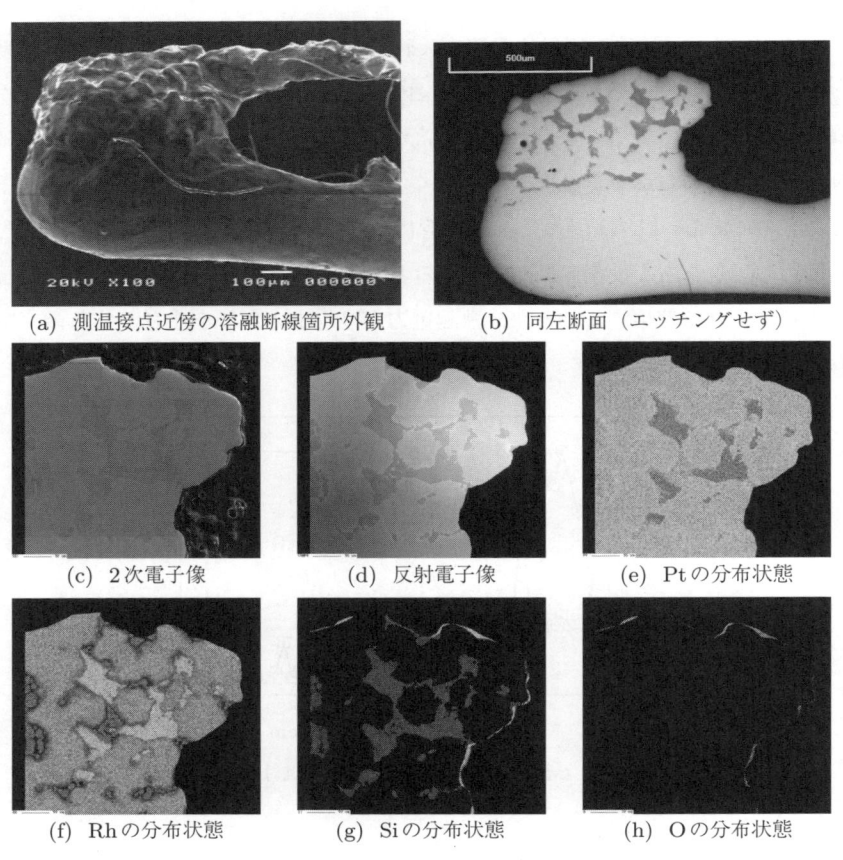

(a) 測温接点近傍の溶融断線箇所外観   (b) 同左断面（エッチングせず）

(c) 2次電子像   (d) 反射電子像   (e) Pt の分布状態

(f) Rh の分布状態   (g) Si の分布状態   (h) O の分布状態

図 4.50 還元雰囲気中で Si との共晶合金を形成した PtRh 素線

を新品に交換後，室温から数時間かけて 1400 °C に昇温し，到達後約 1 時間で断線した。素線を保護管から取り出したところ，保護管内に炭化した有機物の残留が確認されたため，還元雰囲気になっていたものと推定される。シリカ（SiO_2）を焼結助剤として含むアルミナ（Al_2O_3）系の絶縁管・保護管と一緒に使用されており，そこに含まれるシリカが還元されて白金・ロジウムと共晶合金を作り，溶断したものと見られる例である。

　図 (a) は，測温接点付近の断線箇所の 2 次電子像である。上側の素線が溶けて切れた状態である。図 (b) は同じ場所の光学顕微鏡による断面である。この断面写真は金属組織を見るためのエッチングを行う前の，鏡面研磨上がりの状態なので，全率固溶体である白金ロジウム合金の断面は，正常な状態であれば，なにも見えない濃淡のない鏡面である。しかしながら，明らかな濃淡のコントラストが観察される。

　図 (c) は断面の 2 次電子像，図 (d) は反射電子像で，図 (b) の右上付近を拡大している。これらの図では，光学顕微鏡像同様のコントラストが観察される。図 (e)～(h) は，EPMA[†1]により定性分析を行った後に検出された元素の分布状態を示している。それぞれの元素の多い・少ないをグレースケールで表示しており，相対的に白っぽい箇所に該当元素が多いことを示している。元素の分布状態から，Pt ならびに Rh が Si と合金化している状態と見られる。合金の状態図[62]によるが[†2]，Pt-Si 共晶点は約 850 °C，Rh-Si 共晶点は約 1050 °C であり，いずれも操業温度である 1400 °C より低く，汚染されれば（合金化すれば）ただちに溶断する。

　この例のように還元雰囲気で使われて断線した白金系熱電対を調べると，多くの場合，耐火物元素との共晶合金が形成されて断線している。金属中に含まれる微量の水素そのものを分析で捉えることは，現在の最新の分析技術をもってしても非常に難しい。このため，白金が水素と直接的に反応している事実を

[†1]　Electron Probe Micro-Analyzer の略。電子線を照射した際に出てくる特性 X 線により，元素分析を行う。
[†2]　状態図により温度が違うのは，状態図編集時点の温度目盛の違いによる。

明確に否定することはできないが，還元雰囲気で白金系熱電対が断線などのトラブルを起こす原因は，かなりの場合，耐火物成分が還元され白金と反応する（合金化する）ことにあると見るのが妥当であろう[63]。

また，具体例として明らかに還元雰囲気になっていた事例を示したが，必ずしも還元雰囲気とまでは行かない状態，すなわち真空中や不活性ガス雰囲気でも同様の汚染が起こりやすいので，白金系熱電対を大気中より酸素の少ない状態で使用するのは好ましくない使い方である。

〔**3**〕 **高温クリープ破壊**　　一般的に，金属材料の強度は高温で低下する。R 熱電対や S 熱電対に使われる純白金の室温での破断強度は約 150 MPa であるが，1 400 °C 100 時間でクリープ破断する際の応力は，わずかに 2 MPa である[64],[65]。

使用時におけるマイナス脚（白金側）の典型的な破断例を**図 4.51** に示す。図(a) はネッキングを伴う延性的な粒内クリープ破断であり，図 (b) は粒界での脆性的なクリープ破断である。使用条件によりいずれの破壊形態も存在するが，高温・長時間での使用に伴い 2 次結晶成長が起こり，結晶粒界が素線径を横断した，いわゆる bamboo-structure† を形成した後に粒界で破壊する図 (b) の形態での断線が，実際の使用現場では非常に多い。

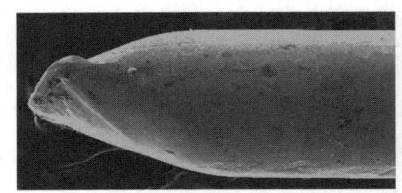 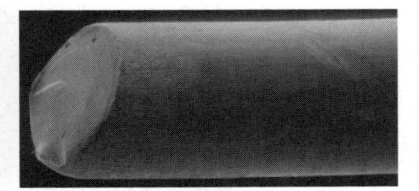

(a) ネッキングを伴う粒内延性破壊　　(b) bamboo-structure 形成後の結晶粒界における脆性破壊

図 4.51 R 熱電対の Pt 側断線形態の例[64]

使用中にかかる応力に起因した断線を回避するため，素線の高温クリープ強度の向上を目指して，半世紀以上前から種々の工夫が行われてきている。現在

---

† 素線径を横断した結晶粒界を竹の節に見立てて，こう呼ばれる。

も使用されているものもあれば，文献発表のみに留まっているものもあるので，詳細は原著論文を参照されたい[64]~[67]。

4.7.2 K熱電対の劣化

K 熱電対の劣化状況は使用温度および使用環境により異なるが，原因から正常劣化および異常劣化に大別できる。なお，正常劣化の場合と異常劣化の場合とでは，熱起電力の変化の方向が逆になる。正常劣化の場合は起電力が上昇し，異常劣化の場合は起電力が低下する方向に変化する[68]~[71]。

〔**1**〕 **正 常 劣 化**　保護管付熱電対の場合，アルメル線およびクロメル線とも表面に酸化被膜を付けた素線が一般的に使用される。これは，大気中で使用される際に起きる，素線表面の酸化による熱起電力の変化を抑制するためである。

正常劣化は，使用開始後の短期間，熱起電力がプラス方向に変化した後，徐々にマイナス方向に変化する。この傾向は，主としてクロメル線に含有する Cr の酸化進展に伴う素線半径方向の成分不均質によるものである。

素線表面に酸化皮膜があるため，酸化の進行は遅く，長時間使用しても熱起電力の変化は小さい。

〔**2**〕 **異 常 劣 化**　おもに還元雰囲気中で使用した際に生じる現象で，グリーンロットと呼ばれるものである。この劣化の速度はきわめて速く，1 か月程度の使用で温度の指示が 100 °C 以上低下した実例もある。その原因は，文献 72) でつぎのように説明されている。

還元雰囲気のある条件下で使用されると，クロメル線表面の酸化皮膜はいったん還元されて金属光沢を有する合金表面が露出されてしまうが，次の段階で雰囲気中に微量に存在する O_2 と反応して $NiCr_2O_4$ が生成されてこれが急激に成長し内部に進行していく。この進行速度は急速であり，このため熱起電力も急激に低下し使用に耐えなくなってしまう。

雰囲気条件については，酸素分圧が低くなり Ni に対しては還元であり，Cr

に対しては酸化性の条件で生じやすい現象である。

上記の現象は，還元雰囲気だけでなく，酸化雰囲気でも異常劣化の報告がある。これは，加熱による保護管内部の酸化により酸素分圧が低下したことが原因であると解析されている。対策は，保護管を太くしたり，保護管中に酸素を送り込んだりすることが考えられている。あるいは，シース型熱電対に変更することで改善される場合があるようである[72),73)]。

なお，ここでは正常劣化および異常劣化ともに主としてクロメル線について述べたが，同様に，アルメル線についても酸化などの劣化が生じる。アルメル線については，合金成分である Mn，Si，Al と熱起電力への影響が複雑であるため，明快な説明は難しく，一般的にはクロメル線の Cr の挙動で説明される場合が多い。

〔**3**〕 **熱起電力の可逆変化**　K 熱電対を約 200 °C から約 550 °C に曝すと，熱起電力が増加することが知られている。この変化は可逆的で，700 °C 以上に上げると，ほぼ元に戻る。この現象の実験的検証は多くの研究者により行われているが，Fenton[74)]によるものが有名であり，この変化がおもに K 熱電対の＋脚（クロメル側）に起因していることも実験的に検証されている。

K 熱電対の＋脚（クロメル側）はおおむね Ni-9.0％～9.5％Cr 合金が主成分であり，この変化の原因を Ni-Cr 合金の短範囲規則格子変態（short-range ordering）に起因したものと明示的に記載している出版物もあり[†]，その記述をそのまま引用している例もある。しかしながら，短範囲規則格子変態そのものは直接検証することが困難であり，長時間熱処理をしたものに対する長範囲規則格子変態（long-range ordering）は検証されていない。もともとは K 熱電対の低温熱処理による熱起電力変化を説明する一つの仮説として提唱されたものであり，実験的に検証されてはいないので，天下り的に，短範囲規則格子変態を原因とする熱起電力ドリフトとは記述すべきではない。この経緯は，D. D. Pollock が論文[9)]ならびに著書[75)]に詳細を記載している。これらの中で，Pollock は合

[†]　例えば，JIS C 1605[-1995] の 11.2.5 におけるシース熱電対の解説に，“短範囲規則格子変態（ショートレンジオーダリング）の影響”と明示的に記載されている。

金組成とキュリー温度の関係から現象を説明する試みも行っている。現象そのものの日本語の解説としては，計測技術の連載記事[72)]が詳しい。

　すなわち，原因そのものに関しては必ずしも明確にはなっていないものの，熱起電力ドリフトが起こる事実は間違いないので，使用にあたっては十分考慮する必要がある。

4.8　熱 電 対 の 校 正

　熱電対の校正は，前章に記載した白金抵抗温度計の校正と基本的な部分は同じであり，定点校正（fixed point calibration）を行う際は，Ag 点以下の温度定点には白金抵抗温度計用と同じものが使われる。温度定点は，ITS-90 の定義定点や，ITS-90 における推奨温度値[76)]をもとに決められた定点が用いられる。したがって，校正結果は ITS-90 にトレーサブルといえる。

4.8.1　温度定点による校正

　図 *4.52* (a) は熱電対の定点校正の構成を示すもので，測温接点が温度定点に挿入された状態を表している。熱電対の定点校正における，3 章に示した白金抵抗温度計の場合との違いは，白金抵抗温度計はそのまま抵抗値を読み取るのに対して，熱電対の場合には冷接点が必要になることである。熱電対の原理で説明したとおり，参照温度として通常は氷点（0 °C）を用いる。熱起電力測定は，抵抗温度計の場合のような電気標準の分野で用いられる特別精密なブリッジを用いる必要性はなく，通常のディジタル電圧計で十分である。理由は，熱電対を用いた測定そのものの信頼性が $0.1\,\mu\mathrm{V} \sim 1\,\mu\mathrm{V}$ 程度だからである。ディジタル電圧計で $0.1\,\mu\mathrm{V}$ の桁まで読み取り，ある程度の時間（回数）の平均値を求める。

　むしろ精密測定で重要な点は，回路中の寄生熱起電力（parasitic thermoelectromotive force）（*3.5.2*項〔2〕参照）をキャンセルするために，低熱起電力スキャナを介して極性を反転させた測定を繰り返すことや，ディジタル電圧計の

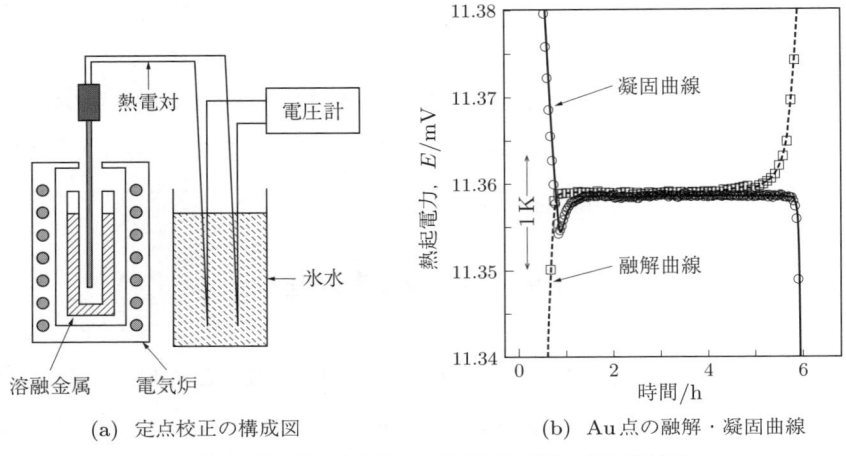

（a）定点校正の構成図　　　　　（b）Au点の融解・凝固曲線

図 4.52　熱電対の定点校正の構成図と融解・凝固曲線例

零点ドリフトの影響を回避するため，同様に極性を反転させて測定するといった配慮である。

　図 (b) は，R 熱電対に対して定点校正を行った Au 点の融解曲線と凝固曲線の例である。融解曲線は，融解点の数 °C 高い温度に炉温を保った状態で得られたものであり，融解開始から終了まで一定温度の融解点が得られている。この温度が一定の部分を，プラトー（plateau）（高原状の部分）と呼んでいる。

　同様に，完全溶融状態から炉温を融解点（凝固点）の数 °C 低い温度に保つと，1 °C に満たない過冷却を経て，凝固プラトーが得られる。図 (b) では融解と凝固のプラトーの値が一致しており，このような温度定点を用いるのであれば，融解，凝固いずれのプラトーで校正してもよい。

　白金抵抗温度計を用いた測定では測定できる分解能が非常に高いので，定点物質に含まれるごく微量の不純物や，定点実現装置固有の事情などによる影響で，一般的には融解曲線と凝固曲線は一致せず，またプラトーそのものも水平な直線にはならないのが通常である（**図 3.27** 参照）。しかし，熱電対ではそこまでの高い分解能はセンサの性能上難しいので，定点校正では平らな，融解点と凝固点が一致した結果が得られるのが普通である。

図 **4.53** は，非常に純度の低い定点物質を用いた場合の融解曲線の例[77] を，高純度の定点物質を用いた場合と対比して示している。これはアルミニウム点の例である。両者の測定には同一の R 熱電対を用いており，絶対値の差と融解曲線の形状の差が読み取れる。

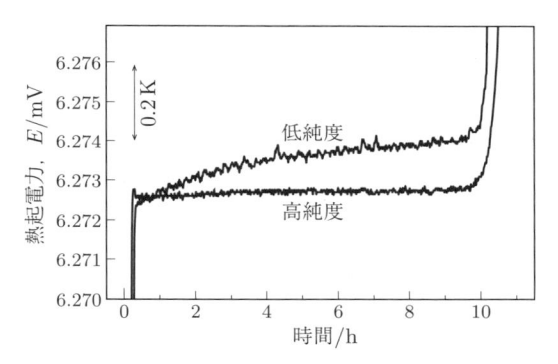

図 4.53 純度が非常に低い温度定点測定の例

図 **4.52** (b) に示した融解曲線と凝固曲線の比較や，図 **4.53** に示した融解曲線の形状から，定点物質そのものの純度も推測でき，熱電対の校正に問題なく使える温度定点か否かが，技術的観点から確認できる。ただし，計測のトレーサビリティという観点からは，白金抵抗温度計の場合と同様に，別途，上位標準器を用いた定点温度値の校正が必要である。

4.8.2　ワイヤブリッジ法によるパラジウム点

白金系熱電対は，銅点（1 084.62 °C）よりさらに高い温度域で使われることが非常に多い。このため，銅点を超えた温度での校正も必要である。4.8.3 項に記載する金属−炭素共晶点による温度校正は新しい技術であり，本書執筆時点では，まだ多くの事業者では使われていない。

ここでは，旧来から広く一般的に行われていて，確立された技術であるワイヤブリッジ法（wire bridge method）によるパラジウム点校正について説明する。この方法は，日本学術振興会で当時高温標準の研究を担っていた製鋼 19 委

員会第 2 分科会で研究された[78]。その後一度見直され，パラジウム点と他の温度定点の校正も含めた報告書が出版されている[79]。

　装置の概要を**図 4.54** (a) に示す。これは一つの例であり，最初に日本学術振興会で行われた研究の報告書[78] に載っているものである。炉の性能として必要なのは，「パラジウムが溶ける温度まで上がること」のみである。るつぼ法とは異なり，広い範囲での温度の均一性は不要である。

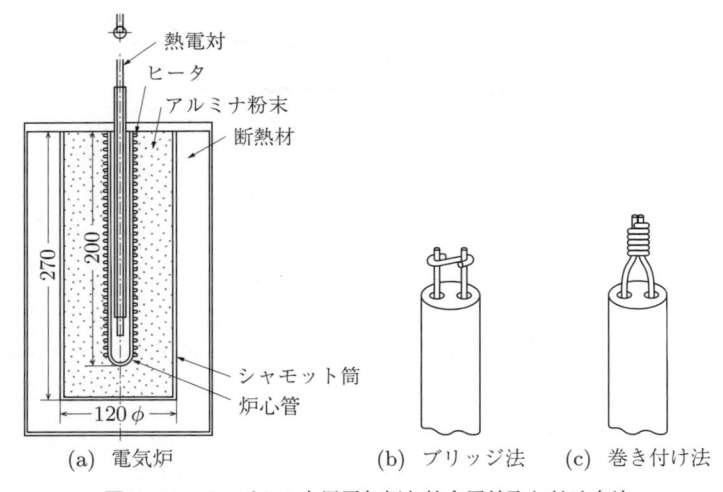

図 4.54　パラジウム点用電気炉と純金属線取り付け方法

　校正する熱電対は，図 (b) または図 (c) のように二つ穴絶縁管に通し，測温接点は溶接しない状態でパラジウム線を取り付ける。この状態で図 (a) に示すような電気炉に入れ，1 °C/min 程度のゆっくりした速度で炉温を上げると，パラジウム線が溶け始めてから溶け終わるまで，ほぼ一定の温度（熱起電力）を示す。

　具体的に得られたパラジウム融解プラトーを，測定前後の熱電対先端とともに**図 4.55** に示す[80],[81]。この例は，パラジウムをブリッジ状に付けて行ったものなので，溶融後は断線する。

　2 通りを示したパラジウム線の巻き付け方について，日本学術振興会での実験結果で両者に有意な差は出ていないので[79]，いずれの方法を用いてもよい。

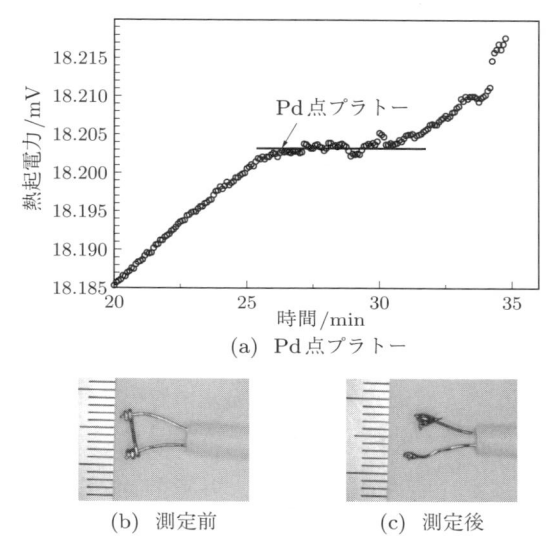

(a) Pd点プラトー

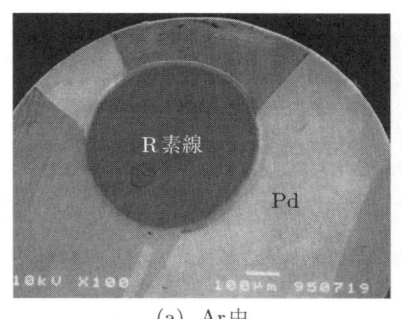

(b) 測定前

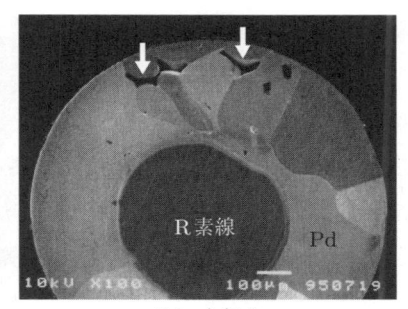

(c) 測定後

図 4.55 ワイヤブリッジ法によるパラジウム点プラトー
測定例と, 前後の熱電対先端の様子

　このパラジウム点のワイヤブリッジ法は, 多くの場合, 大気中で行われる。パラジウムは水素を多く吸蔵することがよく知られているが, 溶融状態では大気中の酸素も吸蔵する。このため, 大気中で測ったパラジウムの融解点は, 本来の値に比べて低くなる[82), 83)]。

　図 4.56 は, R熱電対に対して行ったパラジウムワイヤブリッジ後の断面組

(a) Ar中　　　　　　　　　(b) 大気中

図 4.56 パラジウムワイヤブリッジ後の断面組織

織を示している[83]。溶融後凝固したパラジウム部分を見ると，アルゴン雰囲気中で行った断面写真 (a) には空洞が見られないのに対して，大気中で行った写真 (b) には，結晶粒界に大きな空洞が見られる（図中の矢印部分）。これらはパラジウムの溶融中に溶け込んだ酸素が，液相と固相の溶解度の違いにより，凝固時に結晶粒界に析出したものと推測される。

最新のパラジウムの凝固点（融解点）は，$1\,554.8\,°C$[76] である。また，酸素の影響を加味した大気中での融解点は $1\,553.5\,°C$[84] である†。JIS C 1602^{-2015}の付属書には，酸素分圧による影響を受ける，との注記付きで $1\,554\,°C$ と書かれている。このように，パラジウム点は，酸素の影響に対する考慮の有無や程度によって一見異なる温度値が提示されることがあるので，どのような条件での値かを明示する必要が生じる場合があり，注意を要する。

ここでは，各事業者で多く行われているパラジウム点についてワイヤブリッジ法の説明を行った。原理的には他の金属でも可能であるが，価格が高く少量の金属でできる金点以外は，4.8.1 項で示したるつぼ法が一般的である。

4.8.3　金属-炭素共晶点

銅点を超える温度域での放射温度計の校正定点として考案された金属-炭素共晶点（metal-carbon eutectic point）の技術が，熱電対の高温側での校正にも応用されるようになって来ている。ここでは，実例を報告した文献 85)〜88) を紹介するに留める。詳細は 5.7.2 項〔4〕を参照されたい。

4.8.4　比較法による校正

白金抵抗温度計の場合と同様に，熱電対においても比較校正（comparison calibration）が行われる。この校正方法は，3.7 節の抵抗温度計の比較校正方法と基本的には同じであり，被校正熱電対と標準温度計を比較校正装置に挿入して両者の示度を比較する。熱電対の校正は，3.7.2 項で述べた比較校正用温槽

---

†　**表 1.4** 中の温度値は，大気中のものである。

の使用温度範囲より高温で実施することも多く，比較校正装置として電気炉も使われる。また，標準温度計として熱電対を使う場合，それを標準熱電対と呼び，精度が必要なことからR熱電対やS熱電対が使われている（わが国ではR熱電対が多い）。

　図4.57は，熱電対を比較校正する際の構成図である。電気炉の温度を測定したい温度に設定し，目的温度に達して温度が安定した後，標準熱電対と被校正熱電対の値を交互に複数回測定する。

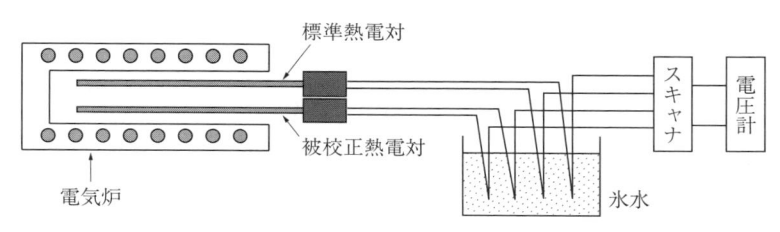

図4.57　熱電対の比較校正の構成図

　図では熱電対は二対しか記載していないが，実際の測定では，同時により多くの被校正熱電対を炉中に入れて測定することも行われる。測定時は，標準熱電対と被校正熱電対を交互に測定する必要があるので，図のように，各素線からの信号は低熱起電力スキャナを介して計測器（電圧計）に送られる。測定信号の切り替えや保存は，今日ではパソコンを利用して自動で行うのが一般的である。

　注意点は，測温接点温度をできるだけ同じにすることである。これは当然のことであり，具体的には，素線が絶縁管に入っただけで測温接点がむき出しの熱電対を測定する場合は，白金線で測温接点部分をすべて結ぶ（短絡する）。保護管に入ったままで，測温接点同士を結ぶことができない場合は，標準熱電対と被校正熱電対の挿入長をなるべく一致させる，あるいは両者を縛り付ける，などの配慮が必要である。

4.8.5 標 準 熱 電 対

　白金抵抗温度計に関しては，ITS-90 の補間計器としての仕様を満たす温度計の場合，国際協約としての回帰式（定義式）がある。しかしながら，熱電対に関して，同等のものはない。最新の JIS C 1602^{-2015} では記載がなくなったが，旧版の JIS C 1602^{-1995} では規準起電力からの偏差を 2 次式で回帰する方法が記載されていた。熱電対の校正結果をもとに中間温度を回帰する方法としては，本書でもこの方法を踏襲して解説する。なお，改定された後の古い JIS は一般には入手できないので，この JIS の記述に基づく方法が記載された文献 81) を参照されたい。

　図 **4.58**[64] は，R 熱電対の定点校正結果をもとに，偏差を 2 次式で回帰している。実測点が 0 °C 以外に 3 点以上あるので，原点を通る 2 次曲線を最小 2 乗法で回帰している。R 熱電対の基準関数は金点を境に変わるので，基準関数の係数を変更する形で厳密に回帰するには，区間ごとに分ける必要がある[81]。

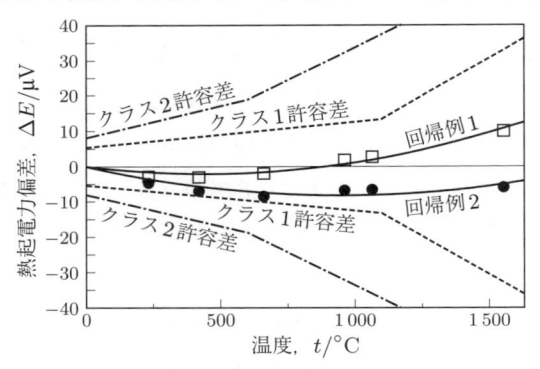

図 **4.58**　R 熱電対校正結果の回帰例

　しかし，基準関数の異なる区間を通して単純に実測点の温度と熱起電力値の偏差を直接 2 次式で回帰するレベルでも，実用的に必要かつ十分な精度で実測点間を補間することができる。

　R 熱電対の定点校正結果をもとに例示したが，比較校正結果であっても，異なる種類の熱電対であっても，校正された実測点間の補間は，偏差を 2 次式で回帰する方法で行われることが多い。

章　末　問　題

【1】　R 熱電対を用いて測温したところ，温度表示は 1 000 °C であったが，補償導線として，誤って K 熱電対用のものを用いていたことが判明した。この場合の正しい温度（実際の温度）は何 °C であるか求めよ。ただし，熱電対と補償導線の接続部の温度は 40 °C とし，熱電対・補償導線は規準表と同じ熱起電力特性を持つものとする。また，指示計器の冷接点補償も正しく，室温（20 °C）に置かれていたとする。なお，計算には**表 4.15** に示す熱起電力を用い，最終的な温度は JIS C 1602 の表から求めよ。

表 *4.15*

温度/°C	0	20	40	1 000
R 熱電対/μV	0	111	232	10 506
K 熱電対/μV	0	798	1 612	41 276

【2】　図 *4.59* は，ある熱電対検査室で行われていた，R 熱電対を標準とした R 熱電対の比較検査における結線を模式的に示したものである。

(a)　この結線には誤りがある。その誤りを指摘せよ。

(b)　誤った結線で測定を行っているにもかかわらず，測定結果に異常は認められない。その理由を考察せよ。

(c)　この結線のまま，被検査熱電対として K 熱電対や B 熱電対を行った場合，どのような結果が得られるかを考察せよ。

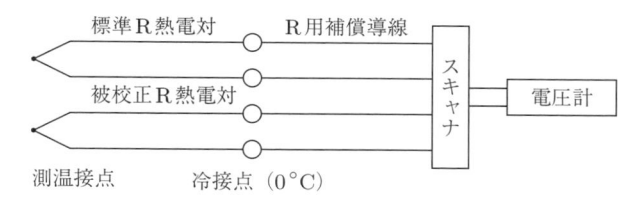

図 *4.59*

【3】　ワイヤブリッジ法は，*4.8.2* 項で述べたように，測温接点部に金線やパラジウム線を取り付け，その金属線の溶融中に熱起電力を測定する方法である。つまり，熱起電力は測温接点部分に依存し，熱起電力を生ずるのは温度勾配のある箇所のみであるとする原理（*4.1.1* 項）に一見矛盾する。ワイヤブリッジ法における熱起電力の発生原理を考察せよ。

参考文献と解説

1) R. E. Bentley: Theory and practice of thermoelectric thermometry, Handbook of Temperature Measurement 3, 103/111, Springer (1998), (Volume 3).

> 本章の複数個所で参照しているとおり，熱電対ならびに熱電対を使った温度計測全般に関わる教科書的な内容が網羅された良書である。Section 1.2.2 でゼーベック効果の詳細を解説している。Section 1.4.3 では熱電対の 3 法則を自明のものとして，詳細を記述していない。Table 2.7 に非酸化雰囲気中での耐火物からの汚染の記述がある。

2) L. B. Hunt: The Early History of the thermocouple, Platinum Metals Review, **8**-1, 23/28 (1964).

> ゼーベック自身の手による発見時の文献を引用しながら，熱電対（熱起電力）が発見された初期の歴史的内容を記述したレビューである。

3) キッテル 著, 宇野良清, 津屋昇, 新関駒二郎, 森田章, 山下次郎 訳：キッテル固体物理学入門 第 8 版, 丸善 (2010).

> 固体物理学関係では非常に有名な教科書で，固体の性質を理解する上で必要な基本的事項をほぼ網羅している。第 6 章で，自由電子気体が論じられている。

4) アシュクロフト・マーミン 著, 松原武生, 町田一成 訳：固体物理の基礎（上・I）, 吉岡書店 (2013).

> 上のキッテルと並ぶ，固体物理学関係では非常に有名な教科書。第 2 章で自由電子気体が論じられている。

5) 小倉秀樹：熱電効果を用いた温度センサ, 計測と制御, **45**-4 306/311 (2006).

> 熱電対の測温原理（ゼーベック効果）について，丁寧な説明がなされているだけでなく，関連するペルチェ効果・トムソン効果についても理解しやすいように解説されている。また，実際の測定例や注意事項に関する記載もある。

6) G. W. Burns, G. F. Strouse, B. W. Mangum, M. C. Croarkin, W. F. Guthrie, and M. Chattle: New reference functions for platinum-13 % rhodium versus platinum (type R) and platinum-30 % rhodium versus platinum-6 % rhodium (type B) thermocouples based on the ITS-90, in TEMPERATURE, Its Measurement and Control in Science and Industry, **Vol.6** (ed J. F. Schooley), 559/564, American Institute of Physics (1992).

ITS-90 への温度目盛変更に伴い，NIST と NPL が共同研究により新しい R 熱電対の基準関数を作成した。B 熱電対については，個体差が大きく解析がシンポジウム発表に間に合わなかったと述べられている。

7)　G. W. Burns, G. F. Strouse, B. W. Mangum, M. C. Croarkin, W. F. Guthrie, P. Marcarino, M. Battuello, H. K. Lee, J. C. Kim, K. S. Gam, C. Rhee, M. Chattle, M. Arai, H. Sakurai, A. I. Pokhodun, N. P. Moiseeva, S. A. Perevalova, M. J. de Groot, J. Zhang, K. Fan, and S. Wu: New reference function for platinum-10 % rhodium versus platinum (type S) thermocouples based on the ITS-90, Part I and Part II, in TEMPERATURE, Its Measurement and Control in Science and Industry, **Vol.6** (ed J. F. Schooley), 537/546, American Institute of Physics (1992).

ITS-90 への温度目盛変更に伴い，旧 IPTS-68 時代の補間計器であった S 熱電対を精密測定し，ITS-90 との差を論じている。NIST, IMGC, KRISS, NPL, NRLM, VNIIM, VSL, SIPAI の，八つの国立標準研究所の共同実験である。

8)　NIST Monograph 175, Temperature Electromotive Force Reference Functions and Tables for the Letter-Designated Thermocouple Types Based on the ITS-90 (1993).

NIST より刊行されている熱電対に関する詳細な解説書。

9)　D. D. Pollock: Proposed mechanism for the thermoelectric properties of nickel and some fo its alloys near the Curie temperature, in TEMPERATURE, Its Measurement and Control in Science and Industry, **Vol.6** (ed J. F. Schooley), 1115/1120, American Institute of Physics (1992).

K 熱電対の熱起電力変化を素材の磁性と関連付けて論じており，ショートレンジオーダリングの可能性は否定的に扱っている。

10)　N. A. Burley: NICROSIL AND NISIL — Highly stable nickel-base alloys for thermocouples, in TEMPERATURE, Its Measurement and Control in Science and Industry, **Vol.4** (ed H. H. Plumb), 1677/1695, Instrument Society of America (1972).

N 熱電対に関する最初の発表文献。

11)　NBS Monograph 161, THE NICROSIL VERSUS NISIL THERMOCOUPLE: Properties and Thermoelectric Reference Data (1978).

文献 10) の後に調べられた詳細な特性が掲載されている。

12)　高温測定の標準化研究, 日本学術振興会 製鋼 19 委員会第 2 分科会, 昭和 63 年 11 月.

本書の複数の場所で参考文献として引用しているとおり，4 章で直接的に引用している N 熱電対の安定性やシャントエラーに関することのみでなく，温度計測全般に関して非常に参考になることが多く述べられている。

13) G. W. Burns, G. F. Strouse, B. M. liu, and B. W. Mangun: Gold versus platinum thermocouples — Performance data and an ITS-90 based reference function, in TEMPERATURE, Its Measurement and Control in Science and Industry, **Vol.6** (ed J. F. Schooley), 531/536, American Institute of Physics (1992).

複数の Au/Pt 熱電対に対して，定点ならびに白金抵抗温度計との比較で個体差を測定し，ITS-90 における基準関数を求めている。

14) G. W. Burns, D. C. Ripple, and M. Battuello: Platinum versus palladium thermocouples — An emf-temperature reference function for the range 0 °C to 1 500 °C, Metrologia, **35**, 761/780 (1998).

最初に Pt/Pd 熱電対の規準熱起電力表が発表された文献。

15) W. L. Pillips Jr.: Oxidation of the platinum metals in air, Trans. ASM, **57**, 33/37 (1964).

白金族元素の，大気中での昇華量（減耗量）が実測されている。

16) L. L. Sparks and R. L. Powell: Low temperature thermocouples — KP, "normal" silver, and copper versus Au-0.02 at% Fe and Au-0.07 at% Fe, Journal of Research of the National Bureau of Standards – A, Physics and Chemistry, **76A**-3, 263/283 (1972).

表題にある，3 種類の＋側素線と 2 種類の－側素線をおのおの組み合わせた 6 種類の低温用熱電対の熱起電力表が掲載されている。ASTM E1751/E1751M-15 に規定されるクロメル/金鉄熱電対（KP vs Au-0.07 at% Fe）の熱起電力は，本論文の値を ITS-90 温度目盛に変換したものである。なお，変換による差は最大で 1 µV 程度である。

17) L. L. Sparks, R. L. Powell, and W. J. Hall: Reference tables for low-temperature thermocouples, NBS Monograph 124, National Bureau of Standard (1972).

タイプ E，タイプ K，タイプ T の低温域の熱起電力表が掲載されている。JIS C 1602「熱電対」に規定される 0 °C 以下の規準熱起電力は，本論文の値を ITS-90 温度目盛に変換したものである。なお，変換による差は最大で 1 µV 程度である。

18) J. V. Pearce, C. J. Elliott, A. Greenen, D. del Campo, M. J. Martin, C. Garcia Izquierdo, P. Pavlasek, P. Nemecek, G. Failleau, T. Deuze, M. Sadli,

and G. Machin: A pan-European investigation of the Pt-40％Rh/Pt-20％Rh (Land-Jewell) thermocouple reference function, Measurement Science and Technology, **26**, 015101 (10pp) (2015).

19) L. O. Olesen and P. D. Freeze: Reference tables for the platinel II thermocouple, Journal of Research of the National Bureau of Standards, **68C**-4, 263/281 (1964).

20) G. F. Blackburn and F. R. Caldwell: Reference tables for 40 percent Iridium-60 percent Rhodium versus Iridium thermocouples, Journal of research of the National Bureau of Standards, **66C**-1, 1/12 (1962).

　同じ論文が，TEMPERATURE, Its Measurement and Control in Science and Industry, **Vol.3**, Part 2 (ed C. M. Herzfeld) 161/175, Litton Educational Pub., Inc. (1962) にも掲載されている。

21) G. F. Blackburn and F. R. Caldwell: Reference tables for thermocouples of Iridium-Rhodium alloys versus Iridium, Journal of Research of the National Bureau of Standards, **68C**-1, 41/59 (1964).

22) F. H. Schofield and A. Grace: A "Quick Immersion" Thermocouple for measuring the temperature of liquid steel both before and after being tapped from the furnace, Iron Steel Inst. Special Report No.25, 239/264 (1939).

23) W. C. Heselwood and D. Manterfield: Liquid steel temperature measurement, Platinum Metals Review, **1**-4, 110/118 (1957).

　かなり古い例であるが，実際の転炉に消耗型浸漬熱電対を挿入する現場写真など が掲載されている。

24) J. A. Stevenson: Temperature measurement with the expendable immersion thermocouple, Platinum Metals Review, **7**-1, 2/6 (1963).

　消耗型浸漬熱電対の使用状況のみならず，プローブ先端の熱電対を含む部分の構造 がわかる写真も掲載されている。この構造は，現在も基本的な部分は同じである。

25) A. Lefebvre, P. Vieville, P. Lipinski, and C. Lescalier: Numerical analysis of grinding temperature measurement by the foil/workpiece thermocouple method, International Journal of Machine Tools & Manufacture, **46**, 1716/1726 (2006).

26) T. Moussa, B. Garnier, U. Pelay, Y. Favennec, and H. Peerhossaini: Heat transfer at the grinding interface between glass plate and sintered diamond wheel, International Journal of Thermal Sciences, **107**, 89/95 (2016).

27)   R. Komanduri and Z. B. Hou: A review of the experimental techniques for the measurement of heat and temperatures generated in some manufacturing processes and tribology, Tribology International, **34**, 653/682 (2001).

    25)〜27) は，機械加工中の加工物の温度上昇を測定したもので，25) は foil/workpiece thermocouple method の実践例が記載されている。27) は，関連した事例をまとめたレビューである。

28)   JIS Z 8704, 温度測定方法 — 電気的方法 (1993).

    熱起電力または電気抵抗の変化を利用して温度を電気的に測定する一般的方法について規定した JIS 規格。よく利用されている非金属保護管および金属保護管の特性が，それぞれ表 10 と表 11 にまとめられている。

29)   IEC 61515, Mineral insulated metal-sheathed thermocouple cables and thermocouples (2016).

30)   JIS C 1605, シース熱電対 (1995).

    29) と 30) はシース熱電対の国際規格と JIS 規格。国際規格には，熱電対として加工される前のシース熱電対ケーブルとしての要求事項も含まれる。

31)   R. E. Bentley: Thermoelectric behavior of Ni-based ID-MIMS thermocouples using the Nicrosil-plus sheathing alloy, in TEMPERATURE, Its Measurement and Control in Science and Industry, **Vol.6** (ed J. F. Schooley), 585/590, American Institute of Physics (1992).

32)   N. A. Burley: "N-CLAD-N" A novel integrally sheathed thermocouple — Optimum design rationale for ultra-high thermoelectric stability, in TEMPERATURE, Its Measurement and Control in Science and Industry, **Vol.6** (ed J. F. Schooley), 579/584, American Institute of Physics (1992).

    31), 32) とも金属シース材に，N 熱電対の＋脚素線（ナイクロシル）と化学的にも物理的にも同質の材料を用いて製作された，タイプ N シース熱電対の熱起電力特性を調査した研究報告であり（文献 31) はタイプ K を含む），熱起電力の安定性に従来製品より優れた結果が得られた。

33)   日本電気計測器工業会 編：新編温度計の正しい使い方 改訂第 5 版, 日本工業出版 (2012).

    第 3 章にサーモウェルを含む「保護管」全般の記載があり，3-5 節に保護管の強度計算について，従来手法の詳しい説明がある。

34)   山崖佳昭, 和田雄作, 森下正樹, 一宮正和：もんじゅ事故の原因究明について, 計測と制御, **37**-3, 189/194 (1998).

    事故の概要と，事故から明らかになった技術的課題を紹介し，原因究明を行った報告。

35) 日本機械学会：配管内円柱状構造物の流力振動評価指針, JSME S012 (1998).

もんじゅ事故を受けて，日本機械学会が，流れの中に置かれた円柱構造物の，流れによって励起される振動に対する評価方法を定めた指針。日本機械学会基準としての本文（10 ページ）に，解説 A（47 ページ）と解説 B（88 ページ）が付属する。

36) ASME PTC 19.3 TW-2016, Thermowells Performance Test Codes (2016).

ASME によるサーモウェルの規格。ASME PTC 19.3 (1974) が 2010 年に一新されて ASME PTC 19.3 TW-2010 となり，内容も充実した。その 2016 年改定版である。

37) JIS C 1610, 熱電対用補償導線 (2012).

38) IEC 60584-3, Thermocouples-Part 3: Extension and compensating cables — Tolerances and identification system (2007).

39) ASTM E230/E230M-12, Standard specification and temperature-electromotive force (emf) tables for standardized thermocouples (2012).

37), 38) は熱電対用補償導線の国際規格と JIS 規格。39) は ASTM の熱電対と補償導線の規格で，**表 _4.12_** の色別の引用元。

40) JIS Z 8710^{-1993}, 温度測定方法通則.

41) 河村昭利：最新 温度計測の Q&A, 130/131, システム総研 (1989).

42) 計測自動制御学会温度計測部会 編：新編 温度計測, 10/26, コロナ社 (1992).

43) J. V. Nicholas and D. R. White: Traceable Temperatures Second Edition, 139/145, John Wiley & Sons LTD. (2001).

44) L. G. Blevins and W. M. Pitts: Modeling of bare and aspirated thermocouples in compartment fires, Fire Safety Journal, **33**, 239/259 (1999).

45) R. J. Moffat: Gas temperature measurement, in TEMPERATURE, Its Measurement and Control in Science and Industry, **Vol.3**, Part 2 (ed C. M. Herzfeld), 553/571, Litton Educational Pub., Inc. (1962).

46) 野崎善蔵, 渡辺一雄, 近啓作：吸引式温度計によるガス温度の測定, 電気鉄鋼, **37**-2, 9/17 (1966).

47) F. S. Simmons and G. E. Glawe: Theory and design of a pneumatic temperature probe and experimental results obtained in a high-temperature gas stream, NACA TN3893 (1957).

48) S. Brohez, C. Delvosalle and G. Marlair: A two-thermocouples probe for radiation correction of measured temperatures in compartment fires, Fire Safety Journal, **39**, 399/411 (2004).

49)　児玉武臣, 篠原哲雄, 浜田登喜夫：直接通電パイプの温度測定, 計測自動制御学会, 第 28 回センシングフォーラム 計測部門大会, 117/121 (2011).

　　　直接通電加熱されたパイプ表面に, 線径の異なる熱電対を貼り付け, パイプ内との差異を実測した例である。

50)　西澤拓磨, 江口和輝：電装品開発時の温度計測手法の提案, ケーヒン技報, **Vol.2**, 34/40 (2013).

51)　中島敏晴, 沼尻治彦, 佐々木正史：熱電対を用いた表面温度測定における誤差の低減化, 東京都立産業技術研究センター研究報告, **Vol.9**, 80/81 (2014).

52)　田丸卓, 黒沢要治：ガスタービン燃焼器ライナ壁温測定のための熱電対取付法, および輻射計測法の評価, 航空宇宙研究所報告, 784 号, 1/12 (1983).

53)　三原雄二：壁面熱流束計測用センサとその計測システムについて, 計測自動制御学会第 144 回「温度計測部会」講演会, 15/21, カタログ番号 17PG0007.

54)　中別府修：MEMS を用いた高空間分解能熱流束センサの開発, 計測自動制御学会第 144 回「温度計測部会」講演会, 23/32, カタログ番号 17PG0007.

55)　山澤一彰, 安曽清, 丹波純：小型白金抵抗温度計を用いた金属板の表面温度の推定, 計測自動制御学会 第 30 回センシングフォーラム計測部門大会, 93/981 (2013).

　　　50)〜55) は, 固体表面に熱電対を接触させ（貼り付け）, 表面温度を測るさまざまな工夫を示した例である。

56)　J. V. Pearce: Quantitative determination of the uncertainty arising from the inhomogeneity of thermocouples, Measurement Science and Technology, in TEMPERATURE, Its Measurement and Control in Science and Industry, **Vol.7** (ed D. C. Ripple), 3489/3495, American Institute of Physics (2003).

57)　T. Hamada and Y. Suyama: E.M.F. Drift and inhomogeneity of Type K thermocouples, SICE Annual Conference 2004 in Sapporo, 989/992 (2004).

　　　K 熱電対の炉への挿入長を変えて, 変化を実測した例である。

58)　T. Yamamoto, Y. Tamura, and Y. Kawate: Experimental studies and an estimation model for shunting errors of sheathed thermocouples, in TEMPERATURE, Its Measurement and Control in Science and Industry, **Vol.6** (ed J. F. Schooley), 607/612, American Institute of Physics (1992).

　　　文献 12) に示した日本学術振興会の資料のエッセンスからできた論文で, シース熱電対のシャントエラーを具体的に示している。

59)　豊田弘道, 田村洋一, 小川実吉：実用「熱電温度計」⑬, 計測技術, 1995 年 6 月号, 102/111.

後出の文献 72) と同様に，本書の旧版の執筆者の一部による解説記事である。該当号では文献として参照したシース熱電対のシャントエラーを扱っている。72) の5月号 ⑫ も含めて，3月号 ⑩ 〜 7月号 ⑭ にわたって熱電対に関する幅広い解説が行われており，すべて一読に値する解説である。

60)　浜田登喜夫：ロジウム濃度変化に基づく白金系熱電対のドリフト量の計算, 計測自動制御学会論文集, **44**-7, 552/557 (2008).

　　白金系熱電対に対して実際に熱起電力ドリフト試験を実験室的に行った例であり，ロジウム濃度の詳細も調べられている。また，計算と実測結果の差異も見ている。なお，論文中の計算には誤りが含まれ，R 熱電対の計算結果は正しくは $-77\,^{\circ}\mathrm{C}$ であり，実測結果との一致は示された値より良い。

61)　小倉秀樹：純金属系及び合金系熱電対の高温域における特性の調査研究, 計量研究所報告, **50**-1, 115/126 (2001).

　　熱電対に関するレビュー論文である。執筆時点までの情報が網羅されており，高温での熱電対の挙動に関する詳細が述べられている。

62)　M. Hansen: Constitution of Binary Alloys, McGraw-Hill Book Company (1958).

　　T. B. Massalski: Binary Alloy Phase Diagrams, ASM International (1990).

　　前者は古く（IPTS-48），後者は書籍としては最新（IPTS-68）である。現在は ASM International 社のウェブサイト（最新版が置いてある）を有料で閲覧する形になっている。ただし，本書執筆時点の最新版の温度目盛は IPTS-68 である。

63)　H. E. Bennett: The contamination of platinum metal thermocouples, Platinum Metals Review, **5**-4, 132/133 (1961).

　　白金系熱電対が不純物に汚染された例の断面写真が複数掲載されている。

64)　浜田登喜夫, 山嵜春樹, 児玉武臣：酸化物分散強化白金熱電対 TEMPLAT の特性, 計測と制御, **54**-11, 854/858 (2015).

65)　T. Hamada, H. Yamasaki, and T. Kodama: Thermocouples with improved high-temperature creep property by oxide dispersion strengthening, in TEMPERATURE, Its Measurement and Control in Science and Industry, **Vol.8** (ed C. Meyer), 538/543, American Institute of Physics (2013).

　　本格的な酸化物分散強化白金を熱電対に適用した最初の例である。65) がオリジナルの論文で，64) は日本語の解説記事である。

66)　J. S. Hil: Fibro Platinum for thermocouple elements, in TEMPERATURE, Its Measurement and Control in Science and Industry, **Vol.3** (ed C. M. Herzfeld), 157/160, Litton Educational Pub., Inc. (1962).

熱起電力を維持したまま，白金側の高温クリープ強度向上を目指した最初の例であり，本書執筆時点でも海外では製造・販売されている。

67) B. Wu and G. Liu: Platinum — Platinum-Rhodium thermocouple wire, Platinum Metals Review, **41**-2, 81/85 (1997).

文献は発表されているが，本書執筆時点では，白金は中国政府が輸出を原則禁止しているため，中国国内でしか入手できない。

68) P. N. Huges and N. A. Burler: Metallurgical factors affecting stability of nickel base thermocouples, J. Inst. Metals, **91**-3, 373/376 (1962).

69) N. A. Burley: Solute depletion and thermo E.M.F. drift in Ni base thermo-couple alloys, J. Inst. Metals, **97**, 252/255 (1969).

70) F. S. Silbley et al.: Aging in Type K couplea, Hoskins 社技術資料.

71) 林久登，二宮洋一：還元性雰囲気における CA 熱電対の劣化対策，計測技術，**75**-5, 52/56 (1974).

72) 豊田弘道，田村洋一，小川実吉：実用「熱電温度計」⑫，計測技術 1995 年 5 月号，93/103.

59) とともに，本書の旧版の執筆者の一部による解説記事である。該当号には文献として参照した K 熱電対の可逆変化の解説がある。59) の解説も参照。

73) 田中昭雄，宝田正昭，萩原光彦：還元性雰囲気におけるクロメル-P・アルメル熱電対劣化，川崎製鉄技報，61/72 (1973/1).

74) A. W. Fenton: The travelling gradient approach to thermocouple research, in TEMPERATURE, Its Measurement and Control in Science and Industry, **Vol.4** (ed H. H. Plumb), 1973/1990, Instrument Society of America (1972).

75) D. D. Pollock: Thermocouples Theory and Properties, CRC Press (1991).

本書の趣旨は熱電対の熱起電力を理論的に説明することである。その中で短範囲規則格子変態が，熱起電力ドリフトを説明するための仮説として提唱されたものの，検証には至っていない経緯を記載している。

76) R. E. Bedford, G. Bonnier, H. Maas, and F. Pavese: Recommended values of temperature on the International Scal of 1990 for a selected set of secondary reference points, Metrologia, **33**, 133/154 (1996).

ITS-90 の定義定点温度以外の純物質の相変態点の最良推定温度が多数記載されており，他のデータ集などにもこの値が引用されている。

77) 浜田登喜夫：温度-1 電気式温度計の校正と実用標準の供給，計測技術，2003 年 1 月増刊号，41/44.

本書では純度の低い温度定点物質を用いた場合の融解曲線例をこの文献から引用
した。このほかに，この文献には接触式温度計の校正に関わる内容が記述されて
いる。

78)　パラジウム線溶融法による PR 熱電対の高温検定方法，日本学術振興会製鋼第 19
　　委員会，昭和 37 年 3 月.

79)　R 熱電対の Pd 点校正を含む共同実験報告：日本学術振興会産業計測第 36 委員
　　会 温度計測分科会，平成 17 年 7 月.

80)　T. Hamada, J. Ode, and S. Miyashita: An uncertainty estimation of Type
　　R thermocouples exposed at Pd fixed point, SICE Annual Conference 2005
　　in Okayama, August 8–9, 1090/1095 (2005).

　　　78)～80) は，ワイヤブリッジ法を用いたパラジウム定点に関するもので，78), 79)
　　は日本学術振興会からの報告書。80) はその一部を SICE で発表した際の予稿で
　　ある。

81)　浜田登喜夫：実用標準熱電対（R 熱電対）の具備条件と信頼性，計測標準と計量
　　管理，**56**-3, 20/28 (2006).

　　　本書ではパラジウム点の例をこの論文から引用した。それ以外の温度定点での測
　　定や白金系熱電対の熱処理などに関しても，JIS C 1602^{-1995} の記述とともに記
　　載されている。

82)　T. P. Jones and K. G. Hall: The melting point of palladium and its depen-
　　dence on oxygen, Metrologia, **15**, 161/163 (1979).

　　　パラジウム点温度の酸素濃度依存性について記載されており，84) における大気中
　　でのパラジウム点温度決定の際に参照された文献である。

83)　浜田登喜夫，山崎春樹：るつぼ法とワイヤ法による Pd 定点の信頼性評価，計測
　　自動制御学会論文集，**32**-6, 820/825 (1996).

　　　パラジウム点をワイヤブリッジ法・るつぼ法で実現し，酸素の影響を調べている。

84)　R. E. Bedford and T. J. Quinn: Techniques for approximating the Interna-
　　tional Temperature Scal of 1990 Pavillon de Breteuil, F-92312 èvres, Organ-
　　isation intergouvernementale de la Convention du Mètre (1997).

　　　本書 1 章の文献 29) を参照。

85)　Y. Yamada, F. Sakuma, and A. Ono: Thermocouple observations of melting
　　and freezing plateaus for metal-carbon eutectics between copper and palla-
　　dium points, Metrologia, **37**, 71/73 (2000).

86) T. Hamada and H. Yamasaki: A realization of Co-C eutectic point by using small fixed point furnace, ICROS-SICE International Joint Conference, August 18–21, 2802/2805 (2009).

87) H. Ogura, M. Izuchi, and M. Arai: Evaluation of cobalt-carbon and palladium-carbon eutectic point cells for thermocouple calibration, Int. J. Thermophys, **29**, 210/221 (2008).

88) H. Ogura, M. Izuchi, J. Tamba, and M. Arai: Uncertainty for the realization of the Co-C eutectic point for calibration of thermocouples, Proc. ICROS-SICE International Conference 2009, 3297/3302 (2009).

85)～88) はすべて金属 – 炭素共晶点を熱電対の校正に用いたものである。85) は,
金属 – 炭素共晶点を熱電対の校正に初めて用いた例である。

5

放射測温

温度計測は接触式測定と非接触式測定に大別される。放射測温法は非接触式温度計測の代表的な手法である。あらゆる物質はその熱力学温度に応じて電磁波を放射する（可視光は電磁波の一つにすぎない）。この現象はしばしば熱放射（thermal radiation）と称される。これをさまざまな光検出器で検知し，その応答出力を温度換算して対象物体の温度計測を行うのが放射測温法である[1)~3)]。放射測温法は非接触式測温法である点で顕著な利点を有するが，同時に信頼性の高い温度計測を実現するためには，放射率をはじめとして克服すべき多くの課題を抱えている。

本章は，黒体放射則をはじめ，いくつかの重要な基本法則の導出から具体的な応用に至るまで，放射測温法の基礎から応用までを幅広く網羅している。5.1.1 項では，プランクの放射則に至るまでの歴史的経緯を整理して記述し，最後に放射測温に有用な諸法則を導出する。物理的な議論になじめない場合や，歴史的経緯に興味がない場合，あるいは取り急ぎ有用な法則を具体的に知りたい読者は，5.1.1 項を式 (5.26) から読み始めてもよい。ただし，式 (5.26) に至る経緯を辛抱強く学習することによって，多くの知見が得られるだろう。

なお，本章では，原理に関わる式の導出に際し理解の助けとなるよう，国際単位系で表す単位の表記を一部 "〔 〕" で併記する。

5.1　放射測温の原理

5.1.1　放射の諸法則

熱放射とはどのような現象をいうのであろうか。

　物質を構成する原子・分子は正の電荷を持つ原子核と負の電荷を持つ電子からなっている。温度とそれに伴う熱による物質内の電子のランダムな加速度運動，あるいは正に帯電した原子核と負電荷の電子が構成した電気双極子（electric dipole）の加速度運動 dv/dt が，**図 5.1** に示すように点 O から距離 r の位置に電磁場（電場 **E** と磁場 **B**）を生じさせ，それが電磁場に対して垂直方向に伝播する電磁場のエネルギを発生する。

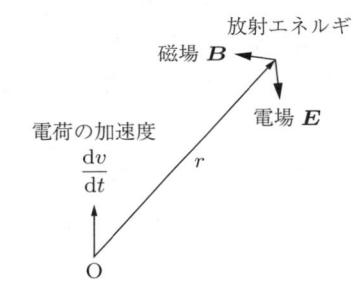

図 5.1　加速度運動する電荷による
電磁場の生成

　電磁場に関するマクスウェルの電磁方程式（Maxwell's equations）から，電子などの電荷量 e の 1 個の荷電粒子によって単位時間当たりに発生する電磁場のエネルギ Φ は，式 (5.1) で与えられる[4),5)]。

$$\Phi = \frac{e^2}{6\pi\varepsilon_0 c_0^3}\left(\frac{dv}{dt}\right)^2 \quad \text{〔W〕} \tag{5.1}$$

ここで，ε_0 は真空の誘電率，c_0 は真空中の光速度，dv/dt は荷電粒子の加速度を表す。

　このようなメカニズムにより，温度に対応して発生する電磁波（electromagnetic wave）のエネルギの様子が，最終的に黒体放射則として確立された。

　黒体放射（blackbody radiation）は放射測温の要となる基準である。黒体

（英語で blackbody，ドイツ語で schwarzer Körper）という用語は，1860 年にキルヒホッフ（G. R. Kirchhoff）によって提唱された[6]。黒体はあらゆる電磁波を完全に吸収する理想物体として定義され，構成される材料や形状に依存せず，熱平衡状態においてその温度における最大の電磁波の放射体となり，放射の方向や偏光特性を示さないことが熱力学的に証明される。19 世紀後半にドイツの産業，とりわけ鉄鋼業の興隆に伴い，冶金学的なさまざまなプロセスにおける高温の放射測温技術が発達したが，並行して物理学として黒体空洞放射に関する研究が進み，最終的に 1900 年プランク（M. Planck）により量子仮説（quantum hypothesis）に基づいた厳密な黒体放射則が誕生した[7]。周知のとおり，プランクの量子仮説は，1930 年代前半に完成を見る新しい物理学である量子力学（quantum mechanics）確立の第一歩になった[8),9]。

　黒体を内壁温度 T の熱平衡状態に保った空洞とすると，空洞内の電磁場も同じ温度 T の熱平衡状態となる。

　この空洞の状態を乱れさせない程度の小さな窓を開け，そこから漏れ出る電磁波を観測すれば，黒体放射が求められる。空洞を 1 辺 L の立方体として，空洞の壁間の境界条件のもとで，充満する電磁場の ν と $\nu + \mathrm{d}\nu$ との間にある固有振動数の個数を $Z(\nu)\mathrm{d}\nu$ とし，これを求めてみよう。

　可能な固有振動数（定常波）は，L がその半波長の整数倍に等しい波である。このとき，波の両端が節となる。波長を λ，n を 1 から始まる整数とすると

$$n\frac{\lambda}{2} = L \tag{5.2}$$

である。

　振動数 ν は

$$\lambda\nu = c_0 \tag{5.3}$$

であるから，固有振動数 ν_n は

$$\nu_n = \frac{c_0}{\lambda} = \frac{nc_0}{2L} \tag{5.4}$$

となる。図 **5.2** に固有振動モードを示す。

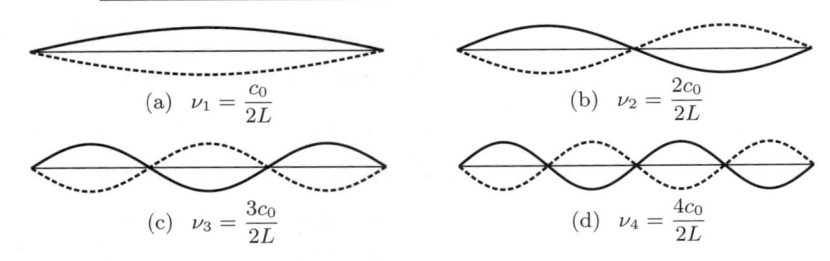

(a) $\nu_1 = \dfrac{c_0}{2L}$ (b) $\nu_2 = \dfrac{2c_0}{2L}$

(c) $\nu_3 = \dfrac{3c_0}{2L}$ (d) $\nu_4 = \dfrac{4c_0}{2L}$

図 **5.2**　固有振動モード

電場 $E(x, y, z) = E_0 \mathrm{e}^{i(k_x x + k_y y + k_z z)}$ の周期境界条件は

$$E(x, y, z) = E(x + L, y, z) = E(x, y + L, z) = E(x, y, z + L) \quad (5.5)$$

である。電場の進行方向の波数ベクトル $\boldsymbol{k} = (k_x, k_y, k_z)$ は，上式より

$$\mathrm{e}^{ik_x L} = \mathrm{e}^{ik_y L} = \mathrm{e}^{ik_z L} = 1 \tag{5.6}$$

を満たす。すなわち，次式の関係が成り立つ。

$$k_x = \frac{2\pi}{L}n_x, \;\; k_y = \frac{2\pi}{L}n_y, \;\; k_z = \frac{2\pi}{L}n_z \quad (n_x, n_y, n_z = 0, \pm1, \pm2, \cdots)$$
$$(5.7)$$

波数空間の体積 $(2\pi/L)^3$ に 1 個の割合で，固有振動数が一様に分布する。波数（wave number）の大きさが k と $k + \mathrm{d}k$ の球殻体積の中にある固有振動数は，電磁波が横波で偏光（かたより）による二つの基準振動が属することを考慮すると，次式で表される。

$$\frac{4\pi k^2 \mathrm{d}k \times 2}{(2\pi/L)^3} = \frac{k^2}{\pi^2} L^3 \mathrm{d}k \tag{5.8}$$

波数は $k = 2\pi/\lambda = 2\pi\nu/c_0$ であるから，これと $\mathrm{d}k = (2\pi/c_0)\mathrm{d}\nu$ を上の式に代入して

$$Z(\nu)\mathrm{d}\nu = \frac{8\pi L^3}{c_0^3}\nu^2 \mathrm{d}\nu \tag{5.9}$$

を得る。固有振動数を求めるこれまでの議論では，境界条件として 1 辺 L の立方体の空洞条件で進めてきたが，体積 L^3 が十分に大きい極限では，境界の形状や条件によらないことが証明されている（Weyl-Laue の定理）[10]。

〔**1**〕　**レイリー–ジーンズの法則**　古典統計力学によれば，エネルギ等分配の法則により，各固有振動に kT ずつのエネルギが分配されるので，ν と $\nu + \mathrm{d}\nu$ との間の振動数の電磁波のエネルギは，式 (5.9) に kT を乗じて[†]

$$E(\nu)\mathrm{d}\nu = Z(\nu)kT\mathrm{d}\nu = \frac{8\pi L^3}{c_0^3}kT\nu^2\mathrm{d}\nu \quad [\mathrm{J}] \tag{5.10}$$

となる。

空洞の単位体積当たりのエネルギスペクトル分布は，式 (5.10) を体積 L^3 で割って

$$U_{\mathrm{b},\nu}(T)\mathrm{d}\nu = \frac{8\pi kT}{c_0^3}\nu^2\mathrm{d}\nu \quad [\mathrm{J}\cdot\mathrm{m}^{-3}] \tag{5.11}$$

となる。式 (5.11) が**レイリー–ジーンズ**（Rayleigh-Jeans）**の法則**である[8),9)]。

この式は振動数の 2 乗に比例してエネルギが増加し，振動数すべてについて積分すると無限大となるので，物理理論として破綻しているが，低振動数（すなわち長波長）で実験結果によく適合することが知られている。一方，放射スペクトルはある振動数でピーク値を持ち，振動数が高くなるにつれて小さくなることが実験的に知られていた。このことは，黒体空洞放射の現象は等分配の原理が成り立たないことを意味する。

〔**2**〕　**ウィーンの近似則**　プランクの親友であったウィーン（W. Wien）は，スペクトル分布が式 (5.9) と組み合わせて

$$U_{\mathrm{b},\nu}(T)\mathrm{d}\nu = \frac{8\pi}{c_0^3}F\left(\frac{\nu}{T}\right)\nu^3\mathrm{d}\nu \tag{5.12}$$

の形をしていることを突き止め，黒体空洞放射の実験結果に対応して

$$F\left(\frac{\nu}{T}\right) = k\beta\mathrm{e}^{-\beta(\nu/T)} \tag{5.13}$$

であるとし，1896 年につぎの理論式を導いた[8),9),11)~13)]。

$$U_{\mathrm{b},\nu}(T)\mathrm{d}\nu = \frac{8\pi k\beta}{c_0^3}\mathrm{e}^{-\beta\nu/T}\nu^3\mathrm{d}\nu \quad [\mathrm{J}\cdot\mathrm{m}^{-3}] \tag{5.14}$$

[†]　k はボルツマン定数（Boltzmann constant）であり，既述の波数ではない。

この式で β を適当に定めると，振動数 ν の高いところで実験結果によく適合するが，それ以外のところでは適合しないことが示された。この式は，後に**ウィーンの近似則**（Wien's approximation）と称されている（後述の式 (5.29) 参照）。

〔**3**〕　**プランクの放射則**　　このように電磁波振動数の低い領域でレイリー－ジーンズの法則，高い領域でウィーンの近似則が成り立つが，全スペクトル領域で成立する新たな理論の構築が必要であった。

プランク（M. Planck）は 1900 年に，上記の二つの法則，式 (5.11) と式 (5.14) を結び付けるために，つぎの公式を提案した。

$$U_{\mathrm{b},\nu}(T)\mathrm{d}\nu = \frac{8\pi k\beta}{c_0^3} \frac{\nu^3}{\mathrm{e}^{\beta\nu/T}-1}\mathrm{d}\nu \quad [\mathrm{J}\cdot\mathrm{m}^{-3}] \tag{5.15}$$

ここで，$h = k\beta$ とおいて式 (5.15) に代入すると

$$U_{\mathrm{b},\nu}(T)\mathrm{d}\nu = \frac{8\pi h}{c_0^3} \frac{\nu^3}{\mathrm{e}^{h\nu/kT}-1}\mathrm{d}\nu \quad [\mathrm{J}\cdot\mathrm{m}^{-3}] \tag{5.16}$$

となる。この h は**プランク定数**（Planck constant）と呼ばれており，その数値と単位は

$$h = 6.626\,070\,015\,0 \times 10^{-34}\,\mathrm{J}\cdot\mathrm{s} \tag{5.17}$$

である。

式 (5.16) は実験結果とよく一致し，かつ $h\nu \ll kT$ の条件（低振動数）では $\mathrm{e}^{h\nu/kT} \approx 1 + h\nu/kT$ となるので，式 (5.11) のレイリー－ジーンズの法則に一致し，また，$h\nu \gg kT$ の条件（高振動数）では $\mathrm{e}^{h\nu/kT} - 1 \approx \mathrm{e}^{h\nu/kT}$ となるので，式 (5.14) のウィーンの近似則に一致する。全振動数領域にわたって実験結果に定量的に一致する法則となった。

式 (5.16) の導出だけでも歴史に残る業績だったが，プランクは，なぜ式 (5.16) のような式が成り立つのかをさらに深く洞察し，エネルギに関する**量子仮説**に到達した。すなわち，エネルギとは連続量ではなく，振動数 ν の放射エネルギは $h\nu$ の整数倍

$$E = nh\nu \quad [\mathrm{J}] \quad (n = 0, 1, 2, \cdots) \tag{5.18}$$

の値しかとることはできないという仮説を置いた。黒体空洞内において，振動数が ν と $\nu + d\nu$ の間の電磁波の平均エネルギ $\langle E \rangle$ は，温度 T の平衡状態においてエネルギ E の状態にある確率が $e^{-E/kT}$ に比例するので

$$\langle E \rangle = \frac{\displaystyle\sum_{n=0}^{\infty} E e^{-E/kT}}{\displaystyle\sum_{n=0}^{\infty} e^{-E/kT}} = \frac{\displaystyle\sum_{n=0}^{\infty} nh\nu e^{-nh\nu/kT}}{\displaystyle\sum_{n=0}^{\infty} e^{-nh\nu/kT}} \quad \text{〔J〕} \tag{5.19}$$

となる。上式の分母は初項 1，公比 $e^{-h\nu/kT}$ の等比級数であるから

$$\sum_{n=0}^{\infty} e^{-nh\nu/kT} = \frac{1}{1 - e^{-h\nu/kT}} = \frac{e^{h\nu/kT}}{e^{h\nu/kT} - 1} \tag{5.20}$$

となり，分子は式 (5.20) を利用して

$$\begin{aligned}\sum_{n=0}^{\infty} nh\nu e^{-nh\nu/kT} &= -\frac{\partial}{\partial(1/kT)} \sum_{n=0}^{\infty} e^{-nh\nu/kT} \\ &= \frac{h\nu e^{h\nu/kT}}{(e^{h\nu/kT} - 1)^2}\end{aligned} \tag{5.21}$$

となる。式 (5.20), (5.21) を式 (5.19) に代入すると

$$\langle E \rangle = \frac{h\nu}{e^{h\nu/kT} - 1} \quad \text{〔J〕} \tag{5.22}$$

となる。この式に，式 (5.9) の振動数 ν と $\nu + d\nu$ の間の電磁波の個数 $Z(\nu)$ を乗じ，体積 L^3 で割ると，式 (5.16) の**プランクの放射則**（Planck's law）が得られる。このように，エネルギの量子化によって厳密な黒体放射則が導けたことは，量子力学確立の発端となった歴史に残る成果でもあった。

式 (5.16) の $U_{b,\nu}(T)d\nu$ は，黒体空洞内の単位体積当たりの放射エネルギであり，空洞内の単位時間当たり・単位面積当たり・単位立体角当たりの**黒体分光放射束**（blackbody spectral radiant flux）$L_{b,\nu}(T)d\nu$ への換算は，全空間の立体角が 4π であることを考慮すると，次式で与えられる[2), 14)]。

$$L_{b,\nu}(T)d\nu = \frac{U_{b,\nu}(T)c_0}{4\pi}d\nu$$

$$= \frac{2h}{c_0^2} \frac{\nu^3}{e^{h\nu/kT} - 1} \mathrm{d}\nu \quad [\mathrm{W \cdot m^{-2} \cdot sr^{-1}}] \tag{5.23}$$

この量は，放射測温の物理量として**黒体分光放射輝度**（blackbody spectral radiance）と呼ばれている[†]。さらに，単位時間・単位面積当たりの放射エネルギである $M_{\mathrm{b},\nu}(T)\mathrm{d}\nu$ と上記 $L_{\mathrm{b},\nu}(T)\mathrm{d}\nu$ との間には

$$M_{\mathrm{b},\nu}(T) = \pi L_{\mathrm{b},\nu}(T) \tag{5.24}$$

の関係が成り立つ（後述の式 (5.42) 参照）ので

$$\begin{aligned} M_{\mathrm{b},\nu}(T)\mathrm{d}\nu &= \pi L_{\mathrm{b},\nu}(T)\mathrm{d}\nu \\ &= \frac{2\pi h}{c_0^2} \frac{\nu^3}{e^{h\nu/kT} - 1} \mathrm{d}\nu \quad [\mathrm{W \cdot m^{-2}}] \end{aligned} \tag{5.25}$$

となる。この物理量 $M_{\mathrm{b},\nu}(T)\mathrm{d}\nu$ は，**黒体分光放射発散度**（blackbody spectral radiant emittance）と呼ばれている。

　これまで，プランクの黒体放射則確立の経緯をエネルギ量子 $h\nu$ の観点から見るために，振動数 ν の関数として取り扱った。

　一方，放射測温では，センサの検出波長の観点から，電磁波の波長 λ で記述するほうが一般的である。そこで，$\lambda\nu = c_0$ と，これを微分した $\mathrm{d}\nu = -c_0 \mathrm{d}\lambda/\lambda^2$，および $L_{\mathrm{b},\lambda}\mathrm{d}\lambda = -L_{\mathrm{b},\nu}\mathrm{d}\nu$ を式 (5.23) に代入すると，次式を得る。

$$\begin{aligned} L_{\mathrm{b},\lambda}(T) &= \frac{2hc_0^2}{\lambda^5} \frac{1}{e^{hc_0/k\lambda T} - 1} \\ &= \frac{c_{1\mathrm{L}}}{\lambda^5 (e^{c_2/\lambda T} - 1)} \quad [\mathrm{W \cdot m^{-3} \cdot sr^{-1}}] \end{aligned} \tag{5.26}$$

式 (5.26) はプランクの放射則を波長で表した**黒体分光放射輝度**であり，単位面積当たり・単位立体角当たり・単位波長当たりの放射束を示す。ここで，$c_{1\mathrm{L}}(= 2hc_0^2) = 1.191\,042\,972 \times 10^{-16}\,\mathrm{W \cdot m^2 \cdot sr^{-1}}$，$c_2(= hc_0/k) = 1.438\,776\,85 \times 10^{-2}\,\mathrm{m \cdot K}$ は，それぞれ放射の第 1，第 2 定数と呼ばれている定数である。今後，$L_{\mathrm{b},\lambda}(T)$ を中心に議論を進めていく。**図 5.3** に，黒体分光放射輝度 $L_{\mathrm{b},\lambda}(T)$ を波長 λ の関数とし，温度 T をパラメータとしてプロットしたものを示す。

[†]　以降に使用する物理用語の相互関連については，*5.1.2* 項に詳述する。

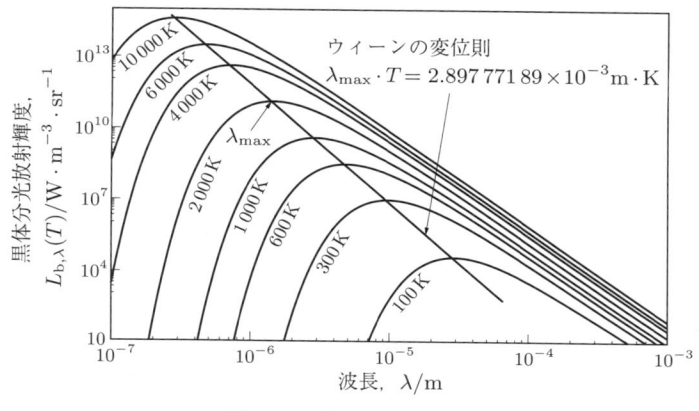

図 5.3 プランクの放射則

波長で表示した黒体分光発散度は,式 (5.24) と同様に次式になる。

$$M_{\mathrm{b},\lambda}(T) = \pi L_{\mathrm{b},\lambda}(T) \quad \text{[W·m}^{-3}\text{]} \tag{5.27}$$

$\lambda T \gg c_2$ のとき,$\mathrm{e}^{c_2/\lambda T} \approx 1 + c_2/\lambda T$ であるから,式 (5.26) は式 (5.28) となってレイリー–ジーンズの法則に一致し,長波長の条件下で有効な黒体分光放射輝度を表す。

$$L_{\mathrm{b},\lambda}(T) \approx \frac{c_{1\mathrm{L}}}{c_2 \lambda^4} T \quad \text{[W·m}^{-3}\text{·sr}^{-1}\text{]} \quad (\text{レイリー–ジーンズの法則}) \tag{5.28}$$

一方,$\lambda T \ll c_2$ のとき,$\mathrm{e}^{c_2/\lambda T} - 1 \approx \mathrm{e}^{c_2/\lambda T}$ であるから,式 (5.26) は式 (5.29) となる。これは,式 (5.14) を波長で表現したウィーンの近似則(Wien's approximation)であり,短波長の条件下で有効な黒体分光放射輝度を表す。

$$L_{\mathrm{b},\lambda}(T) = c_{1\mathrm{L}} \lambda^{-5} \mathrm{e}^{-c_2/\lambda T} \quad \text{[W·m}^{-3}\text{·sr}^{-1}\text{]} \quad (\text{ウィーンの近似則}) \tag{5.29}$$

式 (5.29) は,可視,近赤外の波長域でかなり広い温度範囲に適用できる式であるため,放射測温法の議論を進めるときに,式 (5.26) の代わりにしばしば利用される。

式 (5.26) のプランクの放射則と，式 (5.29) のウィーンの近似則の近似度は，式 (5.26) と式 (5.29) の差を式 (5.26) で割った評価式，すなわち式 (5.30) で表される P で評価できる。

$$P = \frac{c_{1\mathrm{L}}/\{\lambda^5(\mathrm{e}^{c_2/\lambda T} - 1)\} - c_{1L}/(\lambda^5 \mathrm{e}^{c_2/\lambda T})}{c_{1\mathrm{L}}/\{\lambda(\mathrm{e}^{c_2/\lambda T} - 1)\}} \tag{5.30}$$

なお，$\lambda \cdot T$ の値が，ウィーンの変位則を表す式 (5.31) の右辺の数値以下であれば，$P \leqq 0.007$ となる。すなわち，ウィーンの近似則は，0.7％以内の誤差でプランクの放射則に一致する。例えば，$\lambda = 10\,\mu\mathrm{m}$ を検出波長に使用するときは，式 (5.30) より 0.7％以下の誤差でウィーンの近似則を使用できる温度域は 290 K 以下，すなわち常温以下となる。

〔**4**〕　**ウィーンの変位則**　図 **5.3** のプランクの放射則で表される黒体分光放射輝度 $L_{\mathrm{b},\lambda}(T)$ のピーク値を示す真空中の波長 $\lambda_{\max}$ は，T の増大とともに短波長側にシフトする。この関係を**ウィーンの変位則**（Wien's displacement law）といい，式 (5.31) で示される。

$$\lambda_{\max} \cdot T = 2.897\,771\,89 \times 10^{-3}\,\mathrm{m} \cdot \mathrm{K} \tag{5.31}$$

ウィーンは 1893 年に，空洞放射の圧力，熱力学の可逆過程，ドップラー効果などを駆使し，思考実験によってこの法則を導いた[7),8),12),13)]。いまではプランクの放射則 (5.26) から導くこともできる。すなわち，$L_{\mathrm{b},\lambda}(T)$ を λ で微分してピーク値を持つ条件，$\mathrm{d}L_{\mathrm{b},\lambda}(T)/\mathrm{d}\lambda = 0$ から

$$x + 5\mathrm{e}^{-x} - 5 = 0 \tag{5.32}$$

$$x = \frac{c_2}{\lambda_{\max} \cdot T} \tag{5.33}$$

が得られ，式 (5.32) から数値計算で $x = 4.965\,114\,2 \cdots$ となるので，これを式 (5.33) に代入して式 (5.31) が求められる。

〔**5**〕　**シュテファン-ボルツマンの法則**　　黒体分光放射輝度の式 (5.26) を全波長域，半球立体角にわたって積分すると

$$M_{\mathrm{b}}(T) = \iint_{\lambda,\,\Omega} L_{\mathrm{b},\lambda}(T) \cos\theta\,\mathrm{d}\lambda\mathrm{d}\Omega$$

$$= \int_0^\infty L_{b,\lambda}(T)d\lambda \int_0^{2\pi} d\phi \int_0^{\pi/2} \cos\theta \sin\theta d\theta$$
$$= \sigma T^4 \quad [\mathrm{W \cdot m^{-2}}] \tag{5.34}$$

となる†。ただし

$$\sigma = \frac{\pi^5 c_{1L}}{15 c_2^4} = 5.670\,374\,9 \times 10^{-8}\,\mathrm{W \cdot m^{-2} \cdot K^{-4}} \tag{5.35}$$

である。ここで,

$$\int_0^\infty \frac{x^3}{\mathrm{e}^x - 1}dx = \frac{\pi^4}{15}$$

の関係を用いた。

式 (5.34) をシュテファン–ボルツマンの法則(Stefan-Boltzmann law)といい,式 (5.35) の σ をシュテファン–ボルツマン定数という。全放射発散度 $M_b(T)$ は熱力学温度 T の 4 乗に比例する。放射測温より放射伝熱工学や地球温暖化など資源・環境問題を扱う分野で重要な公式である。この法則はもともと 1879 年にシュテファン(J. Stefan)が実験的に得ていたところへ,1884 年にボルツマン(L. Boltzmann)が空洞内の放射圧力による仕事に対して熱力学的な考察を加えて思考実験で導き出した[8]。定数 σ は,式 (5.34) を計算することにより,式 (5.35) が厳密に導出される。

5.1.2 放射測温に関わる物理量と単位

表 5.1 に,放射測温で使用する基本的な物理量と,その記号,定義,および単位の例を示す。異なった物理量を混在させないようにして,放射に関わる諸量の定量的な関係を把握することが重要である。そのためには,物理量を表示する記号をその単位に結び付けて理解すると,間違いが少ない。量の名称に「分光」と付く場合は,単位波長当たりの量を示す。(分光)放射エネルギから(分光)放射輝度,(分光)放射照度まで,一つずつ変化している単位を観察すると,物理量間の関連性を容易に理解することができる。表の中で,(分光)放射

---

† $d\Omega = \sin\theta d\theta d\phi$ は微小立体角。立体角についての詳細は 5.1.2 項を参照。

表 5.1　放射測温に関わる物理量と単位

量の名称	記号	定　義	単位の例
放射エネルギ (radiant energy)	Q		J
放射束 (radiant flux)	Φ	$\Phi = \mathrm{d}Q/\mathrm{d}t$	W
放射発散度 (radiant emittance (exitance))	M	$M = \mathrm{d}\Phi/\mathrm{d}A_\mathrm{s}$	W·m^{-2}
放射強度 (radiant intensity)	I	$I = \mathrm{d}\Phi/\mathrm{d}\Omega$	W·sr^{-1}
放射輝度 (radiance)	L	$L = \mathrm{d}I/(\mathrm{d}A_\mathrm{s}\cos\theta)$	W·sr^{-1}·m^{-2}
放射照度 (irradiance)	E	$E = \mathrm{d}\Phi/\mathrm{d}A_\mathrm{o}$	W·m^{-2}
分光放射エネルギ (spectral radiant energy)	Q_λ	$Q_\lambda = \mathrm{d}Q/\mathrm{d}\lambda$	J·m^{-1}
分光放射束 (spectral radiant flux)	Φ_λ	$\Phi_\lambda = \mathrm{d}\Phi/\mathrm{d}\lambda$	W·m^{-1}
分光放射発散度 (spectral radiant emittance)	M_λ	$M_\lambda = \mathrm{d}M/\mathrm{d}\lambda$	W·m^{-3}
分光放射強度 (spectral radiant intensity)	I_λ	$I_\lambda = \mathrm{d}I/\mathrm{d}\lambda$	W·sr^{-1}·m^{-1}
分光放射輝度 (spectral radiance)	L_λ	$L_\lambda = \mathrm{d}L/\mathrm{d}\lambda$	W·sr^{-1}·m^{-3}
分光放射照度 (spectral irradiance)	E_λ	$E_\lambda = \mathrm{d}E/\mathrm{d}\lambda$	W·m^{-3}

t：時間〔s〕, A_s：出射面の面積〔m^2〕, Ω：立体角〔sr〕, θ：放射角〔rad〕,
λ：波長〔m〕, A_o：照射面の面積〔m^2〕

エネルギ,（分光）放射束は,放射の発散面から入射面に達する過程における放射の状態を表す量であり,（分光）放射発散度,（分光）放射強度,（分光）放射輝度は,放射の出射状態を表す量である。また,（分光）放射照度は,放射の入射状態を表す量である。

これらの諸物理量のうち,特に**放射輝度** L と**分光放射輝度** L_λ, および放射発散度 M と**分光放射発散度** M_λ は,放射測温の記述において頻繁に使用されるので,慣れておくことが望ましい。**立体角**を介して（分光）放射輝度と（分光）放射発散度の関係を記述してみよう。

図 5.4 において,$\mathrm{d}A_\mathrm{s}$ は実在または仮想の放射物体の微小表面を表す。これ

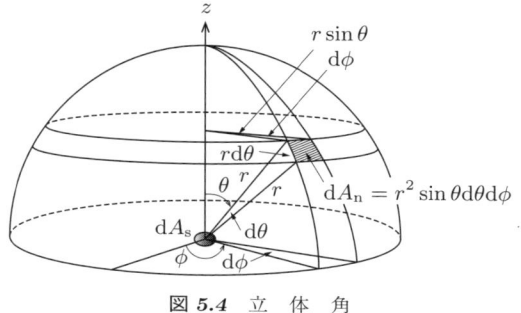

図 5.4 立 体 角

を中心に半径 r の半球を考えると，$\mathrm{d}A_\mathrm{s}$ から出る放射は半球面を通過する。いま天頂角 θ，方位角 ϕ のところで半球面上から微小角度 $\mathrm{d}\theta$，$\mathrm{d}\phi$ で切り取られた微小面積 $\mathrm{d}A_\mathrm{n}$ を考え，この方向への放射輝度を $L(\theta,\phi)$，放射強度を $I(\theta,\phi)$ とすると

$$I(\theta,\phi) = L(\theta,\phi)\mathrm{d}A_\mathrm{s}\cos\theta \tag{5.36}$$

となる。$\mathrm{d}A_\mathrm{n}$ を通過する放射束を $\mathrm{d}\varphi$ とすると

$$\mathrm{d}\varphi = L(\theta,\phi)\mathrm{d}A_\mathrm{s}\cos\theta\mathrm{d}\varOmega \tag{5.37}$$

となる。ここで，$\mathrm{d}\varOmega$ は半球の中心から $\mathrm{d}A_\mathrm{n}$ を見込む立体角である。

立体角は光波や音波などが一点から 3 次元空間に広がっていくときの角度であり，単位 sr（ステラジアン）は次元のない組立単位である。

$$\mathrm{d}A_\mathrm{n} = r^2\sin\theta\mathrm{d}\theta\mathrm{d}\phi \tag{5.38}$$

であるから，立体角 $\mathrm{d}\varOmega$ は定義により

$$\mathrm{d}\varOmega = \frac{\mathrm{d}A_\mathrm{n}}{r^2} = \sin\theta\mathrm{d}\theta\mathrm{d}\phi \tag{5.39}$$

となり，式 (5.39) を式 (5.37) に代入すると，放射束は

$$\mathrm{d}\varphi = L(\theta,\phi)\mathrm{d}A_\mathrm{s}\cos\theta\sin\theta\mathrm{d}\theta\mathrm{d}\phi \tag{5.40}$$

となる。上式を半球面で積分すると微小表面積 $\mathrm{d}A_\mathrm{s}$ から出る半球方向の全放射束 $\mathrm{d}\Phi$ となり，これを $\mathrm{d}A_\mathrm{s}$ で割れば，放射発散度 M が得られる。

$$M = \frac{\mathrm{d}\Phi}{\mathrm{d}A_\mathrm{s}} = \frac{\iint_{\theta,\phi} \mathrm{d}\varphi}{\mathrm{d}A_\mathrm{s}} = \int_0^{2\pi}\int_0^{\pi/2} L(\theta,\phi)\cos\theta\sin\theta\mathrm{d}\theta\mathrm{d}\phi \qquad (5.41)$$

黒体の場合，$L(\theta,\phi)$ は方向によらず一定であるから，式 (5.41) において $L(\theta,\phi) = L$ として積分の外におくと，次式が得られる。

$$M = L\int_0^{2\pi}\int_0^{\pi/2}\cos\theta\sin\theta\mathrm{d}\theta\mathrm{d}\phi = \pi L \qquad (5.42)$$

すなわち，式 (5.24) および式 (5.27) が導出された。

5.2　放射温度計の構造

5.2.1　光 検 出 器

〔1〕　光検出器の分類　　　放射温度計（radiation thermometer）は，測定対象が発する放射束を光検出器（optical detector; optical sensor）で観測し，その信号を温度に変換して出力する。半世紀ほど前までは，簡便に使用できる光検出器がなかったことから，人の目をセンサとする光高温計（optical pyrometer）[15]と呼ばれる計測器が主流であったが，現在ではさまざまな光検出器が開発され放射温度計に利用されている。

　放射温度計に使用される光検出器は，その動作原理から熱型（thermal detector）と光子型（photon detector）に分類される[16)~20]。**表 5.2** に光検出器の分類とおもな種類を示す。

　熱型は，黒化した薄膜などの素子表面で光のエネルギを吸収させて熱に変換した後，それにより生じる温度変化を，電気抵抗変化，熱起電力効果による電圧変化，焦電効果による分極変化などによって電気信号に変換して出力する光検出器である。そのため，広い波長帯域に対して一様な感度を有しているが，一般に検出感度は低く，応答性も光子型と比較すると劣っている。

　光子型は，検出素子の物質に光子（photon）が直接作用することを通じて，

表 5.2 光検出器の分類とおもな種類

分類	検出原理	光検出器	おもな特徴
熱型	電気抵抗変化	サーミスタボロメータ	● 常温動作
	熱起電力効果	サーモパイル	● 感度の波長依存性がない
	焦電効果	焦電型検出器 (TGS, LiTaO₃, PZT)	● 光子型に比べて低感度 ● 応答速度が遅い ● 光子型に比べて低価格
光子型	光電子放出	光電子増倍管 (PMT)	● 感度の波長依存性がある
	光導電効果	光導電型検出器 　(PbS, PbSe, InSb, MCT)	● 感度が高い ● 応答速度が速い
	光起電力効果	光起電力型検出器 (Si, InGaAs, InAs, InAsSb, InSb, MCT)	● 高価格

光子数に比例した信号を得る光検出器である。光子型はさらに，光子が金属中の電子を外部に放出させる光電子放出を利用するものと，半導体中の電子を伝導帯へ励起して抵抗変化を生じさせる光導電効果（photoconductive effect）を利用するもの，伝導帯へ励起された電子を pn 接合（p-n junction）により電圧または電流として検出できる光起電力効果（photovoltaic effect）を利用するものに分類できる。自由電子の発生にはある一定値以上のエネルギを必要とし，光子のエネルギは波長が長くなるほど小さくなるため，光検出器の感度は特定の波長帯に限定される。その一方，その波長範囲で非常に高い感度を有し，さらに応答性にも優れている。

　放射温度計では，測定波長，感度，応答性などに応じて光検出器が使い分けられる。また，熱型，光子型ともに連続光を直流モードで測定可能なものと，光チョッパによりパルス光に変換し交流信号として検出するものとがある。常温付近の温度を測定する場合には，周囲から伝わる熱による影響を抑制する光検出器およびその周囲の機械的な構造や，温度変化の影響を補正する電気的な処理に工夫が必要である。

〔2〕　**おもな光検出器**　　放射温度計に用いられるおもな光検出器について，その構造と動作原理を簡単に説明する。

（a）　**熱型光検出器**　　熱型光検出器には，温度変化を捉えるセンサの種類に応じた以下の3種類がある。

サーモパイル（thermopile） 熱電対（4章参照）を直列に接続することで微小な温度変化を高感度で捉えることを可能にした光検出器である。**図 5.5** に示すように，多数の熱電対の測温接点を中心の受光板に集めて受光部を形成することにより，入射した赤外光の放射束に応じて測温接点と一定温度の基準接点との間に温度差が生じて，熱起電力が発生する。

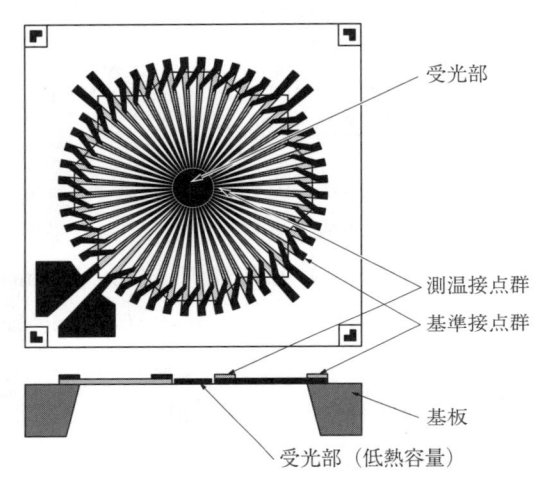

受光部

測温接点群
基準接点群

基板

受光部（低熱容量）

図 5.5 サーモパイルの構造（受光部を取り囲む
ように熱電対を直列に配置）

焦電型検出器（pyroelectric detector） 入射放射束に応じた検出素子の温度変化によって生じる誘電体内の自発分極の変化（焦電効果（pyroelectric effect））を利用する光検出器である。代表的な焦電材料としては，有機結晶の TGS（硫酸グリシン），単結晶の $LiTaO_3$ やセラミックスの PZT（$Pb_xZr_yTi_zO_3$）などがある。**図 5.6** に焦電型検出器の動作原理を示す。焦電体結晶は材料自体の中に自発分極を有していて，両面に ＋ と － の電荷が現れて帯電しているが，通常は大気中の浮遊電荷により平衡に保たれている。この検出素子部の温度が変化すると素子内部の自発分極の大きさが変わり，表面電荷は非平衡状態になり電荷が余る。そのため，素子の両端に電極を付け，抵抗を介することで，通常は FET でインピーダンス変換して温度変化を電圧変化として検出できる。時

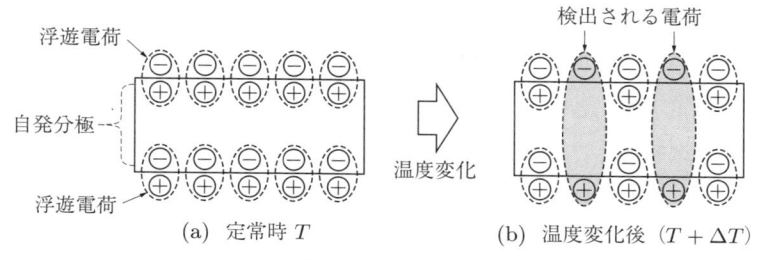

図 **5.6**　焦電型検出器の構造と動作原理

間が経つと平衡状態になり出力がなくなるため，連続した光出力を得るには，光チョッパにより入射光を ON/OFF 変調する必要がある。

サーミスタボロメータ（thermistor bolometer）　　感温素子の抵抗値が温度によって変化する性質を利用した熱型検出器で，半導体や金属酸化物，セラミックスなど抵抗の温度変化率が大きい検出器材料であるサーミスタ（3章参照）を用いた光検出器である。

（**b**）**光子型光検出器**　　一般に，光子型光検出器では，最大感度波長の長波長側で急峻に感度が低下する。その波長を光検出器のカットオフ波長 λ_c と呼ぶ。λ_c と，光検出器の半導体材料のバンドギャップエネルギ（bandgap energy）E_g との間には，式 (5.43) の関係がある。

$$\lambda_c = \frac{hc_0}{E_g} \approx \frac{1.24\,\text{eV} \cdot \mu\text{m}}{E_g} \tag{5.43}$$

ここで，h はプランク定数，c_0 は真空中の光速度である。おもな半導体のバンドギャップエネルギ E_g は，Si（シリコン）が 1.12 eV，Ge（ゲルマニウム）が 0.67 eV，PbS（硫化鉛）が 0.42 eV，PbSe（セレン化鉛）が 0.23 eV，InSb（インジウム・アンチモン）が 0.22 eV である[16]。

例えば Si の場合，式 (5.43) に $E_g = 1.12\,\text{eV}$ を代入すると，そのカットオフ波長 λ_c は約 1.1 µm である。

光電子増倍管（photomultiplier tube; PMT）　　光電子放出型検出器である光電子増倍管は，おもに可視光波長での微弱光の検出器として用いられる硝子製真空管である。入射光は光電面に当たり，光電効果により電子を励起して真

空中に自由電子を放出する。光電面と電子増幅部（ダイノード）および陽極間に外部から高電圧を加えておくと，その自由電子が加速され，ダイノードに衝突して2次電子増倍される。これを繰り返し，最終的に放出された2次電子を電流として取り出して，入射した光子数に比例した出力に変換する。光電子増倍管は，光検出器の中では可視光波長で最も高感度であり，特殊な研究用途の放射温度計で使われることが多い。

光導電型検出器（photoconductive detector; PC）　この受光素子には一定のバイアス電流を印加しておき，入射する光子により励起される伝導電子による素子の電気伝導度の変化を，素子の両端の電圧変化として検出する。光導電型検出器には，センサ材料として PbS，PbSe，InSb，MCT（mercury cadmium telluride; 水銀カドミウムテルル）などの結晶が用いられる。光導電型検出器は暗抵抗が素子温度により大きくドリフトするほか，$1/f$ 雑音の除去が必要であるため，光チョッパを用いて入射光を ON/OFF 変調し，検出器の信号を交流化して取り出す。

光起電力型検出器（photovoltaic detector）　光起電力型検出器は，入射する光子により発生した電子・正孔対が，PN 接合のところで分離されることにより生ずる起電力を利用して，入射光を検出する。p 型半導体と n 型半導体を接合することによって内部に電極が生成するので，基本的には外部電源なしで光検出器として使用できる。また，暗信号のドリフトは光導電型検出器と比較して小さいため，光チョッパが不要である。光起電力型検出器のセンサ材料には Si，InGaAs（インジウムガリウムひ素），InAs（インジウムひ素），InSb，MCT などが使用されている。

〔**3**〕　**光検出器の性能指標**　　光検出器の感度や検出限界に関する性能を示す指標のうち重要な項目である，応答度，雑音等価電力，検出能/比検出能について説明する[21]。

（**a**）　**応 答 度 R**　　応答度（responsivity）は入射放射束に対する感度を表し，周波数 f で変調された波長 λ の入射放射束 ϕ に対する光検出器出力（電流

または電圧）の比として定義される。例えば電流出力が I の光検出器であれば，電流応答度 R_I は式 (5.44) で表される。

$$R_I(\lambda, f) = \frac{I(f)}{\phi(\lambda, f)} \quad [\mathrm{A \cdot W^{-1}}] \tag{5.44}$$

（ b ） 雑音等価電力　　雑音等価電力（noise equivalent power; NEP）は光検出器の雑音レベルに等しい入射放射束であり，記号として ϕ_{NEP} が使われる。このとき，信号対雑音比（signal-to-noise ratio; SN 比; S/N）が 1 となり，NEP より小さい入射光は，雑音に埋もれて検出できない。したがって，NEP が小さい光検出器ほど微弱な光が検出できる（以下の説明では，簡単のため波長と変調周波数の関数表記は省略する）。

S/N が 1 となるとき，$I = R_I \cdot \phi$ と 2 乗平均雑音電流 I_{rms} の比について式 (5.45) が成立し，これから，NEP は式 (5.46) で求めることができる。

$$\frac{R_I \cdot \phi_{\mathrm{NEP}}}{I_{\mathrm{rms}}} = 1 \tag{5.45}$$

$$\phi_{\mathrm{NEP}} = \frac{I_{\mathrm{rms}}}{R_I} \tag{5.46}$$

検出器の出力が電圧信号であれば，電圧応答度 R_V と 2 乗平均雑音電圧 V_{rms} から ϕ_{NEP} を計算する。

NEP は，個別の光検出器の比較に使用できるが，光検出器の面積，チョッピング周波数に依存するため，光検出器の素子材料自体の比較には使用できないので，注意が必要である。

（ c ） 検出能 D と比検出能 D^*　　NEP の逆数として検出能 D（detectivity）およびこれを規格化した比検出能 D^*（D-star; ディースター）が，光検出器の性能評価指数として定義されている。

D^* は，D を，光検出器の受光面積 A_{d} と周波数バンド幅 Δf を考慮して規格化したもので，式 (5.47) で表す。D^* の単位は，慣例的に $\mathrm{cm \cdot Hz^{1/2} \cdot W^{-1}}$ を使う。

$$D^* = D \cdot \sqrt{A_{\mathrm{d}} \cdot \Delta f} = \frac{\sqrt{A_{\mathrm{d}} \cdot \Delta f}}{\phi_{\mathrm{NEP}}} \quad [\mathrm{cm \cdot Hz^{1/2} \cdot W^{-1}}] \tag{5.47}$$

評価指数としての D^* の特長は，光検出素子の種類の性能を比較評価できることである。

式 (5.47) と等価な表現は，式 (5.46) より

$$D^* = \frac{\sqrt{A_{\mathrm{d}} \cdot \Delta f}}{V_{\mathrm{rms}}} \cdot R_V$$

$$= \frac{\sqrt{A_{\mathrm{d}} \cdot \Delta f}}{I_{\mathrm{rms}}} \cdot R_I \quad [\mathrm{cm} \cdot \mathrm{Hz}^{1/2} \cdot \mathrm{W}^{-1}] \tag{5.48}$$

である。

D^* は，光学計測システムにおいて，十分な光信号を得るための設計に不可欠な情報を提供するので，放射温度計の光検出器を選定するときには，これを確認することが重要である。**図 5.7** に，おもな光検出器の波長に対する D^* の値を示す[22]。Si フォトダイオードなどの光子型光検出器は，長波長側に鋭いカットオフ波長を有する特性がある。D^* はその値が大きいほど検出能力が高く，よって，その光検出器を用いた場合の放射温度計の測定下限温度が低く，温

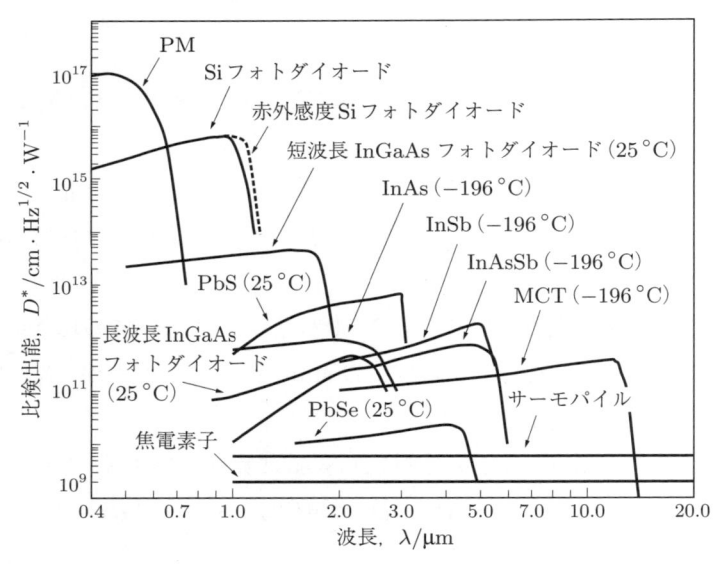

図 5.7　おもな光検出器の比検出能 D^* の分光特性（括弧内は動作温度）（文献 22) をもとに作成）

度分解能も優れていることを意味する。一方，温度測定範囲の下限温度を知るためには，波長も考慮しなければならない。これは，黒体の分光放射輝度が温度によって変化するためであり，長波長側において高い検出能力を持つ光検出器は，低温域まで測定が可能になる。

5.2.2 放射温度計の構成

〔1〕 放射温度計の光学系　放射温度計の最も基本的な光学系の構成を**図5.8**に示す。光検出器，受光面を限定する視野絞り（field stop），測定波長を限定する波長選択フィルタ，および，視野角を限定する開口絞り（aperture stop）で構成される。放射温度計は，測定対象表面のある限られた領域から発せられた放射のみを光学系で捉え，5.2.1 項に記載した各種の光検出器において，入射放射束に応じた電気信号に変換する。通常円形のこの領域を測定視野といい，その直径を測定径という。測定視野全体が一様な温度（一様な放射輝度）であれば，光検出器に入射する放射束が測定距離に依存して変化することはなく，距離によらず同じ温度指示値が得られる。これは，放射温度計の測定視野は視野角と測定距離によって決定され，測定対象と放射温度計との距離が例えば測定距離 l_1 から測定距離 l_2 に変化した場合，放射温度計の視野の大きさは測定径 d_1 から測定径 d_2 に増大し，測定視野面積が測定距離の 2 乗に比例して大きくなる一方，測定径内の微小面素から視野絞りを抜けて光検出器に届く放射束は，微小面素から視野絞りを見た立体角に比例し，これは測定距離の 2 乗に反

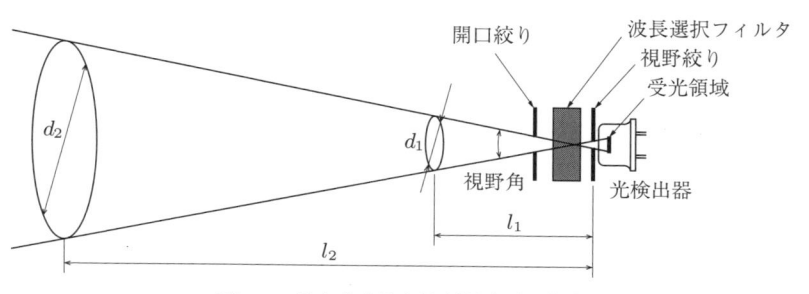

図 5.8 最も基本的な放射温度計の構成

比例して小さくなって，両者が打ち消し合うためである。

　図 5.8 の光学系の測定対象側に，レンズやミラーによる結像光学系が追加された ものが，一般的な放射温度計の光学系である。例として，**図 5.9** の単一レンズによる結像光学系（image-forming optical system）を示す。この場合，結像光学系により測定対象面上に結像される視野絞りの像が測定視野となる。測定対象の測定視野外から放射された放射は理想的な光学系においては，光検出器に到達することはない（現実の光学系については 5.7.5 項参照）。放射温度計には，焦点距離が可変の可動焦点方式と，固定の固定焦点方式とがある。

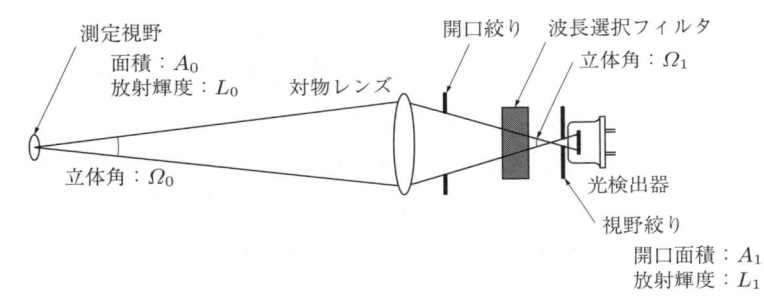

図 5.9　結像系を持つ放射温度計の光学系

　一般に，反射損失（reflection loss）を考慮したレンズの透過率を τ とすると，放射源の放射輝度 L_0 とその像の放射輝度 L_1 の間には

$$L_1 = \tau L_0 \tag{5.49}$$

の関係が成り立つことが知られている[23)]。

　可動焦点方式の温度計の場合，測定対象が温度計に近く焦点距離が短いときには，結像倍率（測定径の視野絞り径に対する倍率）が小さく，測定視野は小さい。逆に焦点距離が長いときには，結像倍率が大きく，測定視野は大きい。放射温度計の光学系では，**図 5.9** のように，視野絞りと開口絞りの二つで検出器から臨む立体角 Ω_1 を固定しており，その先に対物レンズを配置している。レンズの位置は検出器に入射する放射束 L_1，A_1，Ω_1 に影響しないため，焦点距離を動かして視野サイズが変化しても，温度指示値は影響を受けない。

　固定焦点方式の温度計の距離が変化した場合，あるいは可動焦点方式でも結像面に測定対象がない場合，対象表面の放射輝度が一様でサイズが十分大きい限り，測定視野のにじみが生じるだけで，視野絞りにおける像の放射輝度 L_1 は一定であり，温度指示値が変化することはない。

　これに対し，画像計測用の電荷結合素子（charge coupled device; CCD）などの 2 次元アレイセンサと可動焦点レンズを組み合わせて熱画像測定に使用した場合，一般に焦点距離を変えると，アレイセンサの各ピクセルが捉える放射束 L_1，A_1，Ω_1 が変化する。また，変化の仕方もピクセルごとに異なるので，注意を要する。

　可動焦点方式では，測定径 d が視野絞りと比べて十分大きい場合，d と測定距離（レンズから焦点位置までの距離）l との比 l/d は，一定値に近似することができ，これを距離係数と呼ぶ。

　これに対し，固定焦点方式では，測定距離を l，温度計の対物レンズの焦点位置を l_0，温度計の対物レンズの有効径を d_0，温度計の焦点位置での測定径を d_1 とすると，測定径 d は近似的に

$$l < l_0 \text{のとき，} d = (d_1 - d_0) \cdot \frac{l}{l_0} + d_0 \tag{5.50}$$

$$l > l_0 \text{のとき，} d = (d_1 + d_0) \cdot \frac{l}{l_0} - d_0 \tag{5.51}$$

で表すことができる。

　測定対象からの放射を捉えて光検出器まで伝送する方法として，ミラー，光ファイバなどの光学部品が用いられる。おもな光学系を図 **5.10** に示す。それぞれ赤外光の測定，収差の除去，電気系と光学系の分離遠隔化などの特長がある。

　図 **5.10** の中で，レンズで集光するタイプでは，レンズに用いる光学材料として，放射温度計の測定波長で透過率が高いものを選定しなければならない。ここで，後出の図 **5.33** で示す，おもな赤外光学材料の分光透過率を参照してほしい。特に測定波長 8 μm～14 μm の放射温度計では反射防止コーティングが施されたゲルマニウム，シリコン，セレン化亜鉛がおもに用いられる。単レンズの

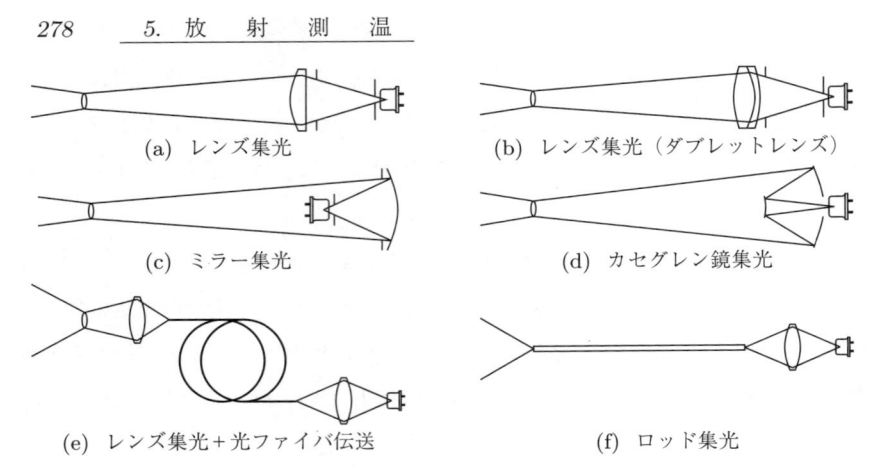

(a)　レンズ集光

(b)　レンズ集光（ダブレットレンズ）

(c)　ミラー集光

(d)　カセグレン鏡集光

(e)　レンズ集光＋光ファイバ伝送

(f)　ロッド集光

図 5.10　放射温度計のおもな光学系

ほかに，複数の光学レンズを組み合わせて色収差を低減した色消し（ダブレット）レンズがおもに用いられている。ダブレットレンズとは，色の分散が少ないクラウン硝子製凸レンズと色の分散が多いフリント硝子製凹レンズを組み合わせて色の分散の違いを相殺し，色収差を低減したものであり，直視ファインダを有する温度計のファインダ像の位置と実際の焦点位置を一致させたり，2色温度計でのそれぞれの波長の測定視野を同一にしたりするのに効果的である。

　一方，ミラー集光は均一な波長特性を有する光学系を構成しやすい利点があり，一般的に単一の凹面鏡や，凹面鏡と凸面鏡とを組み合わせたカセグレン鏡が用いられる。金やアルミニウムを蒸着したミラーは反射率が高い。

　レンズで集光した放射束を光ファイバで光検出器まで伝送するレンズ集光＋光ファイバ伝送は，小型かつフレキシブルであり，耐環境性に優れ，また，電気回路を測定位置から離すことができるため，電磁誘導などのノイズの影響を受けにくいという特長を有する。また，半導体ウェハプロセスでの測温では，レンズを用いずに光ファイバやロッドで放射光を受光し伝送する方式が多く利用されている[3]。

　放射温度計に用いられる光ファイバの種類は，2 μm 程度まで優れた透過特性を有する石英ファイバが多い。6 μm 程度までの透過特性に優れた As-S などの

カルゴゲナイドグラスファイバ，15 μm 以上までフラットな透過特性を有する中空赤外ファイバも用いられている[24),25)]。

図 **5.8**，図 **5.9** に示した波長選択フィルタは，光検出器が感度を有する波長域において，測定波長を限定する必要がある場合に挿入する。波長選択性を有する材料を硝子中に分散し，その吸収によって波長選択性を実現したものは色硝子フィルタと呼ばれ，ある波長よりも長波長のみを透過するロングパスフィルタとして，多くの種類が市販されている。また，硝子基板の表面に誘電体薄膜を積層して形成し，薄膜内で光が干渉することを利用した干渉フィルタ（interference filter）は，特定の範囲の波長のみを透過するバンドパスフィルタ（bandpass filter）として用いられている。

バンドパスフィルタでは，一般に中心波長，半値全幅（full width at half maximum; FWHM）によって透過波長特性を表す。図 **5.11** に，光検出器の D^* 相対値と併せて，波長選択フィルタの分光透過特性の一例を示す。

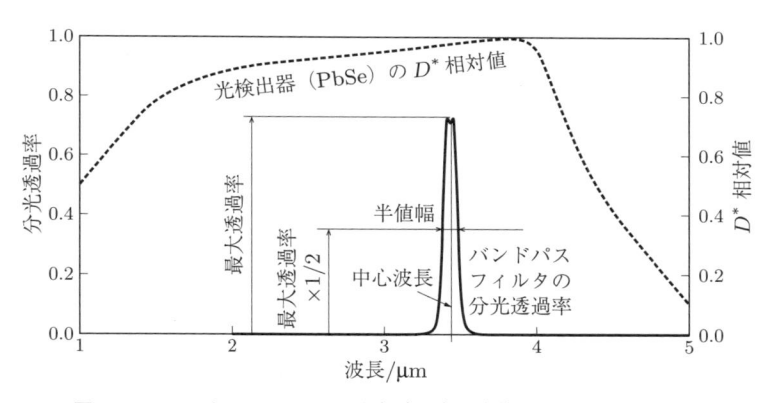

図 **5.11** バンドパスフィルタ分光透過率と光検出器の比検出能の例

バンドパスフィルタや光検出器などの構成部品の波長特性を加味した放射温度計の分光応答度を，$R(\lambda)$ とする。温度 T の黒体を測定対象とする放射温度計の分光放射輝度に比例した輝度信号（radiance signal）$S(T)$ は，は $R(\lambda)$ を用いて以下の関数で示される。

$$S(T) = \int_0^\infty R(\lambda) L_{b,\lambda}(T, \lambda) d\lambda \qquad (5.52)$$

校正を通して求めた $S(T)$ と温度 T の関係から，温度計は本項〔2〕で扱う信号処理系で温度 T に変換し，これを表示・出力する．輝度信号 $S(T)$ と温度 T の関係については，5.7.3 項で詳述する．

　測定波長帯域に関し，比較的広い波長域を用いるものを広帯域放射温度計（wide band radiation thermometer），比較的狭い波長域を用いるものを狭帯域放射温度計（narrow band radiation thermometer）と呼ぶ．広帯域放射温度計は，放射輝度が低い低温域の測定に有効で，特に熱型光検出器を波長 $8\,\mu\mathrm{m}$ 〜$14\,\mu\mathrm{m}$ の帯域で使用するものが多く市販されている．$8\,\mu\mathrm{m}$〜$14\,\mu\mathrm{m}$ の波長域は大気の窓（atmospheric window）と呼ばれ，空気中の気体（CO_2，H_2O など）による放射束の吸収が少ない（後出の**図 5.32** を参照）．

　〔2〕　**放射温度計の信号処理**　　光学系によって捉えられた熱放射束は，光検出器によって電気信号として取り出され，増幅回路を経た後，温度を示す信号に変換される．

　光検出器で発生する電気信号は微弱であるため，電磁シールドやフィルタ回路を備えた増幅回路が必要になる．5.5.5 項で述べるように，光検出器が Si や InGaAs フォトダイオードの短波長の放射温度計では，測定温度の上昇に対して放射輝度が急峻に増大する．そこで，広いダイナミックレンジ（dynamic range）を実現するため，低温測定時では増幅度を高くし，高温測定時では低くする可変ゲインの増幅回路が使われる．入射する放射束が大きく変動する状況では，増幅回路のゲイン切り替えの速さが，放射温度計の応答性に影響を与える．

　一方，5.2.1 項で述べたように，光導電型検出器に代表される出力が微弱で周囲温度変化などによるドリフト（drift）が大きい光検出器や，入射光の変化があったときのみ出力が得られる焦電型検出器では，放射光を断続的に入射させる交流化手法（チョッピング（chopping））が用いられる．放射温度計をチョッパ（chopper）の使い方で分類すると，**図 5.12** に示す三つのタイプがある．

　チョッパレス方式は，いうまでもなく構造が単純で信頼性に優れ，高速応答

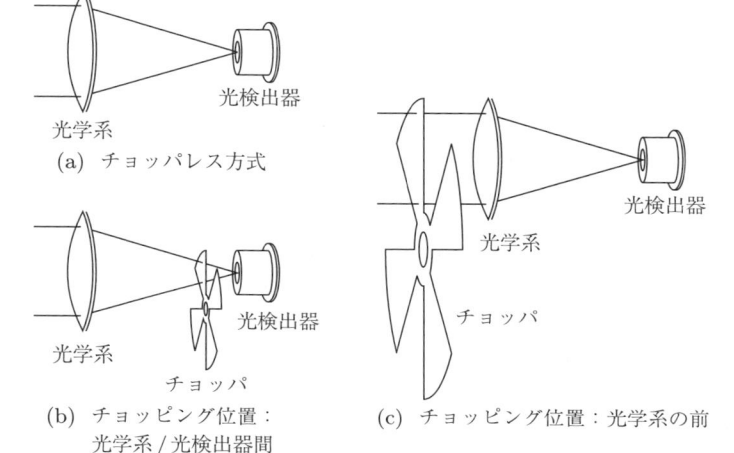

図 **5.12** チョッピング方式

が実現しやすいなどの点で優位性が高いが，光検出器が安定していることが絶対的な条件である。一般的にチョッパレスでの駆動が可能な光検出器は，Si やInGaAs フォトダイオード，サーモパイルに限定される。近年，電極間にバリア層を積層した構造を持ち，チョッピングを不要とした InSb，InAsSb などが開発され，これらを搭載した光子型光検出器によるチョッパレス放射温度計が，比較的長波長でも実用化・製品化されつつある。

　光学系と光検出器間でチョッピングを行う方式は，レンズ集光後の絞られた放射束に対するチョッピングであり，チョッピング断面積を小さくすることが可能である。チョッパの小型軽量化による可動部の負担軽減や，高速チョッピングによる応答性の向上，直視ファインダを付加する際の容易性などの優位点がある。しかし，常温付近の放射測温では，レンズ光学系からの自己放射の影響を排除することができず，周囲温度変化などによる測定値のドリフトの点で不利となる。

　これに対し，光学系の前でチョッピングを行う方式では，レンズなどからの放射も含めて補償することができ，特に低温を対象とする測温では，光検出器

の前でチョッピングする方式より精度が良くなる。例として，冬期の路面凍結監視用放射温度計では，屋外設置の制約下で測定温度 0 °C 付近での測定精度 ±0.3 °C が，また，耳用赤外線体温計（5.4.3 項参照）校正用放射温度計では，体温付近での測定精度 ±0.05 °C が実現されている。しかし，レンズ光学系の手前でのチョッピングであるため，チョッピングの断面積が増大しチョッパが大型化することや，可動焦点型光学系の構成や直視ファインダの配置が困難であることなどから，特定の用途に限定されている。

チョッピングを行う放射温度計では，その応答性はチョッピング周波数によってほぼ決定され，通常チョッピング周期を上回る応答性は期待できない。このため，チョッパレス方式と同等の高速応答は困難であり，高速化のためチョッピング周波数を高くすると，可動部への負担が増大して，信頼性の低下を招く。

光検出器で電気信号に変換され，増幅などの処理がなされた信号に対し，各種の補償がなされる。おもな補償として，暗視野状態でのオフセット信号の補償や，温度計の内部の温度変化に対する光検出器の零点や感度のドリフト補償などが挙げられる。さらに，放射率補正（emissivity compensation）計算が行われる。

5.3 節で詳細に述べるように，温度 T の黒体でない一般の物体の放射輝度は，分光放射率 ε_λ と輝度温度（radiance temperature）T_s を用いて次式で表される。

$$L_\lambda(T_s) = \varepsilon_\lambda L_{b,\lambda}(T) \tag{5.53}$$

対象が放射温度計の測定波長帯で灰色体である（すなわち，$\varepsilon_\lambda = \varepsilon$ で波長特性を持たない）とすると，放射温度計の信号 S_{meas} は，式 (5.52) より下記で表される。

$$
\begin{aligned}
S_{meas} &= \int_0^\infty R(\lambda)\varepsilon_\lambda L_{b,\lambda}(T)\mathrm{d}\lambda \\
&= \varepsilon \int_0^\infty R(\lambda) L_{b,\lambda}(T)\mathrm{d}\lambda = \varepsilon S(T)
\end{aligned}
\tag{5.54}
$$

式 (5.54) の S_{meas} から対象温度 T を正しく求めるためには，以下の放射率 ε の補正を行った放射温度計信号 S_{comp} を求める。

$$S_{\mathrm{comp}} = \frac{S_{\mathrm{meas}}}{\varepsilon_{\mathrm{s}}} \tag{5.55}$$

ここで，ε_{s} は放射温度計の放射率設定値である。$\varepsilon_{\mathrm{s}} = \varepsilon$ であれば $S_{\mathrm{comp}} = S(T)$ となり，正しく対象温度 T が求められる。

測定範囲が比較的低温である非冷却型の熱型光検出器を用いた放射温度計の場合，温度計内部の光検出器自体の温度を T_{d}，測定対象の反射方向の壁などの物体の温度を T_{w} として，放射温度計の信号 S_{meas} は

$$S_{\mathrm{meas}} = \varepsilon S(T) + (1 - \varepsilon)S(T_{\mathrm{w}}) - S(T_{\mathrm{d}}) \tag{5.56}$$

として与えられる[26]。右辺第 2 項で，5.3.1 項〔4〕のキルヒホッフの法則から導かれる，後述の式 (5.78) の関係を用いた。第 3 項は光検出器からの放射を表す。右辺第 2 項，第 3 項を正しく補正するには，放射率 ε のほかに T_{w} および T_{d} の情報が必要である。通常，放射温度計は $T_{\mathrm{w}} = T_{\mathrm{d}}$ を仮定する。そして，T_{d} を別途モニタする方法か，別の方法で求めている。例えば，チョッピングを有する温度計では，チョッパ表面の放射率を十分に高くした上でチョッパ近傍の温度を測定することにより，T_{d} としている。また，サーモパイル光検出器では，冷接点の温度を測定することにより，T_{d} としている。放射率設定値 ε_{s} を用い，放射率 ε および T_{d}（$= T_{\mathrm{w}}$）の補正を行った放射温度計信号 S_{comp} は，次式で与えられる[26]。

$$S_{\mathrm{comp}} = \frac{S_{\mathrm{meas}}}{\varepsilon_{\mathrm{s}}} + S(T_{\mathrm{d}}) \tag{5.57}$$

より高精度を求められる温度計では，放射温度計の内部温度を T_{d} と周囲温度 T_{w} との関係をあらかじめ求めておく方法や，別の温度センサにより壁など周囲物体の温度 T_{w} を別途測定する方法などが用いられている。

〔**3**〕 **放射温度計の視野構造**　放射温度計を視野構造から分類すると，スポット型，ライン型，エリア型に大別される（**図 5.13**）。スポット型は単一の光検出器を用いて測定対象表面のある限られた領域からの放射を測定するのに対し，ライン型は 1 次元の，エリア型は 2 次元の分布を測定する。ライン型には，スポット型の光路を回転ミラーまたは振動ミラーにより 1 次元で走査する機械

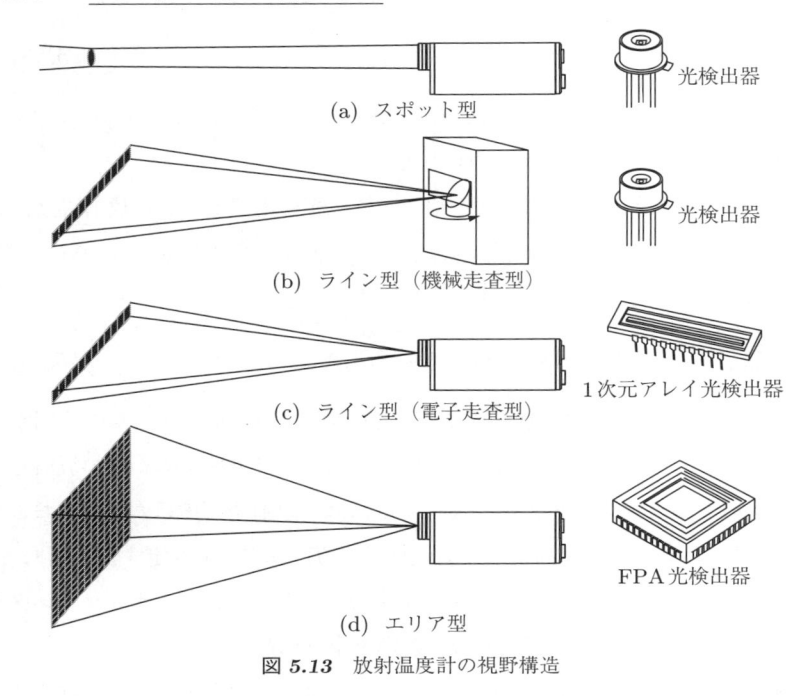

（a）スポット型　　　　　　光検出器

（b）ライン型（機械走査型）　　　光検出器

（c）ライン型（電子走査型）　　1次元アレイ光検出器

（d）エリア型　　　FPA光検出器

図 5.13　放射温度計の視野構造

走査型と，検出器に 1 次元アレイ素子を用いた電子走査型とがある。製造ライ
ンで搬送されている測定対象では，測定対象の移動方向に対して直交方向に配
置することにより，ライン型放射温度計で面的な温度情報を得ることができる。

　エリア型は，特に近年，2 次元に光検出素子が配列されたフォーカルプレー
ンアレイ（focal-plane array; FPA）を搭載したものが主流となり，FPA によ
る高解像度化，小型化が進んでいる。

5.3 放　　射　　率

5.3.1　物質の放射特性・放射率

〔**1**〕　**輝度温度と波長依存性**　　温度 T の測定物体からの分光放射輝度 L_λ
と同じ温度の黒体分光放射輝度 $L_{\mathrm{b},\lambda}(T)$ の間には，一般に次式の関係がある。

$$L_\lambda = \varepsilon_\lambda L_{b,\lambda}(T) \tag{5.58}$$

ここで，ε_λ は分光放射率（spectral emissivity; spectral emittance）である。測定物体の輝度温度（radiance temperature）T_s は，次式で定義される。すなわち，L_λ に等しい黒体分光放射輝度の温度を表す。

$$L_\lambda = L_{b,\lambda}(T_s) = \varepsilon_\lambda L_{b,\lambda}(T) \tag{5.59}$$

簡単のため，$L_{b,\lambda}(T)$ をウィーンの近似則 (5.29) で表し，上式を展開すると

$$\frac{1}{T} = \frac{1}{T_s} + \frac{\lambda}{c_2} \ln \varepsilon_\lambda \tag{5.60}$$

となる。放射測温において放射率 ε_λ が既知であることは，放射温度計で輝度温度 T_s を測定し，式 (5.60) の右辺第 2 項の補正をすることによって，物体の温度 T が正確に求められることを意味している。また，この式は，放射温度計の検出波長 λ が短波長であるほど放射率の影響が小さく，T_s は T に近づくことを示している。さらに，放射率変動（emissivity variation）$\Delta\varepsilon$ によって生じる測温の不確かさ ΔT は，T_s を固定して T を ε_λ で微分することにより

$$\frac{\Delta T}{T} = -\frac{1}{(c_2/\lambda T)} \frac{\Delta\varepsilon}{\varepsilon_\lambda} = -\frac{1}{n} \frac{\Delta\varepsilon}{\varepsilon_\lambda} \tag{5.61}$$

として得られる。ここで，n は後述の式 (5.118) の n 値（n value）である。式 (5.61) は，放射率の変動による測温の不確かさが $1/n$ だけ緩和されることを示しており，n 値は波長が短くなるにつれて大きくなるので，放射率変動の測温への影響が小さくなる。

〔**2**〕 **放射率と吸収率**　　光（電磁波）は互いに直交する電場 $\boldsymbol{E}$ と磁場 $\boldsymbol{B}$ を持つので，物質に入射すると，物質内の荷電粒子と相互作用する。その力 $\boldsymbol{F}$ は，次式のローレンツ力（Lorentz force）で表される[4),5)]。

$$\boldsymbol{F} = e(\boldsymbol{E} + \boldsymbol{v} \times \boldsymbol{B}) \tag{5.62}$$

ここで，e と v は，それぞれ荷電粒子の電荷と速度である。光と荷電粒子との相互作用では，磁場の影響は小さいので無視し，電場 E だけを考慮すればよい。つまり，式 (5.62) の右辺第 1 項の電場によって荷電粒子が動かされることが，光と物質の相互作用の基本である。あとは，5.1.1 項に記述した，荷電粒子の加速度運動によって光が発生する現象とまったく同じメカニズムで，光が再放射される。本節で議論する放射率，吸収率，反射率，透過率に関わる現象は，このように物質に入射する電磁波が物質内の荷電粒子との相互作用により電磁波を再放射（2 次光）することによって生起するものである。

　測定物体の放射率（emissivity; emittance）は，放射測温にとって最も重要な因子である。放射率をなんらかの形で把握することで，放射測温法による測温の信頼性が著しく高まる。放射率は，同じ温度 T の測定物体と黒体の放射の比で定義される。式 (5.58) では分光放射率 ε_λ で表しているが，さまざまな種類の放射率が規定されるので，文脈の中でどの規定の放射率かを判断する必要がある。放射率は 0 と 1 の間の数値をとる。黒体は放射率 1 の物体である。完全に鏡面的かつ一様な媒質の表面物質の放射率は，マクスウェルの電磁方程式で正確に求められる。そうでない場合，放射率は物質の光学的物性とその温度に依存し，粗さや酸化膜などの表面膜，汚染状態など表面状態にも依存し，さらに，幾何学的な方向特性や分光，偏光特性にも依存する。放射率は放射測温における克服すべき最大の問題点である。

　さまざまな放射率の種類とその記号表現をまとめる（**図 5.14** を参照）[1],[2],[27]。放射測温では，通常，下記の (1) 方向分光放射率 $\varepsilon_\lambda(\theta, \phi, T)$ を使用する。

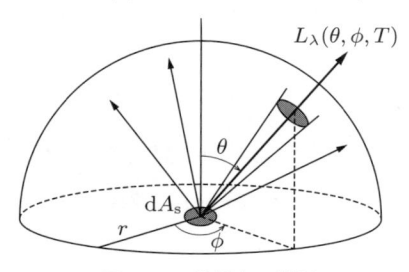

図 5.14　放射率の種類

(1) 方向分光放射率（directional spectral emissivity）：波長 λ, 天頂角 θ, 方位角 ϕ, 温度 T の関数としての分光放射率（分光放射輝度の比）。

$$\varepsilon_\lambda(\theta, \phi, T) = \frac{L_\lambda(\theta, \phi, T)}{L_{b,\lambda}(\theta, \phi, T)} \tag{5.63}$$

(2) 方向全放射率（directional total emissivity）：上記 (1) を全波長（$0 \sim \infty$）に関して積分し平均化した放射率（全放射輝度の比）。

$$\varepsilon_t(\theta, \phi, T) = \frac{\pi \displaystyle\int_0^\infty \varepsilon_\lambda(\theta, \phi, T) L_{b,\lambda}(T) d\lambda}{\sigma T^4} \tag{5.64}$$

(3) 半球分光放射率（hemispherical spectral emissivity）：半球面（$\theta = 0 \sim \pi/2$, $\phi = 0 \sim 2\pi$）にわたって平均化した分光放射率（分光放射発散度の比）。

$$\varepsilon_\lambda^h(T) = \frac{1}{\pi} \int_0^{2\pi} \int_0^{\pi/2} \varepsilon_\lambda(\theta, \phi, T) \cos\theta \sin\theta d\theta d\phi \tag{5.65}$$

(4) 半球全放射率（hemispherical total emissivity）：上記 (3) を半球面にわたって全波長（$0 \sim \infty$）に関して積分し平均化した放射率（全放射発散度の比）。

$$\varepsilon_t^h(T) = \frac{\pi \displaystyle\int_0^\infty \varepsilon_\lambda^h(\phi, T) L_{b,\lambda}(T) d\lambda}{\sigma T^4} \tag{5.66}$$

さらに，偏光に関して p 偏光放射率（p-polarized emissivity）$\varepsilon_p(T)$ と s 偏光放射率（s-polarized emissivity）$\varepsilon_s(T)$ が，上記のそれぞれについて成り立つ。

吸収率（absorptivity; absorptance）も以下のような種類にまとめられる（**図5.15** を参照）。吸収率は放射率と同様に，物質の温度や表面状態，入射方向，波長などに依存する。以下の式 (5.67) の方向分光吸収率 α_λ は物質固有の特性を反映した値を示すが，それ以外の各吸収率 α_t, α_λ^h, α_t^h は入射する放射の方向や波長の分布に依存するので，一般に物質固有の特性を表したものとはならないことに注意が必要である。

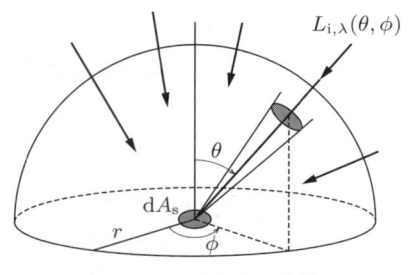

図 5.15 吸収率の種類

(1) 方向分光吸収率（directional spectral absorptivity）：波長 λ, 天頂角 θ, 方位角 ϕ から入射する分光放射輝度 $L_{\mathrm{i},\lambda}(\theta,\phi)$ に対して温度 T の物質が吸収する分光放射輝度 $L_{\mathrm{abs},\lambda}(\theta,\phi,T)$ の割合（分光放射輝度の比）。

$$\alpha_\lambda(\theta,\phi,T) = \frac{L_{\mathrm{abs},\lambda}(\theta,\phi,T)}{L_{\mathrm{i},\lambda}(\theta,\phi)} \tag{5.67}$$

(2) 方向全吸収率（directional total absorptivity）：上記を全波長で積分したもの。

$$\alpha_\mathrm{t}(\theta,\phi,T) = \frac{\displaystyle\int_0^\infty L_{\mathrm{abs},\lambda}(\theta,\phi,T)\mathrm{d}\lambda}{\displaystyle\int_0^\infty L_{\mathrm{i},\lambda}(\theta,\phi)\mathrm{d}\lambda} \tag{5.68}$$

(3) 半球分光吸収率（hemispherical spectral absorptivity）：半球面から入射した分光放射照度 $E_{\mathrm{i},\lambda}$ に対して吸収される分光放射照度 $E_{\mathrm{abs},\lambda}$ の割合（分光放射照度の比）。

$$\left.\begin{aligned}
\alpha_\lambda^\mathrm{h}(T) &= \frac{E_{\mathrm{abs},\lambda}}{E_{\mathrm{i},\lambda}} \\
E_{\mathrm{i},\lambda} &= \int_0^{2\pi}\int_0^{\pi/2} L_{\mathrm{i},\lambda}(\theta,\phi)\cos\theta\sin\theta\mathrm{d}\theta\mathrm{d}\phi \\
E_{\mathrm{abs},\lambda} &= \int_0^{2\pi}\int_0^{\pi/2} \alpha_\lambda(\theta,\phi,T)L_{\mathrm{i},\lambda}(\theta,\phi)\cos\theta\sin\theta\mathrm{d}\theta\mathrm{d}\phi
\end{aligned}\right\} \tag{5.69}$$

(4) 半球全吸収率（hemispherical total absorptivity）：全放射照度 E に対して吸収される全放射照度 E_{abs} の割合（全放射照度の比）。

$$\alpha_{\mathrm{t}}^{\mathrm{h}}(T) = \frac{E_{\mathrm{abs}}}{E} = \frac{\displaystyle\int_0^\infty \alpha_\lambda^{\mathrm{h}} E_{\mathrm{i},\lambda}\mathrm{d}\lambda}{\displaystyle\int_0^\infty E_{\mathrm{i},\lambda}\mathrm{d}\lambda} \tag{5.70}$$

〔**3**〕　**キルヒホッフの法則**　　図 **5.16** に示すように，温度 T_{w} の黒体空洞壁内に温度 T，表面積 A の物体が置かれているとする。

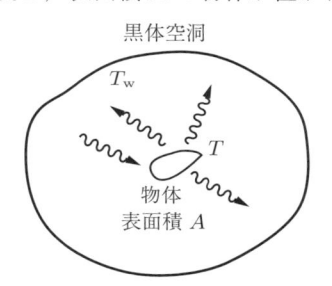

図 **5.16**　黒体空洞内での放射エネルギの交換

　物体からの放射束は $\varepsilon_{\mathrm{t}}^{\mathrm{h}} A M_{\mathrm{b}}(T) = \varepsilon_{\mathrm{t}}^{\mathrm{h}} \pi A L_{\mathrm{b}}(T)$ である。一方，温度 T_{w} の黒体空洞壁から放射され，物体によって吸収される放射束は $\alpha_{\mathrm{t}}^{\mathrm{h}} A E(T_{\mathrm{w}})$ である。ここで，$E(T_{\mathrm{w}}) = \pi L_{\mathrm{b}}(T_{\mathrm{w}})$ は物体への放射照度である。

　熱平衡状態に到達したとき，$T = T_{\mathrm{w}}$ であり，物体に入射する放射と物体からの放射束が等しくなるから

$$\varepsilon_{\mathrm{t}}^{\mathrm{h}} \pi A L_{\mathrm{b}}(T) = \alpha_{\mathrm{t}}^{\mathrm{h}} \pi A L_{\mathrm{b}}(T) \tag{5.71}$$

となる。これから

$$\alpha_{\mathrm{t}}^{\mathrm{h}} = \varepsilon_{\mathrm{t}}^{\mathrm{h}} \tag{5.72}$$

を得る。すなわち，半球全放射率と半球全吸収率は等しい。同様に

$$\alpha_\lambda(\theta,\phi) = \varepsilon_\lambda(\theta,\phi), \quad \alpha_{\mathrm{t}}(\theta,\phi) = \varepsilon_{\mathrm{t}}(\theta,\phi), \quad \alpha_\lambda^{\mathrm{h}} = \varepsilon_\lambda^{\mathrm{h}} \tag{5.73}$$

が熱平衡状態下で成り立つ。式 (5.72), (5.73) を**キルヒホッフの法則**（Kirchhoff's law）という。$\alpha_\lambda(\theta,\phi) = \varepsilon_\lambda(\theta,\phi)$ すなわち「方向分光吸収率と方向分光放射率は等しい」という関係だけが物体の固有の特性に基づくので，放射の方向特性，波長特性に無関係に成り立つ。また，偏光成分ごとに成り立つ[1),6),28)]。

〔**4**〕 **反 射 率**　　物体に入射する電磁波エネルギは，物体表面で反射するか（反射率 ρ（reflectivity; reflectance）），物体内に吸収されるか（吸収率 α），あるいは物体を透過するか（透過率 τ）であるから，エネルギ保存の法則から

$$\rho + \alpha + \tau = 1 \tag{5.74}$$

となる。物体が不透明体であれば，$\tau = 0$ なので

$$\rho + \alpha = 1 \tag{5.75}$$

が成り立つ。一方，キルヒホッフの法則から吸収率と放射率は等しいので，式 (5.74) と式 (5.75) はそれぞれ

$$\rho + \varepsilon + \tau = 1 \tag{5.76}$$

$$\rho + \varepsilon = 1 \quad （不透明体） \tag{5.77}$$

となる。不透明体の場合，式 (5.77) から反射率 ρ の測定から放射率 ε を求めることができる。

$$\varepsilon = 1 - \rho \tag{5.78}$$

ただし，式 (5.78) の反射率 ρ は，以下に記述する条件に注意しなければならない。**図 5.17** に示すように，反射にはいくつかの形態がある。

図 (a) は完全鏡面的反射の場合を示しており，式 (5.78) は方向分光放射率と方向分光吸収率または方向全放射率と方向全吸収率を用いて

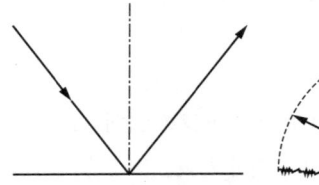
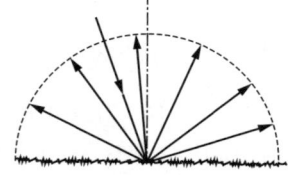
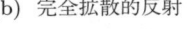
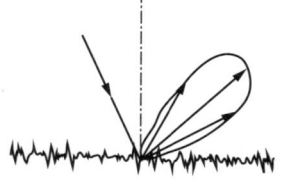

(a) 完全鏡面的反射　　　(b) 完全拡散的反射　　　(c) 一般表面粗さによる反射

図 5.17　反射の形態

$$\varepsilon_\lambda(\theta,\phi) = 1 - \rho_\lambda(\theta,\phi) \tag{5.79}$$

$$\varepsilon_t(\theta,\phi) = 1 - \rho_t(\theta,\phi) \tag{5.80}$$

と表される。図 (b) の完全拡散的反射の場合は，放射率は入射方向によらない。図 (c) のように一般表面粗さにより複雑な反射分布が生じるときには，物体面に θ, ϕ 方向から立体角 $\mathrm{d}\Omega_i$ で入射する放射束に対して $\mathrm{d}\Omega_i$ よりある程度大きい立体角 $\mathrm{d}\Omega_r$ で反射する放射束の割合をもって，近似的にその面の反射率とすることができる。ただし，厳密には 2 方向反射率分布関数（bidirectional reflectance distribution function; BRDF）を用いて反射率を求める必要がある[1), 2), 27), 29)]。

図 5.18 は，BRDF を説明するための入射・反射ビームの幾何学的な形態を示している。

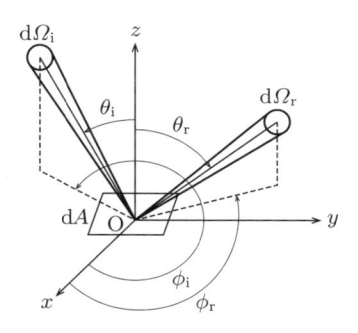

図 5.18 入射・反射ビームの形態

BRDF，すなわち $f_r(\lambda, \theta_i, \phi_i; \theta_r, \phi_r)$ は，入射する放射照度に対する反射する放射輝度の比として，次式で定義される。

$$
\begin{aligned}
f_r(\lambda, \theta_i, \phi_i; \theta_r, \phi_r) &= \frac{\mathrm{d}L_r(\lambda, \theta_r, \phi_r)}{\mathrm{d}E_i(\lambda, \theta_i, \phi_i)} \\
&\equiv \frac{\mathrm{d}L_r(\lambda, \theta_r, \phi_r)}{L_i(\lambda, \theta_i, \phi_i)\cos\theta_i \mathrm{d}\Omega_i} \quad [\mathrm{sr}^{-1}]
\end{aligned} \tag{5.81}
$$

この場合，半球分光反射率 $\rho_\lambda(\theta_i, \phi_i)$ は，次式で示される。

$$\rho_\lambda(\theta_i, \phi_i) = \int_{2\pi} f_r(\lambda, \theta_i, \phi_i; \theta_r, \phi_r) \cos\theta_r d\Omega_r \tag{5.82}$$

2π は半球の立体角を示す。式 (5.82) を用いて，任意の表面粗さを持つ物体に対する半球分光反射率を求めることができる。したがって，不透明体の場合，方向分光放射率を半球分光反射率から

$$\varepsilon_\lambda(\theta, \phi) = 1 - \rho_\lambda(\theta, \phi) \tag{5.83}$$

で求めることができる。

式 (5.83) は反射率の測定から間接的に放射率を求め，それによって放射測温を有効にする有力な手法を提供する。

〔**5**〕　**実効放射率**　　放射測温の測定対象となる物体表面が粗くなると，反射が拡散し，相互反射によりその放射率が実効的に高くなることはよく知られている[1), 30)~32)]。この場合 BRDF の測定により，式 (5.82) と式 (5.83) によって放射率を求めることが可能である。表面粗さによる見かけの放射率は，表面の幾何学的な形状により異なるが，基本的には各微小面間で放射の多重反射を生じ，その元の放射率 ε_λ が次式のように増大して，実効放射率（effective emissivity）ε_{eff} になることに起因している。

$$\varepsilon_{eff} L_{b,\lambda}(T) = \varepsilon_\lambda[1 + \gamma(1 - \varepsilon_\lambda) + \gamma^2(1 - \varepsilon_\lambda)^2 + \cdots]L_{b,\lambda}(T)$$
$$= \frac{\varepsilon_\lambda}{1 - \gamma(1 - \varepsilon_\lambda)} L_{b,\lambda}(T) \tag{5.84}$$

$$\varepsilon_{eff} = \frac{\varepsilon_\lambda}{1 - \gamma(1 - \varepsilon_\lambda)} \tag{5.85}$$

ここで，γ は表面の幾何学的形状による係数であり，反射光が相互反射に寄与する割合を表し，0 から 1 の値をとる。$\gamma = 0$ の場合 $\varepsilon_{eff} = \varepsilon_\lambda$ であり，$\gamma = 1$ の場合 $\varepsilon_{eff} = 1$ である。具体的な測定対象ごとに，実験ないし経験的な情報によって決定すべきパラメータである。

表面粗さが表面での多重反射による放射率変化を生起させるので，しばしば放射測温にとって好ましくない負の影響と見なされる。この考え方を逆転させ，

放射率増大効果を積極的に取り入れて，放射測温の測定の信頼性向上に貢献したのが，英 Land 社の高反射率半球キャビティである[33]。この発想は，炉内のロールをキャビティと捉えて製造ラインで安定した放射測温を実現する応用をもたらし[34]，さらに，放射率補正法（放射率と温度同時測定）への新しい展開に発展した[35]（放射率補正法の詳細は 5.5.2 項を参照）。

〔6〕　**物質の放射特性**　　固体物質は金属のような導電体とアルミナのような誘電体（絶縁体），およびその中間物性を有する半導体に大別される。これら物質の放射特性は，光学的な物性によって支配される。具体的には，マクスウェルの方程式を境界条件のもとで解くことによって，反射率に関するフレネルの公式（Fresnel formulas）が得られ[36]~[39]，これを用いてキルヒホッフの法則から放射率を導き出すことができる。これは，物体が滑らかで鏡面的，かつ光学的に均質な表面である条件のもとに導出される。しかし，実際の物体表面は粗さ，不均質な物性，汚染などを伴っているため，このような理想的な状態とは異なっている。フレネルの公式から得られる結果は，現実の放射特性にある程度反映されるものとして取り扱うべきであろう。

　光を含む電磁波は，電場と磁場が直交する横波である。そこで，図 **5.19** のように，電磁波を入射面に垂直な s 偏光電場（垂直を意味する独語 senkrecht

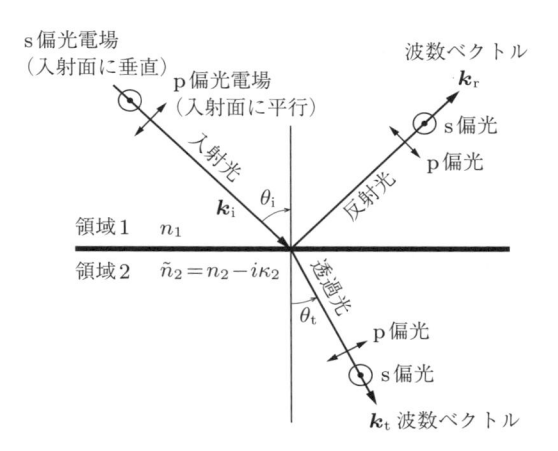

図 **5.19**　境界面での偏光の取り扱い

にちなむ）と，入射面に平行な p 偏光電場（平行を意味する parallel にちなむ）に分けて表示し，境界面で接線成分の連続性を議論すればよい。紙数の関係で詳細な導出は避け，結果だけを列記して，物質の種類によって放射率の代表的な挙動を例示する[37),39)]。

　境界での大気（ないし真空）からの入射光，反射光，透過光の電場振幅をそれぞれ $A_{\rm i,p(s)}$, $\tilde{A}_{\rm r,p(s)}$, $\tilde{A}_{\rm t,p(s)}$ とし，反射係数（reflection coefficient）$\tilde{r}_{\rm p(s)} = \tilde{A}_{\rm r,p(s)}/A_{\rm i,p(s)}$，および透過係数（transmission coefficient）$\tilde{t}_{\rm p(s)} = \tilde{A}_{\rm t,p(s)}/A_{\rm i,p(s)}$ を求める（$\tilde{t}$ などの記号上の $\tilde{\ }$ は複素表示を意味する）。下付き添え字の p および s は，それぞれ p 偏光，s 偏光を意味する。

フレネルの公式

　s 偏光反射係数と s 偏光透過係数：

$$\tilde{r}_{\rm s} = \frac{\tilde{A}_{\rm r,s}}{A_{\rm i,s}} = \frac{n_1 \cos\theta_{\rm i} - \tilde{n}_2 \cos\tilde{\theta}_{\rm t}}{n_1 \cos\theta_{\rm i} + \tilde{n}_2 \cos\tilde{\theta}_{\rm t}} \tag{5.86}$$

$$\tilde{t}_{\rm s} = \frac{\tilde{A}_{\rm t,s}}{A_{\rm i,s}} = \frac{2n_1 \cos\theta_{\rm i}}{n_1 \cos\theta_{\rm i} + \tilde{n}_2 \cos\tilde{\theta}_{\rm t}} \tag{5.87}$$

$$\tilde{r}_{\rm p} = \frac{\tilde{A}_{\rm r,p}}{A_{\rm i,p}} = \frac{\dfrac{\cos\theta_{\rm i}}{n_1} - \dfrac{\cos\tilde{\theta}_{\rm t}}{\tilde{n}_2}}{\dfrac{\cos\theta_{\rm i}}{n_1} + \dfrac{\cos\tilde{\theta}_{\rm t}}{\tilde{n}_2}} \tag{5.88}$$

$$\tilde{t}_{\rm p} = \frac{\tilde{A}_{\rm t,p}}{A_{\rm i,p}} = \frac{n_1}{\tilde{n}_2} \frac{\dfrac{2\cos\theta_{\rm i}}{n_1}}{\dfrac{\cos\theta_{\rm i}}{n_1} + \dfrac{\cos\tilde{\theta}_{\rm t}}{\tilde{n}_2}} \tag{5.89}$$

式 (5.86)〜(5.89) をフレネルの公式という。また，屈折に関する境界条件からスネルの法則（Snell's law）が得られる。

$$\text{スネルの法則：}\quad n_1 \sin\theta_{\rm i} = \tilde{n}_2 \sin\tilde{\theta}_{\rm t} \tag{5.90}$$

観測にかかる反射率は振幅係数の 2 乗であるから，それぞれ式 (5.91) と式 (5.92) となる。透過率は，領域が異なることを考慮して，それぞれ式 (5.93) と式 (5.94) で得られる[39)]。

s 偏光反射率と p 偏光反射率：

$$\rho_{\rm s} = |\tilde{r}_{\rm s}|^2 = \left| \frac{n_1 \cos\theta_{\rm i} - \tilde{n}_2 \cos\tilde{\theta}_{\rm t}}{n_1 \cos\theta_{\rm i} + \tilde{n}_2 \cos\tilde{\theta}_{\rm t}} \right|^2 \tag{5.91}$$

$$\rho_{\rm p} = |\tilde{r}_{\rm p}|^2 = \left| \frac{n_1 \cos\tilde{\theta}_{\rm t} - \tilde{n}_2 \cos\theta_{\rm i}}{n_1 \cos\theta_{\rm t} + \tilde{n}_2 \cos\theta_{\rm i}} \right|^2 \tag{5.92}$$

s 偏光透過率と p 偏光透過率：

$$\tau_{\rm s} = \frac{n_2}{n_1} |\tilde{t}_{\rm s}|^2 = \frac{n_2}{n_1} \left| \frac{2 n_1 \cos\theta_{\rm i}}{n_1 \cos\theta_{\rm i} + \tilde{n}_2 \cos\tilde{\theta}_{\rm t}} \right|^2 \tag{5.93}$$

$$\tau_{\rm p} = \frac{n_2}{n_1} |\tilde{t}_{\rm p}|^2 = \frac{n_2}{n_1} \left| \frac{2 n_1 \cos\theta_{\rm i}}{n_1 \cos\tilde{\theta}_{\rm t} + \tilde{n}_2 \cos\theta_{\rm i}} \right|^2 \tag{5.94}$$

垂直入射では，$\theta_{\rm i} = \tilde{\theta}_{\rm t} = 0$ となって，s 偏光，p 偏光の区別はなくなる。

垂直反射率と垂直透過率：

$$\rho_\perp = \left| \frac{n_1 - \tilde{n}_2}{n_1 + \tilde{n}_2} \right|^2 = \frac{(n_1 - n_2)^2 + \kappa_2^2}{(n_1 + n_2)^2 + \kappa_2^2} \tag{5.95}$$

$$\tau_\perp = \frac{n_2}{n_1} \left| \frac{2 n_1}{n_1 + \tilde{n}_2} \right|^2 = \frac{4 n_1 n_2}{(n_1 + n_2)^2 + \kappa_2^2} \tag{5.96}$$

ここで，領域 2 は複素屈折率 $\tilde{n}_2 = n_2 - i\kappa_2$ で表している。この場合，透過する角度も複素数 $\tilde{\theta}_{\rm t}$ で取り扱う。複素屈折率（complex refractive index）の虚数部の κ_2 は消衰係数（extinction coefficient）といい，電磁波が物質中を伝播するときに物質内で吸収される項を表す。物質中を d の距離だけ伝播すると，$\exp(-4\pi\kappa_2 d/\lambda)$ の割合で減衰する。可視光・赤外波長域において，金属など導電体の κ_2 は大きいので，実質的に光は伝播せず不透明体となる。SiO_2 など誘電体の κ_2 はほとんど 0 であるから，半透明体となる。Si などの半導体は，常温では κ_2 はほぼ 0 であり半透明体であるが，温度上昇とともに κ_2 は増大し，しだいに不透明体に変化する。半導体や誘電体では，バンドギャップエネルギに相当する波長より短い波長では，金属に比較すると小さいが κ_2 が存在し，波長が短いため実質的に不透明体となる。

若干の例を示そう。**図 5.20** は，冷延鋼板の偏光（および無偏光）放射率の測定例である。エリプソメータで実測した冷延鋼板の複素屈折率は $\lambda = 10\,\mu\mathrm{m}$ で $\tilde{n}_2 = 7.5 - 22i$ であった。式 (5.91), (5.92) を用い，放射率 $\varepsilon_{\lambda,\mathrm{p(s)}} = 1 - \rho_{\lambda,\mathrm{p(s)}}$ でシミュレーションした結果と，直接大気中 $(n_1 = 1.0)$ の常温付近で放射率を測定した結果を比較したものである。無偏光の放射率は p および s 偏光放射率の平均値で得られる。

$$\varepsilon_\lambda(\theta_\mathrm{i}) = \frac{1}{2}\{\varepsilon_{\lambda,\mathrm{s}}(\theta_\mathrm{i}) + \varepsilon_{\lambda,\mathrm{p}}(\theta_\mathrm{i})\} \tag{5.97}$$

垂直放射率は，式 (5.95) から，$\theta_\mathrm{i} = 0$ のとき $\varepsilon_\lambda(0) = 0.054$ である。冷延鋼板の表面粗さは $R_\mathrm{a} = 0.08\,\mu\mathrm{m}$ であり，けっして鏡面的反射表面ではないが，理論と実験結果はかなり良く一致している[40]。

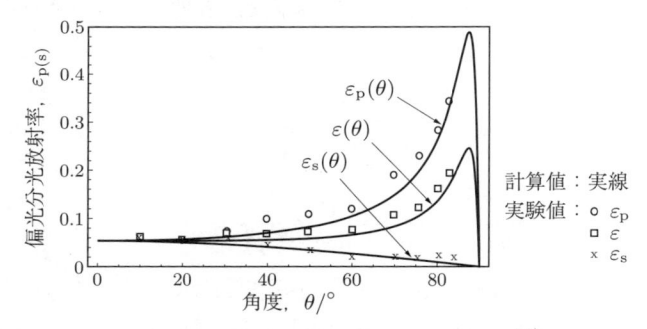

図 5.20　冷延鋼板の常温付近の偏光放射率[40]

同様に，**図 5.21** は，半導体シリコンの波長 $\lambda = 0.63\,\mu\mathrm{m}$ における偏光放射率特性のシミュレーション結果である。この波長はシリコンのバンドギャップに相当する波長より短い波長であり，その複素屈折率は $\tilde{n} = 3.882 - 0.019i$ である[41]。導電体の金属との違いが鮮明である。

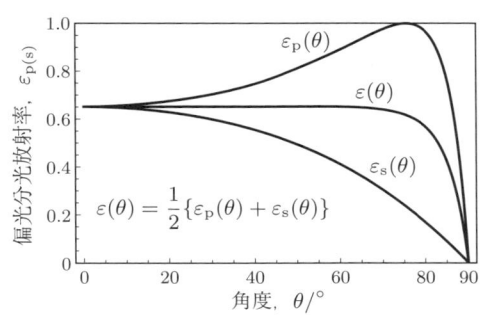

図 5.21　シリコンの偏光放射率
（シミュレーション）

〔**7**〕　**薄膜付きの物質の放射特性**　　加熱により金属表面に酸化膜が生成さ
れたり，Si 半導体に誘電体薄膜を成長させたりするプロセスが多くある。この
ように，試料面に波長と同程度の厚さの薄膜が存在する場合，薄膜内での放射
の多重反射により位相差に基づく干渉現象が生じ，結果として試料の見かけの
放射率を大きく変化させる。

図 **5.22** は，不透明体の表面に透明な誘電体薄膜が付いた物体の，見かけの
θ_1 方向の p および s 偏光分光反射率 $\rho_{\lambda,\mathrm{p(s)}}(\theta_1)$ を求めるモデルである[42]。

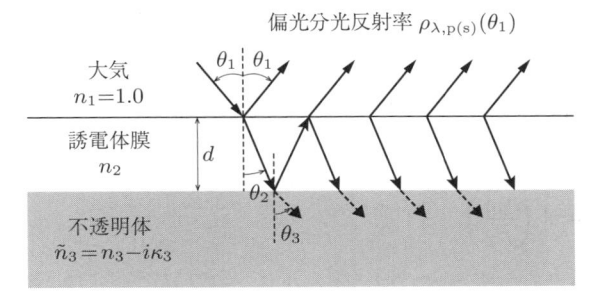

図 5.22　透明誘電体薄膜付の不透明体の反射率モデル

フレネルの公式 $(5.86)\sim(5.89)$ により，物体に入射した電磁波の偏光反射振
幅係数 $\tilde{r}_{\lambda,\mathrm{p(s)}}(\theta_1)$ は，次式で表される。

$$\tilde{r}_{\lambda,\mathrm{p(s)}} = \frac{r_{12\mathrm{p(s)}} + r_{23\mathrm{p(s)}}\mathrm{e}^{i\delta}}{1 + r_{12\mathrm{p(s)}}r_{23\mathrm{p(s)}}\mathrm{e}^{i\delta}} \tag{5.98}$$

δ は厚さ d の薄膜内を伝播する電磁波の 1 往復の位相遅れを示す。

$$\delta = \frac{2\pi}{\lambda} 2 n_2 d \cos \theta_2 \tag{5.99}$$

また，r_{12}, r_{23} はそれぞれ境界面での反射振幅係数を表す。

式 (5.98) より，$\rho_{\lambda,\mathrm{p(s)}}$ は次式で与えられる。

$$\begin{aligned}
\rho_{\lambda,\mathrm{p(s)}}(\theta_1) &= \left| \tilde{r}_{\lambda,\mathrm{p(s)}} \right|^2 \\
&= \frac{\left(r_{12\mathrm{p(s)}} + r_{23\mathrm{p(s)}} e^{i\delta} \right) \left(r_{12\mathrm{p(s)}} + r_{23\mathrm{p(s)}} e^{-i\delta} \right)}{\left(1 + r_{12\mathrm{p(s)}} r_{23\mathrm{p(s)}} e^{i\delta} \right) \left(1 + r_{12\mathrm{p(s)}} r_{23\mathrm{p(s)}} e^{-i\delta} \right)} \\
&= \frac{r_{12\mathrm{p(s)}}^2 + r_{23\mathrm{p(s)}}^2 + 2 r_{12\mathrm{p(s)}} r_{23\mathrm{p(s)}} \cos \delta}{1 + r_{12\mathrm{p(s)}}^2 r_{23\mathrm{p(s)}}^2 + 2 r_{12\mathrm{p(s)}} r_{23\mathrm{p(s)}} \cos \delta}
\end{aligned} \tag{5.100}$$

キルヒホッフの法則から，偏光放射率 $\varepsilon_{\lambda,\mathrm{p(s)}}(\theta_1)$ は次式で得られる。

$$\varepsilon_{\lambda,\mathrm{p(s)}}(\theta_1) = 1 - \rho_{\lambda,\mathrm{p(s)}}(\theta_1) \tag{5.101}$$

図 **5.23** (a), (b) は，式 (5.101) に基づいて半導体 Si ウェハに SiO_2 誘電体膜が成長したときの，$\lambda = 900\,\mathrm{nm}$ でのそれぞれ p 偏光，s 偏光の分光放射率の角度特性をシミュレーションしたものである[†]。ここで，膜厚 d により，また角度 θ_1 により，偏光放射率がさまざまに変化する様子が観測される。$\theta_1 = 55.4°$ では膜厚変化によらず一定の放射率に維持される（放射率不変条件）が，この特性は大気（または真空）と SiO_2 膜間のブリュースター角（Brewster angle）に相当し，図 **5.23** において式 (5.102) で表される。

$$\theta_1 = \tan^{-1} \left(\frac{n_2}{n_1} \right) \tag{5.102}$$

このとき，p 偏光放射率は式 (5.103) となり，膜厚 d の変化によらず SiO_2 膜とシリコン基板の間の p 偏光反射率 $r_{23\mathrm{p}}^2$ だけに依存する。一方，図 (b) の s 偏光では，放射率不変となる条件はない。

$$\varepsilon_{\mathrm{p}}(\theta_1) = 1 - r_{23\mathrm{p}}^2 \tag{5.103}$$

[†] この波長では，バンドギャップエネルギ E_g が大きい SiO_2 は半透明体であり，E_g が小さい Si ウェハは不透明体である。

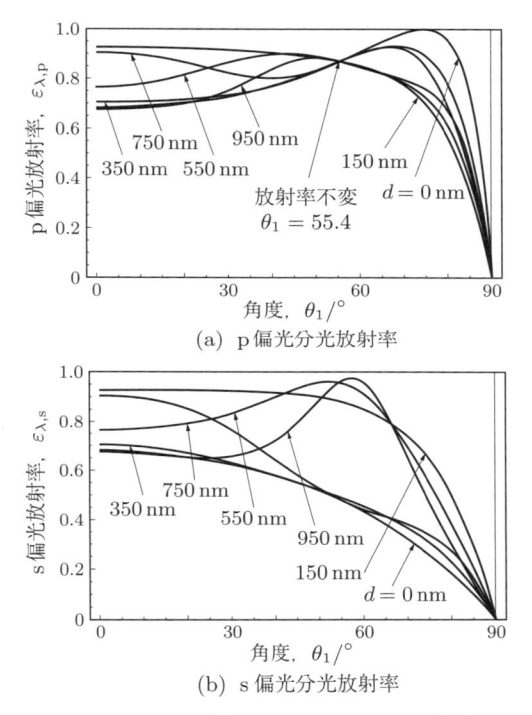

(a) p偏光分光放射率

(b) s偏光分光放射率

図 5.23 SiO$_2$ 膜付のシリコンウェハの偏光
放射率（シミュレーション）[42]

この放射率不変条件を利用した放射測温法も可能である[42]。

上述の例は単層薄膜での挙動例を示したが，多層の干渉膜の取り扱いについ
ては多くの文献がある[2),36),37),39),43)～45)]。文献 45) は特に半導体材料に関す
る放射特性について詳しい。

5.3.2 実用試料のオフライン放射率測定装置

放射測温法の場合，測定対象の放射率を実際の測定環境とできるだけ同じ条
件で予備的に把握することが重要である。放射率測定装置は，放射測温システ
ムの導入に際して必要となる方向分光放射率を把握する測定装置である。

現場でのオフライン放射率測定装置は，指定された環境条件下で試料の放射

率を測定することを要求されるので，その条件と異なる状態で得られた放射率測定値は信頼性の欠ける結果となる。例えば，試料が酸化しないことを条件として放射率を求める必要があるときには，測定装置内を試料の酸化を防ぐために真空にするか，還元ガス H_2 や不活性ガス（Ar や，反応性がない場合には N_2）を注入する必要がある。また，測定装置の側壁での反射や放射は，背景放射（background radiation）として放射率測定の不確かさに甚大な影響を与えるので，信頼性ある放射率測定装置を設計・製作するためには，これらの問題点を克服することが絶対的に必要である。また，放射率測定装置の信頼性を担保するために，測定した放射率の不確かさを見積もることが大切である。

上述の観点から設計・製作された放射率測定装置として，鉄鋼の連続焼鈍プロセスで生産される冷延鋼板や電磁鋼板，および半導体 Si ウェハを対象に，オフライン垂直放射率測定，方向放射率，偏光放射率測定を可能とした装置開発例がある[46)~50)]。

分光放射率を連続波長で測定するためには，受光部に分光器が必要である。可視・近赤外波長域では，Si や InGaAs フォトダイオードまたは光電子増倍管などを光検出器とする，グレーティングを用いる分散型の分光器が用いられる。より長波長の赤外域では，フーリエ赤外分光器（Fourier transform infrared spectrometer; FTIR）が利用される。FTIR は，マイケルソン干渉計技術を用いて広範囲の波長を分光する確立した分光器であり，測定波長が広範囲になるという点にメリットがあるが，装置構成は高価になる。その中で，del Campo らが開発した FTIR による分光方向放射率測定装置は，FTIR に試料からの放射輝度を導く光学系や試料の設定などに注意深い考察がなされており，上述したような不確かさの要因となる背景放射の処理に関して緻密に配慮した信号処理がなされている[49)]。FTIR を利用した放射率測定装置はほかにもあるが，文献 27),50),51) を提示するに留める。

5.4 特殊な放射温度計

5.4.1 熱画像装置

〔1〕 **熱画像装置の概要と用途**　熱画像装置（thermal imaging camera）は物体表面の温度に応じて放射される赤外光の空間分布を撮像する装置であり，エリア型の放射温度計として使われる。1954 年にアメリカで初めてサーミスタボロメータを用いた熱画像装置が商品化され，1970 年代に半導体技術の急速な進歩により光子型の赤外センサが開発され，測定感度や応答性が向上した。このころの光子型センサは液体窒素などを用いた冷却型であり，装置は大型で，測定可能な時間も制限されていたが，1980 年代半ばに電子冷却型の光検出器が開発され，小型化と長時間の連続運転が可能になった。1990 年代になると，電子デバイスの技術が進み，FPA 素子を使った熱画像装置が開発された。さらに，近年は非冷却型 FPA 素子を用いた熱画像装置の高解像度化，小型化が進んでいる。

図 **5.24** に，手に持って測定する携帯型と，現場に設置して測定する固定型の熱画像装置を示す。熱画像装置で温度を測定する際の注意事項は，スポット型の放射温度計とほぼ同じであるが，2 次元での測定に固有の課題もある。熱画像装置は，常温付近での温度測定の用途が主流であるため，測定波長はおもに

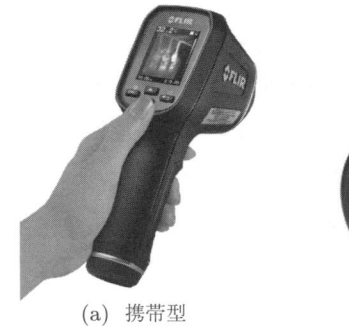

(a) 携帯型　　　　　　　　　　(b) 固定型

図 **5.24**　熱画像装置の概観

長波長の 8 μm～12 μm である。このため，対象物体の放射率の影響が大きく，背景放射光の映り込みについても十分な注意が求められる。また，画素サイズと測定空間分解能との関係を正しく把握しておく必要がある。

CCD や相補型 MOS (complementary metal oxide semiconductor; CMOS) のイメージセンサを用いたカメラは，可視から近赤外付近までの波長帯域に感度があり，およそ 400℃ 以上の対象の熱画像を得ることができる。本来放射温度計として作られていないカメラを温度計として使うため，画像の輝度信号に温度目盛を付ける温度校正の手法や，画像輝度の再現性，画素の感度不均一性などをあらかじめ調べてから，温度計測に使用する必要がある（5.2.2 項〔1〕も参照）。

熱画像装置は面で温度を捉えることができるため，防災，設備の保守・保全，環境計測や医療など，多岐にわたる分野で使用されている。熱画像装置のおもな用途での事例については，文献 52)～64) を参照されたい。これらには，熱画像装置を用いて 2 次元の温度そのものの分布を測定する例と，2 次元熱画像での温度変化をイメージとして活用する例が含まれている。

〔2〕 **熱画像装置の光検出器**　　熱画像装置に用いられる赤外光検出器は，放射温度計と同様に，その動作原理から熱型と光子型の光検出器に大別される（光検出器については 5.2.1 項を参照）。そのうち波長選択性が少ない熱型光検出器としては，サーモパイルを用いたものが低画素密度の比較的安価な装置に使用されているほか，冷却する必要のない常温動作のマイクロボロメータによるものが，8 万～80 万画素の高画素密度・高性能な熱画像装置に使用されている。一方，光子型光検出素子は高感度で応答速度が速いという優れた特長を持っている。ただし，検出器を冷却しなければならないため，比較的高価である。

検出波長別で見ると，おもに 3 μm～5 μm の波長帯域では InSb 素子などの光子型光検出器が用いられ，8 μm～14 μm では，サーモパイルやサーミスタボロメータが使用されている。

　近年，半導体の製造技術と MEMS (micro electro mechanical systems)[†]技術により，非冷却である熱型のエリア赤外光検出器の高精細化と高感度化が図られている。ここでは，サーモパイル型，ボロメータ型，SOI ダイオード型の3種について，その構造と測定原理を説明する。

（a）　サーモパイル型エリア赤外光検出器　　サーモパイルを2次元に配置したエリア赤外光検出器である。サーモパイル型は検出器の温度コントロールおよび光チョッパが不要である。また，CMOS IC として製作できるため，低コスト化が可能である。

　図 **5.25** に，48×32 画素のサーモパイル型エリア赤外光検出器の1素子の構造を例示する[65]。赤外入射光は，検出素子中央の金黒吸収膜で吸収され，熱エネルギに変換される。素子は，受光部となるダイアフラムを薄く細くした梁により宙に浮かせ，その Si 基板の受光面の下部を除去して，温接点と冷接点間の熱抵抗を上げている。また，真空封止して気体による熱伝導をなくし，高感度化を図っている。

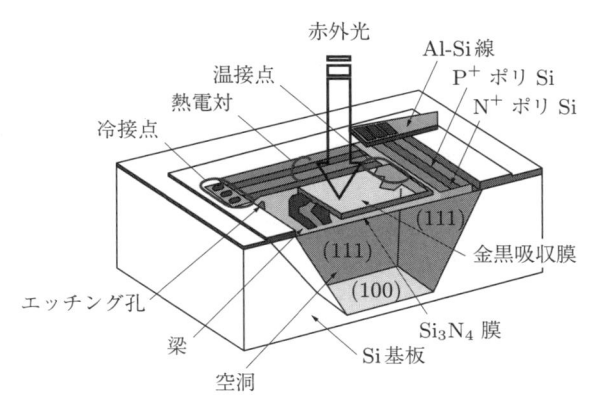

図 **5.25**　サーモパイル型エリア赤外光検出器の
1素子の構造例[65]

[†]　機械要素部品，センサ，アクチュエータ，電子回路を一つのシリコン基板，硝子基板，有機材料などの上に集積化したデバイス。

（ b ）　ボロメータ型エリア赤外光検出器　　ボロメータ型のエリア赤外光検出器は，サーミスタボロメータの検出素子を 2 次元アレイ化したもので，放射温度計に用いられている単素子と同じ原理の検出素子である[66]。ボロメータの材料としては，常温付近での特性が良い VO_x（酸化バナジウム）やアモルファス Si が多く使用されている。近年，高性能化が進み，画素数も増え，1 024×768 画素の高画素密度センサも開発されている[67]。

図 5.26 に，ボロメータ型エリア赤外光検出器の 1 素子の基本構造を示す。サーモパイル型と同様，受光部のダイアフラムを信号読み出し回路から宙に浮かせた熱分離構造であり，赤外光が受光部に入射するとその温度がわずかに上昇し，このときのボロメータ材料の抵抗値の変化を電気信号に変換する。

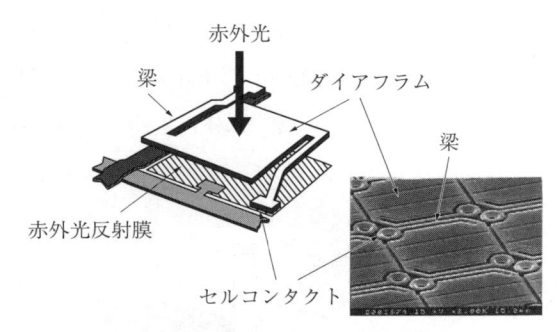

赤外光

梁

ダイアフラム

梁

赤外光反射膜

セルコンタクト

図 5.26　ボロメータ型エリア赤外光検出器の
1 素子の構造例[66]

ボロメータ型赤外光検出素子の電圧応答度 R_V は

$$R_V = \frac{\alpha \eta V_b}{G} \quad [\mathrm{VW^{-1}}] \tag{5.104}$$

で表される。ここで，α はボロメータ材料の抵抗温度係数，η は赤外吸収率，V_b はバイアス電圧，G はダイアフラムと読み出し回路間の熱コンダクタンスである。梁を細く長く薄くすることで熱コンダクタンスを小さくして，赤外光検出素子の感度を上げることができるが，機械的な強度との兼ね合いで構造設計が行われる。

（**c**）　**SOI ダイオード型エリア赤外光検出器**　　SOI (silicon on insulator)
ダイオード型エリア赤外光検出器は，赤外光検出素子にダイオードを用いたエリ
ア赤外光検出器であり，**図 5.27** に示すように，受光部の温度変化を，図 (b) の
ように定電流で駆動したダイオードの順方向の電圧変化として測定する[68),69)]。
ダイオード1個の順方向電圧の温度係数はマイナス数 mV/K 程度であるが，図
(a) のように小型化に適した SOI ダイオード構造によりこれを複数個直列に連
結することで感度を増加させている。

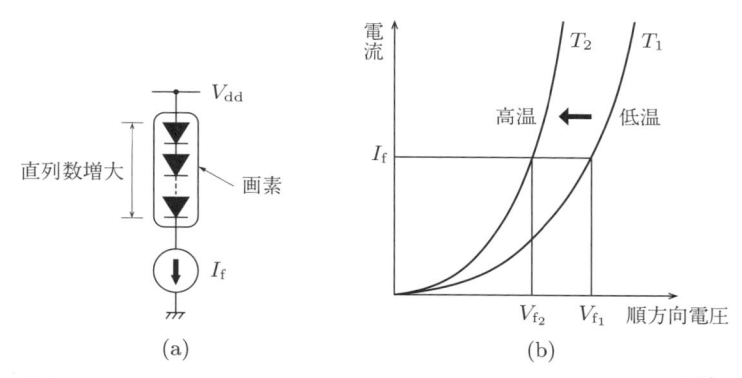

図 5.27　SOI ダイオード型エリア赤外光検出器の1素子の動作原理図[69)]

図 5.28 は，SOI ダイオード型エリア赤外光検出器の1素子の構造例である[69)]。
SOI は単結晶 Si 酸化膜の層を介して薄い Si 単結晶層（SOI 層）を形成した基
板で，これに PN 接合ダイオードを形成して，受光部の温度センサとしている。

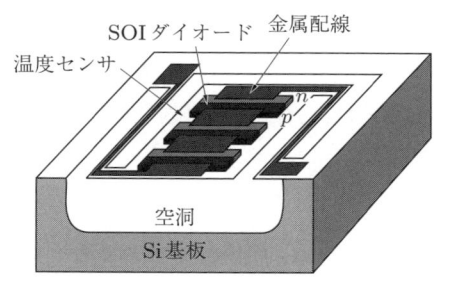

図 5.28　SOI ダイオード型赤外光検出器
の1素子の構造例[69)]

この方式の素子も，その受光面の下方に中空の断熱構造を備えて感度を向上させている。シリコン集積回路工程で製造できる，低価格化，量産化に適した方式である[70]。

5.4.2 2 色 温 度 計

〔*1*〕 **2色温度計**　　異なる二つの波長 λ_1, λ_2 で測定した対象の見かけの分光放射輝度 $L_\lambda(\lambda_1, T)$, $L_\lambda(\lambda_2, T)$ を，式 (5.29) のウィーンの近似則で表すと

$$L_\lambda(\lambda_1, T) = \tau_\lambda(\lambda_1) \cdot \varepsilon_\lambda(\lambda_1) \cdot L_{b,\lambda}(\lambda_1, T)$$
$$= \tau_\lambda(\lambda_1) \cdot \varepsilon_\lambda(\lambda_1) \cdot c_{1L} \cdot \lambda_1^{-5} \cdot e^{-c_2/\lambda_1 T} \tag{5.105}$$

$$L_\lambda(\lambda_2, T) = \tau_\lambda(\lambda_2) \cdot \varepsilon_\lambda(\lambda_2) \cdot L_{b,\lambda}(\lambda_2, T)$$
$$= \tau_\lambda(\lambda_2) \cdot \varepsilon_\lambda(\lambda_2) \cdot c_{1L} \cdot \lambda_2^{-5} \cdot e^{-c_2/\lambda_2 T} \tag{5.106}$$

が得られる。ここで，$\varepsilon_\lambda(\lambda_1)$, $\varepsilon_\lambda(\lambda_2)$, $\tau_\lambda(\lambda_1)$, $\tau_\lambda(\lambda_2)$ は，それぞれ波長 λ_1, λ_2 における測定対象物体の分光放射率と分光透過率である。分光透過率には，窓などの光路上の吸収物体による減衰や障害物による視野欠けなどの損失を含む。

見かけの分光放射輝度の比 $R_L(T)$ をとると

$$R_L(T) = R_\tau \cdot R_\varepsilon \cdot R_\lambda^{-5} \cdot e^{-c_2/\Lambda T} \tag{5.107}$$

となる。ここで，$R_\varepsilon = \varepsilon_\lambda(\lambda_1)/\varepsilon_\lambda(\lambda_2)$ は放射率比，$R_\tau = \tau_\lambda(\lambda_1)/\tau_\lambda(\lambda_2)$ は透過率比，$R_\lambda = \lambda_1/\lambda_2$ は波長比，$\Lambda = (\lambda_2 - \lambda_1)/\lambda_1\lambda_2$ は合成波長である。式 (5.107) は式 (5.105), (5.106) の放射率 ε，透過率 τ，波長 λ をそれらの比で置き換えた形をしている。このことから，輝度 $L_\lambda(T)$ を測定し温度 T を求める単波長の放射温度計と同様に，$R_L(T)$ を測定し T を求めることができる。これが 2 色温度計である。

単波長の放射温度計が ε と τ の情報がないと正しく温度を求められないのと同様に，2 色温度計には R_ε と R_τ の情報が必要であるが，$R_\varepsilon = 1$ と $R_\tau = 1$ が成り立つ場合，式 (5.107) は $R_L(T) = R_\lambda^{-5} \cdot e^{-c_2/\Lambda T}$ となり，ε や τ に影響されずに温度を測定できる特長がある。R_ε と R_τ が 1 でなくても既知で一定で

あれば，式 (5.107) の右辺の未知数は温度のみになる。放射率が波長に依存しない灰色体の測定では $R_\varepsilon = 1$ が成り立つ。また，測定窓に塵埃が付着して放射光の一部が遮られる状況や，線材や粒状物体など測定対象が温度計の視野に対して小さく視野欠けする状況では，$R_\tau = 1$ が精度良く成り立つ場合がある。

　一方，5.5.5 項で述べる温度変化に対する感度特性を表す n 値は 2 色温度計の場合

$$n = \frac{c_2}{\varLambda T} \tag{5.108}$$

で与えられるため，単波長の放射温度計より温度変化に対する感度が小さい。特に二つの波長が近接している場合には $\varLambda$ が大きくなるので n 値が小さくなり，R_ε のわずかな変動で大きな測温誤差が生じる。

　二つの波長の分光放射輝度を同時に測定する 2 色温度計の光学系には，おもにつぎの 4 種類の構造がある（**表 5.3** 参照）。

(1)　波長ごとに光検出器を配置し，個々に波長選択フィルタを配置した二検出器型

(2)　二検出器型にチョッピング機能を付加した二検出器＋チョッパ型

(3)　一つの光検出器で波長選択フィルタを切り替えることにより測定波長を切り替える一検出器波長切替型

(4)　一つの光検出器パッケージ内に二つの検出素子を重ねて配置し，前段の検出素子を透過した波長帯を後段の検出素子で受光するハイブリッド検出器型

　近年は，2 波長の視野の一致が良好で高速応答性も得られる (4) ハイブリッド検出器が主流である。

　2 色温度計は，測定窓硝子の損失の影響を受けにくいという特長から高温設備の温度管理など，産業現場で使用されるケースが多い。2 色温度計は放射率が未知でも測定できる放射温度計と間違われることがあるが，放射率フリーの原理が成り立つのはあくまで $R_\varepsilon = 1$ の灰色体であり，現実的には灰色体と見なせる物質は稀である。2 色温度計は，測定窓の汚れや視野欠けに有効な測温

表 5.3 2色温度計の構造[71]

	構　造	長　所	短　所
二検出器型	ハーフミラー、λ2 フィルタ、λ1 フィルタ	●光学特性に優れる（ただし，光学的調整要素を伴う）・個別波長での光学設計が可能 ・光路障害，視野欠けに強い	●Si，InGaAsなどのチョッピングを要しない光検出器に限定される ●光学的構造が複雑化し，振動・衝撃などに弱くなりやすい ●高温炉制御などで，連続的な輻射印加によるフィルタ特性のドリフトにより目盛ずれを生じやすい
二検出器＋チョッパ型	ハーフミラー、λ2 フィルタ、λ1 フィルタ、チョッパ	●光学特性に優れる（ただし，光学的調整要素を伴う）・個別波長での光学設計が可能 ・光路障害，視野欠けに強い ●チョッピングを要する光検出器にも適用できる	●光学的構造が複雑化し，振動・衝撃などに弱くなりやすい ●高温炉制御などで，連続的な輻射印加によるフィルタ特性のドリフトにより目盛ずれを生じやすい
一検出器波長切替型	λ2 フィルタ、λ1 フィルタ	●高温炉制御などでフィルタへの輻射印加が非連続となり，フィルタ特性のドリフトによる目盛ずれが生じにくい ●λ_1, λ_2の光軸ずれが生じにくく，光学特性に優れる	●可動部（セクタモータ）による信頼性・寿命低下が生じやすい ●測定波長が隔たる場合，光学設計上，波長の相違を吸収することが難しい ●高速応答化が困難である
ハイブリッド検出器型	ハイブリッド素子 λ_1：Si（短波長）：ピーク波長 0.95 μm λ_2：Si（長波長）：ピーク波長 1.05 μm λ_1：Si：< 1.1 μm 吸収，> 1.1 μm 透過 λ_2：InGaAs：< 1.7 μm 吸収	●フィルタを簡略化でき，フィルタ特性のドリフトに起因する目盛ずれが生じにくい ●光学的構造を単純化できる	●検出素子の組合せで測定波長が限定される

手段として考えるのが無難である。その工業規格やトレーサビリティの整備に向けて，準備が進められている[71]。

〔**2**〕　**多波長温度計**　　2色温度計より波長を増やし，情報量を増やすことで放射率補正の性能向上を目指す方法が各種提案され，一部では実用化されている。その例として，3波長を用いた多波長放射温度計の鋼板製造プロセスである亜鉛メッキ合金化炉への適用がある[72]。一方，測定波長が増加することによる不確かさの増大から，多波長温度計（multi-wavelength thermometer）はメリットが得られないという報告もある[73],[74]。

5.4.3　耳用赤外線体温計

耳道に先端部を挿入して測定する耳用赤外線体温計（耳式体温計; clinical infrared ear thermometer）は，わが国では1990年代後半から急速に普及した。従来の水銀を用いた硝子製体温計や，サーミスタを温度センサとする電子体温計と比べ，放射測温であるため測定時間が1秒程度と短いことや，硝子や水銀を用いないため安全で環境への懸念もないことなどの特長がある。人体の皮膚表面の放射率は赤外波長域では高く，鼓膜とその周辺の耳道の空洞を測温部位とすることで実効的な放射率を黒体に近づけることができ，高精度な体温測定を実現している。

耳用赤外線体温計の構造の一例を**図 5.29**に示す。金コートされた円筒状の

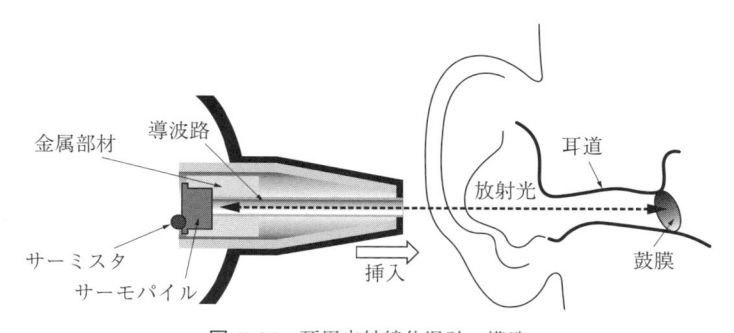

図 **5.29**　耳用赤外線体温計の構造

中空ライトパイプを伝播した放射光を，赤外光検出器で捉える。一般に 8 μm～ 14 μm の波長帯を測定するサーモパイルを赤外光検出器として使用し，光検出器の温度 T_a をサーミスタ測温体でモニタし補正することで，赤外光検出器出力 E から測温部位の温度を求める。金属製光学プローブを用いることで熱容量を大きくし，ライトパイプなどからの背景放射光や赤外光検出器自体の温度を安定化している。

　工業規格に性能要件として記載されている最大許容誤差は ±0.2 °C であり，電子体温計の検定公差の ±0.1 °C より大きいものの，一般の赤外放射温度計の校正不確かさより小さい。この性能要件を達成するために，温度域を体温計に必要とされる 32 °C～42 °C に限った耳用赤外線体温計専用の黒体炉が開発され，その構造と性能が工業規格に推奨されている。耳用赤外線体温計は一般に視野角が全角で約 90° と広い。このことを考慮した黒体空洞の推奨形状が開示されている。また，この規格では，性能評価には黒体炉を使用することが規定され，その黒体炉の輝度温度が温度目盛の国家標準にトレーサブルであることが推奨されている[75]。なお，硝子製体温計や電子体温計と異なり，計量法の特定計量器への指定はされておらず，型式承認試験や検定は実施されていない。

5.5　放射測温の実用上の問題

5.5.1　放射温度計測の誤差要因

　放射測温法は，測定対象物体の分光放射輝度を光検出器で観測して，あらかじめ測定した温度校正データを参照して温度を求めるのが基本的な原理である。しかし，実際には**図 5.30** の模式図に示すように，いくつもの外乱要因が存在する[3]。この状況では，放射温度計が捉える見かけの分光放射輝度 L_λ は，次式のように複雑になる。

$$L_\lambda = (1 - \alpha_\lambda)\{\varepsilon_\lambda L_{b,\lambda}(T) + \beta(1 - \varepsilon_\lambda)L_{b,\lambda}(T_a)\} \tag{5.109}$$

ここで，$L_{b,\lambda}(T)$ は黒体放射体の温度 T，波長 λ における分光放射輝度，ε_λ は

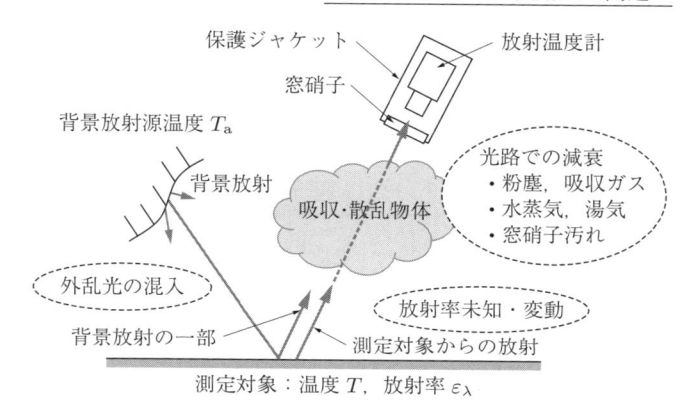

保護ジャケット　　　　放射温度計

窓硝子

背景放射源温度 T_a

背景放射

吸収・散乱物体

光路での減衰
・粉塵，吸収ガス
・水蒸気，湯気
・窓硝子汚れ

外乱光の混入

背景放射の一部　　　　測定対象からの放射

放射率未知・変動

測定対象：温度 T，放射率 ε_λ

図 5.30　実際の放射測温に伴う測定誤差要因

測定対象の分光放射率，β は背景放射（background radiation）が混入する割合を表す係数，α_λ は測定対象から放射温度計までの光路の分光吸収率である。右辺の波括弧内第 1 項が温度 T の測定対象からの放射，第 2 項が見かけの温度 T_a の周囲にある物体からの背景放射の反射による混入を表し，式 (5.79) を用いた。温度 T を求めるのであるから，分光放射率 ε_λ を正しく把握し，なおかつ係数 β および α_λ に関わる外乱要素を適切に除去するか，それらの影響を補正することが必要である。なお，ここでは β の波長依存性は無視できるものとした。これらの測定誤差の要因を以下に詳しく述べる。

5.5.2　放射率変動とその対策

　簡単のため，背景放射の混入と光路上の放射光の減衰はない（$\alpha_\lambda = 0$, $\beta = 0$）ものとすると，式 (5.109) は物体からの分光放射輝度を表す一般的な式 (5.58) となる。式 (5.58) の右辺は温度 T と放射率 ε_λ の二つが未知数であるため，左辺の一つの観測量 L_λ から温度 T を知ることはできない。したがって，測定対象の放射率を正しく把握することは，放射温度計を利用する上での基本的な条件となる。熱による表面の酸化によって放射率が顕著に変動する場合などでは，その時々の放射率を正しく補正せずに放射測温を実施すると，思わぬ大きな測定誤差が生じる。

放射率補正技術は**表 5.4** のように分類できる。ここで，能動的とは補助放射源（補助光源）を用いることをいい，受動的とはそれを用いない（必要がない）ことを意味する。

表 *5.4*　放射率補正法の分類

測定する分光放射輝度の数	受動的測定	能動的測定
1	〔1〕$\varepsilon_\lambda = \varepsilon_{\mathrm{nom}}$ を仮定する 〔3〕$\varepsilon_{\lambda,\mathrm{eff}} = 1$ にする	〔2〕$\rho_\lambda = 1 - \varepsilon_\lambda$ を測定する
2	〔4〕$\varepsilon_{\lambda,1} = f(\varepsilon_{\lambda,2})$ を導入する	〔5〕$R_\varepsilon = \varepsilon_{\lambda,1}/\varepsilon_{\lambda,2}$ を測定する 〔6〕$R_\rho = \rho_{\lambda,1}/\rho_{\lambda,2}$ を測定する

測定する分光放射輝度の数が二つとは，（波長，偏光，角度などの）条件を変えて二つの分光放射輝度測定を行うことを指し，その場合それらは次式で表される。

$$\begin{cases} L_{\lambda,1}(\lambda_1, T) = \varepsilon_{\lambda,1} \cdot L_{\mathrm{b},\lambda}(\lambda_1, T) \\ L_{\lambda,2}(\lambda_2, T) = \varepsilon_{\lambda,2} \cdot L_{\mathrm{b},\lambda}(\lambda_2, T) \end{cases} \qquad (5.110)$$

ここで，$L_{\lambda,1}$, $L_{\lambda,2}$ はそれぞれ 1 番目と 2 番目の条件での分光放射輝度を表す。λ_1, λ_2 はその条件で測定する波長を表し，異なる 2 波長で測定する場合もあるが，波長は同じでそれ以外の条件を変えることもある。$\varepsilon_{\lambda,1}$, $\varepsilon_{\lambda,2}$ はそれぞれの測定条件における対象の分光放射率である。**表 5.4** の分類に従って各放射率補正法を説明する。

〔1〕　分光放射率 $\varepsilon_\lambda = \varepsilon_{\mathrm{nom}}$ を仮定する方法　　分光放射率 ε_λ の名目値 $\varepsilon_{\mathrm{nom}}$ の情報がある場合に，その値を放射温度計の放射率設定値とする。日常的にはこの方法が一番多く用いられている。しかし，$\varepsilon_{\mathrm{nom}}$ の正確な情報が得られている場合を除き，この方法で十分な精度を得ることは一般に困難である。

〔2〕　分光反射率 $\rho_\lambda = 1 - \varepsilon_\lambda$ を測定する方法　　対象が不透明体の場合に，分光反射率 ρ_λ を測定し，キルヒホッフの法則から導かれる式 (5.79) の分光放射率 ε_λ と ρ_λ の表記関係を利用して ε_λ を求める。そのために補助放射源を設置して対象を照射し，対象表面からの反射光の分光放射束を測定し，別途

測定して求めた入射光の分光放射束で除して分光反射率を求める。この際，式 (5.83) で表されるように，放射率は放射温度計が観測している角度への方向分光放射率である。また，反射率は同じ方向から入射した光に対する半球分光反射率であり，反射面を取り囲む半球で反射光束を積分して求める式 (5.82) で表される。半球分光反射率の正確な測定には，拡散性の反射光を漏らさず捉えることが求められるため，積分球などの測定系を対象に近接させる必要があり，一般に適用が困難な場合が多い。

この課題を解決し，対象に接近することなく半球分光反射率を測定する方法として，補助放射源の反射像のにじみ具合を走査型放射温度計で捉えて，そこから方向分光反射率の角度依存性を推定し，その積分値として半球分光反射率を求める方法が提案され，製鉄プロセスの塗装鋼板の焼き付け温度測定に適用されている[76]。

〔3〕 **実効分光放射率 $\varepsilon_{\lambda,\mathrm{eff}} = 1$ にする方法** 5.3.1 項〔5〕で扱った，拡散反射性表面での多重反射（multiple reflection）による実効放射率の増大と同様の原理を用い，対象とこれを覆う鏡などの反射面との間で多重反射を多数回生じさせて実効分光放射率を増大させ，1 に十分近づけることができる。

鏡と対象の間で反射が無限回生じると仮定する。すなわち，鏡が十分に大きいか十分対象に近接できて，対象からの反射光が必ず鏡で反射するものとする。対象と鏡の温度をそれぞれ T, T_r，分光放射率を $\varepsilon_\lambda, \varepsilon_{\mathrm{r},\lambda}$，分光反射率を $\rho_\lambda, \rho_{\mathrm{r},\lambda}$ としたとき，光検出器が捉える対象の分光放射輝度 L_λ は次式で表される。

$$
\begin{aligned}
L_\lambda(T) &= \varepsilon_{\lambda,\mathrm{eff}} \cdot L_{\mathrm{b},\lambda}(T) \\
&= \sum_{i=0}^{\infty} (\rho_\lambda \cdot \rho_{\mathrm{r},\lambda})^i \cdot \{\varepsilon_\lambda \cdot L_{\mathrm{b},\lambda}(T) + \rho_\lambda \varepsilon_{\mathrm{r},\lambda} \cdot L_{\mathrm{b},\lambda}(T_\mathrm{r})\} \\
&= \frac{\varepsilon_\lambda \cdot L_{\mathrm{b},\lambda}(T) + \rho_\lambda \varepsilon_{\mathrm{r},\lambda} \cdot L_{\mathrm{b},\lambda}(T_\mathrm{r})}{1 - \rho_\lambda \cdot \rho_{\mathrm{r},\lambda}} \\
&= \frac{\varepsilon_\lambda \cdot L_{\mathrm{b},\lambda}(T) + (1 - \varepsilon_\lambda) \cdot (1 - \rho_{\mathrm{r},\lambda}) \cdot L_{\mathrm{b},\lambda}(T_\mathrm{r})}{1 - (1 - \varepsilon_\lambda) \cdot \rho_{\mathrm{r},\lambda}}
\end{aligned}
\tag{5.111}
$$

最終式より，鏡に関し $\rho_{\mathrm{r},\lambda} = 1$ か $T_\mathrm{r} = T$ のいずれかの条件が成り立つ場

合，$L_\lambda(T) = L_{b,\lambda}(T)$ となり，$\varepsilon_{\lambda,\mathrm{eff}} = 1$ の黒体放射が実効的に実現される。$\rho_{r,\lambda} = 1$ の条件は反射損失のない理想的な鏡であることを意味し，$T_r = T$ の条件は鏡が対象と同じ温度であることを意味する。実際には，このような鏡は厳密には存在しない。そこで，可能な限りこれに近い条件が成立する状況を実現し，十分な近似精度での測定を目指すことになる。

製鉄プロセスの連続焼鈍炉において，走行ロールとそれに巻き付く鋼板が作るくさびでの多重反射を利用する放射測温が実用化されている[34]。5.6.5項〔2〕で詳述する。

〔**4**〕 **分光放射率の関係 $\varepsilon_{\lambda,1} = f(\varepsilon_{\lambda,2})$ を導入する方法**　　二つの異なる条件で測定した分光放射輝度 $L_{\lambda,1}$，$L_{\lambda,2}$ を用い，連立方程式 (5.110) の解を求める。二つの異なる条件としては，2 波長，直交する 2 偏光などがある。分光放射輝度を一つの条件のみで測定する場合に比べ，観測量が一つ増えて $L_{\lambda,1}$，$L_{\lambda,2}$ の二つになるものの，二つの異なる条件に対応する分光放射率 $\varepsilon_{\lambda,1}$，$\varepsilon_{\lambda,2}$ は異なるため，未知量も一つ増えて T，$\varepsilon_{\lambda,1}$，$\varepsilon_{\lambda,2}$ の三つとなる。よって，このままでは解は求められない。解を求めるには，新たにもう一つ関係式を導入する必要がある。そこで，この方式では二つの分光放射輝度の間になんらかの関係 $\varepsilon_1 = f(\varepsilon_2)$ を仮定し，式 (5.110) と併せて三つの連立方程式を解いて T を求める。5.4.2項で扱った 2 色温度計はこの手法に属し，二つの異なる条件を 2 波長とした関係式において放射率比を $R_\varepsilon = \varepsilon_1/\varepsilon_2 = \mathrm{const.}$ と仮定している。この関係式をより一般化する方法もある（TRACE 温度計[77]）。この場合，f 関数は測定対象や操業条件などから選定できるように，事前に実験的に取得しておく必要がある。観測を 2 波長からさらに増やして連続的な放射スペクトル情報を測定する手法[78] も，この分類に属する。

二つの異なる測定条件を時分割で実現する方法もある。鏡を対向させると，多重反射により放射率が実効的に高くなる（式 (5.111) 参照）。ただし，実用的には，鏡を対象に十分近接させることは通常困難であり，鏡で無限回の反射が実現できないため実効放射率 $\varepsilon_{\lambda,\mathrm{eff}}$ は 1 にならず，未知のままである。そこで，二つの異なる条件を鏡あり/鏡なしとし，この条件での（実効）放射率の関係を

表す関数 f をあらかじめ実験的に求め，そこから真の温度を求める。鏡あり/鏡なしを高速に切り替えるため，底面が回転し開閉する円筒空洞鏡を利用した温度計が実用化されている[79]。

〔5〕 **分光放射率比 $R_\varepsilon = \varepsilon_{\lambda,1}/\varepsilon_{\lambda,2}$ を測定する方法**　　2色温度計（上記〔4〕に含まれる）では放射率比 $R_\varepsilon = \varepsilon_{\lambda,1}/\varepsilon_{\lambda,2}$ の値を仮定したのに対し，この手法ではこれをその場で測定して決定するため，対象放射率に関する事前情報が不要である。パルスレーザ光を照射する LART 法[80],[81]，LEFT 法[82] と呼ばれる方法がこれに該当する。パルスレーザ光を測定対象表面に繰り返し照射すると，表面温度は微小にパルス変調される。この温度上昇幅は，入射パルスレーザ光ピークパワーと分光吸収率（＝分光放射率）に比例する。二つの異なる波長のパルスレーザ光を交互に照射し，第三の波長を用いてそれぞれのパルスレーザ加熱により生じる分光放射輝度変化を捉え，別途モニタしたパルスレーザ光ピークパワーを用いて二つのパルスレーザ光波長での分光吸収率比，すなわち分光放射率比を求める。求めた分光放射率比の値を当てはめて，同じ2波長の2色温度計を用い，温度測定を行う。詳細は *6.2.4* 項を参照されたい。

〔6〕 **分光反射率比 $R_\rho = \rho_{\lambda,1}/\rho_{\lambda,2}$ を測定する方法**　　放射率が異なる二つの条件（例えば2波長や直交する2偏光）での分光反射率の比をその場で測定し，そこから黒体放射輝度を得る手法である[83],[84]。

条件1と条件2で捉えられる温度 T の対象の分光放射輝度を $L_{\lambda,1}(T)$，$L_{\lambda,2}(T)$ として，次式が導かれる。ただし，条件1と条件2で測定波長は同じとした。導出に式 *(5.79)* の関係を用いた。

$$R_\rho = \frac{\rho_{\lambda,1}}{\rho_{\lambda,2}} = \frac{(1-\varepsilon_{\lambda,1})L_{b,\lambda}(T)}{(1-\varepsilon_{\lambda,2})L_{b,\lambda}(T)} = \frac{L_{b,\lambda}(T) - L_{\lambda,1}(T)}{L_{b,\lambda}(T) - L_{\lambda,2}(T)} \tag{5.112}$$

ここから，黒体の分光放射輝度を表す次式が得られる。

$$L_{b,\lambda}(T) = \frac{L_{\lambda,1}(T) - R_\rho \cdot L_{\lambda,2}(T)}{1 - R_\rho} \tag{5.113}$$

すなわち，反射率の比 R_ρ が測定できれば，これと $L_{\lambda,1}(T)$，$L_{\lambda,2}(T)$ の測定値から式 *(5.113)* を用いて黒体放射輝度 $L_{b,\lambda}(T)$ を求め，温度 T が得られる。R_ρ

の測定には補助放射源を用い，対象に照射し，反射光を対象からの放射光に重畳させて 2 条件それぞれで放射束を捉える。補助放射源のオン/オフを切り替えて捉えた放射束の差を用い，条件 1 と条件 2 における反射率の比 R_ρ が求められる。

〔2〕の分光反射率を測定する手法では，測定面へ入射する放射束の正確な測定と，反射の方向をすべてカバーする半球積分が必要だったのと違い，この手法は比を求めることでキャンセルされる誤差要因が多く，不完全な反射率測定でも十分な精度を得やすい。つまり，現場適用に適した手法である。理想的には，補助放射源は対象表面での拡散反射の影響を受けにくいように，十分大きいことが求められ，有限サイズの補助熱源が測定に及ぼす影響は，ケースごとに検討する必要がある。

二つの異なる条件として，熱画像装置（5.4.1 項参照）で得られる熱画像内の放射率分布を活用した例がある。画像内の高放射率部と低放射率部の測定で得られる輝度信号をそれぞれ $L_{\lambda,1}(T)$，$L_{\lambda,2}(T)$ とする。この方法は半導体デバイスの発熱モニタに適用されている[85],[86]。2 偏光反射率比に関しては，これを適用したシリコンウェハの高速アニールプロセス向けの表面温度計が，5.6.8 項で紹介されている[84]。

5.5.3 背景放射とその対策

背景放射は，放射率の変動問題とともに，放射測温における二大問題といわれる。図 **5.30** は，背景放射源の放射光の一部が測定対象の表面で反射して，放射温度計に同時に観測される状況を示している。特に周囲物体が測定対象より高温の状況では，背景放射の影響が顕著になる。加熱炉で昇温中の物体の測温や，常温近傍の物体の測温は，その典型例である。いま背景放射源の放射率が 1 で，光路上の放射光の減衰はないものとすれば，式 (5.109) はつぎのようになる。ここで，$\eta = \beta(1 - \varepsilon_\lambda)$ は背光率と呼ばれる。

$$L_\lambda = \varepsilon_\lambda L_{\mathrm{b},\lambda}(T) + \beta(1 - \varepsilon_\lambda)L_{\mathrm{b},\lambda}(T_\mathrm{a})$$

$$= \varepsilon_\lambda L_{b,\lambda}(T) + \eta L_{b,\lambda}(T_a) \tag{5.114}$$

　背景放射の対策は，外乱光を遮蔽する方法と，外乱光を定量的に測定して補償する方法に大別される。**図 5.31** は，筒の先に冷却した遮蔽板（shielding plate）を取り付けて測定対象に近づけることで，放射温度計の観測点に到達する外乱光を遮蔽する方法である。遮蔽板の対向面を黒化処理しておけば，周囲高温物体からの放射光は遮蔽板で吸収されるので，放射温度計の視野に到達しない。この遮蔽方法は，鉄鋼業の連続焼鈍ラインなどで使われている[87]。測定対象の鋼帯はつねに高速で移動していて，遮蔽板の下をごく短時間で通過するため，遮蔽板の抜熱によるじょう乱も生じない。このほかに，ある程度鏡面的な測定対象であれば，放射温度計が測定対象を斜めから見込む角度の正反射方向に遮蔽板を配置する方法もある。いずれの方法においても，背光率 η を零にして背景放射を完全に遮蔽することは難しいことが多い。**図 5.31** の方法では，遮蔽板が測定対象物に接触しない距離をとらなければならない。背光率には，測定対象の放射率，遮光面の吸収率，遮蔽板の形状・設置高さなどの複数の要素があるので，実験をして遮蔽板を設計することが多い。なお，黒化処理の方法としてよく利用されるアルマイト処理は，可視光域では黒く見えるものの，近赤外および赤外波長域では必ずしも吸収率は高くなく，遮蔽の目的には適さないことが多い。

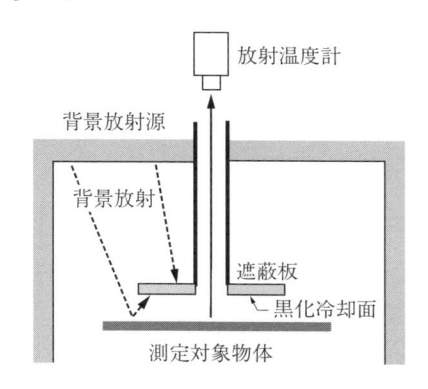

図 **5.31**　遮蔽板を配置する
　　　　　背景放射対策

　背景放射を遮蔽する手法のほかに，特別な遮蔽装置を持たず，背景放射源の代表温度を測定して補償する方法もある。測定対象を取り囲む背景放射源の温度が均一であれば，$\beta = 1$ になる。T_a を別の測温手段で求めて，式 (5.114) の右辺第 2 項を計算すれば，背景放射の混入を補正した測温が可能になる。この方法は，遮蔽板が不要で装置構成が簡単である反面，背景放射源の一か所の温度のみで代表性が保証されない場合，さらには測定対象物より背景放射源のほうがはるかに高温である場合，あるいは測定対象物の放射率が非常に低い場合，背景放射の補正精度が十分得られるかどうかに注意しなければならない。

5.5.4　測定放射束の減衰

　測定対象物からの放射光が放射温度計に到達するまでの光路になんらかの吸収物質や散乱物質があれば，放射束が減衰して測定誤差を生じる。有色のガスや発塵であれば，その影響を容易に理解できるが，可視光では無色透明な気体であっても，放射温度計が検出する近赤外および赤外の波長帯域に吸収帯を持つこともあるので，注意が必要である。図 **5.32** に近赤外・赤外波長域における地球の光路の大気の透過特性を示す[88]。大気中の CO_2 および H_2O がおもな吸収物質である。近赤外域で光の減衰が少ないのは，おもに波長 $1.5\,\mu m$〜$1.8\,\mu m$ 付近と波長 $2.0\,\mu m$〜$2.5\,\mu m$ 付近である。赤外では波長 $3\,\mu m$〜$5\,\mu m$ と波長 $8\,\mu m$〜$14\,\mu m$ の二つの帯域が「大気の窓」と呼ばれている。市販の放射温度計や赤外熱画像装置は，通常，これらの大気の透過率が高い検出波長に合わせて設計されている。

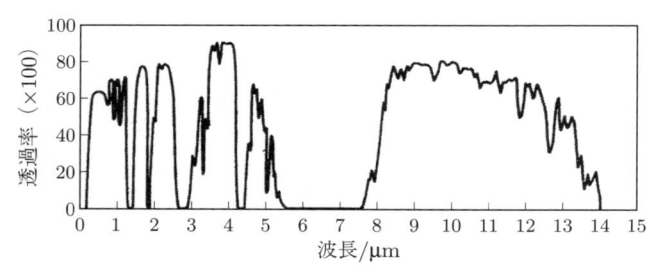

図 **5.32**　近赤外・赤外域の大気の透過特性[88]

窓硝子を通して測定する際にも，放射束の減衰が問題となることがある。当然ながら，放射温度計の測定波長で透過率の高い硝子を選ばなければならず，特に赤外の放射温度計では，使用できる光学材料が限られる[89]。**図 5.33** におもな光学材料の分光透過特性を示す[90]。また，窓硝子が透明で吸収が無視できる場合でも，反射による損失がある。例として，可視光における透明石英硝子窓の反射損失を求める。石英硝子の屈折率を $n_2 = 1.45$，消衰係数を $\kappa_2 = 0$ とし，空気（$n_1 = 1$，$\kappa_2 = 0$）と硝子の界面の垂直反射率を式 (5.95) を用いて計算すると，反射率 $\rho_\perp$ の値として 3.4 ％が得られる。硝子には表裏 2 面あるので，その間の多重反射も考慮すると，窓の透過率 τ は

$$\tau = (1 - \rho_\perp)^2 \cdot (1 + \rho_\perp^2 + \rho_\perp^4 + \rho_\perp^6 + \cdots)$$
$$= \frac{(1 - \rho_\perp)^2}{1 - \rho_\perp^2} = 93.5 \,\% \tag{5.115}$$

となる。輝度信号の補正係数は，1/0.935 が得られる。

火炎を焚く加熱炉内の材料を測定するとき，その測定空間では燃焼により生成される CO_2，H_2O の濃度が高いという問題がある。唯一 $3.9\,\mu m$ 近傍の狭い

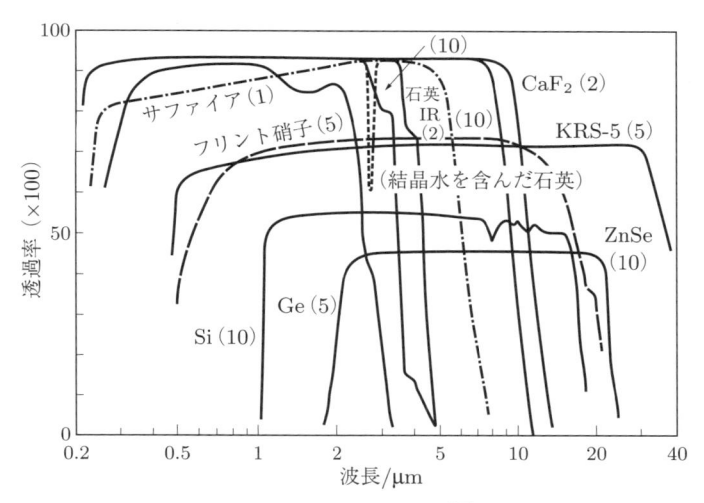

図 5.33 おもな光学材料の分光透過特性[90]（括弧内の数字は厚さ〔mm〕を示す）

波長域がこれらの吸収から逃れており，炉内の燃焼ガスを通して対象を観測しなければならないときは 3.9 μm が最善の波長である[91]。

　高温に加熱した材料に水を吹き付けて冷却する工程では，放射測温による温度管理の要求が高い。このとき，光路上に水が存在する状況では特別な注意が必要である。水は約 0.8 μm 以下の可視光の波長域ではほぼ透明であるが，近赤外域になると急速に分光透過率が低下する。波長が 1.4 μm より長い領域では，厚みが 1 mm の薄い水膜であっても水はほぼ不透明と考えてよい。さらに，蒸気や湯気が発生していれば，それらの影響も同時に受ける。水蒸気は，水とは異なる分光特性を有する吸収物質である。水蒸気が凝集して微小な水の粒子となった湯気（ミスト）は散乱物体であり，伝播する光が拡散して消失する。このような測定環境では，光ファイバ放射温度計の小型の受光部をパイプに収納して測定対象に極力近づけ，パイプの先端からパージエアを噴出させて水，水蒸気，湯気を吹き飛ばしながら温度を測定する方法などがとられる。

　発塵がある環境では，光路上の放射光の吸収や散乱に加え，放射温度計を収納した保護ジャケットの窓硝子の汚れが問題になる。光路上の光の減衰量を測定する別のセンサを用意する方法があるが，浮遊する粉塵であれば減衰特性が時々刻々と変動するであろうし，発塵が著しい測定環境に光学特性が安定した参照物体を長期間設置して吸収量を測定することは難しい。減衰量がそれほど大きくなければ，5.5.5 項で詳述するように，放射率変動と同様に極力短波長を使用する対策で測定誤差を低減できる。また，粉塵による減光の波長依存性が無視できれば，2 色温度計を使うのも有効である。

5.5.5　放射温度計の感度特性：n 値

　対象温度が変化すると，放射温度計が捉える分光放射輝度は大きく変化する。この感度の高さが放射測温の最大の特長の一つである。しかし，その感度は対象の温度や測定する波長に依存するため，その関係を正しく理解し，測定条件に対して最適な測定方法を選択することで，初めてこの特長を活かした温度測定が可能になる。感度が高い場合には前項までで扱ったさまざまな測定誤差要

因の影響が，相対的に小さくなる。誤差を極力抑え，その影響を加味した測定結果の不確かさ評価を行うことで，信頼性の高い温度測定が実現できる。

　黒体の分光放射輝度 $L_{b,\lambda}(T)$ と（単位をケルビンで表した）温度 T の関係は，式 (5.26) に示したプランクの黒体放射則で表される。式 (5.26) の対数をとり，T で微分すると，以下の関係が得られる。

$$\mathrm{d}\ln(L_{b,\lambda}(T)) = \frac{\mathrm{d}L_{b,\lambda}(T)}{L_{b,\lambda}(T)} = n \cdot \frac{\mathrm{d}T}{T} = n \cdot \mathrm{d}\ln(T) \tag{5.116}$$

$$n = \frac{c_2}{\lambda T} \cdot \frac{\mathrm{e}^{c_2/\lambda T}}{\mathrm{e}^{c_2/\lambda T} - 1} \tag{5.117}$$

ここで，n は n 値と呼ばれ，プランクの放射則を近似した式 (5.29) のウィーンの近似則同様，$\lambda T \ll c_2$ の範囲では次式 (5.118) で近似される。

$$n = \frac{c_2}{\lambda T} \tag{5.118}$$

　式 (5.116) が示すように，n 値が表すのは，測定対象の相対温度変化 $\mathrm{d}T/T$ に対する相対輝度変化 $\mathrm{d}L_{b,\lambda}/L_{b,\lambda}$ の割合である。すなわち，$L_{b,\lambda}(T)$ を温度 T のべき乗の形で近似すると，$L_{b,\lambda}(T) \approx \delta \cdot T^n$ が成り立つ。ここで，δ は T に依存しない係数である。5.1.1 項〔5〕のシュテファン–ボルツマンの法則（式 (5.34)）で示したように（全波長域で積分した）全放射輝度は T の 4 乗に比例する。また，5.1.1 項〔1〕のレイリー–ジーンズの法則（式 (5.28)）が成立する長波長域では，黒体分光放射輝度は T の 1 乗に比例する。ウィーンの変位則によれば，ピーク波長 λ_p 付近では T の 5 乗に比例する（章末問題【1】参照）。n 値は任意の波長と温度に対してこれを一般化したものである。

　n 値が大きいほど，小さな相対温度変化に対して相対分光放射輝度が大きく変化する。そのため，放射率誤差，背景放射，ノイズなどによる分光放射輝度の偏差が相対的に小さくなり，外乱に影響されにくい高精度な測定が可能になる。したがって，一般に可能な限り n 値が大きくなる測定波長を選択するべきである。

式 (5.118) からも明らかなように，n 値は波長 λ が短く，温度 T が低いほど大きくなる。例えば，約 1 000 °C（1 273 K）における 0.9 μm 放射温度計の測定では n 値は約 13 である。この条件で対象の放射率の相対不確かさが 10 % あったとすると，温度測定の不確かさは 10 °C になる。これに対し，より長波長の 10 μm 放射温度計を用いると，同じ温度で n 値は約 1.7 しか得られず，10 % の放射率の相対不確かさは，76 °C という大きな測定不確かさをもたらす。このように，n 値を用いることで，放射温度計の感度特性の定量的理解が容易になる。一般に，図 **5.3** の黒体分光放射輝度のピーク波長 λ_{max} より短い波長域を測定に用いることが推奨される。測定波長が短いほど，n 値が大きくなる一方で分光放射輝度は低下して，どの波長においても，放射温度計の測定下限温度付近では n 値は 20 近くに達する。

5.5.6　放射温度計の選定

今日では，さまざまな種類の放射温度計が市販されている。表 **5.5** に，光検出器の種類ごとの代表的な測定波長と測定下限温度を示す。ここでは，温度計測の目的に適した放射温度計を選定するために考慮すべき項目を挙げて整理する。

(1)　**測定温度域**：図 **5.3** に示した黒体の分光放射輝度から明らかなように，ピーク波長を超えて測定波長が短くなると，分光放射輝度は小さくなる。

表 **5.5**　市販の放射温度計の代表的な測定波長と測定下限温度

波長/μm	光検出器	測定下限温度/°C
0.65	Si PD	960（おもに標準用）
0.9	Si PD	600（汎用），420（標準用）
1.6	InGaAs PD	200（汎用），155（標準用）
2	Extended InGaAs PD，PbS	80（汎用）
3.43	PbSe	30（ポリエチレンフィルム用）
3.8	PbSe	350（炉内物体用）
4	PbSe	50（汎用）
5	MCT，InSb	50（硝子用），0（汎用）
8	PE	0（ポリエチレンフィルム用）
8〜14（8〜12）	PE，TP	−50（汎用）

PD：フォトダイオード，PE：焦電素子，TP：サーモパイル

したがって，一般に測定波長により温度計の測定可能な温度の下限が決まる。一方，原理的な上限はない。そこで，i) 測定温度域下限で十分な S/N が得られること，ii) 測定温度域上限でも n 値が十分大きいこと，iii) ダイナミックレンジが増幅器や光検出器の線形限界を超えないこと，などを考慮して測定波長を選定する。一般に，可能な限り短波長を選定することが温度測定精度の面では有利であり，ダイナミックレンジが広い測定に対応するために温度域ごとに光検出器および測定波長を自動的に切り替えるハイブリッド型も市販されている。なお，放射温度計の製品カタログに記載されている測定下限温度は，黒体に対する値であることも多いので，放射率が低い測定対象では，式 (5.60) から計算される輝度温度で判断する。

(2) **光路中の損失**：温度計から測定対象までの光路中にガスがある場合には，ガスの吸収帯が測定波長に含まれない波長帯域を選定する必要がある。市販の放射温度計は，測定波長が通常の大気中の CO_2，CO，H_2O などの吸収帯を極力避けて設定されており，特殊ガス，高濃度のガス中で測定する場合や測定距離が長い場合には，考慮が必要になることがある。

　また，窓を通して測定する場合には，できる限り石英硝子が透過する可視・近赤外放射温度計を使用する。測定波長が $8\,\mu\mathrm{m} \sim 12\,\mu\mathrm{m}$ などの赤外放射温度計を用いて窓を通して測定する場合，石英硝子やホウ珪酸硝子などの通常の光学硝子は赤外光を透過しないため，$ZnSe$ など赤外用の特殊な窓材を使用する必要がある（**図 5.33** 参照）。

(3) **対象放射率**：測定対象が特定波長で強い吸収を示す場合には，放射率が高いその波長に測定波長を合わせることで，未知の放射率や背景放射の影響を低減させ，測定精度を向上できる。例として，5.6.4 項で示す，硝子の吸収帯を利用したフロート硝子製造工程における測定システムを参照されたい。また，低放射率の金属を測定する場合にも，できるだけ放射率が高い短波長域を選定することが一般的に有利である。

(4) **測定視野サイズ**：温度計の S/N は，測定対象温度のほか，視野サイズと視野角にも依存する。視野サイズは，視野が測定対象の中に確実に入るように十分小さくなければならない。微小な測定対象を遠方から測定する場合には，放射温度計が十分な分光放射束を捉えることができず，測定下限温度が通常の場合より高くなる傾向があるため，考慮が必要である。

(5) **背景放射**：加熱中の物体など，測定対象の周囲に加熱源のような，対象よりも高温の背景放射源が存在する場合，できる限り背景放射光を遮蔽した上で，その影響を低減する測定波長の選定を行う。一般に，対象よりも高温の物体からの影響は，測定波長が長いほど低減できる。

(6) **設置環境**：設置場所の温度・電磁環境が劣悪な場合には，光ファイバ放射温度計を選択して，熱や電磁波の影響を受けやすい部位を遠隔に置くことも検討すべきである。

以上を考慮した放射温度計の一般的な選定手順を示す。

1. 点計測でよい場合はスポット型を選び，一方，分布測定や移動物体など面情報を必要とする場合は熱画像装置を選定する。

2. 視野より小さい物体や視野欠け・汚れた窓越しなど光路に損失がある場合は 2 色温度計を，それ以外では単色温度計を選定する。

3. 測定温度域で十分な S/N を有する波長範囲から測定波長の選定を行う。測定に有利な対象放射率が高い波長があれば，その波長を選ぶ。対象より高温の背景放射源がある場合，波長が長いほどその影響は低減する。一方，波長が短いほど温度測定感度が上がり，未知の放射率や外乱の影響を受けにくくなり，精度が向上する。

4. 対環境対策として，必要に応じてパージや冷却を実施する。

他の性能要件（視野サイズ，距離係数，応答速度など）も測定対象や条件に合わせて選定する必要がある。

5.6 放射温度計の適用例

　近年の製造プロセスでは，生産効率化・省力化，品質厳格化，省エネルギなどの追求がますます高度化している。これにより，温度計測の性能に対する要求が厳しくなるとともに，温度を管理すべき対象が多様化している。とりわけ，非接触で迅速に温度を知ることができる放射測温は，今後その適用範囲が拡大するものと期待される。一方で，放射測温は，測定環境による見かけの放射率の変化や背景放射の影響などによって精度が大きく左右されることから，正しい使い方についての実用的な知識が求められる。本節は，経験の少ない人が産業現場への放射温度計の導入を検討する際に役に立つ情報を提供することを目的とする。産業界における典型的な放射温度計の使われ方から，測定環境の問題を克服するために工夫をこらした特殊な放射測温技術まで，放射温度計の使用事例を解説する。

5.6.1 鍛造プレス工程の加熱温度測定

　鍛造プレスにおいて，材料は鍛造可能な温度まで加熱される。良質な鍛造を実現するためには，この温度管理が重要である。このための材料温度測定には放射温度計が用いられる。概要を**図 5.34** に示す。

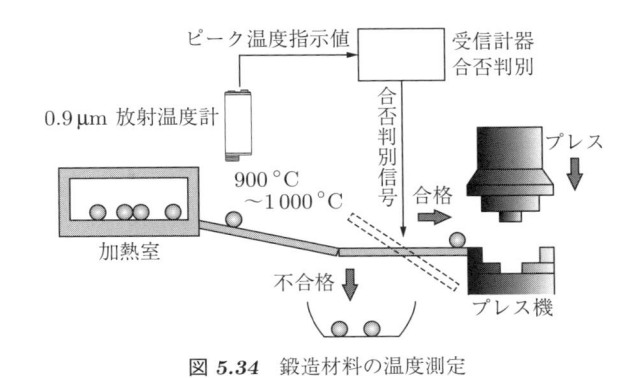

図 **5.34** 鍛造材料の温度測定

　鍛造される材料は加熱室で昇温され，鍛造プレスの直前で放射温度計により温度測定される。そして，所定の温度域にある材料のみが鋳造プレスに送り込まれる。材料が放射温度計の視野に入るのは移動中のわずかな時間であり，温度計指示値のピークが材料温度として用いられる。

5.6.2　超高温炉の温度制御

　熱処理用の超高温炉には，C/C コンポジット（炭素–炭素複合体）発熱体やグラファイト系の断熱材などが使用されている。長時間の使用により，カーボン粒子やセラミックス粒子によって測定窓に汚れが生じ，透過率が低下する。5.4.2項で述べたとおり，2 色温度計は窓の汚れによる灰色減光（波長に依存しない光の減衰）状態でも測定可能であり，このような超高温炉の制御用に多く使用される。

　図 **5.35** にシステムの概要を示す。この例では，炉温はプログラム調節計によってプログラム制御される。2 色温度計の測定温度範囲未満となる低温においては，熱電対によって炉温が測定され，一定の温度まで炉温が上昇すると，熱電対は炉外に引き抜かれ，温度測定は 2 色温度計に切り替えられる。

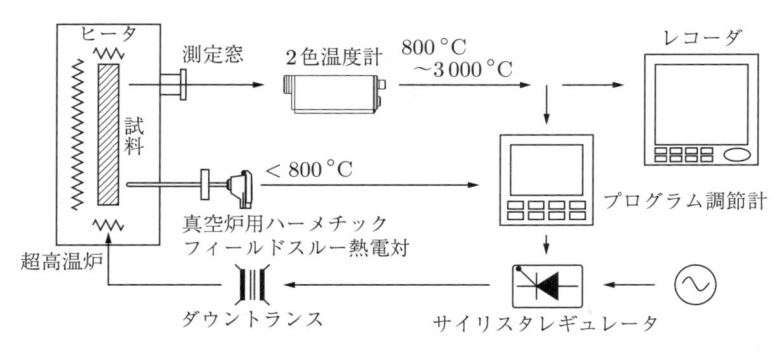

図 **5.35**　超高温炉温度制御システムの概要

5.6.3 コークス火残り検知・消火システム

製鉄プロセスの高炉で燃料として用いられるコークスは，石炭を高温で焼き固めて製造される。コークスは可燃性が高く，発火した場合には製造設備に致命的な破損をもたらす。

製造された高温のコークスは，いったん常温付近まで冷却されてベルトコンベアで搬送される。このとき，コークスに火残りと呼ばれる高温スポットが残っていることがある。そこで，ライン型・エリア型放射温度計や熱画像装置を用いてコークスの全面の温度を測定し，火残りが検知されると散水して消火する。

図 **5.36** に一例を示す。コークスを搬送するベルトの幅全体をライン型放射温度計で測定し，発火の可能性がある場合にはデータ処理ユニットの警報機能により消火設備を稼働させる。

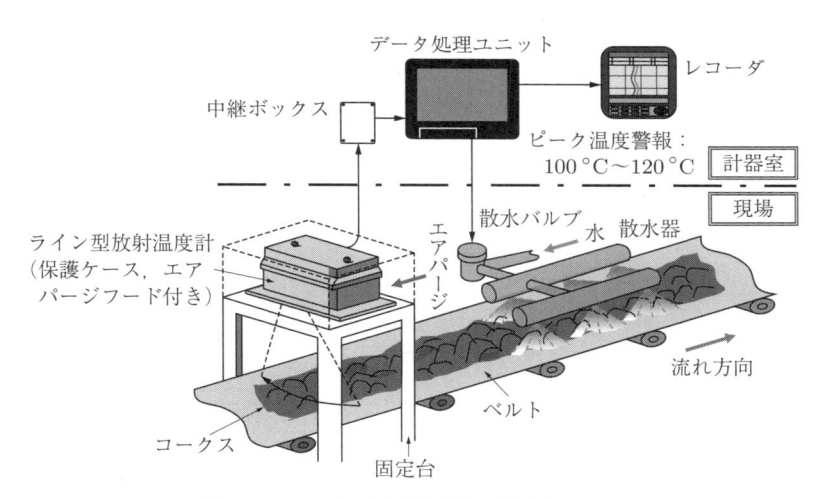

図 5.36 コークス火残り検知・消火システム

5.6.4 硝子/フィルム製造工程

フロート硝子製造工程では，フロートバス内や冷却工程をはじめ，あらゆる工程で硝子温度が測定され，硝子の不均一な熱膨張・収縮に繋がる温度の異常・不均一・急変がないように管理される[3]。図 **5.37** に示す，フロートバス内の長

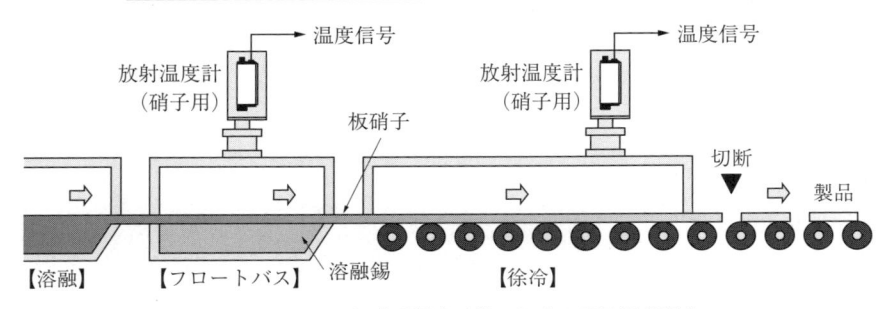

図 5.37　フロート硝子製造工程における硝子温度測定

手方向の温度勾配と幅方向の温度均一性は，重要な要素である。徐冷ラインは硝子の残留歪み除去に必要な工程であり，平坦度や加工性などの特性がここで決定される。硝子の割れ検知にも，放射温度計が活用されている[3]。

　一般的な透明板硝子の分光透過率，反射率，放射率を**図 5.38** に示す。硝子の透過率は可視光域では高いが，波長 $2\,\mu\mathrm{m}$ あたりから急激に低下し，$5\,\mu\mathrm{m}$ でほぼ 0 となる。フロート硝子製造工程では，測定波長が $5\,\mu\mathrm{m}$ の放射温度計を用いることにより，高い分光放射率で硝子温度測定が行われている。

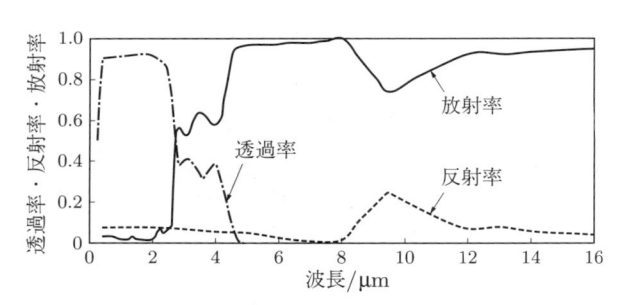

図 5.38　透明板硝子の室温における分光透過率・反射率・放射率の例[3]

　硝子と同様に，フィルム材の製造工程においても，ポリエステル系フィルムでは測定波長 $8\,\mu\mathrm{m}$，ポリエチレン系フィルムでは $3.43\,\mu\mathrm{m}$ の放射温度計により，測定材料の吸収帯での温度測定が行われる。

5.6.5 鋼板の連続焼鈍炉の測温システム

〔1〕 水冷遮蔽板を組み合わせた放射測温[87] 連続焼鈍炉では，数 km の長さの鋼板を高速で搬送しながら熱処理する。無酸化雰囲気の炉内では，測定対象の鋼材の放射率が低く，なおかつ鋼板の温度より周囲の熱源や炉の内壁の温度のほうが高い。したがって，鋼板から放射される輝度より背景放射の輝度のほうが高く，単に放射温度計で炉の覗き窓から鋼板を観察するだけでは正確な測温ができない。そこで，図 5.31 の方式により背景放射の遮蔽を行う。図 5.39 に示すように，測温システムはラジアントチューブによる加熱帯の途中に設置される。鋼板の上部に設置する遮蔽板には冷却水が循環していて，鋼板と向かい合う底面は黒化処理が施され，その中心から垂直に放射温度計が鋼板温度を測定する。遮蔽板を鋼板に近接させれば，隙間から進入してくる背景放射が遮蔽板で吸収される。通常の操業では 50 m/min 以上の速度で鋼板が移動しているので，遮蔽板による鋼材の冷却は問題にならない。鋼板の下側には昇降式の接触式温度計を配置している。接触式温度計を鋼板に押し当てると鋼板表面に傷がつくので，接触式温度計は放射温度計の放射率を合わせ込むときのみ使用して，通常は炉外に退避させておく。

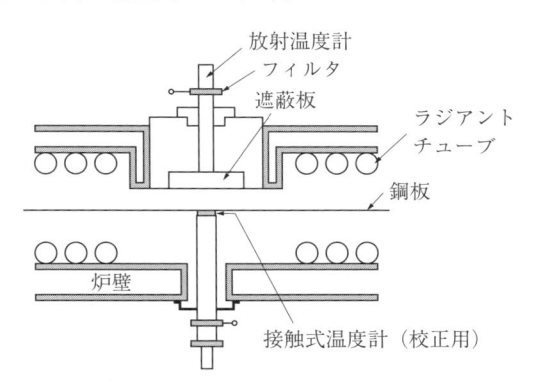

図 5.39 遮蔽板と接触式温度計を配置した
連続焼鈍炉内測温システム[87]

〔**2**〕　**ロールと鋼板の多重反射を利用する放射測温**[34]　　　連続焼鈍炉の搬送ロールと鋼板の接触部に形成されるくさび形状の空間を覗き込むと，多重反射が生じて擬似的な黒体と見なすことができる。5.5.2 項〔*3*〕に記載したように，鋼板とロールの表面温度が等しいことが前提になるので，**図 *5.40*** に示すように，両者の熱接触が大きくなる鋼板の走行方向を 90°変える位置の出側が都合が良い。

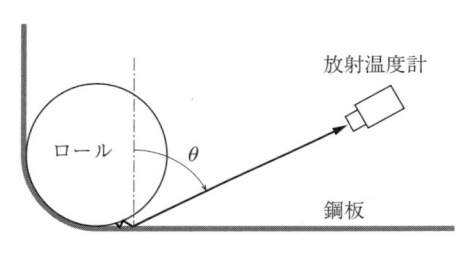

図 *5.40*　鋼板とロールのくさび状空間
の観察[34]

　金属製のロールと鋼板はいずれも低放射率の材質なので，くさび部で十分な回数の反射が生じるようにする。鋼板とロールの表面が鏡面であると仮定すれば，くさび部の反射回数は最終出射位置と出射角 θ に依存する。いま，鋼板とロールの表面温度が等しく，鋼板の放射率を ε_1，ロールの放射率を ε_2 とし，ε_1 と ε_2 がどちらも 0.3 であるとして見かけの放射率 $\varepsilon_{\mathrm{eff}}$ を計算する。反射回数が 10 回の程度になれば，$\varepsilon_{\mathrm{eff}}$ は 1 に近づく。この場合，反射率は 0 と見なせるので，背景雑音の影響を受けない利点もある。ただし，鋼板に急激な温度変動があると，鋼板とロールの表面温度に差異が生じて不正確になるので，注意が必要である。

5.6.6　水滴飛散環境下における鋼板の放射測温

　製鉄所の熱延ラインでは，圧延機で延伸された鋼板がランアウトテーブルと呼ばれる水冷帯で急冷される。この水冷帯内の大量の水が滴下する環境下で温

度測定が可能なユニークな放射温度計が，ファウンテンパイロメータである[92]。
放射温度計の視野に水滴が飛散していると，水滴による吸収や散乱で観測する
放射光が顕著に減衰する問題がある。強力なパージガスを放射温度計の視野に
噴出して光路を確保しようとすると，その噴流により測定対象の鋼板表面を冷
却してしまう恐れがある。ファウンテンパイロメータは，図 **5.41** に示すよう
に，センサヘッドをパスラインの下に設置して，センサヘッドのノズルから水
柱を作る。水柱は鋼板に接しない高さとする。放射温度計には，水の透明性が
高い波長を使用する。水がほぼ透明な $0.83\,\mu\mathrm{m}$ より短い波長であれば約 $500\,^{\circ}\mathrm{C}$
以上の対象を測定できる。波長 $1.1\,\mu\mathrm{m}$ を使用すると，わずかに吸収の影響を受
けるが，測温下限を $400\,^{\circ}\mathrm{C}$ まで下げることができる。鋼板の温度が一定面積範
囲で一様であると仮定すると，放射温度計の観測方向が，水柱の上端と鋼板の
間のごく短い光路で水滴による散乱を受けて屈曲したとしても，視野は鋼板表
面のどこかにあると考えられる。熱延の測定現場を模擬した検証試験では，散
乱による見かけの温度の低下を $10\,^{\circ}\mathrm{C}$ 程度以下に抑制するためには，図 **5.41**
中の散乱の影響を含む視野広がり角度 θ を，75° と見ればよいことが確認され
ている。

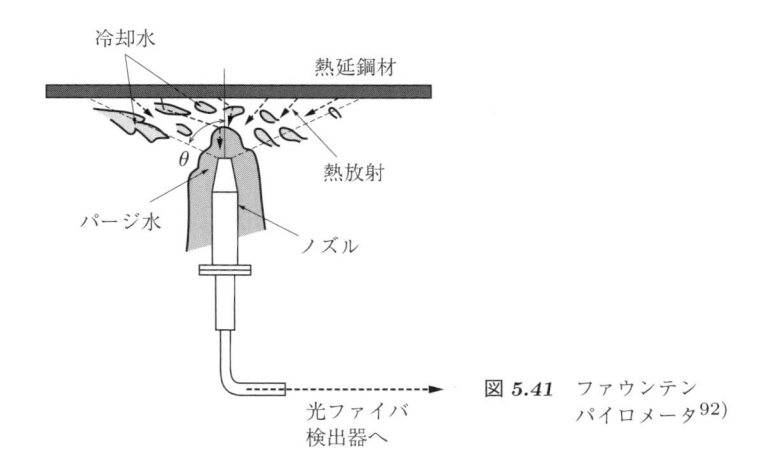

図 **5.41** ファウンテン
パイロメータ[92]

5.6.7　溶融金属を対象とした放射測温

製鉄所では，溶銑や溶鋼といった溶融金属の温度を管理するために，消耗型浸漬熱電対と呼ばれる使い捨ての熱電対プローブが広く使われている（4.2.6項〔1〕参照）。間欠的な測定であるため，放射測温を適用して，より高頻度な測定や連続測定を可能にする測温技術が開発されている。

〔**1**〕　**浸漬型光ファイバ放射温度計**[93]　　石英製光ファイバ素線の受光端を溶鋼に直接浸漬させ，放射光を対象の溶鋼内部で捉える放射測温技術が開発されている。離れて観測する一般的な光ファイバ放射温度計では，溶鋼の放射率の影響を受けるが，**図 5.42** に示すように，ファイバ先端を浸漬させることで等しい温度で囲まれた空洞黒体が形成されるので，見かけの放射率が 1 になる。光ファイバ先端部は徐々に損耗するが，光検出器の応答が速いので，溶損する前に測温が行える。測定終了後は光ファイバを引き上げ，そのまま再度測定に使用する。従来の消耗型浸漬熱電対プローブを使った測温と比較して，自動化が容易で，測定コストが低く，より頻度の高い測定が可能になる。連続鋳造機に溶鋼を供給するタンディッシュの温度管理や，高炉出銑孔直近での溶銑温度測定に適用されている。

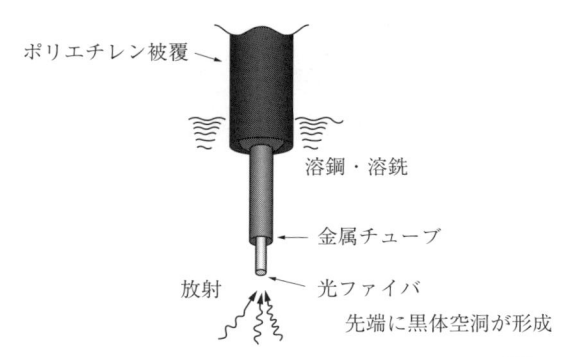

ポリエチレン被覆
溶鋼・溶銑
金属チューブ
放射
光ファイバ
先端に黒体空洞が形成

図 5.42　浸漬型光ファイバ放射温度計の測定方式[93]

〔**2**〕 **カメラを利用した溶銑の放射測温**[94]　　高炉の出銑口からは，溶銑と
溶融スラグが混合した 1 500 °C 以上の高温液体が流出する。流出速度は 10 m/s
程度と高速であるため，CCD カメラなどの短時間露光（例えば 1/10 000 s）の
機能を使って出銑流を撮像すると，**図 5.43** (a) に示すように，斑模様の熱画像
が得られる。やや暗い領域は溶銑であり，それに比べて明るい領域はスラグで
ある。溶銑とスラグは渾然一体となっているのではなく，水と油のように分離
した状態で流出しているという特徴がある。図 (b) はスラグの混合比率が図 (a)
より高いときの熱画像である。通常の点計測型の放射温度計を使うことを考え
ると，たとえ応答時間が 10 ms と高速であったとしても，測定対象が移動する
ことで斑模様が平均化されて，見かけの放射率が溶銑とスラグの混合比率に影
響された対象を観測することになり，良い測定精度が得られない。これに対し
て，混合液体の斑模様を時間的・空間的に分解できる高速で高精細な撮像を行
えば，放射率が既知の溶銑をスラグと分離して捉えることができる。

溶銑（暗領域）スラグ（明領域）

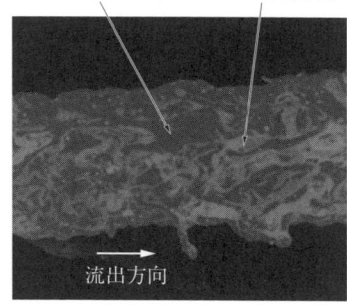 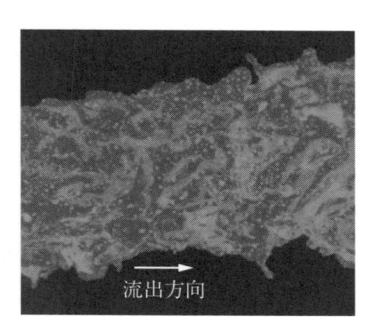

　(a) 通常の出銑状態　　　　　　　(b) スラグが多い状態

図 5.43　高炉出銑流の熱画像[94]

　斑模様の熱画像から溶銑領域の輝度の代表値を得るために，ヒストグラム処
理を行う。この熱画像の輝度ヒストグラムは，**図 5.44** に示す形状になる。ヒ
ストグラムの低輝度側には熱放射源がなく，暗い背景の輝度分布がある。高輝
度側には混合液体の輝度分布があり，そこでは溶銑とスラグの分布が一部重な

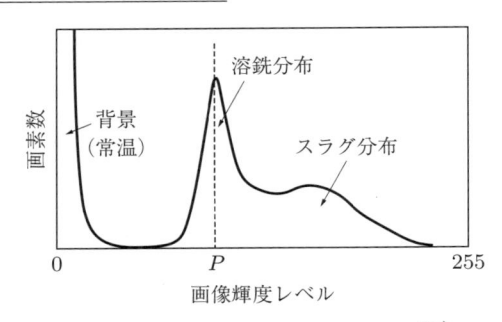

図 5.44 ヒストグラム上での溶銑輝度[94)]

り合って存在する。スラグは光学的に半透明であるため，厚みに応じて放射率が変化することから，スラグ領域の分布はブロードになっている。

溶銑分布の形状は出銑流径やスラグ混合比率で変化するが，ピークを示す輝度レベル（図中の P）は温度のみに依存する。そこで，溶銑分布のピーク P を溶銑領域の代表輝度とする。つぎに，あらかじめ測定した画像輝度レベルと温度との校正データを参照して，溶銑の温度を演算する。このような信号処理を繰り返すことで，連続測温が実現される。

5.6.8 半導体製造プロセスにおける放射測温

これまでの放射測温適用例は，鉄鋼製造プロセスを中心に記述した。ここでは，シリコン半導体製造プロセスの事例を見ていこう。半導体プロセスは多岐にわたり，温度計測の要求は常温以下の低温から $1\,000\,^\circ\mathrm{C}$ を超える高温にまで広がる。使用される温度計測法も，熱電対などの接触方式から放射測温法のような非接触方式まで，さまざまな手法が試みられている[95)~98)]。

半導体プロセスのうちで，RTP (rapid thermal processing) は，ウェハを数百 $^\circ\mathrm{C/s}$ 以上で高速昇温，短時間処理することにより，ドーパントの熱拡散を避けるなど，シリコンの熱負荷を最小限にしてデバイスの品質向上に貢献するキーテクノロジである。このようなプロセスでは非接触測温が不可欠と考えられるが，キセノンランプやハロゲンランプ，あるいはレーザなどの放射加熱源とウェハの温度の間には極端な差があり，放射測温法のように光を利用する温

度計測には，解決すべき大きな問題がある[99]〜[101]。すなわち，ランプやレーザなどの加熱源の光がわずかでも放射温度計に入射すると，膨大な背景放射となるので，これを回避する措置がきわめて重要な課題となる。同様に，プラズマエッチングを伴うプロセスでも，大きな外乱が誘起される。低温では，条件によりウェハが半透明体となるので，放射測温は放射率問題に加えてさらに困難な問題を伴う。このような状況下でのいくつかの放射測温適用例を取り上げる。

〔**1**〕 **シリコンの光物性**　　シリコンは間接遷移型半導体で，そのバンドギャップエネルギ E_g は温度とともに小さくなる[102]。

価電子帯（valence band）の電子が光を吸収して伝導帯（conduction band）に励起されると，伝導帯に電子，価電子帯に正孔の対が生ずる。このとき，光は急激に吸収され始める。その波長 λ_g は吸収端波長（absorption edge wavelength）と呼ばれ，式 (5.119) で示される[103]。

$$\lambda_g = \frac{1.24\,\text{eV} \cdot \mu\text{m}}{E_g(T)} \tag{5.119}$$

λ_g より長い波長は物質中を透過するのに対し，短い波長はエネルギが高いため吸収される。すなわち不透明体となる。E_g は温度 T の上昇とともに小さくなるので，限界波長 λ_g は温度上昇とともに長波長側にシフトする。Si ウェハの E_g は常温で 1.12 eV であり，式 (5.119) に代入すると $\lambda_g = 1.1\,\mu\text{m}$ である。したがって，それより短い波長では，Si ウェハは不透明体となる[†]。

〔**2**〕 **シリコンの放射特性と測温への問題点**　　シリコンの放射特性は，エネルギレベルの高い可視光域ではバンド間遷移吸収，近赤外域では自由キャリア吸収，赤外域では格子振動による吸収と，主として三つの吸収メカニズムに基づいている[45]。

図 5.45 は，上述の三つの吸収メカニズムを含んだ（垂直）分光放射率の温度特性に関する Sato の先駆的な実験結果を示しており，シリコンの放射率に関する基本的な特性を明らかにしている。近赤外域では，温度上昇とともに自由キャリア吸収により半透明体から徐々に不透明体に移行する様子がわかる。

[†] λ_g は式 (5.43) のカットオフ波長 λ_c と同じである。

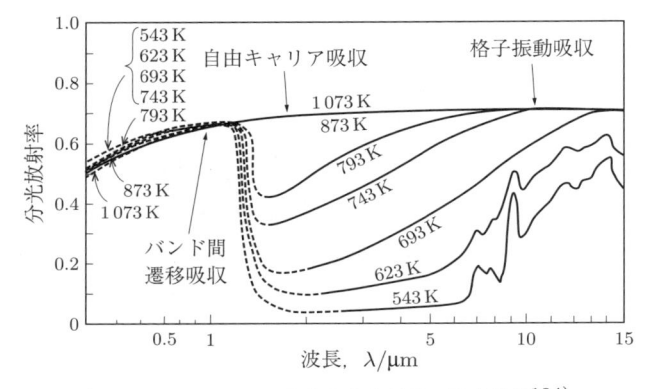

図 **5.45** シリコンの垂直分光放射率の温度特性[104]

　シリコンの放射率温度特性に関わる一連の考察が文献 105)〜110) でなされており，その放射率挙動がかなり明らかになっている。その表面に酸化膜などの薄膜が成長する場合や，不純物ドーピング量が多い場合，微細デバイス構造を構成した表面状態の場合などは，放射率に大きな変化を生じる。このことは，放射測温法における最大の問題点である。

　Si ウェハ製造プロセスでは，ウェハに熱電対を埋め込んで流し，適切な操業条件を見出す校正作業が行われる。このウェハ校正用の薄膜熱電対の開発も進められている[111]〜[113]。この手法は実験コストと時間のかかる作業であり，テストウェハによる校正に費やされる時間は，製造プロセスの時間全体の 8 ％に及ぶとの報告がある[97]。このような作業を最小限に抑えるためにも，的確な放射測温法の開発が必要とされる。

〔**3**〕　**応 用 事 例**　　図 **5.46** は，Dils によって開発された単結晶サファイアファイバを用いた高温用（600 °C〜2 000 °C）の放射温度計先端部の概略図

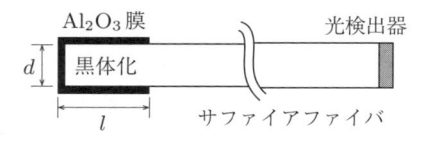

図 **5.46** 光ファイバ高温放射温度計

である[114]。ファイバ先端部にアルミナ薄膜をスパッタリングで作成し，その部分のファイバの長さ l と径 d の比 (l/d) が適切な条件下でほぼ黒体と見なせることを利用して，高温ガス体の高速測温を可能にしている。火災など光路に介在する障害を効果的に避けた先駆的な発明といえる。このサファイアファイバ先端の黒体部分を除去し，微細加工したサファイアロッドを利用した放射測温が，半導体プロセスで利用されている[111],[115],[116]。

高い屈折率を有するサファイアロッドの先端をウェハに近接させることによって，ウェハからの放射を対象表面の広い面積からファイバ内に取り込むことができるため，ロッド他端の Si フォトダイオードや InGaAs フォトダイオードなどの近赤外光検出器に，実質的に大きな立体角で光エネルギを入射させることができ，かなり低温のウェハの放射測温が可能となる。さらに，広い面積の放射を取り込むことで表面粗さの影響が緩和され（したがって放射率変化が緩和され），また，ウェハに近接することでランプからの背景放射の影響も緩和できるといったメリットもある。一方，ロッド側壁からの背景放射の侵入，ロッド自体の加熱による自己放射などの影響，ロッドの表面傷や内部欠陥による放射・散乱の発生，さらに，ロッド先端部の汚染による透過光の減少などが想定されるため，注意深く対処する必要がある。

図 5.47 は，上記のサファイアロッドを埋め込んだ反射率 ρ の水冷冷却板を Si ウェハに近接させた様子を示している。

放射率 ε のウェハからの放射がウェハと冷却板の間で多重反射し，サファイアロッドを通して光検出器に入射する場合，ウェハからの放射は，式 (5.111) において $L_{b,\lambda}(T_r)$ を零とおいて得られる次式の実効放射率 ε_{eff} に比例する。

$$\varepsilon_{\text{eff}} = \frac{\varepsilon}{1 - \rho(1 - \varepsilon)} \tag{5.120}$$

Adams らは反射率 ρ を 2 通りに変化させて[†]，二つの放射輝度信号を取り出し，Si ウェハの温度と放射率の同時測定を実現した[117]。

[†] すなわち，ρ_1 は多重反射成分を取り込み，ρ_2 はロッド先端に垂直近辺だけの反射成分を取り込むという工夫。

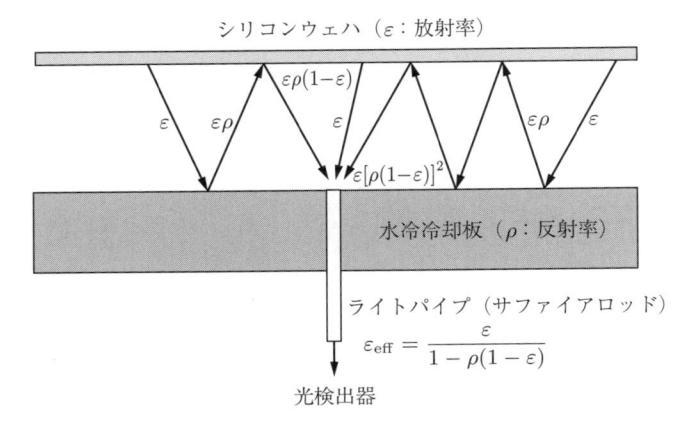

シリコンウェハ（ε：放射率）

水冷冷却板（ρ：反射率）

ライトパイプ（サファイアロッド）

$$\varepsilon_{\text{eff}} = \frac{\varepsilon}{1 - \rho(1 - \varepsilon)}$$

光検出器

図 5.47　ウェハと反射板との間の多重反射による
見かけの放射率増大[117]

Si ウェハの物性を利用した放射率補正法がある[118]。Si ウェハに窒化膜 Si_3N_4 などの誘電膜が成長するとき，その放射率は膜厚によって大きく変動する。具体例として，波長 $1.55\,\mu m$ に検出感度を有する InGaAs センサ搭載の放射計で，ウェハ面の $\theta = 75°$ の方向から p 偏光放射輝度 L_p と s 偏光放射輝度 L_s を測定した事例がある。このとき，その比 $R_{ps} = L_p/L_s$ と p（または s）偏光放射率 $\varepsilon_{p(s)}(\theta)$ の間に，薄膜厚変化にかかわらず一定の関係があることが見出された。したがって，偏光放射輝度比を測定することによって，偏光放射率をこの関係から求めることができる。このような関係は，酸化膜 SiO_2 でも成り立つ。

さらに，薄膜厚の変化にかかわらずブリュースター角において p 偏光放射率が一定になる，いわゆる放射率不変条件が，理論・実験両面から明らかにされており，**図 5.23** で紹介している[42]。

図 5.48 は，2 偏光放射温度計を活用した放射温度測定をシリコンウェハの RTP の一種である FLA（flash lamp annealing）に適用した例であり，**表 5.4** に示した放射率補正法の分類の〔6〕に属する[84]。$\lambda_1 = \lambda_2$ であり，真温度 T は測定された反射率比 R_ρ から式（5.113）より求められる。

測定波長は水の吸収波長帯である $1.9\,\mu m$ 帯の近赤外光を用い，水の吸収フィルタを加熱用キセノンフラッシュランプと熱処理される Si ウェハの間に設置す

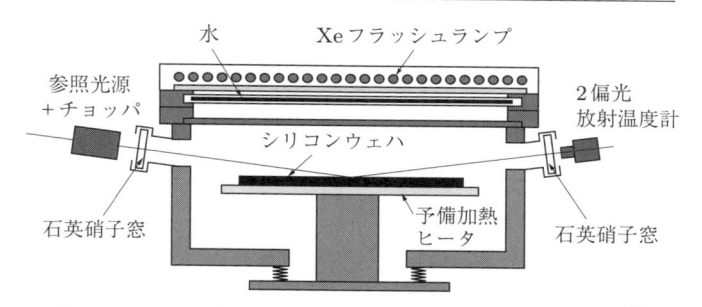

水　　　Xeフラッシュランプ

参照光源
+チョッパ

2偏光
放射温度計

シリコンウェハ

石英硝子窓

予備加熱
ヒータ

石英硝子窓

図 5.48 FLA プロセスにおけるシリコンウェハ表面温度計[84]

ることで，加熱光の影響（背景放射）を排除している。補助放射源としては，大気中で通電加熱された白金箔を用い，その直前に設置したチョッパを回転させることで，補助熱源のオン，オフをミリ秒以下の高速で達成している。

5.6.9 事例のまとめ

これまで適用事例として紹介した放射率補正法を含めた各種放射測温法は，測定対象の表面状態をはじめとして，いくつかの条件下で有効に実用できるものである。そのため，それらの諸条件を明確に把握することが肝要である。任意の測定対象に対してつねに有効な放射測温法というものは存在しない。

5.7　放射温度計の校正

5.7.1　放射温度目盛とトレーサビリティ

*1章*で述べたように，われわれは日常，1990 年国際温度目盛（ITS-90）に基づいて温度を測定している。放射温度計が通常使用される $-50\,°C\sim3\,000\,°C$ の温度範囲に関しては，ITS-90 は銀の凝固点（961.78 °C）を境にして，これより高温域では，銀，金（1 064.18 °C），銅（1 084.62 °C）の凝固点のいずれかの温度定点から高温へ向けたプランクの放射則に基づく外挿により，また，これより低温域では複数の温度定点で校正された白金抵抗温度計を用いた補間により，連続的な目盛として定義されている[119]。

放射温度計の校正は，この ITS-90 の定義にトレーサブルに行われる。銀点より高温域では，ITS-90 の定義に基づいて目盛が設定された参照標準放射温度計（reference standard radiation thermometer）（5.7.3 項参照）との比較の連鎖を用いる。1 章で紹介した放射温度計の計量法に基づく JCSS トレーサビリティの 960 °C〜2 800 °C の温度範囲は，この方法による。

銀点より低い温域に関しては，二つの方法がある。一つ目は複数の ITS-90 の定義定点において校正された参照標準放射温度計との比較の連鎖による方法である。複数の温度定点で放射温度計を校正した場合，定点温度間を補間する連続した温度目盛を得る佐久間－服部の式（Sakuma-Hattori's equation）と呼ばれる補間式が，ITS-90 の定義の直接的な実現ではない 2 次的実現方法として，推奨されている[120), 121)]。これについては，5.7.3 項〔3〕で詳説する。二つ目の方法は，ITS-90 の定義に基づいて目盛が設定された接触式温度計（3.7 節参照）を参照標準として，放射温度計を校正する方法である。接触式温度計としては，ITS-90 の定義に基づいて校正された抵抗温度計，あるいはこれとの比較により校正された抵抗温度計や熱電対などが用いられる。JCSS トレーサビリティは，400 °C〜1 085 °C は前者，−30 °C〜160 °C は後者の方法に基づく。

温度定点で放射温度計を校正するためには，その温度における黒体放射を高精度に実現する定点黒体（5.7.2 項〔3〕参照）を用いる。参照標準温度計と校正器物の放射温度計の比較には，温度可変の黒体放射源（5.7.2 項〔2〕参照）を用いる。また，銀点より高温における ITS-90 の定義に基づく温度目盛の設定には，用いる標準放射温度計の精密評価が求められる。本節ではこれらについて解説する。

5.7.2 放射温度計校正用放射源

〔1〕 黒体空洞   放射率が 1 に十分近い黒体放射を実現する炉を，黒体炉と呼ぶ。通常，黒体放射源は円筒空洞の片端を封じた構造をしている。反対側端部の円形開口からの放射を放射温度計で捉える。空洞内での多重反射が生じ，外部から入射した光が再び外部に出てくることはほとんどないため，高い

吸収率，すなわち高い放射率が実現される。空洞は開口径に比べて奥行が十分に長く，材質の表面固有放射率が比較的高く，表面温度の均一性が良いことが，1 に近い高い放射率を実現するための重要な要素である。

　一方，視野特性が悪い赤外温度計や 2 次元分布を測定する熱画像装置の校正は，大きな放射源を必要とする。この目的で平面黒体が多く用いられる。空洞型の黒体に比べて温度の均一性や放射率が劣るため，使用にあたっては，この点に注意する必要がある[122]。

　黒体空洞を形成する材質としては，黒色塗装した銅などの金属，黒鉛，表面を酸化させたステンレス鋼やインコネルなどの金属，シリコンカーバイドなどの耐熱性セラミックスが用いられる。アルマイト加工されたアルミ表面は肉眼には黒く見えるが，近赤外波長域では必ずしも放射率は高くないので，一般に使用に適さない。温度域や材質に応じ，不活性ガスによる雰囲気コントロールが求められる。なお，硝子製などの窓を設けることは，透過率の波長依存性や汚れによる経時変化の影響が大きいため，通常は推奨されない。代わりに，開口部に取り付けるパージユニットが，低温域での結露防止や高温域での酸化防止の目的に活用されている[123]。

　円筒空洞の底面が軸に垂直な平面である場合，円筒軸に平行に入射した光の鏡面反射成分はそのまま多重反射することなく空洞の外へ逃げてしまい，十分な黒体は得にくい。このため，空洞底面は $60°$ や $120°$ の円錐形に加工されることが多い。また，円筒軸に対して傾いた平面を用いる場合もある。放射率を高めるために，内側面や底面の円周方向に溝を加工したものも使用される。なお，底面の反射が完全拡散性の場合，放射率は底面形状に依存しない。

　黒体炉を用いて放射温度計を校正するとき，多くの場合，放射率 1 の完全な黒体からのずれを補正したり，それによる不確かさ評価を行ったりするために，その波長と温度における実効放射率を知る必要がある。黒体空洞の実効放射率の高精度な測定はきわめて困難であるため，一般に計算による推定値が用いられる。

　空洞の実効放射率を計算する方法は，大きく分けて二つある。一つは，空洞

を形成する各微小面素間の放射・反射のやりとりに関する式を記述し，空洞内面全体について積分することで，実効放射率を解析的に求めるやり方である[2]。収束するまで繰り返す数値計算により，解を求めることができる。この計算方式では，通常，空洞内面での反射は完全拡散反射のみを取り扱う。

　もう一つの手法は，光線追跡により空洞内面の多重反射をシミュレーションし，モンテカルロ法を用いて確率論的に実効放射率を求めるものである[2],[124]。表面放射率に対応した確率で吸収（終端）させ，空洞開口より入射した光線が吸収されるか空洞開口より再び外部に達するまで追跡することを多数回繰り返し，吸収される確率を求める。空洞内壁面の反射の拡散性/鏡面性の比を考慮する手法や，温度分布を持つ空洞の実効放射率を求める手法などが開発されている。光学設計用の市販の光線追跡ソフトウェアを活用して実行できる。空洞放射率計算専用のソフトウェアも開発され，市販されている[125]。

　解析的手法による計算ソフトウェア[126]を用いて，120°円錐形の底面を持つ円筒空洞の実効放射率を計算した例を図 **5.49** に示す。

　図 (a) は温度が均一である場合を示しており，空洞の長さ l と直径 d の比を横軸にとり，空洞内面の表面固有放射率 ε_{m} を 3 種類仮定して計算している。ε_{m} が同じであれば，空洞実効放射率は波長や温度に依存しない。l/d が 10 以上あれば，仮定したどの ε_{m} に対しても 0.999 以上の空洞実効放射率が得られる。図 (b) は空洞長手方向に温度が不均一の場合であり，空洞底部温度が 1 000 ℃ と 500 ℃ の 2 ケースについて，(1) 空洞長さの中間点で 5 ℃ 低く直線的に開口部に向かって温度が低下している場合（直線，減少），(2) 中間点で 5 ℃ 高い温度極大を持つ放物状の分布を仮定した場合（放物，極大），(3) 底部で極大を持ち，中間点で 5 ℃ 低い放物状の分布を仮定した場合（放物，減少）の 3 通りの温度分布で計算している。ε_{m} は 0.82 に固定した。この結果からわかるように，温度分布がある場合，空洞実効放射率は温度依存性および波長依存性を持つ。また，温度分布によっては，空洞実効放射率が 1 を超えることもある。

　なお，実際の空洞表面の固有放射率には波長依存性があり，また，この計算で無視している鏡面性反射の割合も一般に波長依存性を持つ。さらに，空洞実

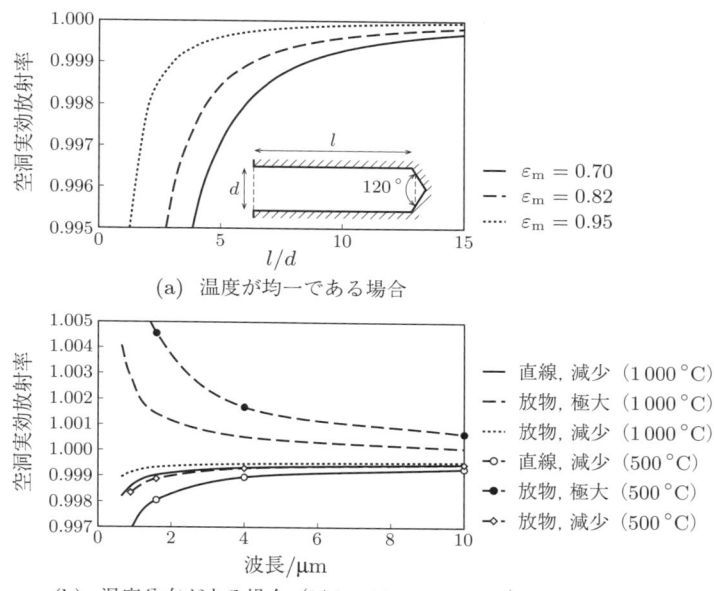

(a) 温度が均一である場合

(b) 温度分布がある場合（$l/d = 10$, $\varepsilon_\mathrm{m} = 0.82$）

図 5.49 円筒空洞の実効放射率

効放射率の 1 からのずれの影響による温度誤差は波長に比例する（n 値が波長に反比例する。5.5.5 項参照）ので，長波長の 8 μm～14 μm 帯の放射温度計を高精度に校正するためには，特に 1 に近い空洞実効放射率が必要とされる。

〔2〕 **温度可変黒体炉**　参照標準の温度計と校正対象の放射温度計を比較するために用いる黒体炉である。温度可変黒体炉に求められる性能条件は，実効放射率が 1 に近いことに加え，参照温度計と校正される放射温度計が同じ場所を測定しているか，それぞれ測定している領域の温度が精密に同じであることである。

接触式温度計を参照標準温度計として用いる場合，放射温度計が黒体放射源の表面温度を測定するのに対し，接触式温度計は表面でない別の場所の温度を測定する。さらに，参照標準温度計は温度を，放射温度計は輝度温度を測定するが，輝度温度から温度を換算して求めるには，空洞の実効放射率の情報が必要である。また，参照温度計として放射温度計を用いる放射温度計同士の比較

校正の場合，測定波長が参照標準と校正器物で同じであれば，空洞放射率は両者で同じであるため，その影響はない。しかし，二つの温度計で異なれば，空洞実効放射率が波長により異なるため，補正および不確かさの評価が必要になる。この場合，温度可変黒体炉は温度均一性が良好で，その均一性が評価されていることが求められる。

　温度均一性の良い黒体炉の例を以下にいくつか挙げる。それら以外にも，放射率が広い波長範囲で 0.98 以上が得られる垂直配向カーボンナノチューブを成長させた基板を空洞底面に使用することで，500 °C 以上の高温まで使用可能な，波長依存性のない温度可変黒体炉も開発されている[127]。

（**a**）　**攪拌型液体温槽を用いた黒体炉**　　攪拌型の液体温槽に内面黒色塗装した金属製円筒空洞を挿入することで，温度均一性に優れた黒体炉が実現され，さらに，接触式温度計が測定する液体温度と赤外放射温度計が測定する空洞温度との温度の一致も良好であるので，接触式温度計を参照標準とする校正に使用できる[128]。

　図 5.50 に例を示す。液体として 50 % エチレングリコール水溶液を使用すれば，−30 °C から 100 °C 程度まで使用でき，また，それより高温では，シリコンオイルを使用することで 250 °C まで使用できる。開口径 $\phi 60\,\mathrm{mm}$，空洞

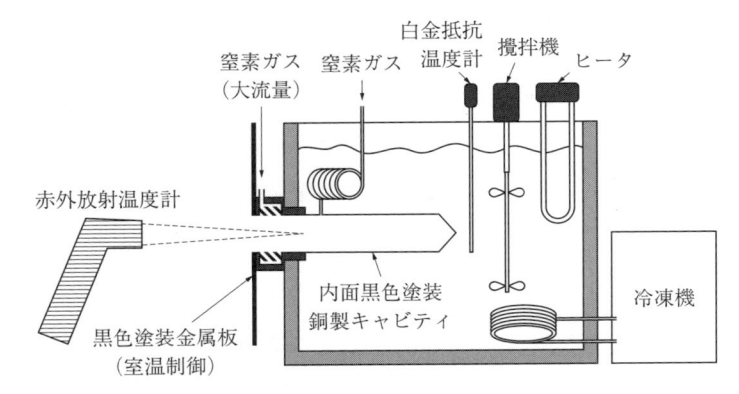

図 5.50　攪拌型液体温槽による温度可変黒体炉を用いた
赤外放射温度計の校正

長さ 300 mm で，底面を円錐状にすることで，実効放射率 0.999 以上が得られている[129]。室温付近あるいはそれ以下の温度で使用する場合，実効放射率を含む式 (5.114) を用い，室内からの背景放射の反射を正確に補正しなければならない。一方，同じ波長同士の赤外放射温度計を参照温度計とする比較校正用に使用する場合，これらの補正は不要で，実効放射率の正確な情報もいらない。

　室温以下の温度では露や霜が付着して，空洞表面温度が温槽の液体温度と一致しないため，校正は正しく行えない。結露・着霜を防止するため，図の例では温槽中を通して空洞温度に一致させた窒素ガスで空洞内部を満たし，さらに，開口部には外気の侵入を防ぐパージ機構を装着している[128]。

　赤外放射温度計は一般に視野特性が悪く，面積効果（5.7.5 項参照）が大きいため，視野サイズより十分大きい空洞開口径が，信頼性のある校正には必要である。特に，低温域では室温からの背景放射が面積効果を通じて信号に大きな影響を与えるため，この補正は重要である。図の例では，炉体前面に $\phi 60$ mm の開口を設けた黒色塗装金属板を置き，液体循環によりこの表面温度を室温に保持し，正確な面積効果の補正を可能にしている。

（ **b** ）　**3 ゾーン制御黒体炉**　　黒体空洞を通電加熱型電気ヒータで加熱して使用するタイプの黒体炉において，炉の長手方向に加熱ゾーンを 3 分割して，それぞれ別個に温度制御するものであり，温度分布の最適化を図ることができる。使用温度において事前に炉心に沿った長手方向の温度分布の測定を行い，ゾーン間の設定温度差をチューニングすることで，最適な温度分布を得る。

（ **c** ）　**ヒートパイプ型黒体炉**　　黒体空洞にヒートパイプを利用した黒体炉である。ヒートパイプは金属製容器の空隙に揮発性の液体（作動液）を封入したものであり，作動液の蒸発と凝縮のサイクルにより熱の移動を効率的に行う。これにより，均一な温度が実現される。円筒状のヒートパイプを電気ヒータ炉内に設置し，黒体空洞を含む炉心管を周囲から均一に加熱する形で使用される。片端を封じた黒体空洞のような複雑な形状のヒートパイプも製作可能であり，この場合は炉心管内に設置される。

　作動液には，アンモニア（$-60\,°C \sim 50\,°C$），水（$50\,°C \sim 270\,°C$），セシウム

（250°C〜650°C），ナトリウム（500°C〜1000°C）が用いられる（括弧内は典型的な使用温度範囲）。

（ d ）　平面放射源　　ターゲットサイズが大きく視野特性が悪い（面積効果が大きい）赤外放射温度計や熱画像装置の校正用には，大面積の平面放射源が利用される。金属製平板の表面を黒色塗装し，背面から通電加熱型電気ヒータやペルチェ素子により一様に温度制御するタイプが市販されている。放射率は黒色塗料の放射率になり，通常，0.95 程度である[122]。そのため，背景放射光の反射の影響などを十分考慮して使用する必要がある。表面構造により放射率を高める工夫がなされている場合もある。同じ波長帯の参照標準放射温度計との比較校正や，熱画像装置の感度一様性評価のための放射源として利用される。

〔 3 〕　定点黒体炉　　可視・近赤外域の放射温度計校正用の温度定点実現装置である。通常，ITS-90 の定義定点である In 点，Sn 点，Zn 点，Al 点，Ag 点，Cu 点を実現する。定点黒体セル内の純金属凝固時の黒体放射を捉えて，放射温度計を校正する。

図 5.51 に定点黒体炉（fixed point blackbody furnace）の例を示す[130), 131]。図 (a) に示すように，可搬の小型電気炉であり，同タイプの炉が JCSS の特定標準器および特定副標準器として使用されている。炉の中心に設置された定点黒体セルの拡大図を図 (b) に示している。グラファイト製のるつぼに設けた黒体空洞部を取り囲むように，高純度金属が封入されている。温度分布が良好な炉内に設置し，溶融状態から凝固点以下に炉温を下げることで，金属を凝固させる。このとき，いったん過冷却状態になったあと，凝固が開始すると，潜熱の放出により凝固点温度に維持される。この様子を示したのが図 (c) である。凝固プラトーと呼ばれる凝固曲線の平坦部を捉えて温度計が校正される。

定点黒体セルの内部では，凝固は外側から開始し，固液界面が黒体空洞部を取り囲んで内側に向かって進行する（図 (b) 中の太い矢印）。このため，空洞内壁全面が固界面温度にきわめて近い均一な温度となり，波長依存性のない良好な黒体放射源が実現される。グラファイトの固有放射率は 0.85 程度と高く，さらに空洞開口径を $\phi 3\,mm$〜$6\,mm$ 程度と小さくすることで，約 0.999 5

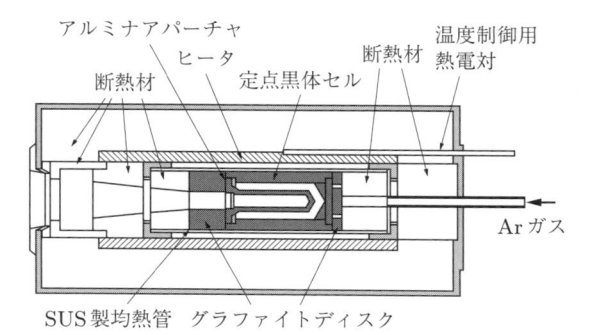

アルミナアパーチャ
ヒータ
断熱材
定点黒体セル
断熱材
温度制御用熱電対

Ar ガス

SUS 製均熱管　グラファイトディスク

(a) 可搬形定点黒体炉構造[130]

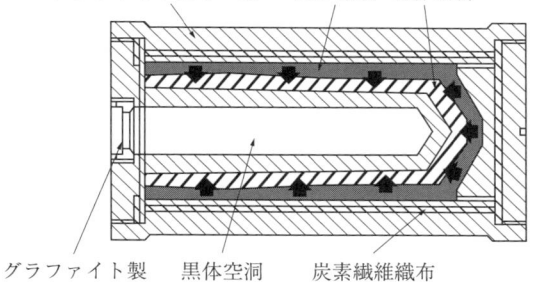

グラファイト製るつぼ　固体金属　液体金属

グラファイト製アパーチャ　黒体空洞　炭素繊維織布

(b) 定点黒体セル（凝固中）

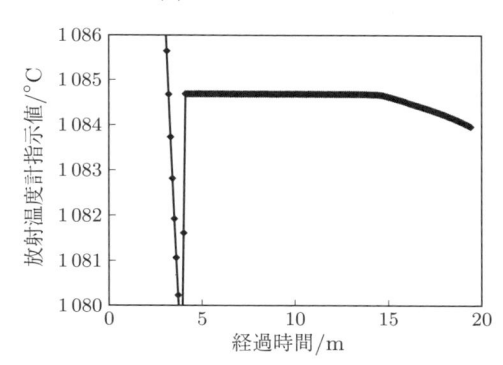

(c) 凝固プラトー例（銅点黒体）

図 **5.51**　定点黒体炉

〜0.9999のきわめて高い空洞の実効放射率が得られる。放射温度計は小さな空洞開口（グラファイト製アパーチャ）を観測しなければならない。このため，赤外放射温度計は視野サイズや面積効果が大きくて校正できない。

〔**4**〕　**金属−炭素系高温定点**　　ITS-90 の定義定点の最高温度は Cu 点（1 084.62 °C）であり，これより高温には放射温度計が利用できる温度定点はなかった。近年，Cu 点から約 2 750 °C までの高温域に，複数の高温定点が実用化されている[132), 133]。従来の温度定点が単一組成の純金属の凝固点を利用するのに対し，これらの定点は炭素と金属の二元系合金の融解点を利用する。これらは，定点セルのるつぼ材料である炭素を成分とする合金を定点物質としている。このため，るつぼのグラファイトとの反応による定点金属の汚染はない。したがって，融解・凝固温度が再現される。液相の凝固温度ではなく融解温度を用いるのは，後者のほうが再現性に優れるためである。

　例として**図 5.52** の模式的に描いた状態図を用いて，金属−炭素共晶点を説明する。二元系状態図は，各温度および各組成比で，二元系合金が固相・液相・気相のどの相に存在するかを示す。「共晶点」で示した組成・温度は，液相で最も温度が低い点である。共晶点より温度を上げると，るつぼから炭素が溶出して共晶組成から外れるが，冷却すると液相で保持できなくなり，グラファイトを析出して再び共晶組成に戻って共晶点に到達し，この温度と組成で凝固が持続する。このため，再現性の良い共晶点温度の融解・凝固が観測される。

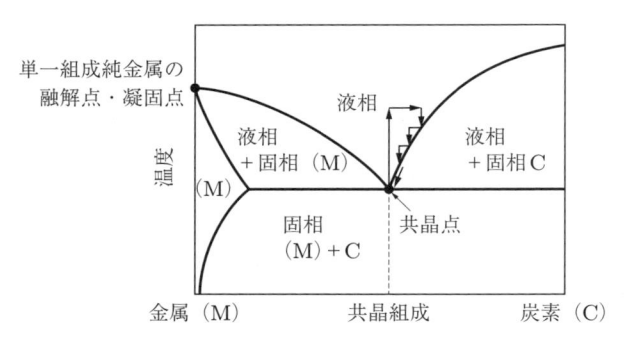

図 5.52　金属−炭素系合金の状態図と共晶点

共晶点が液相の最も温度の低い点であるのに対し，二元系合金における炭化物固相の最も高い温度を利用する金属炭化物−炭素包晶点も，同様に，るつぼグラファイトとの反応の影響を受けないため，再現性のある融解・凝固温度が得られる[134]。

実用性のある高温定点を**表 5.6** に記載する。これらのうち，Co-C，Pt-C，Re-C 共晶点の 3 種類は，その熱力学温度値を測定する国際的なプロジェクトにより決定された[135]。また，高温定点実現用の最高温度 2 800 °C の定点黒体炉も市販されている。1 章で述べたケルビンの定義の改定を機にした熱力学温度測定の進展に伴い，普及が進むことが期待される。

表 5.6　おもな金属−炭素系高温定点の温度値

定点種類	温度値/°C	標準不確かさ/°C	定点種類	温度値/°C	標準不確かさ/°C
Fe-C	1 153	—	Cr_3C_2-C*	1 826	—
Co-C**	1 324.316	0.071	Ru-C	1 954	—
Pd-C	1 492	—	Ir-C	2 292	—
Rh-C	1 657	—	Re-C**	2 474.749	0.220
Pt-C**	1 738.342	0.110	WC-C*	2 748	—

* Cr_3C_2-C と WC-C は包晶点。それ以外は共晶点。
** 国際プロジェクトで決定した熱力学温度値とその標準不確かさ[135]。

5.7.3　標準放射温度計の温度定点による ITS-90 目盛設定

〔**1**〕　**標準放射温度計**　　参照標準として用いられる放射温度計には，一般の放射温度計と比べ，再現性，長期安定性，持ち運び安定性，良好な視野特性などで，より高い性能が求められる。温度定点で校正される標準放射温度計には，さらに，定点の開口径より小さい視野サイズと小さい面積効果を持つことに加え，測定波長帯域が狭く帯域外の応答が抑制されていること，および，輝度に比例した信号（輝度信号）が出力されることが求められる。その理由は，本項〔**3**〕で述べる特性式を用いた定点間補間の目盛を立てることを可能にするためである。

市販の標準放射温度計の代表的測定波長は，0.65 μm，0.9 μm，1.6 μm，3 μm 〜5 μm，8 μm〜14 μm である。3 μm〜5 μm あるいは 8 μm〜14 μm の赤外域 では，0.65 μm，0.9 μm，1.6 μm の可視・近赤外域のような優れた性能を有す る標準放射温度計は得られない。近年，性能が向上したものが入手可能となっ てきているものの，十分小さい視野と面積効果を持ち，温度定点による校正が 可能なものはまだない。したがって，接触型の参照温度計，または温度定点に より校正された近赤外波長域の参照標準放射温度計との，温度可変黒体炉を用 いた比較校正が行われる。

〔**2**〕　**参照標準放射温度計の中・高温域温度目盛設定**　　放射温度計校正用 の参照標準となる可視・近赤外域の標準放射温度計に対し，温度定点を上位標 準として連続的な温度目盛を設定する方法について説明する。複数の温度定点 を利用できる Ag 点以下の温度域と，一つの定点を参照して目盛を立てなけれ ばならない Ag 点以上の温度域に分けて記述する。

Ag 点以下では，0.9 μm 放射温度計であれば，Zn 点，Al 点，Ag 点のほか， Ag 点より高温の Cu 点も含めた 4 定点を用い，420 °C から温度目盛を設定でき る。1.6 μm 放射温度計であれば，さらに In 点，Sn 点も含めることで，160 °C から温度目盛を設定できる。3 定点以上を用いて校正すると，それぞれの定点 での輝度信号（空洞実効放射率の補正を実施後）と ITS-90 に定義されている 定点温度値を用い，つぎの〔3〕で説明する式 (5.124) の佐久間-服部の式にお ける A, B, C の 3 パラメータを最小 2 乗法で決めることで，連続的な補間目盛 が立てられる。このような目盛設定は，わが国では JCSS 制度の登録事業者の 放射温度計メーカなどで行われている。

Ag 点以上では，Ag，Au，Cu の 3 定点のいずれかにおける放射輝度と任意 の温度における放射輝度との比に基づく ITS-90 の定義（1.2.2 項〔3〕参照）に 忠実に，温度の目盛を設定する。放射温度計は，プランクの放射則に基づき，放 射源の温度に応じた放射輝度に相当する量を測定する。放射温度計の光検出器 から線形のアンプを通して出力される輝度信号 $S(T)$ は，式 (5.26) に記載した 黒体分光放射輝度 $L_{b,\lambda}(\lambda, T)$ と温度計の分光応答度 $R(\lambda)$ を用いて，次式のよ

うに記述できる[136]。

$$S(T) = \int R(\lambda) \cdot L_{b,\lambda}(\lambda, T) \mathrm{d}\lambda \tag{5.121}$$

放射温度計が捉えているのは，厳密に単一の波長ではなく，有限な幅を持つ波長帯域であり，$R(\lambda)$ は温度計光学フィルタの透過率，光検出器の分光応答度，さらには電気系のゲインや光学系のスループットを総合した，入射する分光放射束と出力信号の関係を表す。

温度目盛を設定するためには，式 (5.121) 中の分光応答度 $R(\lambda)$ を精密に評価し，各温度 T で式 (5.26) のプランクの放射則と掛け合わせ積分を行うことで，T の関数として輝度信号 $S(T)$ を得る。このとき，放射輝度比を求める目的には絶対値は不要なので，$R(\lambda)$ を相対分光応答度として評価すればよい。このために，分光応答度が既知の参照光検出器との信号比を，各波長で評価する。

定点間の補間，あるいは定点から高温域への補外により温度目盛を設定する際には，入射する放射光のパワーと温度計が出力する輝度信号の関係に，線形性が確保されていることが重要である。可視・近赤外放射温度計で使用されている Si や InGaAs 光起電力型検出器は，比較的広いダイナミックレンジを持ち，線形性は比較的良好であるものの，特にダイナミックレンジの上端や下端では，非線形性が無視できなくなってくることがある。そのため，これを評価し，非線形性があれば必要に応じて補正を行い，不確かさ評価に反映させる。非線形性評価は，パワー P_A とパワー P_B の放射束をそれぞれ独立に入射したときの出力 S_A，S_B と，P_A，P_B を同時に入射したときの出力 S_{A+B} との間に，$S_A + S_B = S_{A+B}$ の関係が成り立つことを，測定ダイナミックレベル全域について検証することにより行う[2]。

〔**3**〕 **放射温度計の特性式：佐久間－服部の式**   式 (5.121) は積分を含むため，放射温度計が出力する輝度信号 S から対象温度 T を解析的に求めることはできない。このため，積分を含まない各種の近似式が考案されてきた。このうち，近似精度に優れる以下の佐久間－服部の式（Sakuma-Hattori's equation）が広く活用されている[136]。式 (5.122) の佐久間－服部の式は「プランク型」と

呼ばれる。これと類似した式 (5.123) の「ウィーン型」もある[137]。プランク型と比べてウィーン型は近似精度が劣るが，式の形が簡単である分，精度をあまり要求されない場面での利用価値は高い。

$$S(T) = \frac{C}{\exp\left(\dfrac{c_2}{A \cdot T + B}\right) - 1} \tag{5.122}$$

$$S(T) = C \exp\left(\frac{-c_2}{A \cdot T + B}\right) \tag{5.123}$$

式 (5.122), (5.123) はそれぞれ下記のように解析的に解くことができ，S の測定値から T を容易に求めることができる。

$$T = \frac{\dfrac{c_2}{\ln(C/S + 1)} - B}{A} \tag{5.124}$$

$$T = \frac{\dfrac{c_2}{\ln(C) - \ln(S)} - B}{A} \tag{5.125}$$

プランクの放射則 (5.26) と式 (5.122) を比較すると，$\lambda \longleftrightarrow A + B/T$ の置き換えが成り立っていることがわかる。すなわち，A は T が十分高温のときの分光放射特性を表す代表波長（実効波長）を示す。B は対象温度の変化に伴う実効波長の変化に関わる係数で，黒体分光放射輝度のピーク波長が温度上昇に伴い短波長にシフトすることに対応し，通常，正の値をとる。放射温度計の光学フィルタの透過帯域が狭く，帯域外の応答が抑制されているほど値が小さく，特性式の近似精度も高い。C はゲインや感度などを含む比例係数である。

従来，佐久間-服部の式は，抵抗温度計の補間式同様，実験式として扱われてきた。しかしその後，放射温度計の分光応答度関数をその中心波長（平均波長）の周りにテイラー展開し，その高次モーメントを省略することで，佐久間-服部の式は，式 (5.121) から近似により導出される物理的に意味のある式であることが示された[138]。

佐久間-服部の式は，定点黒体により離散的な温度点で放射温度計を校正する際，この間を補間して連続的な目盛を立てるときに威力を発揮する。3点以上の温度定点における ITS-90 の温度値 T と測定された輝度信号 $S(T)$ の値を用い，最小2乗法により A，B，C の三つの変数を求める。前項で説明した，JCSS 登録事業者による測定波長 $0.9\,\mu m$ の放射温度計を用いた4定点黒体校正による Zn 点から Cu 点の間の補間目盛の設定などに活用されている。5.7.2 項〔4〕で解説した金属-炭素系高温定点が利用可能になったことで，定点黒体間の補間目盛が $2\,800\,°C$ 近くの高温まで設定できるようになった。佐久間-服部の式はますますその活用の場が広がっている。

5.7.4 放射温度計による熱力学温度測定

〔1〕 絶対放射温度計 　前項で，ITS-90 定義定点の定点黒体を用いて放射温度計に ITS-90 の目盛を立てる方法について説明した。これは，熱力学温度を近似した温度目盛を測定するという意味で，放射温度計を2次温度計として利用する方法である。しかし，本来，放射温度計はその原理がプランクの放射則という物理法則で記述されるものであり，1次温度計としての機能を有しているはずである（1次温度計，2次温度計に関しては 1.2.2 項参照）。

放射温度計を定点で校正して未知の温度を測定するということは，校正に使用した定点における放射との輝度比を相対測定していることと等しい。実際，銀点以上の ITS-90 も輝度の比で定義されている。これに対し，対象からの放射輝度を絶対的に測定できれば，放射温度計が温度定点による校正を経ずに温度の測定が可能になる。このように校正された放射温度計を，絶対放射温度計と呼ぶ[139]。金属-炭素系高温定点（5.7.2 項〔4〕参照）の温度値を決定することを目的に，各国標準研究機関で近年開発が進められた。絶対放射温度計の熱力学温度測定の不確かさは，これら高温定点の温度域では ITS-90 に基づく放射温度計の測定不確かさより小さい。

絶対放射温度計の詳細は，解説文献 139) を参照されたい。

〔**2**〕　**定点補間による熱力学温度校正**　　ITS-90 の定義に用いられている金属定点に対し，*1* 章で述べた各種 1 次温度計を使った各国国立標準研究所による熱力学温度値の測定も増え，その不確かさも明らかになりつつある[140), 141)]。また，**表 5.6** に記載したように，3 種類の高温定点に関しては，熱力学温度値とその不確かさが国際的に決められた。一方，5.7.3 項〔 3 〕で触れたように，佐久間–服部の式と呼ばれる放射温度計の特性式に関する理解が深まり，単なる実験式ではなく，温度計の分光応答度という計測器の特性に関わる関数を近似して導かれることが明らかにされた。

　このような状況のもと，金属定点や金属–炭素系高温定点の定点黒体を複数個用い，佐久間–服部の式のパラメータを最小 2 乗法で決める定点補間による熱力学温度校正が，現在では可能である。5.7.4 項〔 1 〕の温度定点を用いないで校正された温度計が絶対 1 次温度計（absolute primary thermometer）と呼ばれるのに対し，温度定点を参照して校正されたものは相対 1 次温度計（relative primary thermometer）と呼ばれる。また，ITS-90 の定点補間校正と比べると，測定作業や用いる装置は同じで，定点温度値として熱力学温度値を用いるか ITS-90 温度値を用いるかの違い，そして，その温度値に不確かさを持たせるか持たせない（定義値として扱う）かの違いがあるだけである。

　近い将来，放射温度計に関しては，ITS-90 という各国協定による熱力学温度の近似目盛ではなく，熱力学温度そのものを標準供給することになると予見される。

5.7.5　放射温度計の面積効果

　放射温度計は，測定視野内からの放射光を捉えてそれに比例した電気信号を出力し，これに基づき温度を指示するため，理想的な光学系では視野外にある放射源の影響は受けない。しかし，実際の放射温度計では，レンズの不均質やほこりなどに起因する散乱や反射などの影響で，視野外からの放射光が光検出器に到達し，温度計出力に影響を与える。この影響は（視野サイズより大きな）放射源のサイズを変化させたときに出力変化として現れるため，「面積効果」(size-of-source effect）と呼ばれる測定対象のサイズが，校正に使用した放射源サイズと異なる場合，測定誤差を生じる[2]。特に，$8\,\mu$m〜$14\,\mu$m の波長帯域を測定する赤外放射温度計や熱画像装置は面積効果が大きいことが多い。

　同様に，可動焦点方式の放射温度計においては，焦点距離を変えると指示温度値に変化が生じる「距離効果」（distance effect）もある。高精度の測定を求める場合には，評価が必要である。

　面積効果の評価方法を**図 5.53** に示す。図 (a) のように，放射源の開口部にアパーチャを設置し，開口部を放射温度計で測定する。一般に面積効果の評価には直接法と間接法があり，常温近辺での評価には直接法が，より高温では間接法が用いられる。図 (b) の直接法では，十分面積が広く一様な放射源（例えば大開口黒体炉）の前に，径が放射温度計の視野より大きくて可変なアパーチャ（径 ϕ_a）を置き，放射温度計の視野をアパーチャの中心と一致させる。径 ϕ_a を変化させ，放射温度計の出力を径に対応させて記録する。

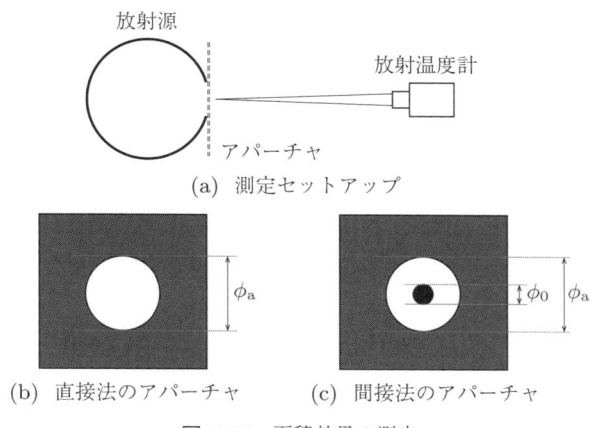

(a)　測定セットアップ

(b)　直接法のアパーチャ　　　(c)　間接法のアパーチャ

図 5.53　面積効果の測定

　一方，図 (c) の間接法による測定では，視野より大きい円形黒色スポット（径 ϕ_0）で視野を完全に遮り，黒体スポットとアパーチャ（径 ϕ_a）とで挟まれたリング状の開口部からの放射に対応した微小な温度計出力信号を捉える。リング状部分の内径 ϕ_0 または外径 ϕ_a を変化させて温度計出力を記録する。可

視・近赤外波長域を検出する放射温度計であれば，黒色スポットには透明硝子板の中心に黒色ペンキを十分厚く塗布したものなどを用い，放射源にはハロゲンランプで照明された大開口積分球や LED で背面から一様照射された拡散板などを用いる。直接法と比較したメリットは，視野内からの信号があらかじめ差し引かれた視野外からの放射光のみを捉えるため，放射源の安定性，一様性に対する要求は厳しくなく，容易に精密な測定ができる点である。反面，黒色スポットからの放射の寄与が無視できない常温域に近い温度での評価には適さない。

距離効果の測定としては，一定開口径の一様で安定な放射源を用い，開口中心に焦点を都度合わせながら測定距離を変化させて温度計出力を記録する。

面積効果の測定例を図 5.54 に示す。図 (a) は $7.5\,\mu\mathrm{m}$ から $13\,\mu\mathrm{m}$ の波長帯を測定波長とする熱画像装置の直接法による測定例である。$\phi 60\,\mathrm{mm}$ の黒体空洞を備えた黒体炉を約 $100\,^{\circ}\mathrm{C}$ に設定して放射源とし，その前に室温に制御した開口径可変の黒色アパーチャを置き，これに焦点を合わせ，開口中心の約 $1\,\mathrm{mm}$ 領域に相当する画素の指示値の平均を，アパーチャ開口径 ϕ_a を変えながら記録したものである。図 (b) は間接法を用いた $0.9\,\mu\mathrm{m}$ を測定波長とする標準放射温度計の測定例である。放射源である直径 $400\,\mathrm{mm}$ の積分球の開口を直接見たときに対する相対輝度出力を縦軸として，グラフ中に示した測定距離につい

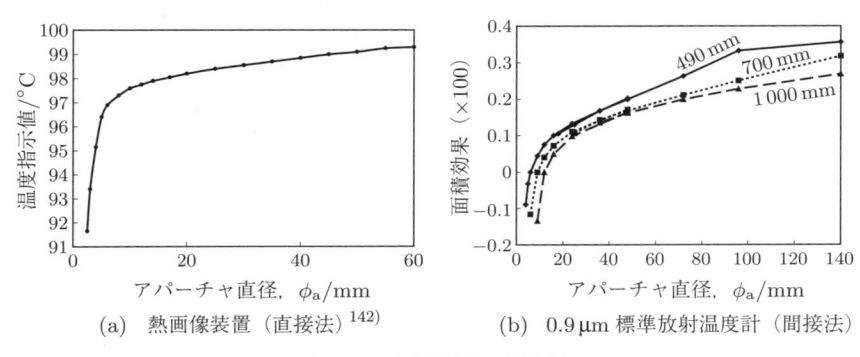

(a) 熱画像装置（直接法）[142]   (b) $0.9\,\mu\mathrm{m}$ 標準放射温度計（間接法）

図 5.54 面積効果の測定例

てプロットしたものである。なお，この場合，0.1％の相対輝度変化は1 000 °C において約 0.1 °C に相当する。

　測定対象の放射源サイズが放射温度計の校正に用いた放射源サイズと異なる場合，面積効果の影響を評価し，不確かさに反映させ，必要に応じて補正を行うことが求められる。サイズの異なる二つの放射源の温度を比較測定する場合も同様である。

　図 **5.55** は，標準放射温度計に多く採用されている，視野特性を向上させた光学系である。視野絞りを抜けた放射束をいったん平行ビームにコリメートし，視野角絞りをそこに設けている。こうすることのメリットは，光学フィルタのより広い面積を使用することでフィルタ波長特性の空間ムラの影響を受けにくくなること，および，視野絞りを抜けた迷光を視野角絞りでカットして，迷光の影響を低減できることである。特に，レンズの像位置に視野角絞りを設置した場合，レンズのエッジで多く発生する迷光をここでカットでき，面積効果の低減に有効である[2]。このような視野角絞りはリオストップ（Lyot stop）と呼ばれ，太陽のコロナなどを観測する天体望遠鏡でしばしば用いられる。

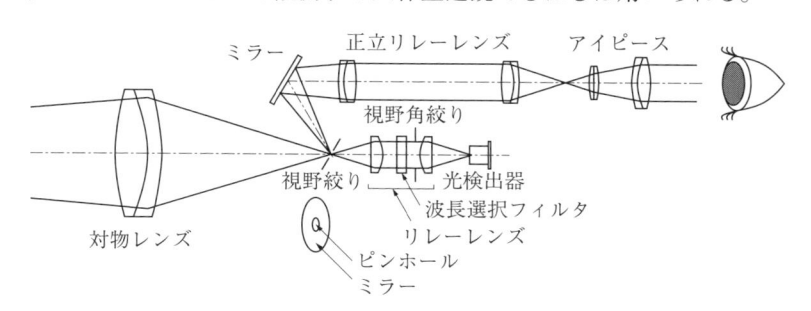

図 **5.55**　視野特性を向上させた放射温度計の光学系

章 末 問 題

【1】 分光放射輝度が最大となる波長 $\lambda_{\max}$ で黒体分光放射輝度は T^5 に比例することを示せ。また，その比例係数を求めよ。

【2】 図 **5.56** に示すように，面積 S_1 の物体表面（温度 $T = 1\,000\,\mathrm{K}$，放射率 $\varepsilon_\lambda = 0.8$）の放射がレンズで集光され，面積 S_2 に入射する放射温度計がある。S_2 に入射する放射束 Φ を求めよ。放射温度計の検出波長は $\lambda = 900\,\mathrm{nm}$ でその帯域を $\Delta\lambda = 40\,\mathrm{nm}$ とする。他の諸条件は図中に記載している。

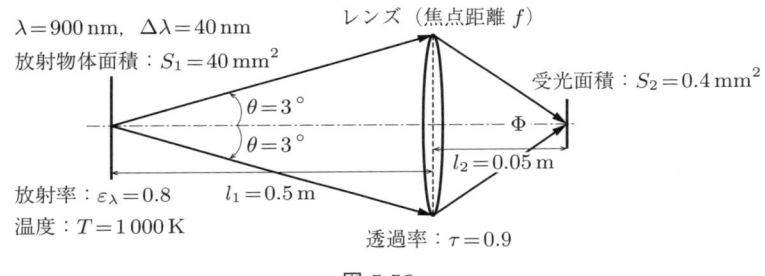

$\lambda = 900\,\mathrm{nm}$, $\Delta\lambda = 40\,\mathrm{nm}$
放射物体面積：$S_1 = 40\,\mathrm{mm}^2$
レンズ（焦点距離 f）
受光面積：$S_2 = 0.4\,\mathrm{mm}^2$
$\theta = 3°$
$\theta = 3°$
Φ
$l_2 = 0.05\,\mathrm{m}$
放射率：$\varepsilon_\lambda = 0.8$
$l_1 = 0.5\,\mathrm{m}$
温度：$T = 1\,000\,\mathrm{K}$
透過率：$\tau = 0.9$

図 **5.56**

【3】 波長 $1.6\,\mu\mathrm{m}$ における常温のアルミニウムの複素屈折率は $\tilde{n} = 1.44 - 16i$ である。アルミニウムの常温における垂直反射率，垂直放射率を求めよ。

【4】 図 **5.57** のように，微小面 $\mathrm{d}s$ から垂直方向に距離 l の位置に，直径 $2R$ の平行平板がある。$\mathrm{d}s$ から平行平板を見込む立体角 Ω を求めよ。

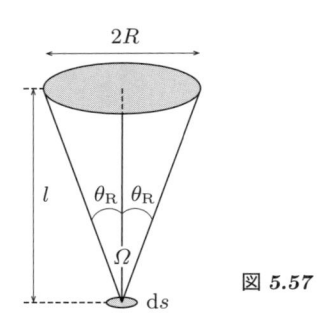

$2R$
l
θ_R θ_R
Ω
$\mathrm{d}s$

図 **5.57**

【5】 金属，半導体，誘電体（絶縁体）の可視・赤外波長域における放射測温に関わる光学的特性の違いを述べよ。

【6】 放射温度計の輝度観測値に背景放射が混入する程度を表現する値として，背光率が定義されている。この背光率の物理的意味を説明せよ。

【7】 炉内にある測定対象物の温度を測定するため，冷却した遮蔽板を設置して背光雑音を低減させる。放射温度計の検出波長 λ は $1.6\,\mu m$ である。測定対象の温度 T は $973\,K$，放射率 ε は 0.3 である。炉の内壁の温度 T_a は $1073\,K$ である。このとき，放射温度計の指示値がずれていたので，放射率の設定値 ε_s を 0.4 にしたところ，正確な温度を示した。背光率 η の値を求めよ。

【8】 波長 $0.9\,\mu m$，$1.6\,\mu m$，$10\,\mu m$ の放射温度計 3 種を用いて，温度が約 $250\,°C$，$600\,°C$，$1\,000\,°C$ の不透明な対象の温度を測定する。このとき，それぞれの温度計と温度の組合せについて，n 値を求めよ。

　また，対象の放射率はどの波長でも $0.6 \sim 0.7$ の範囲にあることがわかっている。放射率の不確かさに起因する測定不確かさを，それぞれの温度計と温度の組合せについて求めよ。

　対象放射率が $0.2 \sim 0.3$ の範囲の場合についても，同様に求めよ。

　温度 $800\,°C$ の黒体からの背景放射による温度測定誤差を，それぞれの放射温度計について対象放射率を 0.65 および 0.25 として求めよ。ただし，背光率は $1/100$ とする。

【9】 温度可変黒体炉を用いて，$0.9\,\mu m$ 標準放射温度計を参照標準として，$0.9\,\mu m$，$1.6\,\mu m$ および $10\,\mu m$ の放射温度計を校正する場合を考える。温度可変黒体炉は，内面が酸化インコネルで，$120\,°$ 円錐底面を持つ長さ $500\,mm$，直径 $50\,mm$ の円筒空洞からなる。空洞実効放射率のメーカカタログ値は 0.99 以上であるので，空洞実効放射率を波長によらず 0.995 と見積もり，校正を行った。一方，実際の空洞は，酸化インコネル固有放射率 0.70 で波長依存性はなく，空洞壁面での反射は完全拡散性であり，温度分布は均一であるとする。このとき，$500\,°C$ における放射率の違いに起因する校正誤差を，図 **5.49** を用いて求めよ。

　空洞に温度分布がある場合はどうか。上記と同じ形状で固有放射率が 0.82 のグラファイト製の空洞の長さ方向の中心の温度が極大で両端より $5\,°C$ 高く，放物状の分布をする場合について，$1\,000\,°C$ における校正誤差を求めよ。

参考文献と解説

1) R. Siegel and J. R. Howell: Thermal Radiation Heat Transfer, 3rd ed, Taylor & Francis (1992).

2) Z. M. Zhang, B. K. Tsai, and G. Machin (eds): Radiometric Temperature Measurements, I. Fundamentals, Academic Press (2010).

3) Z. M. Zhang, B. K. Tsai, and G. Machin (eds): Radiometric Temperature Measurements, II. Applications, Academic Press (2010).

    1)~3) は放射測温に関する代表的な大部のテキスト。1) はやや古いが，内容は古くない。2),3) は放射測温の研究に多大な貢献をした故 DeWitt 教授を追想記念して最近出版された専門書で，2) は基礎編，3) は応用編。放射測温に関する専門家を目指すとき，この 3 冊は必須の書籍。

4) ファインマン, レイトン, サンズ 著, 宮島龍興 訳：ファインマン物理学 III（電磁気学），264/274, 岩波書店 (1969).

5) 砂川重信：理論電磁気学 第 2 版, 249/307, 紀伊国屋書店 (1973).

    4),5) は電磁波の放射のメカニズムについて記述している。36)~39) も参照。

6) G. R. Kirchhoff: Über das Verhältnis zwischen dem Emissionsvermögen und dem Absorptionsvermögen der Körper fur Warme und Licht, **109**, 275/301 (1860).
【邦訳】前川太一 訳：熱および光に対する物体の輻射能と吸収能の関係について，物理学古典論文叢書 1, 熱輻射と量子, 7/32, 東海大学出版会 (1970).

7) 天野清 訳/編：ウィーン，プランク論文集, 熱輻射論と量子論の起原, 大日本出版 (1941).

8) 朝永振一郎：量子力学 I, 第 2 版, 1/52, みすず書房 (1994).

9) ミグダル 著, 田井正博 訳：量子物理のはなし, 東京図書 (1991).

10) 久保亮五：統計力学, 34/39, 共立出版 (1971).

11) 高田誠二：プランク, 清水書院 (1991).

12) W. Wien: Über die Energieverteilung im Emissionsspectrum eines schwarzen Körpers, **58**, 662/669 (1896).
【邦訳】辻哲夫 訳：黒体の放出スペクトルにおけるエネルギ分布について，物理学古典論文叢書 1, 熱輻射と量子, 85/93, 東海大学出版会 (1970).

13) W. Wien: On the laws of thermal radiation, http://nobelprize.org/nobel_prizes/physics/laureates/1911/wien-lecture.html

14) Z. M. Zhang: Nano/Microscale Heat Transfer, 294/298, McGraw-Hill (2007).

> 6)〜13) は黒体放射成立経緯に関してキルヒホッフ，ウィーン，プランクをめぐ
> る歴史的な展開がさまざまな角度から記述されている。6) と 12) はそれぞれキル
> ヒホッフとウィーンのオリジナル論文。7) は第 2 次大戦前の名著。8) は朝永教授
> の名著。量子力学初期の展開を丁寧に追ったテキストである。9) は旧ソビエト連
> 邦（ロシア）の物理学者の解説書。学問に国境はないことを感じさせる。10) は
> 久保教授の名著。空洞内の電磁波の固有振動数の取り扱いを詳述している。統計
> 力学の学習に好適である。11) はプランクの生涯と思想を追った高田教授の解説
> 書。13) はウィーンによるノーベル物理学賞受賞講演原稿（1911 年）。思考実験
> (thought experiment; Gedankenexperiment) の重要性が述べられている。14)
> は 2),3) の編集者の一人 Zhang による力作。熱伝達（heat transfer）に関わる内
> 容を著者の研究を中心にまとめたテキスト。

15) W. E. Forsythe: Optical pyrometers, J. Opt. Soc. Am., **10**-1, 19/37 (1925).

16) E. L. Dereniak and D. G. Crowe: Optical Radiation Detectors, John Wiley (1984).

17) W. L. Wolfe: Introduction to Infrared System Design, SPIE (1996).

18) R. J. Keyes: Optical and Infrared Radiation, Springer (1978).

19) R. D. Waard and E. M. Wormser: Description and properties of various thermal detectors, Proc. IRE, **47**-9, 1508/1513 (1959).

20) E. L. Dereniak and G. D. Boreman: Infrared Detectors and Systems, John Wiley & Sons, Inc. (1996).

21) R. C. Jones: Noise in radiation detectors, Proc. IRE, **47**-9, 1481/1486 (1959).

22) 浜松ホトニクス：光半導体素子ハンドブック (2017).

> 15) は，光高温計に関する古典的な総合論文。当時の様子がうかがえて興味深
> い。16)〜22) は光センサに関するさまざまな文献。16) は光センサに関する読みや
> すい専門テキスト。17) は赤外線計測システム構築に役立つテキスト。18) と 19)
> はそれぞれ量子効果型センサ，熱効果型センサに関する文献。20) は赤外線センサ
> とその応用としての計測システムを詳述したテキスト。21) は光センサの性能特
> 性とノイズに関する基本的特性について詳述している。22) は各種光センサの D^*
> に関するデータの出所。

23) 照明学会 編：光の計測マニュアル，日本理工出版会 (1990).

24) G. Tao, H. Ebendorff-Heidepriem, A. M. Stolyarov, S. Danto, J. V. Badding, Y. Fink, J. Ballato, and A. F. Abouraddy: Infrared fibers, Advances in Optics and Photonics, **7**, 379/458 (2015).

25)　松浦祐司：中空光ファイバの基礎, Medical Photonics, **1**-2, 11/15 (2010).

26)　P. Saunders: Calibration and use of low-temperature direct-reading radiation thermometers, Meas. Sci. Technol., **20**-2, 025104-1/8 (2009).

　　　23) は光学計測技術のハンドブック的書籍。24), 25) は赤外ファイバに関する解説。特に 24) は最新の技術まで網羅している。26) は安価な温度直読式の赤外放射温度計の校正技術に関する論文。

27)　井邊真俊：赤外放射率の精密測定技術に関する調査研究, 産業技術総合研究所計量標準報告, **9**-3 (2018), 掲載予定.

28)　M. Planck: The Theory of Heat Radiation, Dover (1959).

29)　F. E. Nicodemus, J. C. Richmond, J. J. Hsia, I. W. Ginsberg, and T. Limperis: Geometrical considerations and nomenclature for reflectance, in NBS Monograph 160, National Bureau of Standards (1977).

　　　27) は放射率およびその測定技術に関するレビュー。28) はプランク自ら黒体放射に関わるさまざまな内容を熱力学，マクスウェル方程式を駆使して厳密に展開している。キルヒホッフの法則も詳述している（ドイツ語からの英訳書）。29) は Nicodemus らによる 2 方向反射率分布関数（BRDF）に関する丁寧な解説書。NBS（米国度量衡研究所，NIST の旧組織）から発刊された。

30)　P. Beckmann and A. Spizzichino: The Scattering of Electromagnetic Waves from Rough Surfaces, Macmillan (1963).

31)　山本弘：実効放射率の数値的評価, 応用物理, **38**-6, 618/622 (1969).

32)　Z. M. Zhang and Y. H. Zhou: An effective emissivity model for rapid thermal processing using the net-radiation method, Int. J. Thermophys., **22**-5, 1563/1575 (2001).

　　　30) は表面粗さによる電磁波の散乱理論を詳述している。31), 32) は表面粗さによる実効放射率導出に関わる論文。特に 32) は BRDF を駆使した実験結果を示している。

33)　M. D. Drury, K. P. Perry, and T. Land: Use of silicon-cell pyrometers for surface temperature measurement, J. Iron Steel Inst., **169**, 245/250 (1951).

34)　山田健夫, 真壁英一, 原田直樹, 今井清隆：多重反射を利用した放射測温法の開発, 日本鋼管技報, **103**, 92/100 (1984).
　　　T. Yamada, E. Makabe, N. Harada, and K. Imai: Development of radiation thermometry using multiple reflection, Nippon Kokan Technical Report Overseas, **41**, 126/134 (1984).

35)　T. Iuchi and R. Kusaka: Two methods for simultaneous measurement of temperature and emittance using multiple reflection and specular reflection, and their application to industrial processes, in TEMPERATURE, Its Measurement and Control in Science and Industry, **Vol.5** (ed J. F. Schooley), 491/503, American Institute of Physics (1982).

　　33)〜35) はキャビティを利用した放射率増大効果に関する論文。33) は半球キャビティに関するオリジナル論文。34), 35) はその具体的応用論文で，34) は製造現場のロールを利用した手法。35) は試料の表面粗さに対応した放射率補正放射測温法の 2 手法。

36)　久保田広：波動光学, 岩波書店 (1971).

37)　M. Born and E. Wolf: Principles of Optics, 7th ed, Cambridge University Press (1999).

38)　ファインマン, レイトン, サンズ 著, 富山小太郎 訳：ファインマン物理学 II（光 熱 波動）, 岩波書店 (1994).

39)　江馬一弘：光物理学の基礎 ― 物質中の光の振る舞い, 朝倉書店 (2010).

　　36)〜39) は光学に関わるテキストで，いずれも放射測温の基礎を理解する上で役立つ。特に 38), 39) は複素屈折率の物理的意味について学ぶことができる。

40)　井内徹, 石井啓貴：偏光輝度を利用した常温付近における光沢金属の放射測温法, 計測自動制御学会論文集, **36**-5, 395/401 (2000).

41)　D. F. Edwards: Silicon (Si), in Handbook of Optical Constants of Solids (ed E. D. Palik), 547/569, Academic Press (1985).

42)　T. Iuchi and T. Seo: Radiation thermometry of silicon wafers based on emissivity-invariant condition, App. Opt., **50**-3, 323/328 (2011).

　　40) と 42) では，放射率のモデル式の導入と放射率に関わる放射測温の解決への提案がなされている。特に 42) は，Si ウェハに対して放射率不変条件を利用した放射測温法を提案している。41) は試料 Si の複素屈折率の具体的なデータであり，これをモデル式に導入して放射率を計算できる。

43)　H. G. Tompkins: A User's Guide to Ellipsometry, Academic Press (1993).

44)　藤原裕之：分光エリプソメトリー, 丸善 (2005).

45)　P. J. Timans: The thermal radiative properties of semiconductors, in Advances in Rapid Thermal and Integrated Processing (ed F. Roozeboom), 35/101, Kluwer Academic Publisher (1996).

　　43), 44) は物体の光学定数を測定するエリプソメータの原理と操作に関するテキスト。45) は Si ウェハを中心とする半導体材料の製造プロセス（RTP）での測温に役立つ放射特性について，集大成の解説書。

46)   T. Iuchi, T. Furukawa, and W. Wada: Emissivity modeling of metals during the growth of oxide film and comparison of the model with experimental results, App. Opt., **42**-13, 2317/2326 (2003).

47)   K. Hiraka, R. Shinagawa, A. Gogami, and T. Iuchi: Rapid response hybrid-type surface temperature sensor, Int. J. of Thermophvs., **29**-2, 1166/1177 (2008).

48)   T. Iuchi and A. Gogami: Uncertainty of a hybrid surface temperature sensor for silicon wafers and comparison with an embedded thermocouple, Rev. Sci. Instrum., **80**-12, 126109-1/3 (2009).

49)   L. D. Campo, R. B. Pérez-Sáez, X. Esquisabel, I. Fermández, and M. J. Tello: New experimental device for infrared spectral directional emissivity measurements in a controlled environment, Rev. Sci. Instrum., **77**-11, 11311-1/8 (2006).

50)   J. R. Markham, K. Kinsella, R. M. Carangelo, C. R. Brouillette, M. D. Carangelo, P. E. Best, and P. R. Solomon: Bench top Fourier transform infrared based instrument for simultaneously measuring surface spectral emittance and temperature, Rev. Sci. Instrum., **64**-9, 2515/2522 (1993).

51)   J. Ishii and A. Ono: Uncertainty estimation for emissivity measurements near room temperature with a Fourier transform spectrometer, Meas. Sci. Technol., **12**-12, 2103/2112 (2001).

> 46) は金属を主たる対象とした放射率測定装置の製作と放射率測定に関する文献。この装置は，真空，還元ガスを調整した状態で放射率測定が可能である。垂直以外に 80°の角度での方向放射率測定ができ，偏光放射率測定ができる。この文献では，金属の放射率モデリングを実測値と比較検討している。47), 48) は Si ウェハの表面温度を測定するために新しく開発されたハイブリッド表面温度センサと，それを使用した Si ウェハの放射率測定について詳述している。49)～51) は FTIR を使用した放射率測定装置の例。特に 49) は金属の方向分光放射率を常温から 1 050 K までの温度範囲で測定できる。装置の設計，測定値の信号処理，測定結果などに対して優れた考察・記述がなされている。

52)   寺田博之，阪上隆英 監修：赤外線サーモグラフィによる設備診断・非破壊評価ハンドブック，日本非破壊検査協会 (2007).

53)   藤正巌, 蟹江良一, 石垣武男：最新医用サーモグラフィ ― 熱画像診断テキスト，日本サーモロジー学会 (1996).

54)   松本宇生, 佐々木凌, 折居英章, 池澤泰二, 西嶋喜代人：非熱平衡プラズマ観測用熱画像装置の開発 ― 二次元プラズマ分光法による大気圧コロナ放電中の気体温

度分布の定量, 電気評論, **101**-4, 79/82 (2016).

55) 小作好明, 峰岸順一：走行車両による路面温度測定と航空機による熱画像撮影, 都土木技術支援・人材育成センター年報, 71/82 (2010).

56) 伊東大悟, 森田真一, 田中勝哉, 後藤圭二, 清水桐郎, 三笹晶子：熱画像データを用いた地表面温度と暑熱環境に関する分析, 日本ヒートアイランド学会論文集, **9**, 23/31 (2014).

57) 春木智洋, 厳綱林, 小堀洋美：衛星熱画像を用いた都市域の温度分布特性の分析, 地理情報システム学会講演論文集, **vol.12**, 115/118 (2003).

58) 稲垣厚至, 神田学：熱画像風速測定法 TIV による地表面近傍の大気乱流計測, ながれ, 日本流体力学会, **32**-4, 307/312 (2013).

59) 上田英臣, 山崎文雄：熱赤外サーモグラフィ装置を用いた構造物の劣化・被害検出に関する基礎的検討, 第 14 回日本地震工学シンポジウム, 473/479 (2014).

60) 桑原伸夫, 梅村靖弘, 酒井秀昭：赤外線法を用いた PC 跨道端の点検への適用に関する研究, プレストレストコンクリート技術協会, 第 18 回シンポジウム論文集, 179/184 (2009).

61) 山崎文雄：リモートセンシングの防災利用の最新動向, 土木技術, **68**-12, 9/14 (2013).

62) 善甫啓一, 岡田みずほ, 松本武浩, 本村陽一, 佐藤洋：熱画像に基づく特徴量抽出を用いる寝返りの検出 — 転落防止のための睡眠状態推定を目指して, The 28th Annual Conference of the Japanese Society for Artificial Intelligence, 1/2 (2014).

63) 森吉昭博：土木, 特にアスファルト塗装における熱画像解析の応用, 土木学会論文集, **409**, 177/180 (1989).

64) 南部雄二, 山崎祐樹：熱画像を利用した圃場排水不良区域の推定, 日本写真測量学会第 24 回学術講演会, 5/6 (2006).

52)〜64) は熱画像応用事例の文献である. 52) は設備診断, 非破壊評価の分野における応用について, カラフルな画像を利用して説明している. 53) は皮膚温度とメタボリックシンドロームの関係など, 赤外画像の医用応用について具体例を記述している. 54) は非熱平衡プラズマから発せられる窒素の発光スペクトルを解析し, プラズマ中の気体温度分布を測定している. 55) はヒートアイランド現象を把握するために, 乗用車に搭載した路面温度測定用の計測機器による測定結果とヘリコプタによる上空からの熱画像の測定結果を報告している. 56) は 55) と同様に, ヒートアイランド現象を解析するために, 航空機に搭載した赤外線センサによる吹田市の熱画像の詳細データ解析を展開している. 57) は同じくヒートアイランド現象解析に衛星熱画像データ（ランドサット TM 熱画像）を利用している. 首都圏の広い範囲を対象としている. 58) は日中の大気境界層下における乱流現

象を解明するために，サーモカメラで地表面の輝度温度分布の時系列変化を解析
している。59) は構造物の劣化状況を点検するために，赤外線サーモグラフィ装置
を利用し，従来の手法と比較して有効性を確かめている。60) は赤外線サーモグラ
フィ装置を用いて，高速道路跨道橋の空隙部の抽出実験結果を詳述している。61)
は防災の目的で航空機や衛星などに搭載されたリモートセンシングセンサについ
て幅広く解説している。62) は介護施設などに入院中の患者の睡眠状態をサーモカ
メラで測定し，特徴量を抽出して寝返りなどによる転落予防を目指した取り組み
を論じている。63) はアスファルト舗装の点検作業を熱画像で行う方法を解説して
おり，やや古い文献である。64) は無人ヘリコプタに熱画像装置を搭載し，圃場単
位で撮影した熱画像データから地表面の水分状態を推定する手法を述べている。

65)　廣田正樹：サーモパイル型二次元 IR センサ, 画像ラボ, 7 月号, 5/8 (2005).

66)　佐野雅彦：非冷却型赤外線センサの技術動向, 日本熱電学会誌, **8**-1, 4/8 (2011).

67)　J. L. Tissot, A. Durand, Th. Garret, C. Minassian, P. Robert, S. Tinnes,
and M. Vilain: High performance uncooled amorphous silicon VGA IRFPA
with $17\,\mu$m pixel-pitch, Proc. SPIE, **Vol.7834**, 7843K-1/8 (2010).

68)　小田直樹, 上野雅史：非冷却赤外線アレイセンサと応用事例, 日本赤外線学会 20
周年記念講習会 (2011).

69)　大中道崇浩：熱型赤外線センサ技術の現状と動向, 日本赤外線学会誌, **25**-1, 18/24
(2015).

70)　上野雅史：SOI ダイオード方式非冷却赤外線 FPA, 日本赤外線学会誌, **14**-2,
40/43 (2005).

65)〜70) は熱画像装置に用いられるエリア赤外検出器，特に実用上重要な各種非
冷却型に関する文献。そのうち 65) はサーモパイル型についての解説であり，66)
は FPA を含む技術動向についての解説，67) はアモルファスシリコンからなる非
冷却ボロメータを使った高機能 FPA 装置の製造と性能に関する SPIE での招待
講演論文である。68) は非冷却赤外線アレイセンサの応用例の紹介，69) は SOI
ダイオード型を含む熱型エリア赤外検出器の解説，70) は SOI ダイオード型 FPA
の製造，構造，特性に関する解説記事。

71)　産業計測第 36 委員会温度計測分科会, 2 色放射温度計ワーキンググループ：2 色
放射温度計ワーキングの活動の中間報告と標準原案, 日本学術振興会 (2015).

72)　山本俊行, 平本一男, 植松千尋, 上田潤：多波長温度計の開発と亜鉛メッキ合金化
炉への適用, 鉄と鋼, **79**-7, 779/785 (1993).

73)　P. B. Coates: Multi-wavelength pyrometry, Metrologia, **17**, 103/109 (1981).

74)　P. B. Coates: The least-squares approach to multiwavelength pyrometry,
High Temperature-High Pressure, **20**, 433/441 (1988).

71) は 2011 年度より活動を始め，2016 年度に終了したワーキンググループの報

告。2 色放射温度計の性能評価の指標・方法とトレーサビリティの検討を行い，それをもとに規格化・標準化の提案を行っている。72)〜74) は多波長温度計に関する文献。72) は 3 波長を利用し鉄鋼プロセスで稼動中の事例。73), 74) では多波長温度計は多くの問題点を抱えていることを強調し，数値例で注意を喚起している。

75)　JIS T 4207, 耳用赤外線体温計 (2005).

　　耳用赤外線体温計の工業規格。校正に用いる黒体炉の記載がある。

76)　山田善郎, 湯浅大二郎, 真鍋俊樹, 鈴木英之, 井上紀夫：放射率補正式カラー鋼板板温計 NKK 技報, 161, 100/104 (1998).

77)　F. Tanaka and D. P. DeWitt: Theory of a new radiation thermometry method and an experimental study using galvannealed steel specimens, 計測自動制御学会論文集, **25**-10, 1031/1037 (1989).

78)　大重貴彦, 津田和呂：分光スペクトルと多変量解析を用いた放射率変動影響を受けない新放射測温技術の提案, 計測自動制御学会論文集, **53**-7, 377/384 (2017).

79)　井内徹：温度と放射率の同時測定法とその鉄鋼プロセスへの応用, 鉄と鋼, **65**-1, 97/106 (1979).

　　76)〜79) は鉄鋼プロセスにおける鋼板の現場温度測定に，放射率補正法を適用した開発例。

80)　E. Schreiber and G. Neuer: The laser absorption pyrometer for simultaneous measurement of surface temperature and emissivity, in Proc. TEMPMEKO '96, 6th Int. Symp. on Temperature and Thermal Measurement in Industry and Science (ed P. Marcarino), 365/380, Levrotto & Bella (1997).

81)　G. J. Edwards and A. P. Levick: Recent developments in laser absorption radiation thermometry at the NPL, in Proc. TEMPMEKO '99, 7th Int. Symp. on Temperature and Thermal Measurement in Industry and Science (eds J. Dubbeldam and M. de Groot), 619/624, IMEKO/Nmi VSL (1999).

82)　G. Edwards, A. P. Levick, and Z. Xie: Laser emissivity free thermometry (LEFT), in Proc. TEMPMEKO '96, 6th Int. Symp. on Temperature and Thermal Measurement in Industry and Science (ed P. Marcarino), 383/388, Levrotto & Bella (1997).

　　80)〜82) は LART または LEFT と呼ばれる手法に関するもので，70 年代に提案された技術に基づいている。レーザおよび検出器技術の発展を受け，90 年代以降再び注目を集めるようになった。6 章の参考文献 42) も参考になる。

83)　Y. Yamada and J. Ishii: Dual-wavelength reflectance-ratio method for emissivity-free radiation thermometry, in Proc. SICE Annual Conference 2014, 1918/1920, Society of Instrument and Control Engineers (2014).

84) Y. Yamada, T. Aoyama, H. Chino, K. Hiraka, J. Ishii, S. Kadoya, S. Kato, H. Kiyama, H. Kondo, T. Kuroiwa, K. Matsuo, T. Owada, T. Shimizu, and T. Yokomori: In situ Si wafer surface temperature measurement during flash lamp annealing, Jpn. J. of Applied Physics, **49**, 04DA20-1/5 (2010).

85) Y. Yamada and J. Ishii: Emissivity compensation utilizing radiance distribution in thermal images for temperature measurement of electronic devices, Jpn. J. App. Phys., **50**, 11RE04-1/4 (2011).

86) 松本徹, 大高章弘, 中村共則：高精度温度計測手法の半導体デバイスへの応用, 第 35 回ナノテスティングシンポジウム会議録, 229/232, ナノテスティング学会 (2015).

　　　83)～86) はいずれも反射率比による放射率補正の基礎実験または適用試験報告。
　　　2 偏光反射率比，2 波長反射率比，2 部位反射率について扱っている。

87) 井内徹, 大野二郎, 草鹿履一郎：連続焼鈍炉内鋼板真温度測定システムの開発, 鉄と鋼, **16**-8, 2076/2087 (1975).

88) 資源・環境観測解析センター 編/発行：資源リモートセンシング概論 (1995).

89) W. L. Wolfe and G. J. Zissis (eds): The Infrared Handbook Revised Edition, Infrared Information and Analysis (IRIA) Center, Environmental Research Institute of Michigan (1985).

90) 計測自動制御学会温度計測部会 編：新編 温度計測, コロナ社 (1992).

91) R. Barber 著, 小野晃, 坂口育平 訳：放射温度計測における波長の重要性, 計測と制御, **24**-12, 1114/1118 (1985).

　　　87)～91) は背景放射など現場での問題点を指摘する文献。87) は国内鉄鋼業で連続焼鈍プロセスが開発された 1970 年代にニーズが高まった，炉内を走行する鋼板の直接測温について，種々の課題とそれらの解決策を詳細にまとめている。88) は宇宙から地表面の分光放射輝度分布を観測するリモートセンシング技術に関する書籍である。89) は米国海軍研究所のためにまとめられたデータブックであり，きわめて多くの材料やデバイスの赤外特性が記載されている。中でも大気の赤外透過に関する詳細なデータは，特筆に値する。90) は本書の旧版となる SICE の温度計測テキスト。91) はバーナを焚く加熱炉内の放射測温では，測定対象より高温の燃焼ガスが放射光を発していない波長 3.9 μm の狭帯域が適していることを示している。

92) 本田達郎, 植松千尋, 橘久好, 中川繁政, 武衛康彦, 阪上浩一, 木村和喜, 高橋秀之：熱延冷却帯内の注水環境下における鋼板温度計測技術（ファウンテン・パイロメーター）の開発, 鉄と鋼, **96**-10, 592/600 (2010).

93) 山田善郎, 大角明, 旗手崇文, 前田浩史, 板倉孝, 若井造：消耗型光ファイバ放射

温度計による溶融金属測温, NKK 技報, **152**, 22/26 (1995).

Y. Yamada, A. Ohsumi, Z. Yamanaka, and T. Yamada: Temperature measurement of molten metal byimmersion-type optical fiber radiation thermometer, in Proc. TEMPMEKO '96, 6th Int. Symp. on Temperature and Thermal Measurement in Industry and Science (ed P. Marcarino), 347/352, Levrotto & Bella (1997).

94)　M. Sugiura, Y. Otani, M. Nakashima, and N. Omoto: Continuous temperature measurement of liquid iron and slag tapped from a blast furnace, SICE Journal of Control, Measurement, and System Integration, **7**-3, 147/151 (2014).

　　92)〜94) はいずれも鉄鋼プロセスにおける鋼板や溶鋼・溶銑の現場温度測定技術の開発例。92) は水柱を通して熱放射を観測するファウンテンパイロメータと呼ばれる温度計の原理，精度評価，熱間圧延ラインへの適用について述べている。93), 94) は間欠的な測定にならざるを得ない使い捨て方式の熱電対に代わるものを提案しており，93) は石英製光ファイバを溶鋼に浸漬させることで高頻度な測定を可能にした。94) は溶銑とスラグが混合した状態をカメラで観察し，画像処理で溶銑の放射輝度を抽出して測温を行う。

95)　B. E. Adams, C. W. Schietinger, and K. G. Kreider: Radiation Thermometry in the Semiconductor Industry in Radiometric Temperature Measurements, II. Applications (eds Z. M. Zhang, B. K. Tsai, and G. Machin), 137/216, Academic Press (2010).

96)　R. L. Anderson: Review of temperature measurements in the semiconductor industry, in TEMPERATURE, Its Measurement and Control in Science and Industry, **Vol.6** (ed J. F. Schooley), 1117/1122, American Institute of Physics (1992).

97)　B. E. Adams: The challenges of temperature measurement in the semiconductor industry, in Proc. TEMPMEKO '99, The 7th International Symp. on Temperature and Thermal Measurements in Science and Industry (eds J. F. Dubbeldam and M. J. deGroot), 3/10, IMEKO/Nmi VSL (1999).

98)　D. Reichel, W. Skorupa, W. Lerch, and J. C. Gelpey: Temperature measurement in rapid thermal processing with focus on the application to flash lamp annealing, Critical reviews in solid state and materials science, **36**, 102/128, Taylor & Francis (2011).

99)　F. Roozeboom and N. Parekh: Rapid thermal processing systems — A review with emphasis on temperature control, J. of Vac. Sci. Technol., **B8**-6,

1249/1259 (1990).

100)　A. T. Fiory: Recent developments in rapid thermal processing, J. of Electronic Materials, **31**-10, 981/987 (2003).

101)　R. Singh, M. Fakhruddin, and K. F. Poole: Role of rapid thermal processing in the development of disruptive and non-disruptive technologies for semiconductor manufacturing in the 21st Century, in Rapid Thermal Processing for Future Semiconductor Devices (ed H. Fukuda), 1/8, Elsevier Science (2003).

> 95)〜101) は半導体関連の放射測温に関連する。95) は放射測温法に関する専門書であるが，第 3 章は NIST を中心として米国の半導体プロセスにおける放射測温法開発状況が記述されている。96)〜101) も 2000 年前半までの RTP に関する技術，測温手法などがまとめられている。

102)　G. E. Jellison and D. H. Lowndes: Optical absorption coefficient of silicon at $1.152\,\mu m$ at elevated temperature, Appl. Phys. Lett., **41**-7, 594/596 (1982).

103)　S. M. Sze: Semiconductor Devices, Physics and Technology, 2nd ed, 282/283, John Wiley & Sons (2002).

104)　T. Sato: Spectral emissivity of silicon, Jpn. J. of Appl. Phys., **6**-3, 339/347 (1967).

> 102) はバンドギャップエネルギ E_g の温度特性モデル式を提案している。103) は半導体デバイスの専門書で，限界波長シフトの公式が提示されている。104) はシリコン単結晶の垂直分光放射率の基本データが丁寧な実験によって得られている。シリコンの放射測温法の開発はすべてこのデータから開始されたといって過言ではない必読論文である。文献 45) でも，RTP に向けた Si ウェハの熱放射特性が要領良く解説されている。

105)　H. A. Weakliem and D. Redfield: Temperature dependence of the optical properties of silicon, J. of Appl. Phys., **50**-3, 1491/1493 (1979).

106)　J. Nulman, S. Antonio, and W. Blonigan: Observation of silicon wafer emissivity in rapid thermal processing chambers for pyrometric temperature monitoring, Appl. Phys. Lett., **56**-25, 2513/2515 (1990).

107)　P. J. Timan: Emissivity of silicon at elevated temperatures, J. of Appl. Phys., **74**-10, 6353/6364 (1993).

108)　G. E. Jellison and F. A. Modine: Optical functions of silicon at elevated temperatures, J. of Appl. Phys., **76**-6, 3758/3761 (1994).

109)　H. Rogne, P. J. Timans, and H. Ahmed: Infrared absorption in silicon at elevated temperatures, Appl. Phys. Lett., **69**-15, 2190/2192 (1996).

110) N. M. Ravindra, S. Abedrabbo, W. Chen, F. M. Tong, A. K. Nanda, and A. C. Speranza: Temperature-dependent emissivity of silicon-related materials and structures, IEEE Trans. on Semiconductor Manufacturing, **11**-1, 30/39 (1998).

   105)〜110) は Si ウェハの放射率に関する温度特性, 波長特性など, 一連の考察が物性に絡んでなされている。

111) B. K. Tsai and D. P. DeWitt: Characterization and calibration of lightpipe radiation thermometers for use in rapid thermal processing, in TEMPERA-TURE, Its Measurement and Control in Science and Industry, **Vol.7** (ed D. C. Ripple), 441/446, American Institute of Physics (2003).

112) D. H. Chen, D. P. DeWitt, B. K. Tsai, K. G. Kreider, and W. A. Kimes: Effects of wafer emissivity on rapid thermal processing temperature measurement, in TEMPERATURE, Its Measurement and Control in Science and Industry, **Vol.7** (ed D. C. Ripple), 735/740, American Institute of Physics (2003).

113) K. G. Kreider, W. A. Kimes, C. W. Meyer, D. C. Ripple, B. K. Tsai, D. H. Chen, and D. P. DeWitt: Calibration of radiation thermometers in rapid thermal processing tools using Si wafers with thin-film thermocouples, in TEMPERATURE, Its Measurement and Control in Science and Industry, **Vol.7** (ed D. C. Ripple), 1087/1092, American Institute of Physics (2003).

   111)〜113) は米国 NIST を中心にした RTP に関する組織的な一連の研究結果であり, プロセス中に Si ウェハの温度を校正する薄膜熱電対の開発と, それを用いた放射温度計の校正に関する研究論文。2002 年の TEMPERATURE Symposium の論文。

114) R. R. Dils: High-temperature optical fiber thermometer, J. of Appl. Phys., **54**-3, 1198/1201 (1983).

115) B. E. Adams: Optical fiber thermometry for use at high temperatures, in TEMPERATURE, Its Measurement and Control in Science and Industry, **Vol.6** (ed J. F. Schooley), 739/743, American Institute of Physics (1992).

116) C. W. Meyer: Effects of extraneous radiation on the performance of lightpipe radiation thermometers, in Proc. TEMPMEKO '01, 8th International Symposium on Temperature and Thermal Measurements in Science and Industry (eds J. B. Fellmuth, J. Seidel, and G. Scholtz), 937/942, VDE Verlag GMBH (2002).

117)　B. Adams, A. Hunter, and A. Rubinchik: A novel integrated pyrometer-emissometer which enables accurate temperature measurements of surfaces with unknown emissivities, in Proc. TEMPMEKO '01, 8th International Symposium on Temperature and Thermal Measurements in Science and Industry (eds J. B. Fellmuth, J. Seidel, and G. Scholtz), 975/980, VDE Verlag GMBH (2002).

118)　T. Iuchi and A. Gogami: Simultaneous measurement of emissivity and temperature of silicon wafers using a polarization technique, Measurement, **43**-5, 645/651 (2010).

> 114) は高温ガスに対するサファイアファイバセンサの発明者 Dils（当時 NBS に所属）の論文。その後，ライトパイプ（lightpipe）として半導体プロセスへの放射温度計として発展した。115) は 114) のサファイアロッドの半導体プロセスへの応用について，116) はサファイアロッドをライトパイプ放射温度計にする際の機能の問題点を実験的に考察した論文。117) はライトパイプ放射温度計による，Si ウェハと反射冷却板の間における放射の多重反射を利用した，温度と放射率の同時測定法に関する論文。118) はウェハの p 偏光放射輝度と s 偏光放射輝度の理論的関係を利用して p（または s）偏光放射率を測定する受動的放射率補正法。SiO_2 や Si_3N_4 などの誘電膜の厚さ変化があっても，正確な放射率が得られる。文献 42) も放射率不変条件を利用した手法であり，参考になる。

119)　H. Preston-Thomas: The International Temperature Scale of 1990 (ITS-90), Metrologia, **27**, 3/10 (1989).

120)　P. Saunders, J. Fischer, M. Sadli, M. Battuello, C. W. Park, Z. Yuan, H. Yoon, L. Wang, E. v. d. Ham, F. Sakuma, Y. Yamada, M. Ballico, G. Machin, N. Fox, J. Hollandt, M. Matveyev, P. Bloembergen, and S. Ugur: Uncertainty budgets for calibration of radiation thermometers below the silver point, Int. J. Thermophys., **29**-3, 1066/1083 (2008).

121)　H. Yoon, P. Saunders, G. Machin, and A. D. Todd: Guide to the Realization of the ITS-90: Radiation Thermometry (2017).
http://www.bipm.org/utils/common/pdf/ITS-90/
Guide-ITS-90-RadiationThermometry-2017.pdf

> 119) は 1990 年国際温度目盛の公式ドキュメントを論文化し，一般の人が入手しやすくしたもの。120) は銀点以下の 1990 年国際温度目盛の設定不確かさに関するガイド。国際度量衡局測温諮問委員会の作業部会が作成。121) は国際度量衡委員会測温諮問委員会の作業部会が作成した 1990 年国際温度目盛の実現方法の補足情報文書改訂版の放射温度計に関する章。

122)　Y. Yamada and J. Ishii: Toward reliable industrial radiation thermometry, Int. J. Thermophys., **36**, 1699/1712 (2015).

　　熱画像装置を含む放射測温技術の課題と対策に関するレビュー。

123)　Y. Yamada, N. Sasajima, H. Gomi, and T. Sugai: High-temperature furnace systems for realizing metal-carbon eutectic fixed points, in TEMPERATURE, Its Measurement and Control in Science and Industry, **Vol.7** (ed D. C. Ripple), 985/990, American Institute of Physics (2003).

　　高温定点実現用高温炉の開発に関する報告。

124)　A. V. Prokhorov: Monte Carlo method in optical radiometry, Metrologia, **35**-4, 465/471 (1998).

125)　*STEEP 3*, http://d-m00n.chat.ru/vega/products/components/soft/steep.htm

126)　P. Saunders: MSL Technical Guide 35 Emissivity of Blackbody Cavities, http://msl.irl.cri.nz/sites/all/files/training-manuals/TG35%20Emissivity%20of%20Blackbody%20Cavities.pdf
https://msl.irl.cri.nz/services/temperature-and-humidity/blackbody-emissivity-software-request-form

　　124)～126) はいずれも空洞の放射率計算に関連する文献。125) からモンテカルロ法による計算用ソフトウェア（有償）が入手でき，126) から解析的手法によるもの（無償）が入手できる。

127)　Y. Shimizu and J. Ishii: Blackbody thermal radiator with vertically aligned carbon nanotube coating, Jpn J Appl Phys, **53**-6, 068004-1/3 (2014).

128)　J. Ishii, Y. Yamada, N. Sasajima, and Y. Shimizu: Radiation thermometry standards at NMIJ from $-30\,°C$ to $2\,800\,°C$, in TEMPERATURE, Its Measurement and Control in Science and Industry, **Vol.8** (ed C. Meyer), 666/671, American Institute of Physics (2013).

129)　J. Ishii, M. Kobayashi, and F. Sakuma: Effective emissivities of black-body cavities with grooved cylinders, Metrologia, **35**-3, 175/180 (1998).

　　127) は新しい高放射率材料（カーボンナノチューブ）を用いた実効放射率 1 の黒体空洞に関する報告。これにより測定波長が異なる放射温度計同士の比較が可能になり，わが国の赤外放射温度計校正技術が確立した。128) は産業技術総合研究所の放射温度標準技術とわが国におけるトレーサビリティの紹介。129) は大口径の常温域用黒体炉に関するモンテカルロ法による空洞放射率の計算の研究報告。

130)　K. Hiraka, Y. Yamada, J. Ishii, H. Oikawa, T. Shimizu, S. Kadoya, and T. Kobayashi: Compact fixed-point blackbody furnace with improved temperature uniformity and multi-fixed points use, in Proc. SICE Annual Conference 2012, 35/39, Society of Instrument and Control Engineers (2012).

131) K. Hiraka, Y. Yamada, J. Ishii, H. Oikawa, T. Shimizu, S. Kadoya, and T. Kobayashi: A new compact fixed-point blackbody furnace, in TEMPERATURE, Its Measurement and Control in Science and Industry, **Vol.8** (ed C. Meyer), 300/304, American Institute of Physics (2013).

　　130), 131) は可搬型の小型定点黒体炉の開発の報告。In 点から Cu 点をカバー。

132) 山田善郎：金属－炭素共晶を用いた高温度標準の動向，計測と制御，**42**-11, 918/921 (2003).

133) E. R. Woolliams, G. Machin, D. H. Lowe, and RainerWinkler: Metal (carbide)-carbon eutectics for thermometry and radiometry — A review of the first seven years, Metrologia, **43**, R11/R25 (2006).

134) Y. Yamada, Y. Wang, and N. Sasajima: Metal carbide-carbon peritectic systems as high-temperature fixed points in thermometry, Metrologia, **43**, L23/L27 (2006).

135) D. H. Lowe, A. D. W. Todd, R. V. den Bossche, P. Bloembergen, K. Anhalt, M. Ballico, F. Bourson, S. Briaudeau, J. Campos, M. G. Cox, D. del Campo, M. R. Dury, V. Gavrilov, I. Grigoryeva, M. L. Hernanz, F. Jahan, B. Khlevnoy, V. Khromchenko, X. Lu, G. Machin, J. M. Mantilla, M. J. Martin, H. C. McEvoy, B. Rougié, M. Sadli, S. G. R. Salim, N. Sasajima, D. R. Taubert, E. van der Ham, T. Wang, D. Wei, A. Whittam, B. Wilthan, D. J. Woods, J. T. Woodward, E. R. Woolliams, Y. Yamada, Y. Yamaguchi, H. W. Yoon, and Z. Yuan: The equilibrium liquidus temperatures of rhenium-carbon, platinum-carbon and cobalt-carbon eutectic alloy, Metrologia, **54**, 390/398 (2017).

　　132)～135) は金属－炭素共晶，金属炭化物－炭素包晶を用いた高温定点に関する文献。132), 133) はサーベイ報告。135) は国際度量衡委員会測温諮問委員会の作業部会のプロジェクトとして実施した高温定点の温度値決定に関する最終報告。

136) 小林正信, 佐久間史洋, 小野晃：分光応答度の形を利用する放射温度計の特性式, 計測自動制御学会論文集, **33**-10, 981/987 (1997).

137) 服部晋, 佐久間史洋：狭波長帯域放射温度計の特性表示式, 計測自動制御学会論文集, **18**-7, 58/63 (1982).

138) P. Saunders and D. R. White: Physical basis of interpolation equations for radiation thermometry, Metrologia, **40**, 195/203 (2003).

136)〜138) は佐久間−服部の式を中心とした放射温度計の特性式に関する報告。138) において佐久間−服部の式は物理式から近似により導出されることが示され, 定点補間による温度目盛がそれまでの 2 次的実現から 1 次的実現へ格上げされることとなった。

139)　山口祐：黒体放射による熱力学温度測定に関する調査研究, 産業技術総合研究所計量標準報告, **8**-4, 423/440 (2013).

140)　J. Fischer, M. d. Podesta, K. D. Hill, M. Moldover, L. Pitre, R. Rusby, P. Steur, O. Tamura, R. White, and L. Wolber: Present estimates of the differences between thermodynamic temperatures and the ITS-90, Int J Thermophys, **32**-1, 12/25 (2011).

141)　CIPM CCT-WG4: WORKING GROUP 4 REPORT TO CCT, CCT/14-19, (2014).
http://www.bipm.org/cc/CCT/Allowed/27/CCT-19_WG4_report_CCT27.pdf

139)〜141) は 1 次温度計による熱力学温度測定技術に関するサーベイ・現状報告。

142)　山田善郎：赤外線サーモグラフィ装置の放射温度計としての性能と校正, 伝熱, **54**-228, 15/20 (2015).
熱画像装置を放射温度測定に用いる場合における注意や性能限界を解説。

6

温度計測法と温度計の広がり

　近年，温度計測を必要とする分野が拡大している。例えば，宇宙背景放射に代表される宇宙規模，環境問題に関わる地球規模など，きわめて広い領域を対象としたマクロな温度計測ないし温度分布計測から，物性制御や生体における分子レベルの温度計測など，ナノに至るミクロな温度計測にまで広がっている。

　3章から5章には，それぞれ明確な原理に基づいて確立された温度計測法がまとめられている。一方，本章では，若干重複するものの，原則的にそれ以外の原理に基づく温度センサおよび温度計測法をまとめる。

　本章は，過去の実績によって確立された温度計測というより，読者に興味を感じてもらえるような，あるいは，なにがしかの刺激を与えることができるような温度計測法を中心に記述する。新しく開発された計測手法が確立されるためには，コストパフォーマンスが重要である。したがって，本章に記載する諸手法が将来確立されたものとして生き残るかどうかは，必ずしも保証されないことをご了解いただきたい。本章に記述された個々の手法が早々と廃れてしまうか，あるいはさらに発展していくかを，本書のつぎの改訂時に評価することも興味をそそられることである。

　紙数も限られているので，各技術は簡潔に記述する。そこで，関連文献をできるだけ多く提示し，その概要説明を付記する。興味を持った読者は，直接当該文献に当たって詳細を把握していただきたい。

6.1 プリンタブルなフレキシブル体温計

　グラファイトなどの導電性物質（conductive substance）を添加したポリマ中で，温度上昇に伴って電気抵抗が増加する材料は，PTC（positive temperature coefficient; 正温度係数）ポリマと呼ばれ，温度センサとしての応用が期待されている。

　横田らは，PTC ポリマとして「オクタデシルアクリレート」と「ブチルアクリレート」という 2 種類のモノマーの重合割合を変化させて合成させることにより，図 *6.1* に示すように，温度センサの応答温度を人の体温付近の 25 °C〜50 °C に調整し，高い感度（0.02 °C）を実現した[1]。

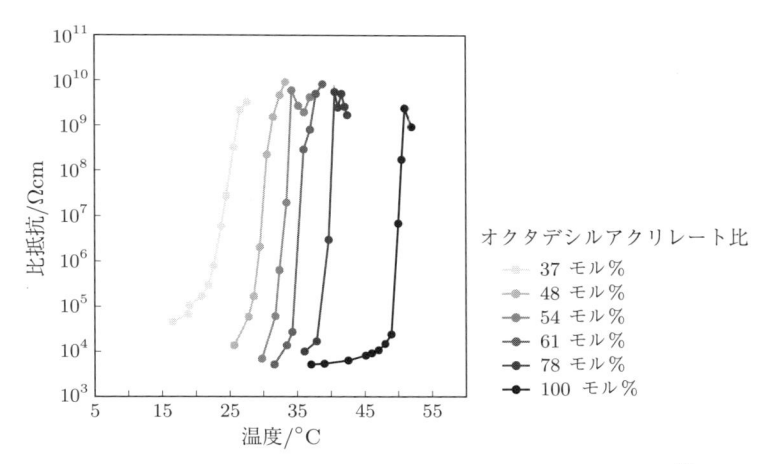

図 *6.1* オクタデシルアクリレートの割合と比抵抗の温度依存性[1]

　また，このポリマをインクとした印刷プロセスによって，薄くてしなやかなプラスティック製の温度センサを作成し，速い応答速度（100 ms）と高い繰り返し再現性（1 800 回）を有するフレキシブル温度計（flexible thermal monitoring device）が製作された。

この温度計を生体組織（living tissue）に貼り付けて表面温度の分布を測定することが可能になった。呼吸運動をしているラットの肺の表面温度を計測し，呼吸の呼気と吸気における肺の温度差が非常に小さい（約 0.1 °C）ことを世界で初めて実測し，恒温動物が高精度に体温を一定に保っていることを示した。

6.2　微小領域の温度計測

数十 μm 程度の領域に対して，細線式の熱電対や抵抗温度計などの接触式温度計や，サーモグラフィなどの赤外放射温度計，レーザ測温法などが開発されている。半導体分野では，デバイスの高集積化に伴い，微細配線からの漏れ電流やジュール熱の発生，低誘電率膜材料による放熱不良などの問題が深刻化し，次世代半導体開発のために熱管理技術の高度化が求められている。また，デバイスの欠陥評価においても同様である。これらの熱問題の解決には，微小領域に適用可能な信頼性の高い温度測定技術が不可欠である。ここでは，さらに μm から nm の微小領域（local area）の温度計測技術について述べる。

6.2.1　ナ ノ 熱 電 対

微小探針（probe）を利用した透過型電子顕微鏡（transmission electron microscope; TEM）による電気計測実験では，電子線照射によるフォノン励起（phonon excitation）や印加電流によるジュール熱が試料や電気計測用探針の温度を上昇させるため，微細構造の変化や電気計測時の誤差に影響を及ぼす。TEM 内で局所温度を定量的に計測する手法が確立されていないので，川本らは直径 0.2 mm の Cu と Cu-Ni ワイヤをそれぞれ適度な濃度の $CuSO_4$ 水溶液と H_2SO_4 水溶液で電解研磨し，先端部がおよそ 50 nm の，いわゆるタイプ T（4.2.6 項〔2〕参照）のナノ熱電対（nano-scale thermocouple）を試作した。このナノ熱電対を，TEM 内でピエゾ駆動素子を利用した精密位置制御によりカーボンナノチューブ（carbon nanotube; CNT）に接触させ，通電によるジュー

ル熱で 10 K ほど上昇した CNT の局所温度を計測した[2),3)]。ナノスケールでの測温では測温系の精密駆動操作が重要である[4)]。

6.2.2 走査型熱顕微鏡における能動的温度計測法

走査型熱顕微鏡（scanning thermal microscope; SThM）は，**図 6.2** のように，原子間力顕微鏡（atomic force microscope; AFM）のカンチレバー（cantilever; 片持ち梁）プローブに温度計測機能や熱計測機能を付加し，形状と温度や熱物性の画像計測をナノスケールで行う顕微鏡である[5)]。

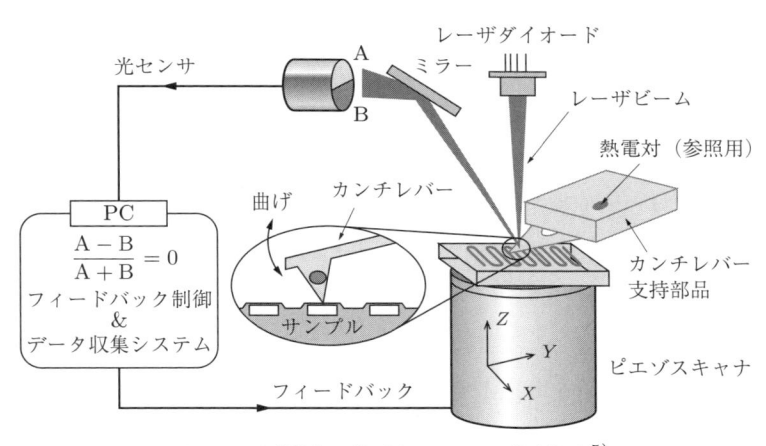

図 6.2 原子間力に基づく SThM の基本概念[5)]

このカンチレバーの先端部に単純に温度センサを設置して試料の温度を計測する受動計測法では，1 μm 程度の熱電対接点を先端部に形成しても，試料からナノスケールの接触部を介して伝わる熱流量を反映した温度計測値となるため，試料の真の温度を正確に測定することは困難である。

そこで，接触したプローブに流れる熱量を検出して，これに比例した発熱をプローブに与え，プローブ温度をつねに接触部温度に一致させる熱フィードバック制御を行ってプローブ温度を計測する，いわゆる能動的計測法が提案されている[5)]。

6.2.3 カーボンナノチューブ（CNT）温度計

Gao らによってカーボンナノチューブを利用したナノスケール領域の温度計測法が提案された[6]。およそ $10\,\mu\text{m}$ 長，直径約 $75\,\text{nm}$ のカーボンナノチューブ内のガリウムは，バルクのガリウムとまったく同じ体積膨張係数であるが，CNT 内に包み込まれたとき，凝固温度 $29.8\,°\text{C}$ のガリウムは $-80\,°\text{C}$ まで液体状態にあることが示された[7]。この現象を捉えて，$-70\,°\text{C}\sim500\,°\text{C}$ の温度範囲で再現性良く直線的に変化することが見出された。これは目盛のついた硝子製温度計とまったく同じ原理に基づくが，ナノスケール領域で有効であり，CNT 温度計（CNT thermometer）と呼ぶことができる。目盛校正は TEM のもとでなされる。

Liu らはこの手法をさらに一歩進めて，上記の校正プロセスを必要とせず，より簡単かつ信頼性ある手法を提案した[8]。以下にその手順を示す。

大気中でガリウムを満たした CNT を適当な時間加熱すると，ガリウムの表面に酸化によるマーカが形成される。ナノチューブを冷却すると液体ガリウムは収縮するが，酸化ガリウムはナノチューブの内壁に残り，曝された温度が記憶される。最初に設定した温度は，ナノチューブを加熱し，マーカの位置まで上昇した液体ガリウムを TEM で観測することにより同定できる。

電子デバイス，オプトエレクトロニクスの分野では，デバイスの縮小化に伴い，ナノオーダの領域での温度計測が要求される。通常の熱電対や抵抗温度計などではもはや対応できないが，この CNT 温度計は，ナノスケールで局所的な電子デバイスの熱の過負荷を探知する手法として，有効な手段となりうる。

一方，抵抗体としての CNT からのショットノイズ（shot noise）を利用した CNT 温度センサが，Sayer らによって提案されている[9]。このセンサは 1 次温度計の原理（*1.2.2*項〔2〕参照）に基づくものであるから，校正なしに熱力学温度測定が可能であり，今後の展開が期待される。

6.2.4　レーザ測温法

　レーザの試料面への照射によって生ずる現象を利用した温度計測を，レーザ測温法（laser thermometry）と呼ぶことにする。レーザ測温法には**サーモリフレクタンス法**（thermoreflectance thermometry），光干渉法（interferometric thermometry），エリプソメトリック法（ellipsometric thermometry），**フォトサーマル法**（photothermal thermometry）などがある。

　これらの温度計測法は，いずれも指向性，コヒーレント性に優れたレーザを利用した測温法であること以外に，非接触法であり能動的計測法（active measurement method）であることで共通性がある。レーザ照射効果は，弾性散乱の範囲である。すなわち，入射光の波長と反射光の波長は同一である。これらの温度計測法は，放射測温法と組み合わされているフォトサーマル法を除いて，試料温度の絶対値ではなく，ある基準温度（例えば常温）からの温度変化分を計測することに特徴がある。この観点から，レーザ測温法はマイクロデバイス技術分野において，微小領域の新しい非接触測温技術として道を切り開いてきた[10),11)]。

　〔1〕　サーモリフレクタンス法　　サーモリフレクタンス法は，金属や誘電体などの物質表面からの光の反射率が温度により変化する物性を利用したものである。初期段階の応用として，物質の熱特性の測定に利用され，その後半導体デバイスや金属箔などの局所的な温度や膜厚計測に応用されている[12)~20)]。

　フレネルの公式によれば，物質の真空ないし大気中における垂直反射率 $\rho(T)$ は

$$\rho(T) = \frac{(n-1)^2 + \kappa^2}{(n+1)^2 + \kappa^2} \tag{6.1}$$

で表される（式 (5.95) 参照）。ここで，n と κ はそれぞれ物質の複素屈折率（complex refractive index）の実数部分（屈折率（refractive index））と虚数部分（消衰係数（extinction coefficient））である。

　温度 T の微小変化 ΔT に対して複素屈折率が変化する。その結果，式 (6.1) に対応して反射率 $\rho(T)$ が $\Delta\rho$ だけ微小変化する。基準温度（例えば常温）T_0

のときの反射率を $\rho(T_0)$ として，その微小変化 $\Delta\rho$ は式 (6.2) に示すように温度変化 ΔT に比例する[18]。

$$\Delta\rho = \rho(T) - \rho(T_0) \approx \left.\frac{\mathrm{d}\rho}{\mathrm{d}T}\right|_{T=T_0} \Delta T \tag{6.2}$$

図 6.3 にサーモリフレクタンス法の光学系の構成例を示す。

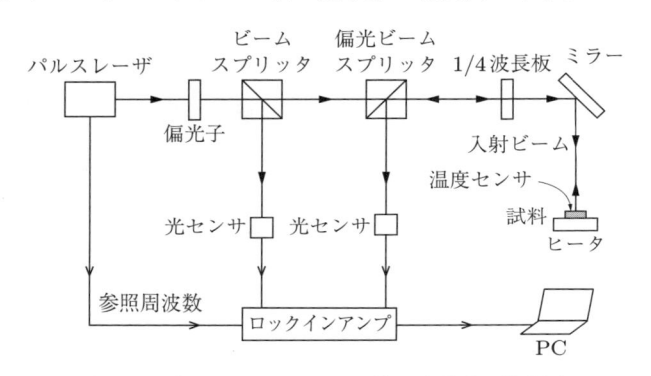

図 6.3　サーモリフレクタンス法の光学系の構成例

　プローブ光（probe light）として使用するレーザ光のビームを絞ることで空間分解能を上げ，短パルスとすることで時間分解能を上げることができる。また，サーモリフレクタンス法では，測定対象の反射率の温度依存性を正確に知る必要がある。そのため，測定対象そのものの反射率の温度依存性を反射光強度と電気抵抗のその場測定から解析する方法が提案されており，空間分解能 $0.7\,\mu\mathrm{m}$，温度分解能 $0.2\,°\mathrm{C}$（$100\,°\mathrm{C}$ 付近）が報告されている[19]。また，さらに高速スキャニングによる表面温度分布や，分解能の高いナノスケールの温度計測技術の開発も行われている。

〔**2**〕　**光干渉法・エリプソメトリック法**　　屈折率の温度変化から反射率変化を捉える代わりに，**図 6.4** のように可干渉性の高い He-Ne レーザなどを利用して，温度変化により基板と透明薄膜間の干渉縞（interference fringe）のシフトを捉えて薄膜の温度測定に結び付けた手法も，サーモリフレクタンス法の延長上にあると考えられる[21]〜[33]。この手法は 6.4 節に記述する光ファイバとも

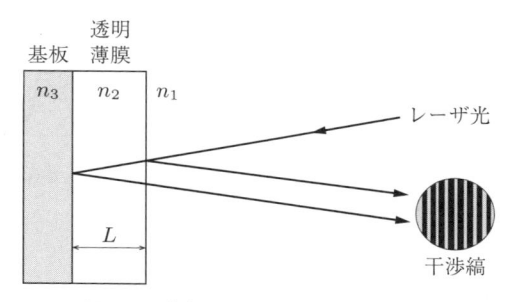

図 6.4 基板と透明薄膜間の光干渉縞

親和性が高い。

図 6.4 において，波長 λ のレーザ光が薄膜物質に垂直入射したとき，垂直反射率 ρ は式 (6.3) で与えられる（式 (5.100) 参照）。

$$\rho = \frac{r_{12}^2 + r_{23}^2 + 2r_{12}r_{23}\cos\delta}{1 + r_{12}^2 r_{23}^2 + 2r_{12}r_{23}\cos\delta} \tag{6.3}$$

ここで，r_{12}, r_{23} は屈折率 n_1 と n_2 の間，および n_2 と n_3 の間の垂直入射に対するフレネル反射係数で，それぞれ $r_{12} = (n_1 - n_2)/(n_1 + n_2)$, $r_{23} = (n_2 - n_3)/(n_2 + n_3)$ である。また，δ は薄膜の厚み L 間の光の伝播位相差（propagation phase difference）で $\delta = 2\pi(2n_2 L)/\lambda$ である。

物質の温度 T が変化すると，δ に対応して位相変化が生じ，干渉縞がシフトする。

$$\frac{\mathrm{d}\delta}{\mathrm{d}T} = \frac{2\pi}{\lambda} 2n_2 L(\alpha + \beta) \tag{6.4}$$

ここで，$\alpha \equiv (1/L)\mathrm{d}L/\mathrm{d}T$ は薄膜の線膨張係数，$\beta \equiv (1/n_2)\mathrm{d}n_2/\mathrm{d}T$ は薄膜屈折率の相対温度係数である。式 (6.4) から薄膜の n_2, α, β および L があらかじめわかっていれば，干渉縞シフトをカウントすることによって，薄膜の初期温度からの温度変化 ΔT を非接触で測定することができる。

図 6.5 にエリプソメトリ（ellipsometry）の原理を示す。エリプソメータ（ellipsometer）は，反射光の p および s 偏光状態の電場の位相差 Δ と振幅比 $\tan\Psi$ を測定することによって，測定試料の光学定数や膜厚などを計測する光学的精

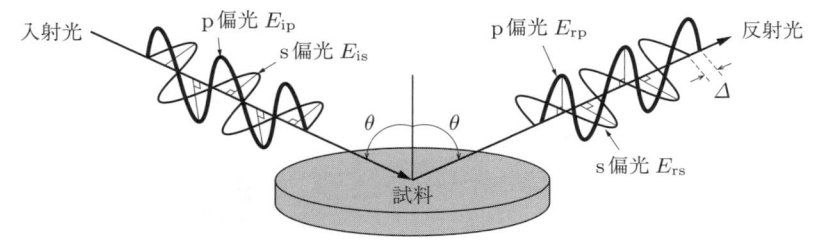

図 6.5 エリプソメトリの原理

密機器である[28),29)]。エリプソメータで，反射 p および s 偏光の位相差 Δ と振幅比 $\tan\Psi$ を角度で表した (Δ, Ψ) の二つの値を測定する。これから試料の複素屈折率 (n, κ) が直接求められる。(Δ, Ψ) は p および s 偏光の振幅反射係数の比 P_R として，次式で定義される。

$$P_R \equiv \tan\Psi \exp(i\Delta) = \frac{r_p}{r_s} = \frac{E_{rp}/E_{ip}}{E_{rs}/E_{is}} \tag{6.5}$$

ここで，i は虚数単位であり

$$\tan\Psi = \frac{|r_p|}{|r_s|}, \qquad \Delta = \delta_{rp} - \delta_{rs} \tag{6.6}$$

である。この原理に基づいて得られる物質の光学定数（複素屈折率）と温度の間の関係をあらかじめ知ることによって温度計測するエリプソメトリック法の開発も進められている[30)~33)]。紫外線波長における偏光を利用した半導体測温への応用も検討されている[32)]。

〔**3**〕 **フォトサーマル法**　フォトサーマル法は，変調ないしパルスレーザビームを測定物質に入射させたとき，表面に変調された微小な温度上昇をロックインアンプ（lock-in amplifier）やボックスカー積分器（box-car integrator）などの信号処理と組み合わせ，放射測温法で捉える手法である[34)~43)]。

　フォトサーマル法は，元来，集光したレーザビームを試料に照射したとき局所的な試料面に生じるさまざまな熱的物理現象を利用して物質の特性を調べる手法であり，ここで述べる測温法以外に光音響分光法（photoacoustic spectroscopy）や熱効果レンズ分光法（thermal lens spectroscopy）なども含まれる[44)~47)]。

光センサで検出される表面物体からの放射輝度信号 L_λ は，次式で示される。

$$L_\lambda = k_\lambda[\varepsilon_\lambda L_{b,\lambda}(T) + L_N] \tag{6.7}$$

ここで，k_λ は検出波長 λ とそのバンド幅，検出光学系の幾何学的構成などによって決定される測定システムの係数，L_N は背景放射，ε_λ は測定表面の分光放射率，$L_{b,\lambda}(T)$ は温度 T の黒体分光放射輝度である。

いま，高出力の変調ないしパルスレーザが物質表面に入射すると，入射から時間 t 後の表面温度 $T(t)$ は，元の温度 T_0 から $\Delta T(t)$ だけ上昇し，式 (6.8) で表される。

$$T(t) = T_0 + \Delta T(t) \tag{6.8}$$

$\Delta T(t)$ が T_0 より十分小さいとすると，黒体分光放射輝度はテイラー展開により

$$L_{b,\lambda}[T(t)] = L_{b,\lambda}[T_0] + \left.\frac{\partial L_{b,\lambda}}{\partial T}\right|_{T=T_0} \Delta T(t) \tag{6.9}$$

であるから，信号処理により式 (6.9) 右辺第 2 項の交流成分だけを取り出せば，過酷な背景放射 L_N の影響を受けない放射測温法が実現する。これがフォトサーマル法の第一の特長である。

フォトサーマル法の放射測温への応用は，レーザが未熟だった時代にクリプトンとアルゴンの二つのイオンレーザを使用し，DeWitt と Kunz によって提唱された（1972 年)[34]。これは，二つの波長での測定対象の吸収率比からキルヒホッフの法則に基づいて放射率比を求めるもので，2 色温度計原理に基づく放射率に依存しないレーザ測温法である。この手法は，Schreiber らにより LAP（laser absorption pyrometer）と称され，放射率に依存しない新しい放射測温法として展開が開始された[37]。同時期に Edwards らは LEFT（laser emissivity free thermometry）と名づけたレーザ測温法を提唱した[38],[43]。この手法は，照射するレーザ波長と放射輝度検出波長を逆にすることによって，放射率に依存しない測定を可能にしたものである。さらに，レーザ波長（840 nm と 1 320 nm）とは異なる第三の長波長（1 550 nm）を用いた放射輝度測定により，比較的低温

領域（400 °C 強）までの測定を目指した[42), 43)]。**図 6.6** に 3 波長使用の LEFT の装置を示す[43)]。

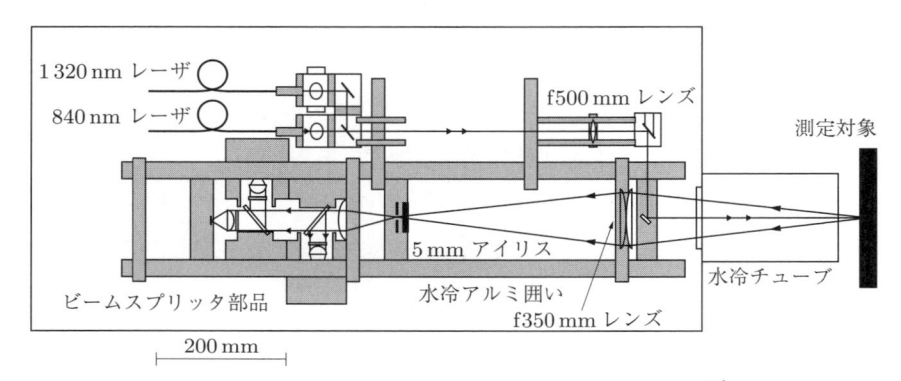

図 **6.6** フォトサーマル法による放射測温装置（LEFT）[43)]

LAP と LEFT は LART（laser absorption radiation thermometer）と総称され，放射率の影響を受けない新しい放射測温法として，EU 内の産学官の 3 年にわたる共同研究プロジェクトでその応用が模索されたことは注目に値する[42)]。その結果，LART の基本的な原理は検証されたが，微弱な変調放射信号を検出する必要があるため，産業現場での使用には難しい問題が残っていると報告されている。また，高価なレーザ装置であり，コストパフォーマンスにも難がある。LART を精査し，新しいファクタを加えて，これらの問題を緩和する技術の芽が出てくる可能性もある。

　フォトサーマル法の生体治療への応用として，球状シリコンナノ粒子を癌細胞近傍に配布し，波長 633 nm の微弱な He-Ne レーザ照射（$<2\,\mathrm{mW/\mu m^2}$）によって，局所的に効率の良い加熱とその温度計測（*6.3*節のラマン散乱の利用）を行い，正常の生体組織を損なわないで癌細胞だけを死滅させる，いわゆるフォトサーマルナノ治療法（photothermal nano-therapy）が提案されている[48), 49)]。

6.3 非線形光学現象の温度計測への応用

6.2.4項に記述したレーザ測温法のほとんどは，入出力の光の波長（周波数）が変化しない弾性散乱に基づく手法だった。これに対し，この節で記述する非線形光学現象に基づく測温法は，入出力の光の波長（周波数）が変化する現象を利用したものであり，非弾性散乱によるものである。この手法も後述の光ファイバと相性が良く，組み合わされて幅広い応用に寄与している。

図6.7に非弾性散乱現象の分類を示す。入射光に対してブリルアン散乱（Brillouin scattering）は，光ファイバコア（optical fiber core）内の温度変化や歪みに起因する屈折率の変化により，音響波の伝播に伴うドップラー効果（Doppler effect）によって生起する散乱波である。また，ストークス・ラマン散乱（Stokes Raman scattering）と反ストークス・ラマン散乱（anti-Stokes Raman scattering）は，光ファイバコアやガス体などの分子運動による光の散乱現象である。前者は入射光より低い振動数，後者は高い振動数の散乱光であり，後者は雑音に強く前者より高いS/Nを維持できる。

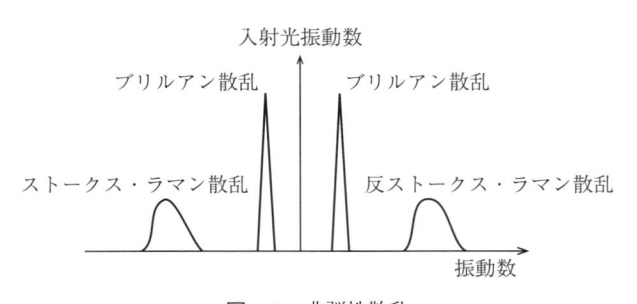

図 6.7 非弾性散乱

6.3.1 時間領域反射光測定法（OTDR）

1970年に低損失光ファイバと半導体レーザが発明され，これを契機に光ファイバを基盤とする新しい光計測技術が急速に発展した。光通信技術はその中で

も特筆すべき技術領域であり，現在では生活・産業のあらゆる場面に欠かせないインフラとして浸透している。これと同時期に，光ファイバをセンサに用いる研究が始められ，光通信技術に追随する形で技術が進展してきた。現在では，光ファイバジャイロや光ファイバ電流センサ，光ファイバ温度センサなどの技術が実用化されている[50]。

光ファイバセンサ（optical fiber sensor）には，光ファイバを単なる情報伝送路として用いるものと，光ファイバ自体をセンサとして活用するものがある。ここでは，光ファイバ自体をセンサとして活用する温度センサについて解説する。光ファイバ温度センサの研究・開発の歴史は古く，さまざまな方式のセンサが提案されてきたが，現在では光散乱を利用した分布型光ファイバ温度センサ（distributed-type optical fiber temperature sensor）とファイバブラッグ回折格子（fiber Bragg grating; FBG）を利用した「多点型光ファイバ温度センサ」が主流となっている。

「分布型光ファイバ温度センサ」の原理と特徴について述べる[51]。**図 *6.8*** に典型的な分布型光ファイバ温度センサの基本構成を示す。光ファイバ内部に入射した光は，伝播していく際に散乱しながら減衰する。散乱した光の大部分は外部に放出されるが，一部は逆進して入射端に戻ってくる。光散乱にはレイリー散乱，ブリルアン散乱，およびラマン散乱があり，ブリルアン散乱光は温度と歪みによって波長が変化し，ラマン散乱光（ストークス・ラマン散乱，反ストークス・ラマン散乱）は温度によって強度が変化する。したがって，散乱光の波長や強度を測定することによって，散乱光が発生した場所の温度を知ることができる。

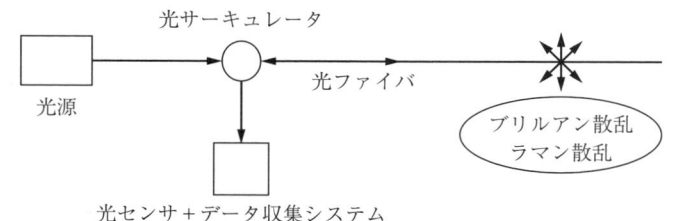

図 *6.8* 分布型光ファイバ温度センサの基本構成

分布型のセンシングシステムにおいて重要なのは，位置情報を取得する技術である。これには，時間領域反射光測定法（optical time domain reflectometry; OTDR）がおもに使われている。OTDR は光ファイバ通信網の断線を監視することを目的に当初開発され，その分布測定機能と前述の散乱光の温度特性を活用して，温度分布センサが考案された[52),53)]。OTDR 方式の温度分布センサは，1980 年代後半に実用化・製品化された。現状，おもにはラマン散乱による強度変化を測定するものが中心となっている。

　図 *6.9* に FBG センサの基本原理を示す。感光性（photosensitive）材料をドープしたシングルモード光ファイバのコア部に，垂直に紫外線レーザなどを照射すると，コアの長手方向に周期的な屈折率変化を生じ，この部分がレーザ照射終了後も一種の回折格子，すなわち FBG として機能する。FBG の周期を Λ（グレーティング周期），光ファイバの実効屈折率を n_{eff} とすると，光ファイバに入射する光のうち，ブラッグ回折条件 $\lambda_{\mathrm{B}} = 2 n_{\mathrm{eff}} \Lambda$ を満たす特定波長 λ_{B}（ブラッグ波長）で強い反射を示す。光ファイバに加わる温度や応力によってブラッグ波長 λ_{B} が変化するので，歪みセンサや温度センサとなる。以下に記述する多重化が可能であり，参照信号が不要で絶対値を求めることができる。

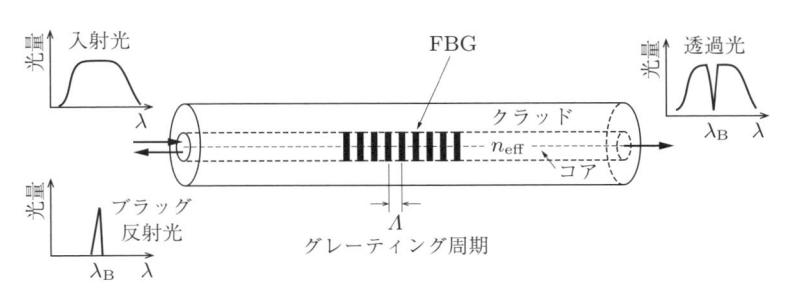

図 *6.9*　FBG センサの基本原理

　FBG は点型センサなので，図 *6.10* に示すように，光ファイバに沿って多点配置する。それぞれの FBG のブラッグ波長を異なる値に設定することにより，多数点の温度を同時に測定することができる。この波長多重方式の温度センサは，すでに市販されている。

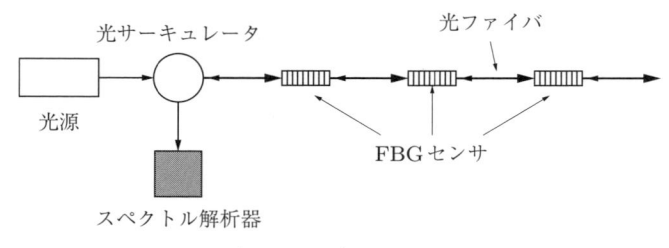

図 6.10　光ファイバ多点温度計の基本構成

　鉄鋼業では，1990年代に高炉，コークス炉，熱風炉などの外壁温度分布，連続鋳造プロセスの炉床の温度分布などの測定に「光ファイバ温度分布センサ」の応用開発が進められたが，高温における熱応力や熱膨張によるファイバの切断などの問題も生じ，高温での使用に課題が残っている[54]。2000年以降，光ファイバ温度センサに関する論文や学会発表の件数が伸びている。その理由として，OTDR方式の温度分布センサは，電力ケーブル，LNGタンク，ガスパイプラインの温度管理に役立てられていることが挙げられる[51),55]。また，特に，2010年4月から改正省エネ法（エネルギーの使用の合理化に関する法律）が施行され，さらに，東京都では大規模事業所へ「温室効果ガス排出総量削減義務」が課せられていることもあり，例えばサーバルームの空調最適化のために使用されている[56]。

　一方，FBGを使った多点温度計測に関連する研究も近年盛んに行われている。この背景には，建築構造物の保全に対する考え方の変化がある。従来は建築物に損傷が見つかってから補修する「事後保全」（corrective maintenance）が中心だったが，近年，定期的な点検により損傷を早期に発見して補修を行う「予防保全」（preventive maintenance）に移行しつつある。この変化に呼応し，建築構造物にセンサを設置して健全性をモニタリングする試みが活発になっており，それに適した技術として，FBGを用いた光ファイバ温度センサが脚光を浴びている。近年，新たに建設されるビルや橋の建設時にFBGセンサを設置し，建設工事中は施工品質の管理，完成後は健全性管理に用いる例が増えている[57]。プラント設備などの温度監視，防災への応用などへの展開もある[58),59]。

また，超伝導の磁石を利用した機器開発が進んでいる[60]。例えば超伝導磁石による浮上式鉄道[61]，磁気軸受[62]などの実用化のための研究開発が実施されている。そこでは冷媒の残量を監視することで熱暴走を未然に防ぐことが重要であり，FBG の多点温度センサや OTDR 温度分布センサを利用した温度測定技術が検討されている。さらに，2011 年に発生した東日本大震災の影響もあって，インフラや建物の安全性のモニタリングへの関心が高まっているため，光ファイバ温度センサの研究はますます活発になることが予想される。

6.3.2　コヒーレント反ストークス・ラマン散乱（CARS）分光法

CARS 分光法（coherent anti-Stokes Raman scattering spectroscopy）は，ガス体，火炎，プラズマ中の局所的な場所での分子を励起することによって生じる反ストークス光を分光するものであり，その振動数や強度は，分子の同定，濃度計測，温度計測に応用されている[63]~[67]。**図 6.11** に CARS 分光法の原理を示す。

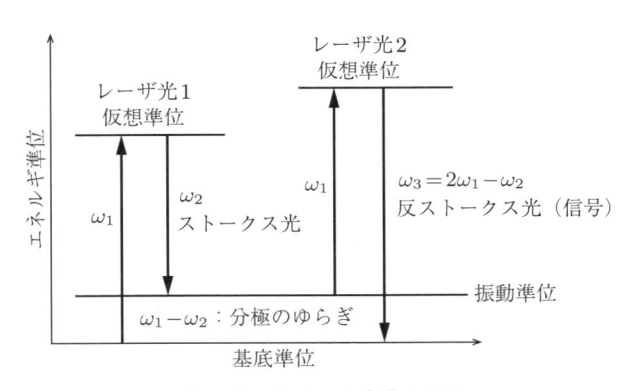

図 6.11　CARS 分光法の原理

Nd:YAG レーザのような高出力パルスレーザ（周波数 ω_1）と，ダイレーザのような広帯域波長発振（周波数 ω_2）のレーザ（ストークスレーザと呼ばれる）を，測定対象の微小体積に集束入射させる。このとき，周波数差 $\omega_1 - \omega_2$ が測定対象分子のラマンシフトに対応するとき，周波数 $\omega_3 = 2\omega_1 - \omega_2$ のコヒーレ

ントな反ストークス光が対象分子から発生する。温度は分子の回転状態に関連しているので，CARS 信号強度は温度上昇とともに増加する。反ストークス光は入射光より周波数の高い励起光なので，干渉の影響を避けることができ，S/N の高い測定が期待できる。

CARS 分光法による測温の特長は，非接触法であることのほか，常温から数千°C まで高温域の測温が可能であることである。一方，欠点としては，装置構成が複雑かつ高価であることや，操作に熟練を要することなどが挙げられる。具体的な応用として，内燃機関，プラズマ診断，ジェットエンジンなどの分野での応用が展開されている。

6.3.3 　レーザ励起熱回折格子分光法（LITGS）

燃焼温度の測定に用いられる CARS 分光法は，光の強度の温度依存性を利用したものであり，場合によってはレーザ光強度や検出器のノイズなどの外乱の影響を受けることが懸念される。それに対し，レーザ励起熱回折格子分光法 (laser induced thermal grating spectroscopy; LITGS)[68],[69] は，信号の周波数から温度を求めるため，外乱に強いとされている。

この方法は，次のような原理に基づく。気体の吸収波長の短パルスレーザ 2 本をポンプ光として交差させて照射すると，気体分子の励起に起因する屈折率変化により干渉縞（定在波）が発生する。この干渉縞は熱的に励起された回折格子として機能する。定在波は，異なる 2 方向に進行する波によってできていると考えられるので，そこに入射したプローブ光は，式 (6.10) で示す周波数 f_{OSC} で変調される[68]。

$$f_{\mathrm{OSC}} = \frac{1}{\tau_{\mathrm{G}}} = \frac{c_{\mathrm{s}}}{\Lambda} \tag{6.10}$$

ここで，$c_{\mathrm{s}} = \sqrt{\gamma k T / M}$ は音速，Λ は干渉縞の間隔，τ_{G} は音速で干渉縞の間隔を通過する時間，$\gamma\ (\equiv C_p/C_V)$ は比熱比，M は気体の平均分子量，k はボルツマン定数，T は温度である。

したがって，温度は，信号の変調周波数より下式から求められる[68]。

$$T = \frac{M}{\gamma} \frac{\Lambda^2}{k} f_{\mathrm{OSC}}^2 \qquad (6.11)$$

6.4 光ファイバ温度センサ

光ファイバセンサは，光がファイバ内を透過する際のさまざまな変化を捉える変換素子として機能するデバイスであり，温度，圧力，歪みなど，多くのセンサとして使用されており[70],[71]，さらに波長域も赤外域に伸び，応用分野を広げている[72]。光を利用した測温法の多くは，光ファイバと組み合わせることによって，応用範囲を拡大することができる。すでに *6.2.4* 項，*6.3.1* 項，*6.3.2* 項でも，光ファイバを組み合わせた各種温度センサについて言及している。重複するが，本節で再度光ファイバを利用したさまざまな温度センサをまとめておく。

表 6.1 は，光ファイバ温度センサを原理や特徴によって分類したものである[71]。

表 *6.1* 光ファイバ温度センサの分類

温度依存性原理・特徴	構造・材料
〔1〕光透過・吸収変化	半導体材料
〔2〕光反射変化と光干渉変化	液晶フィルム，半導体材料，エタロンなど
〔3〕光散乱変化	ブラッグ反射，ブリルアン散乱，ラマン散乱
〔4〕放射伝播	黒体空洞
〔5〕蛍光（fluorescence）特性変化	蛍光材料

〔**1**〕 **光透過・吸収変化** 物質の透過特性や吸収特性が温度依存性を持つことを利用したもので，古くから使われている[73],[74]。半導体材料のバンドギャップエネルギ（bandgap energy）E_g は温度によって変化する。材料を透過し始める光波長を吸収端波長（absorption edge wavelength）λ_g といい，式 (*5.119*)

に従って温度によって変化する。

図 **6.12** に吸収端波長シフト例を示す。

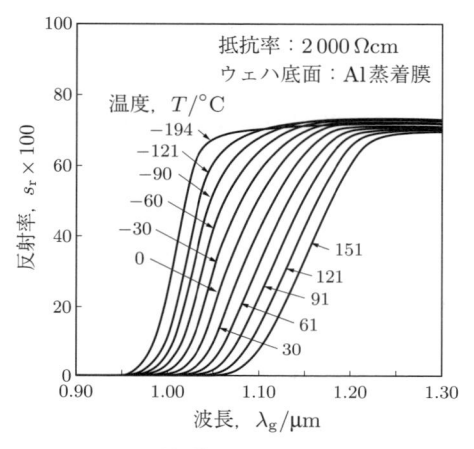

図 **6.12** 吸収端波長シフトを利用した
ファイバ温度センサ特性[75]

　この図は，光ファイバの端末の底面にアルミニウムを蒸着させた真性 Si ウェハ（0.5 mm 厚）に対して，その分光反射率 $s_\mathrm{r}(T)$ の立ち上がり特性が，温度の増加とともに長波長側にシフトする様子，すなわち温度 T と吸収端波長 λ_g との関係を示したものである。この特性関係を利用し，λ_g を観測することによって，ウェハの温度を求めることができる。また，温度増大とともにウェハ内の電子などフリーキャリア（free carrier）が増大し，結果として光との相互作用によって透過光が減少する特性を利用したファイバ型温度センサを，上記と同じ構造の光ファイバで構成することもできる。いずれも，現時点では $-196\,°\mathrm{C}$ から $650\,°\mathrm{C}$ までの温度計測が可能で，その温度分解能は前者が $3\,°\mathrm{C}$，後者が $0.1\,°\mathrm{C}$ 程度である[75]。ただし，光のファイバ自体の耐熱性により，高温側の測温は $150\,°\mathrm{C}$ までに限定される。

〔**2**〕　**光反射変化と光干渉変化**　　6.2.4 項のレーザ測温法をファイバ利用で実現するものである。図 **6.13** のように，ファイバの先端部と接続されている材

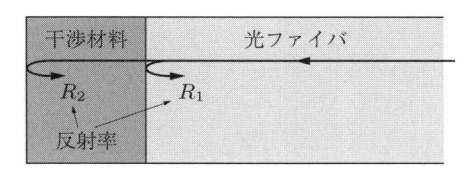

図 6.13 光ファイバによる
ファブリ-ペロ干渉

料でエタロン（etalon）を構成する。各インタフェース面での反射光が光ファ
イバ内に反射伝播するときに，ファブリ-ペロ干渉（Fabry-Perot interference）
が起こる。このエタロンの厚さと屈折率が温度によって変化し，干渉縞が変化
する。この変化分を捉えることによって，規定の温度からの微少な温度変化分
を測定できる[76]。

〔**3**〕　**光散乱変化**　　6.3.1項や6.3.2項に記述した非線形光学現象（CARS，
ブリルアン散乱，ラマン散乱など）やFBG，OTDRなどに対応したものであ
り，一般に高価なシステムとなるが，多点の同時計測が可能であるため，今後
ますます応用分野が広がっていくと考えられる[77]～[79]。

〔**4**〕　**放 射 伝 播**　　測定対象からの放射を光ファイバを透過させて放射測
温する手法であり，5章に記述されている。特に**図 5.46**は，光ファイバ材料と
して単結晶サファイアを使用してファイバ先端部を黒体化し，2 000 °C を超え
る高温ガス体の温度を高速測定できる温度センサである[80]。

〔**5**〕　**蛍光特性変化**　　蛍光材料へのレーザやLED照射により生じる蛍光
とその寿命特性を利用したレーザ励起蛍光（laser induced fluorescence; LIF）
温度センサであり，光ファイバとの相性はきわめて良好である。特殊な環境下
で温度を測定するための手法として，さまざまな研究がなされている[81]～[83]。

式 (6.12) に示すように，光照射によって蛍光材料の発する光の強度 $I(t)$ は，
時間 t とともに指数関数的に減衰する。

$$I(t) = I_0 \exp\left[-\frac{t}{\tau(T)}\right] \tag{6.12}$$

ここで，I_0 は発光初期強度，$\tau(T)$ は温度依存性蛍光材料の蛍光寿命時間で
ある。

　このτ(T) は，**図 6.14** に例示するように温度依存性があるので，あらかじめ τ(T) と温度との間の相関を求めておくことで，τ(T) の測定から温度 T が求められる。

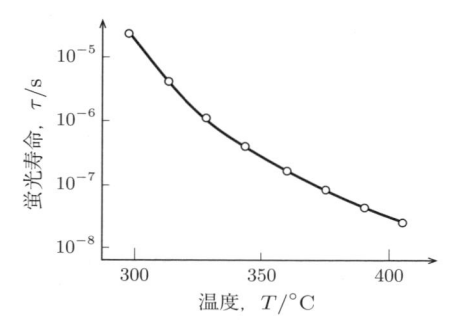

図 6.14　温度と蛍光寿命の関係（一般例）

　蛍光温度センサでは，有機色素，セラミック材料，硝子や半導体などさまざまな材料が使用できる。そのため，他の光ファイバ温度センサよりも測定温度範囲が多彩（$-200\,°C \sim 1\,700\,°C$ 程度）であることが特長である。蛍光温度測定に関しては，次節で改めて詳述する。

6.5　蛍 光 測 温 法

　光ファイバ温度センサと同様に，蛍光温度センサおよび蛍光測温法（phosphor thermometry）の研究開発の歴史も古く，1980 年代後半に実用化・製品化されている。それにもかかわらず，蛍光温度センサに関する論文や学会発表件数は，2000 年以降に飛躍的に伸びている。この背景には，高輝度な短波長 LED の製品化とナノテクノロジの進展が大きく関わっていると考えられる。

　高輝度な短波長 LED が開発される以前は，適当な励起光源がないために，温度センサとして利用できる蛍光材料が限られていた。しかし，2000 年以降に LED 照明が開発されて短波長化と高輝度化が進むと，それまで利用できなかった蛍光材料，特に有機色素の温度センサへの応用が可能となった。有機色素は

プラスティック，有機溶剤，生体分子を染色できることから，医療やバイオテクノロジ（biotechnology）の分野で利用できる蛍光温度センサへの応用が期待できる。

6.5.1　医療・バイオテクノロジ分野における蛍光測温法

最近の医療やバイオテクノロジの分野では，個々の細胞やタンパク質に対する直接的な操作・計測を可能とするマイクロタス（micro-total analysis systems; μ-TAS）が精力的に研究されている。μ-TAS では，ミリメートル未満の微小領域での温度測定技術が必要であり，蛍光温度センサがきわめて有効であることが報告されている。例えば，感温部位と蛍光部位を組み合わせた有機分子を用いて数十 μm 程度の大きさの生きた細胞内の温度分布イメージングに成功した例がある[84]。

また，細胞内を歩くナノ温度計の開発に成功した例もある[85]。これは，蛍光を発する中心核の粒径約 110 nm の蛍光ナノ粒子を複数のポリマに包み，それを細胞に振りかけると，自発的に細胞内に導入される仕組みとなっている。導入された蛍光粒子はエンドソームに包まれ，エンドソームに結合した微小管分子モータにより細胞内を一方向に輸送される。この蛍光ナノ粒子の位置と蛍光強度の時間変化を画像解析から求めることによって，細胞内小器官の位置と温度を測定することができる。

これらの研究に代表されるように，医療・バイオ分野では生体内や細胞の温度測定が必要不可欠である。蛍光温度センサは 6.4 節に記述した光ファイバとの親和性が高く，両者を結合した生体温度計測の発展・活躍が期待されている[86]†。

---

† 余談であるが，生体の細胞膜に存在するイオンチャネル型受容体（receptor）で，温度センサとして機能する温度感受性 TRP チャネル（transient receptor potential channel）が生体そのものに備わっている。1997 年に発見されて以来多くの TRP チャネルが見出されている[87],[88]。43 °C 以上の高温と 15 °C 以下の低温では，温度感覚と痛みを感知する信号として脳に伝達され，危険を避ける動作へ繋がる。

6.5.2 エンジン内における蛍光測定法

高温の燃焼エンジン内のピストンやブレーンなどの温度測定の開発も進められている。このような高温下での測定は，測定対象の表面に蛍光材料をコーティングして，実際の測定環境と同等の環境の中に挿入し実験系を構成する。ここで得られた蛍光寿命と温度の相関をもとにして，改めて具体的な測定を実施するという過程をとる。

2012 年の TEMPERATURE Symposium では，蛍光温度測定に関する以下のような一連の研究内容が公開された。

(1)　点火プラグに蛍光材料（$Mg_2TiO_4{:}Mn^{4+}$）を塗布し，6 kHz の繰り返し周波数の Nd:YAG レーザを照射して，蛍光寿命時間から 1 000 rpm の高速回転中の点火プラグ温度が 320 K から 400 K の間で変化することを測定した例[89]。

(2)　高温ガスタービン中の回転するタービンブレードに蛍光材料（Dy:YAG）を塗布し，355 nm の紫外レーザ照射によって 1 300 °C のテストエンジンを 1 ％の不確かさで測定した例[90]。

(3)　ガスタービンのような 2 000 °C の燃焼ガス中で，塗布した蛍光材を長時間安定維持することが困難な場合に，高温高圧下で得られたデータを取り出してオフラインで測定物体の温度履歴や温度分布を測定する，いわゆる温度履歴センサ（thermal history sensor）としての蛍光材料（$Tb{:}Y_2SiO_5$，セラミック蛍光材）を開発した例[91]。

(4)　弱い蛍光信号は，高温ガス中の強い背景放射により著しく SN 比が低減されるので，1 000 °C を超える高温下では，高い発光強度を有する蛍光材料が必要となる。このような蛍光材料として，$Cr{:}GdAlO_3$ を開発した事例[92]。

(5)　蛍光材料を測定物体に塗布する技術も，高温測定ではきわめて重要になる。大気圧プラズマコーティング（air plasma spraying; APS）技術を利用して，フル規格のジェットエンジンへの蛍光センサコーティングシステムを開発し，ロールスロイスのターボエンジンの実験に利用された報告

例[93]。

(6) パルスレーザ照射で測定される蛍光寿命には変化があることを追究した報告[94]。この変化は，レーザ照射によって励起する熱と色中心（color center）の生起が蛍光材料の構造に欠陥をもたらすことが主因であり，この問題は，測定の空間分解能を犠牲にすることによって回避できる。

(7) 蛍光測温法は，燃焼エンジンなどの高温から，マイクロ・ナノスケールの生体，生物医学まで，幅広い領域への応用まで広がっており，蛍光寿命計測に関わる信号処理と校正技術は今後ますます重要になってくる。この観点からの提案もある[95],[96]。

(8) 前述の LIF 法の応用として，二つの励起波長に対する蛍光画像を用いた 2 ライン OH-PLIF（OH-planar laser-induced fluorescence）法による非定常燃焼場の温度計測が行われている例[66],[97],[98]。

また，蛍光測温法以外に，エンジン内部の温度や熱流束を測定するために，薄膜型など小型の接触式温度計も開発されている[99]。

6.6 音 響 測 温 法

音波と超音波（sound and ultrasonic wave）を利用した音響測温法（acoustic thermometry）の大半は，気体，液体，固体中を伝播する音波ないし超音波の伝播速度の温度変化を用いている[100]。そのため，固定点の温度というより，2 次元，3 次元の伝播空間の平均的な温度値を求めることになり，音響サーモグラフィ（acoustic thermography）と呼ぶほうがふさわしいともいえる[101],[102]。

6.6.1 気体の音響測温

理想気体の場合，その音速 v は

$$v = \sqrt{\frac{\gamma RT}{M}} \tag{6.13}$$

で表される。ここで，$\gamma\ (\equiv C_p/C_V)$ は比熱比，R は気体定数，T は温度，M

は気体の分子量である。後述の1次温度計の気体音響温度計は，この原理に基づいている。

音波を気体中に発振して空間の2点間の伝播時間を求め，その速度を測定することで，式 (6.13) により温度が求められる。気体に流れがある場合，発受信を切り替えることによってその影響を回避するシングアラウンド法（sing around method）やドップラー法（Doppler method）がある[103]。

6.6.2　液体・固体の音響測温

液体の場合，その音速 v は体積弾性率 K と密度 ρ により，また固体の場合はヤング率 E により，それぞれ $v = \sqrt{K/\rho}$, $v = \sqrt{E/\rho}$ となる。

超音波を利用した温度計測は基本的に非侵襲的測定（non-invasive measurement）が可能であるが，超音波探子（ultrasonic probe）を積極的に測定環境に導入することによって測定を可能にする手法もある[104],[105]。また，環境の悪い場所，例えば放射線下にある 2 000 ℃ 以上の高温原子炉などでの使用例がある。そこでは，熱電対のようなセンサは，放射線照射による劣化が危惧される[106]。

Si 半導体プロセスで熱負荷を最小限に留めて急速熱処理する RTP（5.6.8 項参照）において，ウェハを支える石英ロッドから音響波を入射させ，ウェハ内を伝播するラム波（Lamb wave）の速度と温度の関係からウェハ温度（常温から 1 000 ℃）を計測する試みもある[107]。

レーザ照射で超音波を発生させ，光ヘテロダイン法などの光学的な手法で超音波を受信する，いわゆるレーザ誘起超音波（laser-induced ultrasound）発振受信手法がある[108]~[110]。温度測定への応用として，高温鋼材にパルスレーザ光を照射することによって励起する超音波を鋼材内部に伝播させ，非接触的にピックアップして鋼材内部温度を測定する手法がある[111],[112]。

医療診断への音響手法の応用として，ファブリ–ペロ形光ファイバを利用した温度と圧力の同時測定の超音波聴診器が提案されている[113]。

6.6.3　地球環境測定における音響測温

大気中の CO_2 など，温室効果ガス（greenhouse gas）による地球温暖化は，重大な環境問題である。そのための国際的な取り組みとして，気候変動に関する政府間パネル（Intergovernmental Panel on Climate Change; IPCC）が進められている[114],[115]。地球上の余剰熱量のじつに 90 % 以上が熱吸収源（heat reservoir）として海洋に蓄積されているという。したがって，その温度変化の正確な測定は，気象変化と環境対策を理解する上で重要である†。数十 Hz の低周波音波を海洋に発振し 1 000 km 以上離れた場所で音波検出をする音響測温法により，0.013 °C ± 0.001 °C/年の明確な海洋温度の上昇が，過去 8 年にわたって観測されている[117]~[119]。これらは，低周波数の音響伝播を利用して海洋の温度変化を測定した，大きな規模の応用例である。

6.6.4　1 次温度計への応用

熱力学温度の単位ケルビンの再定義に関する温度標準の議論が高まっている中で，音響気体温度計（acoustic gas thermometer; AGT）は最も精度の高い 1 次温度計として，各国の国立標準研究所で盛んに研究されている（1.2 節参照）[120]~[122]。AGT は共鳴器中の音響共鳴周波数から音速を導出し，音速の温度依存性から熱力学温度を求める 1 次温度計である[121]。この標準技術を実用的産業技術として展開していく試みも進められている[123]~[125]。

AGT を産業的実用に供する手法として，図 6.15 のように，音響共鳴器の代わりに，近接して設置した二つの導波管を伝播する音響の時間差を捉える方法

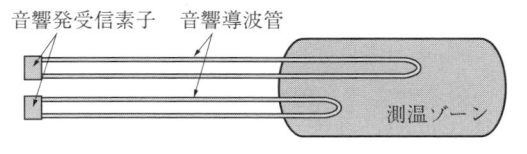

図 6.15　二つの導波管に基づく時間差測定
による PA

---

† 　現在の地球温暖化は小氷河期などの自然変動が要因であるとし，温室効果ガスが要因であるとする IPCC の地球温暖化説に異議を唱える専門家もいる[116]。

が提案された[125]。

　1次温度計としては音響共鳴器のほうが測定の不確かさの点ではるかに優れているものの，時間差を捉える導波管方式のほうが実用的であると考えられ，PA（practical acoustic thermometry）という名称でこの手法の開発が進められている[124),125]。インコネルを導波管とした PA は，700°C において ±1°C の不確かさで測温が可能であるとされている[125]。PA は，抵抗温度計や熱電対では放射線の影響で劣化が予想される原子炉などの現場での測温に期待できる。

章 末 問 題

【**1**】　光波と音波はいずれも波動である。両者の違いを説明せよ。

【**2**】　ナノスケールにおける温度計測例を本章で取り上げた。「温度とはなにか」という観点で捉えたときに，どのような点に注意して温度計測を行う必要があるか。

参考文献と解説

1)　T. Yokota, Y. Inoue, Y. Terakawa, J. Reeder, M. Kaltenbrunner, T. Ware, K. Yang, K. Mabuchi, T. Murakawa, M. Sekino, W. Voit, T. Sekitani, and T. Someya: Ultraflexible, large-area, physiological temperature sensors for multipoint measurements, Proc. of the National Academy of Sciences of the United States of America, **112**-47, 14533/14538 (2015).

　　PCT ポリマを用いたしなやかさを有し，広い面積に適用できる温度センサの開発と，ラットの肺の温度測定への応用についての研究論文。

2)　川本直幸, M. Wang, 村上恭和, 進藤大輔, D. Golberg：微小探針を用いた TEM 内局所温度計測の試み, 日本金属学会 2011 年春期（第 148 回）大会, 254 (2011).

3)　N. Kawamoto, M. Wang, X. Wei, D. Tang, Y. Murakami, D. Shindo, M. Mitome, and D. Golberg: Local temperature measurements on nanoscale materials using a movable nano-thermocouple assembled in a transmission electron microscope, Nanotechnology, **22**, 485707-1/8 (2011).

4)　P. Tovee, M. Pumarol. D. Zeze, K. Kjoller, and O. Kolosov: Nanoscale spatial resolution probes for scanning thermal microscopy of solid state materials,

J. Appl. Phys., **112**, 114317-1/11 (2012).

5)　中別府修：ナノメートル，ナノグラム，ナノワットの熱計測，伝熱，**48**, 202, 1/7 (2009).

6)　Y. Gao and Y. Bando: Nanotechnology, Carbon nanothermometer containing gallium, Nature, **415**, 599 (2002).

7)　Z. Liu, Y. Bando, M. Mitome, and J. Zhan: Unusual freezing and melting of gallium encapsulated in carbon nanotubes, Phys. Rev. Lett., **93**, 095504/095506 (2004).

8)　Z. Liu, Y. Bando, J. Hu, K. Ratinac, and S. P. Ringer: A novel method for practical temperature measurement with carbon nanotube nanothermometers, Nanotechnology, **17**, 3681/3684 (2006).

9)　R. A. Sayer, S. Kim, A. D. Franklin, S. Mohammadi, and T. S. Fisher: Shot noise thermometry for thermal characterization of templated carbon nanotubes, IEEE Transactions on Components and Packaging Technologies, **33**, 178/183 (2010).

> 2)〜9) は微小領域の温度計測における，接触型の計測法に関する文献である。2),3) は，Cu と Cu-Ni のナノ熱電対（T 型熱電対）とその応用に関する研究論文。3) はナノ熱電対の製作手法とその特性評価，TEM 下での局所的な温度測定とその操作を定量的に詳述している。4) は SThM の分解能に関する総括的な研究論文。5) は温度計測だけでなく，熱，物性に関するナノ計測についても解説している。6)〜9) は，特にカーボンナノチューブを利用したナノスケールの温度センサに関する文献である。6),7) は CNT 中の液体ガリウムが硝子（液体）温度計と同様な機能をナノスケールで発揮するものについて，8) はその手法を進化させたセンサについて，また 9) は CNT を抵抗体としたショットノイズを利用した 1 次温度計についての論文。

10)　A. N. Magunov: Thermal measurements, laser thermometry of solids ― State of the art and problems, Measurement Technologies, **45**, 173/181 (2002).

11)　Y. Liu and A. Mandelis: Laser optical and photothermal thermometry of solids and thin films, in Radiometric Temperature Measurements, I. Fundamentals, 297/337, Academic Press (2010).

> 10),11) は記述したレーザ測温法に関わる解説資料。本書に記載していない文献も多数も紹介されている。

12)　C. A. Paddock and G. L. Eesley: Transient thermoreflectance from metal films, Opt. Lett., **11**, 273/275 (1986).

13) H. Kempkens, W. W. Byszewski, P. D. Gregor, and W. P. Lapatovich: Measurements of electrode temperature evolution by laser light reflection, J. Appl. Phys., **67**, 3618/3624 (1990).

14) J. M. C. England, N. Zissis, P. J. Timans, and H. Ahmed: Time-resolved reflectivity measurements of temperature distributions during swept-line electron-beam heating of silicon, J. Appl. Phys., **70**, 389/397 (1991).

15) D. Guidotti and J. G. Wilman: Novel and nonintrusive optical thermometer, Appl. Phys. Lett., **60**, 524/526 (1992).

16) D. Guidotti: Optical reflectance thermometry for rapid thermal processing, J. Vac. Sci. Technol., **B 16**, 609/612 (1998).

17) S. Dilhaire, S. Grauby, and W. Claeys: Calibration procedure for temperature measurements by thermoreflectance under high magnification conditions, Appl. Phys. Lett., **84**, 822/824 (2004).

18) Y. Liu, A. Mandelis, M. Choy, C. H. Wang, and L. Segal: Remote quantitative temperature and thickness measurements of plasma-deposited titanium nitride thin coatings on steel using a laser interferometric thermoreflectance optical thermometer, Rev. Sci. Instrum., **76**, 084902-1/11 (2005).

19) Y. Shimizu, J. Ishii, and T. Baba: Reflectance thermometry for microscale metal thin films, J. J. of Appl. Phys., **46**, 3117/3119 (2007).

20) C. Cardenas, D. Fabris, S. Tokairin, F. Madriz, and C. Y. Yang: Thermoreflectance measurement of temperature and thermal resistance of thin film gold, J. Heat Trans., **134**, 111401-1/7 (2012).

> 12)~20) は *6.2.4* 項〔*1*〕に記載したサーモリフレクタンス法に関する論文。その
> うち 14) は本来のサーモリフレクタンス法ではなく，電子ビームで試料を照射し，
> その反射率変化を温度の関数として捉えている。

21) R. A. Bond, S. Dzioba, and H. M. Naguib: Temperature measurements of glass substrates during plasma etching, J. Vac. Sci. Technol., **18**, 335/338 (1981).

22) V. M. Donnelly and J. A. McCaulley: Infrared-laser interferometric thermometry — A nonintrusive technique for measuring semiconductor wafer temperatures, J. Vac. Sci. Technol., **A8**, 84/92 (1990).

23) K. L. Saenger and J. Gupta: Laser interferometric thermometry for substrate temperature measurement, Appl. Opt., **30**, 1221/1226 (1991).

24) V. M. Donnelly, D. E. Ibbotson, and C. P. Chang: Interferometric thermom-

etry measurements of silicon wafer temperatures during plasma processing, J. Vac. Sci. Technol., **A10**, 1060/1064 (1992).

25)　S. H. Zaidi, S. R. J. Brueck, and J. R. McNeil: Noncontact, 1 °C resolution temperature measurement by projection moire interferometry, J. Vac. Sci. Technol., **B10**, 166/169 (1992).

26)　V. M. Donnelly: Extension of infrared-laser interferometric thermometry to silicon wafers polished on only one side, Appl. Phys. Lett., **63**, 1396/1398 (1993).

27)　V. M. Donnelly: Real-time determination of the direction of wafer temperature change by spatially resolved infrared laser interferometric thermometry, J. Vac. Sci. Technol., **A11**, 2393/2397 (1993).

28)　藤原裕之：分光エリプソメトリー, 丸善 (2007).

29)　H. G. Tompkins: A User's Guide to Ellipsometry, Academic Press (1993).

30)　M. M. Ibrahim and N. M. Bashara: Surface temperature by ellipsometry, J. Vac. Sci. & Technol., **9**, 1259 (1972).

31)　G. P. Hansen, S. Krishnan, R. H. Hauge, and J. L. Margrave: Ellipsometric method for the measurement of temperature and optical constants of incandescent transition metals, Appl. Opt., **28**, 1885/1896 (1989).

32)　G. M. W. Kroesen, G. S. Oehrlein, and T. D. Bestwick: Nonintrusive wafer temperature measurement using in-situ ellipsometry, J. Appl. Phys., **69**, 3390/3392 (1991).

33)　Z. T. Jiang, T. Yamaguchi, M. Aoyama, and T. Hayashi: Possibility of simultaneous monitoring of temperature and surface layer thickness of Si substrate by in situ spectroscopic ellipsometry, J. J. Appl. Phys., **37**, 479/483 (1998).

　　　21)〜33) は 6.2.4 項〔2〕に記載した光干渉法・エリプソメトリック法による温度計測手法の文献。このうち 21)〜27) は光干渉法によるもの。28), 29) はエリプソメトリ全般の代表的テキスト。30)〜33) はエリプソメトリック法による温度計測に関わる論文。

34)　P. DeWitt and H. Kunz: Theory and technique for surface temperature determinations by measuring the radiance temperatures and absorption ratios for two wavelengths, in TEMPERATURE, Its Measurement and Control in Science and Industry, **Vol.4** (ed H. H. Plumb), 599/610, Instrument Society of America (1972).

35)　T. Loarer, J-J. Greffet, and M. Huetz-Aubert: Noncontact surface temperature measurement by means of a modulated photothermal effect, Appl. Opt., **29**, 979/987 (1990).

36) T. Loarer and J. J. Greffet: Application of the pulsed photothermal effect to fast surface temperature measurements, Appl. Opt., **31**, 5350/5358 (1992).

37) E. Schreiber and G. Neuer: The laser absorption pyrometer for simultaneous measurement of surface temperature and emissivity, in TEMPMEKO '96, The 6th International Symposium on Temperature and Thermal Measurements in Science and Industry (eds P. Marcarino), Levrotto & Bella, 365/370 (1997).

38) G. J. Edwards, A. P. Levick, and Z. Xie: Laser emissivity free thermometry (LEFT), in TEMPMEKO '96, The 6th International Symposium on Temperature and Thermal Measurements in Science and Industry (eds P. Marcarino), Levrotto & Bella, 383/388 (1997).

39) O. Eyal, V. Scharf, and A. Katzir: Temperature measurements using pulsed photothermal radiometry and silver halide infrared optical fibers, Appl. Phys. Lett., **70**, 1509/1511 (1997).

40) 山田善郎：国内外の温度計測技術の最新動向, 計測と制御, **37**, 195/200 (1998).

41) G. Chen and T. Borca-Tasciuc: Applicability of photothermal radiometry for temperature measurement of semiconductor, Int. J. Heat Mass Transfer, **41**, 2279/2285 (1998).

42) G. Edwards, A. Levick, G. Neuer, E. Schreiber, R. Rooth, P. Bloembergen, R. Bosma, G. Beynon, B. Pritchard, R. Ostermayer, and H. Studnicka: Laser absorption radiation thermometry and industrial temperature measurement — The results of an EC collaborative project, TEMPMEKO '99, The 7th International Symposium on Temperature and Thermal Measurements in Science and Industry (eds J. F. Dubbeldam and M. J. de Groot), 613/618 (1999).

43) G. J. Edwards and A. P. Levick: Recent developments in laser absorption radiation thermometry at the NPL, TEMPMEKO '99, The 7th International Symposium on Temperature and Thermal Measurements in Science and Industry (eds J. F. Dubbeldam and M. J. de Groot), 619/624 (1999).

44) A. Rosencwaig: Thermal-wave imaging, Science, **218**, 223/228 (1982).

45) J. Opsal, A. Rosencwaig, and D. L. Willenborg: Thermal-wave detection and thin-film thickness measurements with laser beam deflection, Appl. Opt.,

22, 3169/3176 (1983).

46)　A. Rosencwaig, J. Opsal, W. L. Smith, and D. L. Willenborg: Detection of thermal waves through optical reflectance, Appl. Phys. Lett., **46**, 1013/1015 (1985).

47)　S. Manohar and D. Razansky: Photoacoustics, a historical review, Advances in Optics and Photonics, **8**-4, 586/617 (2016).

48)　G. P. Zograf, M. I. Petrov, D. A. Zuev, P. A. Dmitriev, V. A. Milichko, S. V. Makarov, and P. A. Belov: Resonant nonplasmonic nanoparticles for efficient temperature feedback optical heating, Nano Lett. 17, 2945/2952 (2017).

49)　L. Hirsch, R. Stafford, J. Bankson, S. Sershen, B. Rivera, R. Price, J. Hazle, N. Halas, and J. West: Nanoshell-mediated nearinfrared thermal therapy of tumors under magnetic resonance guidance, Proc. Natle. Acad. Sci. U. S. A., 100, 13549/13554 (2003).

　　　34)～49) は *6.2.4* 項〔*3*〕に記載したフォトサーマル法に関連する文献である。34) はフォトサーマル法による温度計測（放射測温）のさきがけとなる論文。35)～39), 41)～45) は，34) 以降のフォトサーマル法による放射測温法に関する一連の論文。特に 37), 38), 42), 43) は本文中でやや詳しく解説した LART に関する論文。40) は 1996 年までの温度計測の動向についての調査・解説書。44)～47) はフォトサーマル法によって生じる温度計測以外の光音響，熱レンズなどの現象とその応用を論じている。48), 49) はフォトサーマル法の生体への応用に関する論文。

50)　保立和夫：光ファイバセンシング：これまで，現在，そして将来 ― 安全・安心のためのファイバセンサフォトニクス, 計測と制御, **51**-3, 205/207 (2012).

51)　足立正二, 小山田弥平：時間領域測定技術による光ファイバ分布型センシング, 計測と制御, **51**-3, 217/222 (2012).

52)　J. Dakin, et al. (eds): Optical Fiber Sensors, **Vol. I～IV**, Artech House Publishers (1997).

53)　R. Willsch, W. Ecke, and H. Bartelt: Optical fiber sensor research and industry in Germany, 計測と制御, **51**-3, 279/284 (2012).

54)　O. Iida, T. Iwamura, K. Hashiba, and Y. Kurosawa: A fiber optic distributed temperature sensor for high-temperature measurements, in TEMPERATURE, Its Measurement and Control in Science and Industry, **Vol.6** (ed J. F. Schooley), 745/749, American Institute of Physics (1992).

55)　A. H. Hartog and T. Yamate: Optical fiber sensors in the oil and gas industry, 計測と制御, **51**-3, 260/266 (2012).

56) 榎本徹：光ファイバ温度計と省エネ対策 ― 光ファイバ温度計を利用したデータセンター等の省エネ対策, 計測技術, **37**-10, 36/41 (2009).

57) 岩城英朗：建設分野における光ファイバセンサの適用, 計測と制御, **51**-3, 267/272, (2012).

58) 加藤一, 長田拓馬, 東秀訓：プラント設備の温度監視における分布型光ファイバ温度センサの応用, 計測と制御, **51**-3, 253/259 (2012).

59) 村山英晶：特定非営利活動法人・光防災センシング振興協会の取り組み ― 標準化・啓発・開発, 計測と制御, **51**-3, 293/298 (2012).

60) 山田秀之, 小方正文, 水野克俊, 長嶋賢：光ファイバを用いた極低温機器の温度測定技術の開発, 鉄道総研報告（RTRI REPORT）, **26**-5, 23/28 (2012).

61) M. Iwamatsu, M. Ogata, H. Seino, T. Herai, and T. Asahara: Development of superconducting magnet for simplified ground coils, Quarterly Report of RTRI, **47**-1, 12/17 (2006).

62) F. N. Werfel, U. Flogel-Delor, R. Rothfeld, D. Wippich, and T. Riedel: Centrifuge advances using HTS magnetic bearings, Physica C, **354**-1/4, 13/17 (2001).

> 50)〜62) は光ファイバセンサに関する一連の文献である。50) は，光ファイバセンサ全般に関する解説記事。52) は，光ファイバセンサに関する専門書。51),53)〜62) は，原理とともに，各種産業分野への応用についても紹介している。

63) R. L. Farrow, P. L. Mattern, and L. A. Rahn: Comparison between CARS and corrected thermocouple temperature measurements in a diffusion flame, Appl. Opt., **21**, 3119/3125 (1982).

64) A. C. Eckbreth, G. M. Dobbs, J. H. Stufflebeam, and P. A. Tellex: CARS temperature and species measurements in augmented jet engine exhausts, Appl. Opt., **23**, 1328/1339 (1984).

65) K. Iinuma, T. Asanuma, T. Ohsawa, and J. Doi (eds): Laser Diagnostics and Modelling of Combustion, Springer (1987).

66) B. Lawton and G. Klingenberg: Transient Temperature in Engineering and Science, 349/362, Oxford University Press (1996).

67) P. R. N. Childs, J. R. Greenwood, and C. A. Long: Review of temperature measurement, Rev. Sci. Instrum., **71**, 2959/2978 (2000).

> 63)〜67) は非線形光学効果に関わる文献。このうち 65)〜67) は CARS の記述を含むテキスト・解説書。特に 66) は放射測温による輸送問題（3章），熱電対，抵抗温度計など接触式測温法による過渡現象（4章），コンピュータトモグラフィ技術（6章），CARS, LIF を含めたレーザ非接触式測温法（7章），エンジン内燃焼

現象への諸手法の応用（8 章）など，さまざまな過渡現象を伴う温度計測について
論じている。

68) B. Williamsa, M. Edwards, R. Stone, J. Williams, and P. Ewart: High pre-
cision in-cylinder gas thermometry using Laser Induced Gratings — Quan-
titative measurement of evaporative cooling with gasoline/alcohol blends in
a GDI optical engine, Combustion and Flame, **161**-1, 270/279 (2014).

69) J. Kiefer and P. Ewart: Laser diagnostics and minor species detection in
combustion using resonant four-wave mixing, Progress in Energy and Com-
bustion Science, **37**-5, 525/564 (2011).

> 68) は，LITGS を直噴エンジン（gasoline direct injection; GDI engine）（ガソ
> リンをシリンダ内に高圧で直接噴射するエンジン）に応用した研究論文である。非
> 線形光学効果を利用した測温法における CARS を超えるメリットが主張されてい
> る。69) は LITGS のほか，DFWM（degenerate four-wave mixing），CARS，
> PS（polarization spectroscopy）など，非線形光学を利用した燃焼ガス測定の諸
> 原理がサーベイされている。

70) W. B. Spillman and Jr. E. Udd: Field Guide to Fiber Optic Sensors, SPIE
Press (2014).

71) K. A. Wickersheim: Fiberoptic thermometry — An overview, in TEMPER-
ATURE, **Vol.6** (ed J. F. Schooley), 711/714, American Institute of Physics
(1992).

72) G. Tao, H. Ebendorff-Heidepriem, A. M. Stolyarov, S. Danto, J. V. Badding,
Y. Fink, J. Ballato, and A. F. Abouraddy: Infrared fibers, Advances in Optics
and Photonics, **7**, 379/458 (2015).

73) G. B. Hocker: Fiber-optic sensing of pressure and temperature, Appl. Opt.,
18-9, 1445/1448 (1979).

74) K. Kyuma, S. Tai, T. Sawada, and M. Nunoshita: Fiber-optic instrument for
temperature measurement, IEEE J. Quantum Electronics, **QE18**-4, 676/679
(1982).

75) D. Terada, R. Takigawa, T. Shimizu, and T. Iuchi: Semitransparent prop-
erties of an intrinsic silicon wafer and its application to an optical fiber tem-
perature sensor, Proc. of SICE Annual Conference, Tsukuba, 25/30 (2016).

76) K. Murphy, M. Gunther, A. Vengsarkar, and R. O. Claus: Quadrature
phase-shifted, extrinsic Fabry-Perot optical fiber sensors, Opt. Lett., **16**-4,
273/275 (1991).

77) M. Froggatt: Distributed measurement of the complex modulation of a

photoinduced Bragg grating in an optical fiber, Appl. Opt., **35**-25, 5162/5164 (1996).

78) S. Gupta, T. Mizunami, T. Yamao, and T. Shimomura: Fiber Bragg grating cryogenic temperature sensors, Appl. Opt., **35**-25, 5202/5205 (1996).

79) T. Rice, S. Poland, B. Childers, M. Palmer, J. Elster, B. Fielder, D. Maleski, and M. Gunther: Fiber optic temperature sensors — A new temperature measurement toolbox, in TEMPERATURE, **Vol.7** (ed D. C. Ripple), 1015/1020, American Institute of Physics (2003).

80) R. R. Dils: High-temperature optical fiber thermometer, J. of Appl. Phys., **54**-3, 1198/1201 (1983).

> 70)~80) は *6.4* 節の光ファイバ温度センサに関連する文献。70), 71) はそれぞれ光ファイバセンサ一般とその温度センサに関する解説。72) は赤外長波長域ファイバに関する最新技術の集約。73)~78) は光ファイバ温度センサに関する一連の研究論文。79) は光ファイバ温度センサの解説。80) は高温ガス温度測定のためのサファイアロッドセンサに関する歴史的な論文。

81) K. T. V. Grattan and Z. Y. Zhang: Fibre Optic Fluorescent Thermometry, Chapman & Hall (1995).

82) S. W. Allison and G. T. Gillies: Remote thermometry with thermographic phosphors — Instrumentation and applications, Rev. Sci. Instrum., **68**-7, 2615/2650 (1997).

83) 勝亦徹, 小室修二：蛍光温度計用センサ材料の探索, 計測と制御, **47**, 5, 409/414 (2008).

84) 内山聖一, 岡部弘基, 稲田のりこ：蛍光寿命測定による細胞内温度分布イメージング, 光化学, **43**-1, 24/27 (2012).

85) K. Oyama, M. Takabayashi, Y. Takei, S. Arai, S. Takeoka, S. Ishiwata, and M. Suzuki: Walking nanothermometers — Spatiotemporal temperature measurement of transported acidic organelles in single living cells, Lab Chip, **12**, 1591/1593 (2012).

86) S. Musolino, E. P. Schartner, G. Tsiminis, A. Salem, T. M. Monro, and M. R. Hutchinson: Portable optical fiber probe for in vivo brain temperature measurements, Biomedical Optics Express, **7**-8, 3069/3077 (2016).

87) M. J. Caterina, M. A. Schumacher, M. Tominaga, T. A. Rosen, J. D. Levine, and D. Julius: The capsaicin receptor — A heat-activated ion channel in the pain pathway, Nature, **389**, 816/824 (1997).

88) 富永真琴：温度感受性 TRP チャネル, 漢方医学, **37**-3, 164/175 (2013).

89) N. Fuhrmann, J. Brubach, and A. Dreizler: Phosphor thermometry at high repetition rates, in TEMPERATURE, Its Measurement and Control in Science and Industry, **Vol.8** (ed C. Meyer), 867/872, American Institute of Physics (2013).

90) T. P. Jenkins, J. I. Eldridge, S. W. Allison, R. H. Niska, J. J. Condevaux, D. E. Wolfe, E. H. Jordan, and B. Heeg: Progress toward luminescence-based VAATE Turbine blade and vane temperature measurement, in TEMPERATURE, Its Measurement and Control in Science and Industry, **Vol.8** (ed C. Meyer), 903/908, American Institute of Physics (2013).

91) A. L. Heyes, A. Rabhiou, J. P. Feist, and A. Kempf: Thermal history sensing with thermographic phosphors, in TEMPERATURE, Its Measurement and Control in Science and Industry, **Vol.8** (ed C. Meyer), 891/896, American Institute of Physics (2013).

92) J. I. Eldridge and M. D. Chambers: Temperature sensing above $1\,000\,^{\circ}$C using Cr-doped $GdAlO_3$ spin-allowed broadband luminescence, in TEMPERATURE, Its Measurement and Control in Science and Industry, **Vol.8** (ed C. Meyer), 873/878, American Institute of Physics (2013).

93) P. Y. Sollazzo, J. P. Feist, S. Berthier, B. Charnley, J. Wells, and A. L. Heyes: Application of a production line phosphorescence sensor coating system on a jet engine for surface temperature detection, in TEMPERATURE, Its Measurement and Control in Science and Industry, **Vol.8** (ed C. Meyer), 897/902, American Institute of Physics (2013).

94) B. Heeg and T. P. Jenkins: Precision and accuracy of luminescence lifetime-based phosphor thermometry — A case study of Eu(III):YSZ, in TEMPERATURE, Its Measurement and Control in Science and Industry, **Vol.8** (ed C. Meyer), 885/890, American Institute of Physics (2013).

95) S. W. Allison and G. T. Gillies: Phosphor thermometry signal analysis and interpretation, in TEMPERATURE, Its Measurement and Control in Science and Industry, **Vol.8** (ed C. Meyer), 863/866, American Institute of Physics (2013).

96) C. Knappe, F. A. Nada, J. Linden, M. Richter, and M. Alden: Response regime studies on standard detectors for decay time determination in phosphor thermometry, in TEMPERATURE, Its Measurement and Control in Science and Industry, **Vol.8** (ed C. Meyer), 863/866, American Institute of

Physics (2013).

97) 鈴木雄二, 齋木悠, 范勇：非定常燃焼場のための条件付き抽出 2 ライン OH-PLIF 温度計測, 日本燃焼学会誌, **55**-173, 234/240 (2013).

98) Y. Saiki, N. Kurimoto, Y. Suzuki, and N. Kasagi: Active control of Jet Premixed flames in a model combustor with manipulation of large-scale vortical structures and mixing, Combustions and Flame, **158**-7, 1391/1403 (2011).

99) 石井大二郎, 三原雄司, 佐藤進, 小酒英範：燃焼室表面の瞬時温度計測法に関する研究, 第 26 回内燃機関シンポジウム, 81 (2015).

　　　81)～86) および 89)～96) は, 蛍光測温法に関する一連の文献である。このうち 81) は, 蛍光温度センサに関する専門書。82) は蛍光測温法に関する包括的なレビュー論文。蛍光測温法について詳しく学習したい場合に最適な資料である。83) は蛍光温度センサに用いられる筆者らによる材料開発の論文を中心に記述された解説記事である。84)～86) は, 生体内の温度計測事例についての研究論文。87) と 88) は蛍光測温法とは異なり, 脚注に記述した生体に内在する温度センサ TRP チャネルに関する文献。89)～96) は 2012 年開催の TEMPERATURE Symposium で特集された, 主として燃焼エンジン内のプラグやブレードの高温蛍光測温法に関わる一連の論文。測定例, 材料開発, データ・信号処理など多方面にわたっている。内容の詳細は各論文の記述を参照されたい。97), 98) はそれぞれ 2 ライン OH-PLIF による火炎温度計測に関する解説記事と研究論文。99) はエンジン冷却損失低減のための開発に用いる各種最新温度センサに関する講演会報告。

100) 計測自動制御学会温度計測部会 編：新編 温度計測, 290/293, コロナ社 (1992).

101) P. R. N. Childs: Practical Temperature Measurement, 300/301, Butterworth Heinemann (2001).

102) P. R. N. Childs, J. R. Greenwood, and C. A. Long: Review of temperature measurement, Rev. Sci. Instrum., **71**-8, 2959/2978 (2000).

103) 山崎弘郎：センサ工学の基礎 第 2 版, 73/78, 昭晃堂 (2010).

　　　100) は本書の旧版となる温度計測に関するテキスト。101), 102) は各種温度計測法およびセンサについてわかりやすく一通りの記述がなされている。103) はセンサ一般について解説されている平易なテキスト。音波検出のシングアラウンド法やドップラー計測などについて詳しく説明されている。

104) L. C. Lynnworth and E. H. Carnevale: Ultrasonic thermometry using pulse techniques, in TEMPERATURE, Its Measurement and Control in Science and Industry, **Vol.4** (ed H. H. Plumb), 715/732, Instrument Society of America (1972).

105) L. C. Lynnworth: Temperature profiling using multizone ultrasonic waveguides, in TEMPERATURE, Its Measurement and Control in Science and In-

dustry, **Vol.5** (ed J. F. Schooley), 1181/1190, American Institute of Physics (1982).

106)　H. A. Tasman, M. Campana, D. Pel, and J. Richter: Ultrasonic thin-wire thermometry for nuclear applications, in TEMPERATURE, Its Measurement and Control in Science and Industry, **Vol.5** (ed J. F. Schooley), 1191/1196, American Institute of Physics (1982).

107)　Y. J. Lee, B. T. Khuri-Yakub, and K. Saraswat: Temperature measurement in rapid thermal processing using the acoustic temperature sensor, IEEE Transactions on Semiconductor Manufacturing, **9**, 115/121 (1996).

　　104)〜107) は超音波探子を測定環境に挿入する, いわゆる半侵襲 (semi-invasive) 超音波伝播速度測定による温度計測手法の論文。106) は特に原子炉への応用が, 107) は半導体 RTP での応用が記述されている。

108)　S. J. Davies, C. Edwards, G. S. Taylor, and S. J. Palmer: Laser-generated ultrasound — Its properties, mechanisms and multifarious application, J. Physics D Applied Physic, **26**, 329/348 (1993).

109)　H. C. Park, G. Thursby, and B. Culshaw: Detection of laser-generated ultrasound based on phase demodulation technique using a fibre Fabry-Perot interferometer, Meas. Sci. Technol., **16**, 1261/1266 (2005).

110)　T. Požar, P. Gregorčič, and J. Možina: Optical measurements of the laser-induced ultrasonic waves on moving objects, Opt. Expr., **17**, 22906/22911 (2009).

111)　H. N. G. Wadley, S. J. Norton, F. Mauer, B. Droney, E. A. Ash, and C. M. Sayer: Ultrasonic measurement of internal temperature distribution, Philos. Trans. R. Soc. Lond., **A320**, 341/361 (1986).

112)　M. Takahashi and I. Ihara: Ultrasonic monitoring of internal temperature distribution in a heated material, J. J. Appl. Phys., **47**-5S, 3894/3898 (2008).

　　108)〜112) はレーザ超音波技術に関する論文。111), 112) は超音波を利用した内部温度測定に関する論文。

113)　P. Morris, A. Hurrell, A. Shaw, E. Zhang, and P. Beard: A Fabry-Perot fiber-optic hydrophone for the simultaneous measurement of temperature and acoustic pressure, J. Acoustic Society of America, **125**, 3611/3622 (2009).

114)　IPCC ウェブサイト, https://www.ipcc.ch/

115)　鬼頭昭雄：異常気象と地球温暖化 — 未来に何が待っているか, 岩波書店 (2015).

116)　赤祖父俊一：正しく知る地球温暖化, 誠文堂新光社 (2008).

117) A. Forbes: Acoustic monitoring of global ocean climate, Sea Technology, **35**, 65/67 (1994).

118) B. D. Dushaw, P. F. Worcester, W. H. Munk, R. C. Spindel, J. A. Mercer, B. M. Howe, K. Metzger Jr., T. G. Birdsall, R. K. Andrew, M. A. Dzieciuch, B. D. Comuelle, and D. Menemenlis: A decade of acoustic thermometry in the North Pacific Ocean, J. Geophysical Research, **114**, C0702-1/24 (2009).

119) K. G. Sabra, B. Cornuelle, and W. A. Kuperman: Sensing deep-ocean temperatures, Physics Today, **69**-2, 32/38 (2016).

> 113) は医療診断への音響手法の応用に関する論文。114) は国連下部組織（IPCC; 気候変動に関する政府間パネル）による地球温暖化に関する報告書ウェブサイト。115) は筆者が直接関わった IPCC 報告書を概説している。116) は IPCC の地球温暖化の原因に異議を唱える代表的な文献。筆者はアラスカ大学でオーロラなど北極圏の研究に従事した研究者である。117), 118) は音響測温法による海洋温度変化測定に関する研究論文。119) は海洋温度変化測定法と関連技術に関する解説。コンパクトにまとめられている。

120) M. R. Moldover, R. M. Gavioso, J. B. Mehl, L. Pitre, M. de Podesta, and J. T. Zhang: Acoustic gas thermometry, Metrologia, **51**, R1/R19 (2014).

121) 三澤哲郎：音響気体温度計による熱力学温度測定に関する調査研究, 計測と制御, **53**-5, 444/451 (2014).

122) B. Fellmuth, C. Graiser, and J. Fischer: Determination of the Boltzmann constant-status and prospects, Meas. Sci. Technol. **17**, R145/159 (2006).

> 120) は音響気体温度計の第一線の研究者らによるレビュー記事。121) は音響気体温度計（AGT）を用いた熱力学温度測定に関わる技術的課題をまとめている。122) はボルツマン定数を決定するための AGT を含む各種 1 次温度計の最新状況を概説している。

123) H. Ziegler and M. Spieker: Signal processing in acoustic thermometry, in TEMPMEKO '96, The 6th International Symposium on Temperature and Thermal Measurements in Science and Industry (eds P. Marcarino), 451/456, Levrotto & Bella (1997).

124) G. Sutton, M. dePodesta, R. I. Veltcheva, P. Gélat, H. D. Minh, and G. Edwards: Practical acoustic thermometry with acoustic waveguides, in TEMPERATURE, Its Measurement and Control in Science and Industry, **Vol.8** (ed C. Meyer), 943/948, American Institute of Physics (2013).

125) G. Sutton, G. Edwards, R. Veltcheva, and M. de Podesta: Twin-tube practical acoustic thermometry — Theory and measurements up to $1\,000\,^{\circ}$C,

Meas. Sci. Technol., **26**, 08590-1/16 (2015).

123)～125) は 1 次温度計としての音響気体温度計の産業応用に関する論文。123) は導波管を伝播する音響波について DSP（digital signal processor）を用いた信号処理に関する内容。124), 125) は二つの近接した導波管を用いる，PA と名づけられた音響測温法について記述されている。特に 125) は理論と実験の両面にわたる詳細な考察がなされている。

各種熱電対の基準関数

JIS C 1602^{-2015} に掲載されている 9 種類の熱電対に関しては，JIS を参照されたい。ここに掲載する熱電対は，使用量が少なく JIS 規格にはなっていないが，温度標準・産業計測の分野で，ある程度継続的に使用されているものである。これらは米国の規格である ASTM E1751M-15 から引用した。

熱起電力を E/mV とし[†]，セルシウス度/$^\circ$C で表した温度を t とすると，各熱電対の熱起電力と温度との関係は，式 (A.1) に示す多項式で基準関数が表される。

$$E = c_0 + c_1 t + c_2 t^2 + \cdots + c_n t^n \tag{A.1}$$

JIS 規格にはないおもな熱電対について，式 (A.1) の係数を以降に示す。最初の Au/Pt に関してのみ，1°C 刻みの表の一部を掲載し，表の読み方の補足説明を行う。

表 A.1 は，Au/Pt 熱電対の基準関数の係数である。この値を式 (A.1) の係数に入れ，温度 t を入力して計算すると，温度 t での熱起電力 E が求まる。この操作を 1°C ごとに行うと，**表 A.2** が得られる。

Au/Pt 熱電対を用いて熱起電力を測定した結果が，例えば $9\,597.4\,\mu\mathrm{V}$ であれば，多項式を計算せずとも，表から $674\,^\circ$C と求まる。

通常は，測定された値がこの表に載っているちょうどの値であることはまずない。例えば $9\,560\,\mu\mathrm{V}$ であれば，$672\,^\circ$C と $673\,^\circ$C の間である。この場合は，温度と熱起電力の関係をこの間で直線回帰して求める。温度と熱起電力の関係は，式 (A.1) のとおり多項式であるが，短い区間であれば直線回帰でも実用上十分な精度が得られる。

厳密に求めたい場合は式 (A.1) で計算する。しかしながら，基準関数と完全に一致する熱電対は存在しないので，高い精度での測定が必要な場合は定点校正し，基準関数からの偏差を多項式で回帰する（4.8.5 項参照）。

[†] Au/Pt と Pt/Pd は μV である。

表 A.1　Au/Pt 熱電対の
基準関数の係数

$0\,^\circ\mathrm{C}\sim1\,000\,^\circ\mathrm{C}$
$c_0 = \quad 0.000\,000\,00$
$c_1 = \quad 6.036\,198\,61$
$c_2 = \quad 1.936\,729\,74\times10^{-02}$
$c_3 = -2.229\,986\,14\times10^{-05}$
$c_4 = \quad 3.287\,118\,59\times10^{-08}$
$c_5 = -4.242\,061\,93\times10^{-11}$
$c_6 = \quad 4.569\,270\,38\times10^{-14}$
$c_7 = -3.394\,302\,59\times10^{-17}$
$c_8 = \quad 1.429\,815\,90\times10^{-20}$
$c_9 = -2.516\,727\,87\times10^{-24}$

表 A.2　Au/Pt 熱電対の基準熱起電力表（一部）

〔μV〕

$^\circ\mathrm{C}$	0	1	2	3	4	$\cdots$	9	$^\circ\mathrm{C}$
640	8 914.5	8 934.3	8 954.1	8 974.0	8 993.9	$\cdots$	9 113.4	640
650	9 113.4	9 133.4	9 153.4	9 173.4	9 193.4	$\cdots$	9 313.9	650
660	9 313.9	9 334.1	9 354.2	9 374.4	9 394.6	$\cdots$	9 516.1	660
670	9 516.1	9 536.4	9 556.7	9 577.0	9 597.4	$\cdots$	9 719.9	670
680	9 719.9	9 740.3	9 760.8	9 781.3	9 801.8	$\cdots$	9 925.2	680

表 A.3　プラチネル II 熱電対の基準関数の係数

$0\,^\circ\mathrm{C}\sim746.4\,^\circ\mathrm{C}$	$746.4\,^\circ\mathrm{C}\sim1\,395\,^\circ\mathrm{C}$
$c_0 = \quad 0.000\,000\,0$	$c_0 = -8.962\,183\,8$
$c_1 = \quad 2.981\,971\,6\times10^{-02}$	$c_1 = \quad 8.537\,720\,0\times10^{-02}$
$c_2 = \quad 3.517\,515\,2\times10^{-05}$	$c_2 = -1.057\,023\,3\times10^{-04}$
$c_3 = -3.487\,842\,8\times10^{-08}$	$c_3 = \quad 1.542\,493\,7\times10^{-07}$
$c_4 = \quad 1.485\,132\,7\times10^{-11}$	$c_4 = -1.285\,511\,5\times10^{-10}$
$c_5 = -3.637\,546\,7\times10^{-15}$	$c_5 = \quad 5.443\,876\,0\times10^{-14}$
	$c_6 = -9.321\,126\,9\times10^{-18}$

表 A.4　Pt/Pd 熱電対の基準関数の係数

$0\,^\circ\mathrm{C}\sim660.323\,^\circ\mathrm{C}$	$660.323\,^\circ\mathrm{C}\sim1\,500\,^\circ\mathrm{C}$
$c_0 = \quad 0.000\,000$	$c_0 = -4.977\,137\,0\times10^{2}$
$c_1 = \quad 5.296\,958$	$c_1 = \quad 1.018\,254\,5\times10^{1}$
$c_2 = \quad 4.610\,494\times10^{-3}$	$c_2 = -1.579\,351\,5\times10^{-2}$
$c_3 = -9.602\,271\times10^{-6}$	$c_3 = \quad 3.636\,170\,0\times10^{-5}$
$c_4 = \quad 2.992\,243\times10^{-8}$	$c_4 = -2.690\,150\,9\times10^{-8}$
$c_5 = -2.012\,523\times10^{-11}$	$c_5 = \quad 9.562\,736\,6\times10^{-12}$
$c_6 = -1.268\,514\times10^{-14}$	$c_6 = -1.357\,073\,7\times10^{-15}$
$c_7 = \quad 2.257\,823\times10^{-17}$	
$c_8 = -8.510\,068\times10^{-21}$	

表 **A.5**　クロメル/金-0.07at ％鉄熱電対
の基準関数の係数

$-273\,^{\circ}\mathrm{C}\sim7\,^{\circ}\mathrm{C}$	
$c_0 =$	$0.000\,000\,0$
$c_1 =$	$2.227\,236\,746\,6\times10^{-02}$
$c_2 =$	$3.640\,617\,966\,4\times10^{-06}$
$c_3 =$	$-1.596\,792\,820\,2\times10^{-07}$
$c_4 =$	$-4.526\,016\,988\,8\times10^{-09}$
$c_5 =$	$4.043\,255\,576\,9\times10^{-11}$
$c_6 =$	$4.906\,303\,576\,5\times10^{-12}$
$c_7 =$	$1.227\,234\,848\,4\times10^{-13}$
$c_8 =$	$1.682\,977\,369\,7\times10^{-15}$
$c_9 =$	$1.463\,645\,014\,9\times10^{-17}$
$c_{10} =$	$8.428\,790\,974\,7\times10^{-20}$
$c_{11} =$	$3.214\,663\,938\,7\times10^{-22}$
$c_{12} =$	$7.822\,543\,048\,3\times10^{-25}$
$c_{13} =$	$1.101\,093\,059\,6\times10^{-27}$
$c_{14} =$	$6.826\,366\,158\,0\times10^{-31}$

表 **A.6**　Pt-40 ％Rh/Pt-20 ％Rh 熱電対の基準関数の係数

$0\,^{\circ}\mathrm{C}\sim951.7\,^{\circ}\mathrm{C}$		$951.7\,^{\circ}\mathrm{C}\sim1\,888\,^{\circ}\mathrm{C}$	
$c_0 =$	$0.000\,000\,0$	$c_0 =$	$-9.120\,187\,7\times10^{-01}$
$c_1 =$	$3.624\,628\,9\times10^{-04}$	$c_1 =$	$3.524\,693\,1\times10^{-03}$
$c_2 =$	$3.936\,032\,0\times10^{-07}$	$c_2 =$	$-3.907\,744\,2\times10^{-06}$
$c_3 =$	$4.259\,413\,7\times10^{-10}$	$c_3 =$	$3.672\,869\,7\times10^{-09}$
$c_4 =$	$1.038\,298\,5\times10^{-12}$	$c_4 =$	$-1.082\,471\,0\times10^{-12}$
$c_5 =$	$-1.540\,693\,9\times10^{-15}$	$c_5 =$	$1.151\,628\,0\times10^{-16}$
$c_6 =$	$1.003\,397\,4\times10^{-18}$	$c_6 =$	$-1.261\,964\,0\times10^{-20}$
$c_7 =$	$-2.849\,716\,0\times10^{-22}$		

表 **A.7**　Ir-40 ％Rh/Ir 熱電対の基準関数の係数

$0\,^{\circ}\mathrm{C}\sim630.615\,^{\circ}\mathrm{C}$		$630.615\,^{\circ}\mathrm{C}\sim2\,110\,^{\circ}\mathrm{C}$	
$c_0 =$	$0.000\,000\,0$	$c_0 =$	$-9.683\,908\,2\times10^{-02}$
$c_1 =$	$3.087\,001\,6\times10^{-03}$	$c_1 =$	$3.658\,861\,5\times10^{-03}$
$c_2 =$	$6.964\,977\,3\times10^{-06}$	$c_2 =$	$5.745\,518\,9\times10^{-06}$
$c_3 =$	$-7.889\,050\,4\times10^{-09}$	$c_3 =$	$-6.054\,794\,3\times10^{-09}$
$c_4 =$	$2.770\,059\,1\times10^{-12}$	$c_4 =$	$2.723\,539\,3\times10^{-12}$
$c_5 =$	$2.676\,241\,3\times10^{-14}$	$c_5 =$	$-5.179\,703\,7\times10^{-16}$
$c_6 =$	$-1.041\,804\,0\times10^{-16}$	$c_6 =$	$3.082\,188\,6\times10^{-20}$
$c_7 =$	$1.527\,086\,7\times10^{-19}$		
$c_8 =$	$-7.963\,408\,2\times10^{-23}$		

章末問題解答

1章

【1】 熱力学において温度のゆらぎの概念は存在しないが，統計力学では温度はミクロな微粒子の運動に関わって定義されるので，温度のゆらぎの概念が入ってくる。エントロピを通して両者の温度が結び付けられる。

【2】 *1.1.4* 項を復習せよ。熱は物理量として仕事とともにエネルギの単位を持つ示量変量であり，量に比例する。一方，温度は熱の移動する傾向の強さを示す示強変量であり，熱平衡状態を区別する役割を果たしている。

【3】 式 (*1.14*) から式 (*1.25*) までをたどれば得られる。詳細は文献 5)~8) のいずれかを参考にすればよい。

【4】 *1.2.2* 項〔*2*〕に示した定義によると，(1) で用いられる金属電気抵抗は温度に依存する未知量であるため，2 次温度計である。(2) はゼーベック効果による熱起電力を利用する温度計で，ゼーベック係数は金属ごとに測定されて利用可能になる温度に依存する量であるため，2 次温度計である。(3) が基づく理想気体中の音速の温度依存性はガス定数と比熱比とモル質量で記述される状態方程式でその特性が表すことができるため，1 次温度計である。(4) はプランクの放射則を用いて真空中の光速，プランク定数，ボルツマン定数，波長でその特性が記述できるため，1 次温度計として利用できる。ただし，通常の放射温度計の使用においては，これらの定数を精密に求めることなく，国際温度目盛の定義定点との輝度比を測定しており，2 次温度計としての利用である。

2章

【1】 (a) 10 個のデータの実験標準偏差が $s = 0.27\,°\mathrm{C}$ なので，測定時間内の測定値のばらつきに起因する標準不確かさは，$u_\mathrm{rep}(\bar{t}) = 0.27\,°\mathrm{C}/\sqrt{10} = 0.085\,°\mathrm{C}$ である。仕様書から，温度計の目盛のずれが $\pm0.2\,°\mathrm{C}$ の範囲にあると解釈し，ずれに対して一様分布を仮定すると，これに付随する標準不確かさは，$u_\mathrm{scale}(\bar{t}) = 0.2\,°\mathrm{C}/\sqrt{3} = 0.12\,°\mathrm{C}$ である。これらを合成して，平均温度の合成標準不確かさは，$u_\mathrm{c}(\bar{t}) = 0.14\,°\mathrm{C}$ となる。

(b) 10 個のデータのどれか一つを t_i とすると，$u_\mathrm{rep}(t_i) = 0.27\,°\mathrm{C}$ であり，

$u_{\text{scale}}(t_i)$ は $u_{\text{scale}}(\bar{t})$ と同じで $0.12\,^\circ\mathrm{C}$ である。これらを合成して $u_{\text{c}}(t_i) = 0.29\,^\circ\mathrm{C}$ となる。

【2】 式 (2.15) で，右辺の第 1 項を R_{t} として伝播則を適用すると

$$u_{\text{c}}^2(y) = u^2(R_{\text{t}}) + \left(\frac{\Delta}{E}\right)^2 u^2(I_{\text{g}}) + \left(\frac{I_{\text{g}}}{E}\right)^2 u^2(\Delta) + \left(\frac{-I_{\text{g}}\Delta}{E^2}\right)^2 u^2(E)$$

$$= u^2(R_{\text{t}}) + \left(\frac{\Delta}{E}\right)^2 u^2(I_{\text{g}})$$

となる。ここで，I_{g} の推定値は 0 であることを利用した。一方，$R_{\text{t}} = R_{\text{A}} R_{\text{S}}/R_{\text{B}}$ において，右辺の変数がすべて独立として相対不確かさの伝播則を適用すると

$$\frac{u^2(R_{\text{t}})}{R_{\text{t}}^2} = \frac{u^2(R_{\text{A}})}{R_{\text{A}}^2} + \frac{u^2(R_{\text{B}})}{R_{\text{B}}^2} + \frac{u^2(R_{\text{S}})}{R_{\text{S}}^2}$$

となる。これから求まる $u^2(R_{\text{t}})$ を上の式に代入して式 (2.37) が得られる。

R_{A} と R_{B} の間に相関がある場合，上式は

$$\frac{u^2(R_{\text{t}})}{R_{\text{t}}^2} = \frac{u^2(R_{\text{A}})}{R_{\text{A}}^2} + \frac{u^2(R_{\text{B}})}{R_{\text{B}}^2} + \frac{u^2(R_{\text{S}})}{R_{\text{S}}^2}$$

$$- 2r(R_{\text{A}}, R_{\text{B}}) \cdot \frac{u(R_{\text{A}}) \cdot u(R_{\text{B}})}{R_{\text{A}} \cdot R_{\text{B}}}$$

と変形を受ける。抵抗の製造者が同じであることなどの理由で，R_{A}, R_{B} 間に相関がある場合，相関係数 $r(R_{\text{A}}, R_{\text{B}})$ は負でないと考えられる。$r(R_{\text{A}}, R_{\text{B}})$ の定量的評価が難しい場合に，$u(R_{\text{t}})$ を安全側（大きめ）に評価するには，$0 \leqq r(R_{\text{A}}, R_{\text{B}}) \leqq 1$ の制約条件のもとで $u(R_{\text{t}})$ の最大値を与える値として，$r(R_{\text{A}}, R_{\text{B}}) = 0$ を選択すればよい。

【3】 (a) 不確かさのバジェット表（**表 2.5**）がつぎの変更を受ける。

i) $u(\Delta_{\text{ini}(1)}) = 1.0\,^\circ\mathrm{C}/\sqrt{3} = 0.58\,^\circ\mathrm{C}$, $u_{\text{c}}(y) = 3.3\,^\circ\mathrm{C}$。$\Delta_{\text{ini}(1)}$ の寄与率は 0.164 から 0.031 に減少する。

ii) $u(\Delta_{\text{ini}(2)}) = [30\,\mu\mathrm{V}/(13.23\,\mu\mathrm{V}/^\circ\mathrm{C})]/\sqrt{3} = 1.3\,^\circ\mathrm{C}$, $u_{\text{c}}(y) = 2.7\,^\circ\mathrm{C}$。$\Delta_{\text{ini}(2)}$ の寄与率は 0.541 から 0.228 に減少する。

(b) 寄与率が相対的に小さい不確かさ成分を小さくしても，合成標準不確かさは顕著には小さくならない。寄与率の大きい成分（この場合は補償導線の初期特性のばらつき）の改善が効果的である。

3章

【1】 $2 \times 25.000\,00\,\Omega - 25.000\,17\,\Omega = 24.999\,83\,\Omega$

　測定電流を I_1 および I_2 として式 (*3.36*) を適用する。このとき，測定温度における 1°C 当たりの抵抗値変化（感度）を S とする。

$$\Delta t_1 = \frac{R_1 - R_0}{S} = F I_1^2 R_0 \tag{1}$$

$$\Delta t_2 = \frac{R_2 - R_0}{S} = F I_2^2 R_0 \tag{2}$$

ここで，R_2，R_1，R_0 はそれぞれ測定電流 I_2，I_1，および 0 mA のときの抵抗値である。式 (1) および式 (2) より $FS = (R_1 - R_0)/I_1^2 R_0$，$FS = (R_2 - R_0)/I_2^2 R_0$ であるから，$(R_1 - R_0)/I_1^2 R_0 = (R_2 - R_0)/I_2^2 R_0$ であり，R_0 について解くと

$$R_0 = \frac{I_2^2 R_1 - I_1^2 R_2}{I_2^2 - I_1^2} \tag{3}$$

となる。$I_2/I_1 = \sqrt{2}$ を選択すると，式 (3) は

$$R_0 = 2R_1 - R_2 \tag{4}$$

となり，簡単な計算で測定電流 0 mA への外挿値が求められる。

　R_1 と R_2 に，式 (4) の計算に十分な分解能が得られるような電流値を選択する必要がある。標準用白金抵抗温度計では，測定電流 1 mA で 1 mK～2 mK の自己加熱が期待され（*3.7.3* 項〔*1*〕参照），使用時の諸条件に照らして適切であるので，$I_1 = 1$ mA，$I_2 = \sqrt{2}$ mA が選択されることが多い。

【2】 18.504 °C

　まず，標準用白金抵抗温度計の校正結果から目盛を定める。これは，**表 *1.3*** (a) に示した温度と抵抗比の関係式で与えられる補間式の定数 (a, b, c, d) を定めることである。この問題では，白金抵抗温度計の補間式は，表の 302.914 6 K ～273.15 K の式を用いる。校正した温度計のガリウム点における抵抗比 W (29.764 6 °C) と，**表 *1.3*** (b) の式と値を用いて計算したガリウム点の基準関数 W_r (29.764 6 °C) の値から，補間式の係数（この問題では a のみ）を求める。

　つぎに，校正された白金抵抗温度計を用いて抵抗測定値 R から温度 t を求めるには，以下の 3 ステップを行う。

1) 温度 t における抵抗測定値 26.838 3 Ω から，水の三重点との抵抗比 $W(t)$ を計算する。

2) 上記で求めた係数を使用して，補間式から $W_r(t)$ を計算する。

3) 基準関数 $W_r(t)$ がこの数値となる t を求める。ただし，$W_r(t)$ から t は直接的に求められないので，t を与えて計算を繰り返し，計算結果が $W_r(t)$ の値に最も近くなる t を探す必要がある。

　　なお，**表 1.3** (b) の式に等価な逆関数，すなわち $W_r(t)$ から温度 t を直接求める式は，ITS-90 のテキスト（文献 36)）に記載されており，それを用いることができる。

【3】　温度係数は式 (3.7) で定義される。導線抵抗値は往復で $20\,\Omega$ となり，$1\,^\circ\mathrm{C}$ 当たりの導線抵抗変化は $20\,\Omega \times 0.003\,9\,^\circ\mathrm{C}^{-1} = 0.078\,\Omega/^\circ\mathrm{C}$ となる。

　　Pt100 の場合の温度抵抗特性は約 $0.4\,\Omega/^\circ\mathrm{C}$ なので，導線抵抗 $0.078\,\Omega/^\circ\mathrm{C}$ の変化は，温度換算して約 $0.2\,^\circ\mathrm{C}$ の誤差要因となる。Pt1000 の場合，温度抵抗特性は約 $4\,\Omega/^\circ\mathrm{C}$ となるので，同じ $0.078\,\Omega$ の導線抵抗変化は温度換算で約 $0.02\,^\circ\mathrm{C}$ の誤差要因にしかならない。

【4】　$100\,^\circ\mathrm{C}$ における白金抵抗素子の抵抗値を R，絶縁抵抗を R_z とすると，実測される抵抗値は並列抵抗値なので，$R \cdot R_z/(R + R_z)$ である。R からこれを引いた値 ΔR は，$\Delta R = R - R \cdot R_z/(R + R_z) = R^2/(R + R_z) = (R^2/R_z)/(1 + R/R_z)$ である。ここで $R/R_z \ll 1$ なので

$$\Delta R \approx \frac{R^2}{R_z} \tag{5}$$

と近似できる。R と R_z の値と式 (5) による計算結果は**解表 3.1** のようになる。なお，式 (3.14) による $99\,^\circ\mathrm{C}$ と $100\,^\circ\mathrm{C}$ のときの抵抗値の差から，感度は Pt100 で $0.379\,\Omega/^\circ\mathrm{C}$ と計算される。Pt1000 はその 10 倍である。

解表 3.1　計 算 結 果

	R/Ω	$R_z/\mathrm{k\Omega}$	$\Delta R/\Omega$	温度換算/$^\circ\mathrm{C}$
Pt100	138.51	500	0.038 4	約 0.1
Pt1000	1 385.1	500	3.83	約 1.0

　　Pt1000 と Pt100 の ΔR の比は，式 (5) よりおのおのの抵抗値の比の 2 乗となる。したがって，解表 3.1 のように，Pt1000 の ΔR は Pt100 のそれの約 100 倍となるが，温度換算すると，Pt1000 の感度が Pt100 の 10 倍であるため，1/10 の約 10 倍になる。

　　$0\,^\circ\mathrm{C}$ における抵抗値（公称抵抗値）の大きいほうが感度は高いが，絶縁抵抗の低下（劣化）の程度が同じである場合，その影響による測定温度の誤差は大きくなる。

4章

【1】 温度表示が $1\,000\,^\circ\mathrm{C}$ なので，発生している熱起電力の合計は，R 熱電対の $1\,000\,^\circ\mathrm{C}$ における熱起電力 $10\,506\,\mu\mathrm{V}$ から，計器端子 $20\,^\circ\mathrm{C}$ における熱起電力 $111\,\mu\mathrm{V}$ を差し引いた，$10\,395\,\mu\mathrm{V}$ (①) である。K 熱電対用の補償導線を用いているため，熱電対と補償導線の接続部と計器端子間の起電力は，K 熱電対の規準表の $40\,^\circ\mathrm{C}$ の値 $1\,612\,\mu\mathrm{V}$ から $20\,^\circ\mathrm{C}$ の値 $798\,\mu\mathrm{V}$ を差し引いた $814\,\mu\mathrm{V}$ (②) である。補償導線を正しい R 熱電対用のものに変更した場合，熱電対と補償導線の接続部と計器端子間の起電力は，R の規準表より，$40\,^\circ\mathrm{C}$ での $232\,\mu\mathrm{V}$ から $20\,^\circ\mathrm{C}$ での $111\,\mu\mathrm{V}$ を引いて $121\,\mu\mathrm{V}$ (③) である。したがって，本来発生する熱起電力は，① − ② + ③ = $9\,702\,\mu\mathrm{V}$ となる。

　　室温 $20\,^\circ\mathrm{C}$ に相当する熱起電力 $111\,\mu\mathrm{V}$ を加えたものが，温度として表示されるので，$9\,702\,\mu\mathrm{V} + 111\,\mu\mathrm{V} = 9\,813\,\mu\mathrm{V}$ の熱起電力に相当する $947\,^\circ\mathrm{C}$ が実際の温度となる。

【2】 (a) 冷接点とスキャナ間を，R 用補償導線（＋側と−側で材質が異なる）で接続している。正しくは，冷接点とスキャナ間で起電力が発生しないよう＋側，−側ともに，銅線などの同一材質で接続する。

(b) 同種の R 熱電対同士の比較測定なので，冷接点・スキャナ間の補償導線により発生する熱起電力は，両者同じである。このため，標準熱電対と被校正熱電対の熱起電力差はほぼ正常に測れる。相対的な差異に大きな異常が出ないため，誤りに気づかない。

(c) スキャナの温度が室温であるとすると，冷接点とスキャナ間には，測温接点と冷接点間とは逆方向の起電力が発生する。測温接点とスキャナ間の温度で比較校正を行うと考えた場合，被校正熱電対が K 熱電対や B 熱電対であると，冷接点とスキャナ間が R 熱電対用の補償導線であるため，その分の差異が生じる。K 熱電対の場合，$1\,^\circ\mathrm{C}$ 当たりに発生する起電力が R 熱電対より大きいため，冷接点とスキャナ間に発生する起電力は本来の起電力より小さくなる。よって，測温接点とスキャナ間の起電力は大きくなり，比較校正において K 熱電対の規準より高い結果が示される。B 熱電対の場合，$1\,^\circ\mathrm{C}$ 当たりに発生する起電力が R 熱電対より小さいため，その逆となる。

【3】 **解答例1**：溶融する金属線の熱の供給源は，周囲からの放射熱と熱電対素線からの伝導熱である。溶融中は熱電対素線からも熱を吸収しており，熱電対の測温接点部にわずかな温度勾配が生じる。この温度勾配箇所において熱起電力が発生するため，原理には反しない。金属線と熱電対素線の熱接触が良くないと，放射熱が主要な熱の供給源となり，熱起電力測定がうまくいかないことがある。

解答例 2：**解図 4.1** はワイヤの融解点以上に炉温が上がり，ワイヤ材が溶けつつある状態の温度分布である。破線が炉温，実線が熱電対素線の長手方向の温度分布で，実線部分以外の素線の温度分布は炉温（破線）と同じである。ブリッジワイヤ溶融時の潜熱のため，その近傍のみ融解点まで温度は下がっているが，それ以外の部分の温度は，炉の温度分布に等しい。熱電対素線の温度を正確に実測することはできないが，おおよそこうなっているものと見られる。熱電対の出力は，温度勾配のかかっている部分の素線全体で発生する熱起電力の総和である。炉温がワイヤの融解点以上になった場合，溶融しつつあるワイヤ部分から離れた箇所は，ワイヤの融解点温度以上になっている（図中の A の部分）が，その両側では大きさが同じで方向が逆向きの熱起電力が発生しているため，キャンセルされる。すなわち，**図 4.6** に示した均質回路の法則である。したがって，見かけ上は問のように先端部分の温度のみに依存しているように見えるが，実際には素線全体で発生している熱起電力が測定されている。

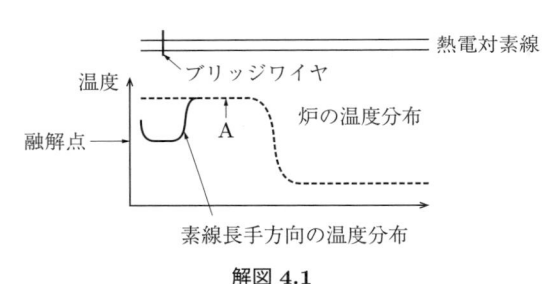

解図 4.1

5 章

【 1 】 式 (5.31) のウィーンの変位則を式 (5.26) のプランクの放射則に代入すると

$$L_{\mathrm{b},\lambda_{\max}}(T)$$
$$= \frac{c_{1\mathrm{L}}}{\lambda_{\max}^5 (e^{c_2/\lambda_{\max}\cdot T} - 1)}$$
$$= \frac{1.191\,042\,972 \times 10^{-16}\,\mathrm{W}\cdot\mathrm{m}^2\cdot\mathrm{sr}^{-1}}{(2.897\,771\,89 \times 10^{-3}\,\mathrm{m}\cdot K/T)^5 (e^{1.438\,776\,85 \times 10^{-2}/2.897\,771\,89 \times 10^{-3}} - 1)}$$
$$= 4.095\,68 \times 10^{-6}\,\mathrm{W}\cdot\mathrm{sr}^{-1}\cdot\mathrm{m}^{-3}\cdot\mathrm{K}^{-5}\cdot T^5$$

となる。比例係数は，$4.095\,68 \times 10^{-6}\,\mathrm{W}\cdot\mathrm{sr}^{-1}\cdot\mathrm{m}^{-3}\cdot\mathrm{K}^{-5}$ である。

【2】 面積 S_1 からの放射輝度は，帯域 $\Delta\lambda$ にわたって一定と考える。放射体が発する放射輝度は $L(\theta,\phi) = \varepsilon_\lambda L_{b,\lambda}(T)\Delta\lambda$ であり，レンズを見込む立体角は，式 (5.39) より $d\Omega = \sin\theta d\theta d\phi$ である。

　求める放射束 Φ は，式 (5.40) を参照し，レンズの透過率 τ を考慮すると

$$
\begin{aligned}
\Phi &= \tau \int_0^{2\pi} d\phi \int_0^\theta L(\theta,\phi) S_1 \cos\theta \sin\theta d\theta \\
&= \tau\varepsilon_\lambda 2\pi L_{b,\lambda}(T)\Delta\lambda S_1 \int_0^{\pi/60} \cos\theta \sin\theta d\theta \\
&= \tau\varepsilon_\lambda 2\pi L_{b,\lambda}(T)\Delta\lambda S_1 \left[-\frac{1}{4}\cos 2\theta \right]_0^{\pi/60}
\end{aligned}
$$

となる。上式に $\tau = 0.9$, $\varepsilon_\lambda = 0.8$, $T = 1\,000\,\mathrm{K}$, $\Delta\lambda = 40 \times 10^{-9}\,\mathrm{m}$, $S_1 = 40 \times 10^{-6}\,\mathrm{m}^2$, $\theta = 3\,° = \pi/60\,\mathrm{rad}$ を代入して計算すると

$$
\Phi = 1.03 \times 10^{-6}\,\mathrm{W} = 1.03\,\mathrm{\mu W}
$$

となる。

注：放射温度計の設計のためには図中の各データを必要とするが，この問題の解には不要なデータもある。放射測温では非常に微弱な電磁波信号を捉えていることがわかる。

【3】 任意の角度 θ_1 方向の反射率については，式 (5.91), (5.92) でそれぞれ s 偏光 $\rho_s(\theta_1)$, p 偏光反射率 $\rho_p(\theta_1)$ を求め，s 偏光放射率 $\varepsilon_s(\theta_1) = 1 - \rho_s(\theta_1)$, p 偏光放射率 $\varepsilon_p(\theta_1) = 1 - \rho_p(\theta_1)$ をそれぞれ計算すればよい。垂直反射率 $\rho_\perp$ は $\theta_1 = 0$ を代入して計算してもよいが，式 (5.95) に $n_1 = 1.0$, $n_2 = 1.44$, $\kappa_2 = 16$ を代入して直接求めることができる。

$$
\rho_\perp = \left| \frac{n_1 - \tilde{n}_2}{n_1 + \tilde{n}_2} \right|^2 = \frac{(n_1 - n_2)^2 + \kappa_2^2}{(n_1 + n_2)^2 + \kappa_2^2} = \frac{(1 - 1.44)^2 + 16^2}{(1 + 1.44)^2 + 16^2} = 0.978
$$

したがって，垂直放射率 $\varepsilon_\perp$ は

$$
\varepsilon_\perp = 1 - \rho_\perp = 1 - 0.978 = 0.022
$$

となる。

【4】 解図 5.1 において，平行平板の中心 O から半径 r と $r+dr$, 方位角 ϕ と $\phi+d\phi$, 天頂角 θ と $\theta+d\theta$ で切り取られる平板面内の微小面積 dA は $dA = rd\phi dr$ であり，また $\tan\theta = r/l$ であるから，$dr = (l/\cos^2\theta)d\theta$ である。これらを dA に代入すると

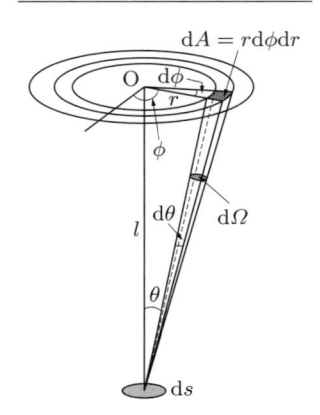

解図 5.1　微小立体角 dΩ の計算

$$dA = rd\phi dr = l\tan\theta d\phi \frac{1}{\cos^2\theta}d\theta = \frac{l^2 d\phi d\theta \sin\theta}{\cos^3\theta}d\theta$$

となる。ds から微小面積 dA を見込む微小立体角 dΩ は，定義により

$$d\Omega = \frac{dA\cos\theta}{\left(\dfrac{l}{\cos\theta}\right)^2} = d\phi d\theta \sin\theta$$

である。求める立体角 Ω は

$$\Omega = \int d\Omega = \int_0^{2\pi}d\phi \int_0^{\theta_R}\sin\theta d\theta = [\phi]_0^{2\pi}[-\cos\theta]_0^{\theta_R} = 2\pi(1 - \cos\theta_R)$$

$$\theta_R = \tan^{-1}\left(\frac{R}{l}\right)$$

となる。

注：上述の微小立体角 dΩ は式 (5.39) に等しい。つまり，この問題で与えられる平行平板の立体角は，半径 l の半球を同じ天頂角 θ_R で切り取った立体角に等しくなる（物理的観点から当然の帰結）。

【5】　金属は複素屈折率を有し，その実数部分の屈折率 n に比較して，その複素成分である消衰係数 κ が大きく，よって光が表面近くで吸収されるため，不透明体である。また，反射率が高い。バンドギャップエネルギ対応の波長より長波長のとき，誘電体は消衰係数 κ が実質的に 0 であるので，半透明体である。半導体は両者の中間にあり，常温付近では κ は実質的に 0 であるが，温度増加とともに大きくなる。また，誘電体や半導体の場合，バンドギャップエネルギを境にして短波長側は半透明体から不透明体に変質する。

【6】背光率は，背景放射源が発した放射束が，放射温度計が捉える放射束に混入する割合である。背景放射源の温度を T_s，放射率を 1 として，例えば背光率が 0.1 であるとすると，放射温度計には測定対象自身の分光放射輝度に加えて分光放射輝度 $0.1 \cdot L_{b,\lambda}(T_a)$ 相当の背景放射の混入が観測される。

【7】式 (5.109) より，$\varepsilon \cdot L_{b,\lambda}(\lambda, T) + \eta \cdot L_{b,\lambda}(\lambda, T_a) = \varepsilon_s \cdot L_{b,\lambda}(\lambda, T)$ である。背光率 η について整理して，プランクの放射則を記述すると

$$\eta = (\varepsilon_s - \varepsilon) \cdot \frac{\exp(c_2/\lambda T_a) - 1}{\exp(c_2/\lambda T) - 1}$$

となり，温度，放射率の各数値を代入すると，$\eta = 0.042$ となる。

【8】式 (5.118) の $n = c_2/\lambda T$（10 μm の場合は式 (5.117)）の関係式に代入して計算すると，**解表 5.1** のように n 値が求まる。つぎに，放射率 ε は範囲内の一様分布で表されると考えられるので，放射率の相対標準不確かさ $\varepsilon/\mathrm{d}\varepsilon$ は $\sqrt{3}$ で除して 0.6〜0.7 は 4.4 %，0.2〜0.3 は 12 % を得る。これを用いて式 (5.116) の $\mathrm{d}T = (1/n) \cdot T \cdot \mathrm{d}L_{b,\lambda}/L_{b,\lambda} = (1/n) \cdot T \cdot \mathrm{d}\varepsilon/\varepsilon$ に代入すると，解表 5.1 が得られる。

解表 5.1

	波長/μm	n 値			温度測定の標準不確かさ/°C					
					$\varepsilon = 0.6$〜0.7			$\varepsilon = 0.2$〜0.3		
	波長/μm	0.9	1.6	10	0.9	1.6	10	0.9	1.6	10
温度	250 °C	—*	17	2.9	—*	1.4	8	—*	3.5	21
	600 °C	18	10	2.0	2.1	3.8	19	6	10	49
	1 000 °C	13	7.1	1.7	4.5	8.0	34	12	21	88

* 測定下限温度以下

さらに，式 (5.109) 中で $\alpha_\lambda = 0$ とおいて得られる

$$L_\lambda = \varepsilon_\lambda \cdot L_{b,\lambda}(T) + \beta \cdot (1 - \varepsilon_\lambda) \cdot L_{b,\lambda}(T_a) = \varepsilon_\lambda \cdot L_{b,\lambda}(T')$$

を用い，プランクの放射則（式 (5.26)）を適用して，$\beta = 0.01$，$T_a = 800$ °C のときの L_λ を求め，そこから放射率設定が ε_λ の放射温度計が指示する温度 T' を得て，温度誤差 $\mathrm{d}T = T' - T$ を求めると，**解表 5.2** の値が得られる。

解表 5.2

		温度測定誤差/°C					
		$\varepsilon = 0.65$			$\varepsilon = 0.25$		
	波長/μm	0.9	1.6	10	0.9	1.6	10
温度	250°C	—*	約 140	5.0	—*	約 230	27
	600°C	7.3	3.1	3.4	32	16	19
	1 000°C	0.1	0.3	3.0	0.3	1.4	17

* 測定下限温度以下

【9】 $l/d = 10$ であるから，温度分布が均一の場合，**図 5.49** (a) より固有放射率 $\varepsilon_{\mathrm{m}} = 0.70$ でできた空洞の実効放射率は $\varepsilon_{\mathrm{eff,uni}} = 0.999\,3$ である。温度分布が放物状分布の場合，1 000°C における固有放射率 $\varepsilon_{\mathrm{m}} = 0.82$ でできた空洞の実効放射率は**図 5.49** (b) より波長 0.9 μm，1.6 μm，10 μm それぞれにおいて $\varepsilon_{\mathrm{eff,para}} = 1.002\,8$，$1.001\,4$，$1.000\,1$ となる。また，校正の際に見積もった放射率は，$\varepsilon_{\mathrm{ass}} = 0.995$ である。さらに，それぞれの波長，温度での n 値を求める。$d\varepsilon = 1 - \varepsilon$ として放射率の 1 からのずれの影響 $dT = (1/n) \cdot T \cdot d\varepsilon/\varepsilon$ を，0.9 μm 参照標準放射温度計と校正器物の放射温度計（device under test; DUT）の波長について求め，$dT_{\mathrm{ref}}(\varepsilon_{\mathrm{ass}})$，$dT_{\mathrm{ref}}(\varepsilon_{\mathrm{eff,uni/para}})$，$dT_{\mathrm{DUT}}(\varepsilon_{\mathrm{ass}})$，$dT_{\mathrm{DUT}}(\varepsilon_{\mathrm{eff,uni/para}})$ とする。用いた補正量は $dT_{\mathrm{ref}}(\varepsilon_{\mathrm{ass}}) - dT_{\mathrm{DUT}}(\varepsilon_{\mathrm{ass}})$ で，本来必要な補正量は $dT_{\mathrm{ref}}(\varepsilon_{\mathrm{eff,uni/para}}) - dT_{\mathrm{DUT}}(\varepsilon_{\mathrm{eff,uni/para}})$ であるから，これらの差が校正誤差である（**解表 5.3** 参照）。校正器物が参照標準と同じ波長の場合，性能が完全でない放射源でも校正誤差は生じない。

解表 5.3

		n 値			校正誤差/°C					
					$\varepsilon_{\mathrm{m}} = 0.70$ 均一，500°C			$\varepsilon_{\mathrm{m}} = 0.82$ 放物，1 000°C		
	波長/μm	0.9	1.6	10	0.9	1.6	10	0.9	1.6	10
温度	500°C	21	12	2.2	0.0	0.2	2.2			
	1 000°C	13	7.1	1.7				0.0	0.4	3.1

6 章

【1】 光波は横波で媒体がなくても（すなわち真空中でも）伝播する。一方，音波は空気などの媒体がないところでは存在できない。光波には，その中を伝播できる物質（透明体ないし半透明体）とできない物質（不透明体）がある。気体や液体中では，音波は縦波だけが伝播し，固体内では縦波と横波の両方が伝播する。また，液体表面と固体表面だけを伝播する表面波もある。光波でも，表面

プラズモン，ポラリトンとして物質表面極近傍だけに励起する表面波が存在する。真空中の光波の速度は，基礎物理定数として $c_0 = 299\,792\,458\,\mathrm{m\cdot s^{-1}}$ と定義されている。また，光波を粒子と見たときの光子（photon）は，標準素粒子理論において宇宙を構成する基本素粒子の一つに位置付けられている。

【2】　*1* 章で述べたように，温度は 10^{24} オーダの個数の分子・原子を含んだ，いわゆる巨視的な（マクロな）物質を対象にして，熱平衡状態において定義される。ナノスケールオーダの温度計測は，測定対象の物質が 10^{24} オーダの個数の分子・原子を含むことを前提として進めるべきである。

索　引

【あ】

亜鉛の凝固点（freezing point of zinc）　143
アナログ温度変換器　204

【い】

イリジウム・ロジウム熱電対　175
色中心（color center）　399

【う】

ウィーンの（Wien's）
　── 近似則（── approximation）
　　　　　　　　　　　　　　260, 263
　── 変位則（── displacement law）　264

【え】

エクステンション形（extension cable）　193
エタロン（etalon）　395
エネルギ保存則（law of conservation of energy）　4
エリプソメトリ（ellipsometry）　383
エリプソメトリック法（ellipsometric thermometry）　381, 384
エントロピ（entropy）　10
　── 増大の法則（principle of increase of ──）　14

【お】

応答速度　132, 135
応答度　272
音響（acoustic）
　── 気体温度計（── gas thermometer; AGT）　20, 401

　── サーモグラフィ（── thermography）　399
　── 測温法（── thermometry）　399
温　槽　141, 144
温度可変黒体炉　343
温度係数（temperature coefficient）
　　　　　　　　　96, 109, 115, 202
温度勾配（temperature gradient）
　　　　　　　　　160, 226, 243, 423
　── 域（── area）　222
温度定点（fixed point of temperature）　22
温度定点実現装置（apparatus for realizing the temperature fixed point）　29
温度標準（temperature standard）　22
温度履歴センサ（thermal history sensor）　398

【か】

開口絞り（aperture stop）　275
外部導線　102, 131
拡張不確かさ（expanded uncertainty）
　　　　　　　　　44, 63
可動コイル式計測器　166
過渡応答　211
カプセル型（capsule type）　101, 143
カーボングラス抵抗温度計（carbon glass resistance thermometer）　139
カーボンナノチューブ（carbon nanotube; CNT）　378
硝子封入抵抗素子　110
カルノー（Carnot）
　── サイクル（── cycle）　5
　── の定理（── theorem）　5
過冷却（supercooling）　236

感温部　213
感光性（photosensitive）　389
干渉縞（interference fringe）　382
干渉フィルタ（interference filter）　279
完全拡散的反射　291
完全鏡面的反射　290
カンチレバー（cantilever）　379
感度係数（sensitivity coefficient）　60

【き】

機械加工中の温度上昇測定　181
貴金属熱電対（noble-metal thermocouple）　166, 168
基準関数（reference function）　167, 416
基準接点（reference junction）　159
　── 補償（── compensation）　170, 181, 200
規準抵抗値（reference resistance）　103
寄生熱起電力（parasitic thermoelectro-motive force）　121, 131, 235
気体温度計測　215
期待値（expectation）　48
輝度温度（radiance temperature）　282, 285
輝度信号（radiance signal）　316, 319, 337, 349
基本単位（base unit）　15
基本量（basic quantity）　15
吸収端波長（absorption edge wavelength）　393
吸収率（absorptivity; absorptance）　287
キュリー（Curie）
　── 温度（── temperature）　114, 235
　── 点（── point）　171
凝固点実現装置（apparatus for realizing the freezing point）　29
狭帯域放射温度計（narrow band radiation thermometer）　280
許容差（tolerance）　106, 176, 178, 194, 195
　── クラス（── class）　107
距離効果（distance effect）　355
キルヒホッフの法則　289
金属炭素共晶点（metal-carbon eutectic point）　240

金属保護管（metal protection tube）　186
金/白金熱電対　173

【く】

空洞の実効放射率　341, 428
組立（derived）
　── 単位（── unit）　16
　── 量（── quantity）　15
くり抜き保護管　191
クロメル/金鉄熱電対　174

【け】

結像光学系（image-forming optical system）　276
ゲルマニウム抵抗温度計（germanium resistance thermometer）　139
原子間力顕微鏡（atomic force microscope; AFM）　379

【こ】

工業用測温抵抗体（industrial resistance thermometer）　99, 103, 108, 141, 147
光子（photon）　268
公称抵抗値（nominal resistance）　103
合成標準不確かさ（combined standard uncertainty）　44, 54, 60, 63
広帯域放射温度計（wide band radiation thermometer）　280
光電子増倍管（photomultiplier tube; PMT）　271
光導電型検出器（photoconductive detector; PC）　272
交流ブリッジ　120
互換性　168
国際温度（International Temperature）　19
国際計量標準（international standard）　27
国際単位系（International System of Unit; SI）　15
黒体空洞　340, 341, 346
黒体分光（blackbody spectral）
　── 放射輝度（── radiance）　262
　── 放射束（── radiance flux）　261

── 放射発散度（── radiance emit-
tance）　　262
黒体放射（blackbody radiation）　　256
誤差の構造モデル　　62, 75
国家計量標準（national standard）　　27
コモンモードノイズ対策　　207
固有放射率　　341, 346, 359
コンペンセーション形（compensating
cable）　　193

【さ】

作業物質（working substance）　　7
佐久間-服部の式（Sakuma-Hattori's
equation）　　340, 351
雑音等価電力（noise equivalent power;
NEP）　　273
差動熱電対　　180
サーミスタ測温体　　93, 114, 115
サーミスタボロメータ（thermistor bolo-
meter）　　271
サーモウェル（thermowell）　　191
サーモパイル（thermopile）　　270
サーモリフレクタンス法
（thermoreflectance thermometry）　　381
酸化ルテニウム抵抗温度計（ruthenium
oxide thermometer）　　140
三重点（triple point）　　16
暫定低温目盛（Provisional Low Temper-
ature Scale）　　24
残留抵抗（residual resistance）　　95
── 比（── ratio; residual resistivity
ratio）　　100

【し】

時間遅れ　　212
時間領域反射光測定法（optical time do-
main reflectometry; OTDR）　　389
示強変量（intensive quantity）　　3
次元指数（dimensional exponent）　　16
次元 1（dimension one）　　16
自己加熱（self-heating）　122, 128, 144, 147
── 係数（── coefficient）　　129
仕事（work）　　4

事後保全（corrective maintenance）　　390
シース測温抵抗体（mineral insulated metal
sheathed resistance thermometer）
109, 113, 133
シース熱電対（mineral insulated metal
sheathed thermocouple）　　188
── の規格　　190
── のシャントエラー　　226
── の測温接点部分　　189
── の特徴　　190
実験標準偏差　　48
実験分散　　48
実効分光放射率　　313
実効放射率（effective emissivity）　　292
時定数　　212, 213
シート熱電対　　180
視野絞り（field stop）　　275
自由度（degrees of freedom）　48, 55, 71
シュテファン-ボルツマンの法則　　265
状態方程式（equation of state）　　7
状態量（state quantity）　　3
焦電効果（pyroelectric effect）　　270
消耗型浸漬熱電対　　179, 332
ショットノイズ（shot noise）　　380
示量変量（extensive quantity）　　3
シングアラウンド法（sing around method）
400
信号対雑音比（signal-to-noise ratio; SN 比;
S/N）　　273

【す】

ストークス・ラマン散乱（Stokes Raman
scattering）　　387

【せ】

生体組織（living tissue）　　378
静電容量式温度計（capacitance thermom-
eter）　　140
石英（quartz glass）
── シース（── sheath）　　101
── の失透（devitrification of ──）　　101
絶縁管（insulating tube）　　185
── 付熱電対　　183

——の形状・長さ　186
——の材料　185
——の特性　186
絶縁抵抗（insulation resistance）
　102, 131, 206, 208, 209
絶対（absolute）
——熱電能（—— thermopower）　156
——放射温度計（—— radiation thermometer; ART）　21
—— 1 次温度計（—— primary thermometer）　354
接地形（grounded junction）　189
ゼーベック（Seebeck）　156
——係数（—— co-efficient）　156
——効果（—— effect）　156
セラミック封入抵抗素子　110
セルシウス（Celsius）　18
——温度（—— temperature）　17
セルノックス（Cernox^{TM}）　139, 141

【そ】

相関係数　43, 50, 68
走査型熱顕微鏡（scanning thermal microscope; SThM）　379
相対（relative）
——熱電能（—— thermopower）　156
—— 1 次温度計（—— primary thermometer）　354
挿入長（immersion depth）
　113, 133, 211, 219, 224–226
相補型 MOS（complementary metal oxide semiconductor; CMOS）　302
測温接点（measuring junction）
　159, 164, 173, 180, 181, 200
——の接続方法　182
測温抵抗体（resistance thermometer）
　93, 95, 103, 108
測定対象量（measurand）　51
測定電流　122
測定の数学的モデル　51
測定モデル　51, 75, 79, 86

【た】

第一原理（first principles）　19
ダイオード温度計（diode thermometer）　140
大気圧プラズマコーティング（air plasma spraying; APS）　398
大気の窓（atmospheric window）　280, 318
ダイナミックレンジ（dynamic range）
　280, 323, 351
タイプ A 評価　43, 54
タイプ B 評価　43, 56
タイムラグ（time lag）　166
多重反射（multiple reflection）　313
多チャネル入力　206
多点式熱電対　181
多波長温度計（multi-wavelength thermometer）　309
端子箱　113, 184
探針（probe）　378

【ち】

窒化ジルコニウム温度計　139
窒素の沸点（boiling point of nitrogen）　143
中心極限定理　49
超音波探子（ultrasonic probe）　400
直流電流比較（direct current comparator; DCC）ブリッジ　119
チョッパ（chopper）　280
チョッピング（chopping）　280, 283

【て】

抵抗素子　109
抵抗値のドリフト（resistance drift）　133
ディジタル電圧計　235
定常状態の熱流　210
定積気体温度計（constant volume gas thermometer; CVGT）　20
定点校正（fixed point calibration）　142, 235
定点黒体（fixed point blackbody）　340
——炉（—— furnace）　346
デュプレックス熱電対　183, 193
電位差計　121, 203

電荷結合素子（charge coupled device; CCD） 277
電気双極子（electric dipole） 256
電磁波（electromagnetic wave） 256
伝播位相差（propagation phase difference） 383

【と】

同位体（isotope） 17
透過型電子顕微鏡（transmission electron microscope; TEM） 378
同軸熱電対 180
導線抵抗補償回路 124
銅測温抵抗体 107
導電性物質（conductive substance） 377
特定（specified）
—— 標準器（—— standard instrument） 29
—— 2 次標準器（—— secondary standard instrument） 31
ドップラー（Doppler）
—— 効果（—— effect） 387
—— 法（—— method） 400
トムソン効果（Thomson effect） 161
ドリフト（drift） 280, 281
トレーサビリティ（traceability） 26

【な】

ナイキストの定理（Nyquist's theorem） 21
内部エネルギ（internal energy） 4
内部導線 131
ナノ熱電対（nano-scale thermocouple） 378

【に】

ニッケル測温抵抗体 107
入出力絶縁 209
入力量（input quantity） 51
ニュートンの冷却の法則（Newton's law of cooling） 212

【ね】

熱（heat） 4

熱画像装置（thermal imaging camera） 301, 316, 318, 324, 327, 341, 346, 355
熱機関の効率（efficiency of heat engine） 5
熱起電力（thermoelectromotive force） 156
—— の積分 156
熱効果レンズ分光法（thermal lens spectroscopy） 384
熱雑音温度計（Johnson noise thermometer; JNT） 21
熱じょう乱 214
熱接触 210–214, 221, 423
熱電対（thermocouple） 154
—— の過熱使用限度 227
—— の均質回路の法則（law of homogeneous metals） 161
—— の原理 155, 158
—— の校正 235
—— の材質による熱起電力の加算 164
—— の種類 166
—— の常用限度 227
—— の選択基準 166, 176, 177
—— の中間温度の法則（law of successive temperatures） 162
—— の中間金属の法則（law of intermediate metals） 162
—— の特性 166
—— の特徴 165
—— の不均質（—— inhomogeneity） 163, 222
—— の 3 法則 161
熱電能（thermopower） 156
熱平衡（thermal equilibrium） 3
—— 状態（state of ——） 2
熱放散定数（dissipation factor） 130
熱放射（thermal radiation） 215, 255, 256
熱浴（熱源）（heat bath; heat reservoir） 5, 154, 219
—— 温度 159
熱力学（thermodynamics）
—— 第 0 法則（zeroth law of ——） 3
—— 第 1 法則（first law of ——） 4
—— 第 2 法則（second law of ——） 5

熱力学温度（thermodynamic temperature）　　　1, 7, 9
熱力学温度測定　　　353
熱　流　　　210, 217

【の】

能動的計測法（active measurement method）　　　381
ノーマルモードノイズ対策　　　208

【は】

バイオテクノロジ（biotechnology）　　　397
背景放射（background radiation）　　　300, 302, 311, 316, 321, 323, 324, 329, 335, 339, 345, 359
背光率　　　316
薄　膜　　　297
薄膜素子（thin film resistor）　　　109
波数（wave number）　　　258
裸熱電対（bare thermocouple element）　　　182
白金系熱電対
　　── の汚染　　　230
　　── の高温クリープ破壊　　　232
　　── の熱起電力変化　　　228
　　── の劣化　　　228
白金コバルト測温抵抗体（platinum-cobalt resistance thermometer）　　　138
白金測温抵抗体（platinum resistance thermometer）　　　99, 103
白金抵抗素子（platinum resistor）　　　108
白金/パラジウム熱電対　　　173
バーンアウト検出　　　126
半球分光（hemispherical spectral）
　　── 吸収率（── absorptivity）　　　288
　　── 反射率（── reflectivity）　　　313
　　── 放射率（── emissivity）　　　287
反射損失（reflection loss）　　　276
反ストークス・ラマン散乱（anti-Stokes Raman scattering）　　　387
半値全幅（full width at half maximum; FWHM）　　　279
バンドギャップエネルギ（bandgap energy）　　　271, 295, 298, 393

バンドパスフィルタ（bandpass filter）　　　279

【ひ】

比較校正（comparison calibration）　　　142, 144, 240
光音響分光法（photoacoustic spectroscopy）　　　384
光干渉法（interferometric thermometry）　　　381
光起電力（photovoltaic）
　　── 型検出器（── detector）　　　272
　　── 効果（── effect）　　　269
光検出器（optical detector; optical sensor）　　　268
光高温計（optical pyrometer）　　　268
光導電効果（photoconductive effect）　　　269
光ファイバ（optical fiber）
　　── コア（── core）　　　387
　　── センサ（── sensor）　　　388
卑金属熱電対（base-metal thermocouple）　　　167, 168
非金属保護管（non-metal protection tube）　　　186
微視状態（microscopic state）　　　12
微小領域（local area）　　　378
非侵襲的測定（non-invasive measurement）　　　400
非接地形（ungrounded junction; insulated junction）　　　189
ヒートパイプ　　　345
被覆熱電対　　　183
標準温度計（reference thermometer）　　　141
標準不確かさ（standard uncertainty）　　　43, 54
標準放射温度計（standard radiation thermometer）　　　340, 349, 356
標準用白金抵抗温度計（standard platinum resistance thermometer; SPRT）　　　99, 100, 141
氷点（ice point）　　　144, 159, 235
　　── 式基準接点　　　201
標本（sample）　　　47
表面温度測定　　　219

ビリアル係数（virial coefficient）　20

【ふ】

ファイバブラッグ回折格子（fiber Bragg grating; FBG）　388
ファブリ-ペロ干渉（Fabry-Perot interference）　395
ファーレンハイト（Fahrenheit; 華氏）　18
フェルミ-ディラック分布関数（Fermi-Dirac distribution function）　157
フォーカルプレーンアレイ（focal-plane array; FPA）　284
フォトサーマル法（photothermal thermometry）　381, 384
フォノン励起（phonon excitation）　378
複素屈折率（complex refractive index）　295, 381
不確かさ（uncertainty）　43, 45
　　――の伝播則（law of propagation of――）　60, 68, 75, 80, 87
　　――のバジェット表　71, 78, 84, 90
物理量（physical quantity）　3, 4
プラチネル II 熱電対　175
プラトー（plateau）　236, 238
プランク定数（Planck constant）　260
プランクの放射則（Planck's law）　261, 263
フーリエ赤外分光器（Fourier transform infrared spectrometer; FTIR）　300
フリーキャリア（free carrier）　394
ブリッジ　118
ブリュースター角（Brewster angle）　298
ブリルアン散乱（Brillouin scattering）　387
フレキシブル温度計（flexible thermal monitoring device）　377
プローブ光（probe light）　382
（分光）
　　――放射エネルギ　265
　　――放射輝度　265
　　――放射強度　266
　　――放射照度　265
　　――放射発散度　266
分光放射率（spectral emissivity; spectral emittance）　285, 287

分散（variance）　48
分布型光ファイバ温度センサ（distributed-type optical fiber temperature sensor）　388

【へ】

平均運動エネルギ（mean kinetic energy）　12
ペルチェ効果（Peltier effect）　161

【ほ】

ポアッソンの式（Poisson's equation）　9
ホイートストンブリッジ（Wheatstone bridge）　118
包含確率（coverage probability）　64
包含係数（coverage factor）　44, 63, 72
方向分光（directional spectral）
　　――吸収率（――absorptivity）　288
　　――放射率（――emissivity）　287
放射温度計（radiation thermometer）　268
放射シールド　216
　　――付モデル　216
　　――なしモデル　215
放射率（emissivity）　285, 286, 311
　　――変動（――variation）　285
　　――補正（――compensation）　282, 293, 309, 312
補間式（interpolation function）　23
保護管（protection tube）　184
　　――付測温抵抗体　109, 112
　　――付熱電対　184
　　――の材料　185
　　――の挿入長　211
　　――の直径　211
母集団（population）　47
補償導線（thermocouple extension cable）　193
　　――の規格　194
　　――の記号　195
　　――の構造　197, 198
　　――の種類　195
　　――の特徴　195
ボックスカー積分器（box-car integrator）　384

ボルツマン定数（Boltzmann constant）　　　　7, 12, 21, 259

【ま】

マイカ巻抵抗素子　　109
マイクロタス（micro-total analysis systems; μ-TAS）　　397
巻線素子（wire wound resistor）　　109
マクスウェルの電磁方程式（Maxwell's equations）　　256

【み〜も】

水の三重点（triple point of water）　　10, 16
耳用赤外線体温計（耳式体温計; clinical infrared ear thermometer）　　309
無次元（dimensionless）　　16
面積効果（size-of-source effect）　　354
もんじゅ事故　　192

【ゆ】

融解点実現装置（apparatus for realizing the melting point）　　30
有効自由度（effective degrees of freedom）　　64, 72
誘電率気体温度計（dielectric constant gas thermometer; DCGT）　　20
ユニバーサル入力　　205
ゆらぎ（fluctuation）　　3, 13

【よ】

予防保全（preventive maintenance）　　390

【り】

リオストップ（Lyot stop）　　357
理想気体（ideal gas）　　7
リニアライズ　　125
量子仮説（quantum hypothesis）　　257, 260
量子力学（quantum mechanics）　　257

【れ】

冷接点（cold junction）　　159, 235, 423
レイリー－ジーンズの法則　　259
レーザ（laser）
　　—— 測温法（—— thermometry）　　381
　　—— 誘起超音波（—— -induced ultrasound）　　400
　　—— 励起蛍光（—— induced fluorescence; LIF）　　395
　　—— 励起熱回折格子分光法（—— induced thermal grating spectroscopy; LITGS）　　392

【ろ】

ロジウム鉄温度計（rhodium-iron resistance thermometer）　　138
露出形（exposed junction）　　189
ロックインアンプ（lock-in amplifier）　　384
ロングステム型（long-stem type）　　101

【わ】

ワイヤブリッジ法（wire bridge method）　　237, 239, 243, 423

【B】

B 定数（B-value）　　99, 115
B 熱電対　　170
　　—— の汚染　　230
　　—— の断線　　230
bamboo-structure　　169, 232

【C】

C 熱電対　　172
Callendar-Van Dusen の式　　104
CARS 分光法（coherent anti-Stokes Raman scattering spectroscopy）　　391
CCD　　302, 333

CNT 温度計（CNT thermometer）   *380*

CTR サーミスタ（critical temperature
resistor thermistor）   *114*

【E】

E 熱電対   *171*

【F】

foil/workpiece thermocouple method   *181*

【I】

ITS-90   *22, 339, 346, 348, 349, 353*

【J】

J 熱電対   *171*

JCSS（Japan Calibration Service System）
    28

JPt   *104, 105*

【K】

K 熱電対   *170*

—— の異常劣化   *233*

—— のグリーンロット   *233*

—— の正常劣化   *233*

—— の短範囲規則格子変態（short-range
ordering）   *171, 234*

—— の熱起電力の可逆変化   *234*

—— の不均質（—— inhomogeneity）   *225*

【L】

LAP（laser absorption pyrometer）   *385*

LART（laser absorption radiation thermo-
meter）   *386*

LEFT（laser emissivity free thermometry）
    385

【M】

MEMS（micro electro mechanical sys-
tems）   *303*

【N】

n 値（n value）*285, 307, 321, 323, 359, 427*

N 熱電対   *172*

NTC サーミスタ（negative temperature
coefficient thermistor）   *93, 98, 114*

【P】

pn 接合（p-n junction）   *269*

PR 熱電対   *168, 253*

Pt   *103*

PTC サーミスタ（positive temperature
coefficient thermistor）   *114*

Pt-40 ％Rh/Pt-20 ％Rh 熱電対   *174*

【R】

R 熱電対   *166, 169*

—— の断線   *232*

—— のドリフト   *229*

—— の不均質   *224*

【S】

S 熱電対   *170*

SOI   *305*

Steinhart-Hart 式   *116*

【T】

T 熱電対   *172*

【数字】

1 次温度計（primary thermometer）   *19*

1990 年国際温度目盛（International
Temperature Scale of 1990; ITS-90）   *22*

2 次温度計（secondary thermometer）   *19*

2 色温度計   *306*

2 導線式   *122*

2 方向反射率分布関数（bidirectional re-
flectance distribution function; BRDF）
    291

3 導線式   *123*

4 導線式   *124*

—— 著 者 略 歴 ——

新井 優（あらい まさる）
1984年　東京工業大学大学院総合理工学研究科修士課程修了（エネルギー科学専攻）
1984年　通商産業省工業技術院計量研究所（現 産業技術総合研究所）勤務
　　　　現在に至る

井内 徹（いうち とおる）
1968年　東京工業大学大学院理工学研究科修士課程修了（制御工学専攻）
1968年　八幡製鐵株式会社（現 新日鐵住金株式会社）勤務
1980年　理学博士（東京工業大学）
1991年　東洋大学勤務
2013年　東洋大学名誉教授

池上 宏一（いけがみ こういち）
1982年　名古屋大学大学院理学研究科博士課程修了（大気水圏科学専攻）
1990年　林電工株式会社勤務
　　　　現在に至る

榎原 研正（えはら けんせい）
1978年　京都大学理学部物理学科卒業
1983年　大阪大学大学院基礎工学研究科博士課程修了（物理学専攻），工学博士
1983年　通商産業省工業技術院計量研究所（現 産業技術総合研究所）勤務
2014年　産業技術総合研究所名誉リサーチャー，同計量研修センター招聘研究員
　　　　現在に至る

大重 貴彦（おおしげ たかひこ）
1991年　東京大学大学院工学系研究科修士課程修了（計数工学専攻）
1991年　日本鋼管株式会社勤務（現 JFE スチール株式会社）
　　　　現在に至る

角谷 聡（かどや さとる）
1986年　東京理科大学工学部電気工学科卒業
1986年　株式会社千野製作所（現 株式会社チノー）勤務
　　　　現在に至る

佐藤 弘康（さとう ひろやす）
1996年　成蹊大学大学院工学研究科修士課程修了（計測数理工学専攻）
1996年　日本電気計器検定所勤務
　　　　現在に至る

清水 孝雄（しみず たかお）
1976年　東京教育大学理学部応用物理学科卒業
1976年　株式会社千野製作所（現 株式会社チノー）勤務
　　　　現在に至る

杉浦 雅人（すぎうら まさと）
1992年　慶應義塾大学大学院理工学研究科修士課程修了（計測工学専攻）
1992年　新日本製鐵株式会社（現 新日鐵住金株式会社）勤務
　　　　現在に至る
2015年　群馬大学大学院理工学府博士課程修了（理工学専攻（電子情報・数理領域）），博士（理工学）

浜田　登喜夫（はまだ　ときお）
1981年　大阪大学基礎工学部物性物理工学科卒業
1981年　田中貴金属工業株式会社勤務
　　　　現在に至る
1998年　大阪大学大学院基礎工学研究科博士課程修了（物理系専攻），博士（工学）

安田　嘉秀（やすだ　よしひで）
1986年　神戸大学大学院工学研究科修士課程修了（計測工学専攻）
1986年　横河北辰電機株式会社（現 横河電機株式会社）勤務
　　　　現在に至る

山田　善郎（やまだ　よしろう）
1985年　東京大学大学院工学系研究科修士課程修了（計数工学専攻）
1985年　日本鋼管株式会社（現 JFE スチール株式会社）勤務
1998年　通商産業省工業技術院計量研究所（現 産業技術総合研究所）勤務
　　　　現在に至る

温度計測 —— 基礎と応用 ——
Temperature Measurement —From Fundamentals to Applications—
　　　　　　　　　　　　　ⓒ 公益社団法人 計測自動制御学会 2018

2018 年 2 月 23 日　初版第 1 刷発行

検印省略	編　　者	公益社団法人 計 測 自 動 制 御 学 会 温　度　計　測　部　会
	発 行 者	株式会社　コ ロ ナ 社 代 表 者　牛 来 真 也
	印 刷 所	三 美 印 刷 株 式 会 社
	製 本 所	有限会社　愛 千 製 本 所

112–0011　東京都文京区千石 4–46–10
発 行 所　株式会社　コ ロ ナ 社
CORONA PUBLISHING CO., LTD.
Tokyo Japan
振替 00140–8–14844・電話(03)3941–3131(代)
ホームページ　http://www.coronasha.co.jp

ISBN 978-4-339-03226-0　C3053　Printed in Japan　　　　　　（新宅）G

辞典・ハンドブック一覧

日本シミュレーション学会編
シミュレーション辞典
A5　452頁
本体 9000円

編集委員会編
新版電気用語辞典
B6　1100頁
本体 6000円

編集委員会編
電気鉄道ハンドブック
B5　1002頁
本体30000円

日本音響学会編
新版音響用語辞典
A5　500頁
本体10000円

日本音響学会編
音響キーワードブック —DVD付—
A5　494頁
本体13000円

映像情報メディア学会編
映像情報メディア用語辞典
B6　526頁
本体 6400円

電子情報技術産業協会編
新ME機器ハンドブック
B5　506頁
本体10000円

編集委員会編
機械用語辞典
B6　1016頁
本体 6800円

編集委員会編
モード解析ハンドブック
B5　488頁
本体14000円

制振工学ハンドブック編集委員会編
制振工学ハンドブック
B5　1272頁
本体35000円

日本塑性加工学会編
塑性加工便覧 —CD-ROM付—
B5　1194頁
本体36000円

精密工学会編
新版精密工作便覧
B5　1432頁
本体37000円

日本機械学会編
改訂 気液二相流技術ハンドブック
A5　604頁
本体10000円

日本ロボット学会編
新版ロボット工学ハンドブック —CD-ROM付—
B5　1154頁
本体32000円

土木学会土木計画学ハンドブック編集委員会編
土木計画学ハンドブック
B5　822頁
本体25000円

土木学会監修
土木用語辞典
B6　1446頁
本体 8000円

日本エネルギー学会編
エネルギー便覧 —資源編—
B5　334頁
本体 9000円

日本エネルギー学会編
エネルギー便覧 —プロセス編—
B5　850頁
本体23000円

日本エネルギー学会編
エネルギー・環境キーワード辞典
B6　518頁
本体 8000円

フラーレン・ナノチューブ・グラフェン学会編
カーボンナノチューブ・グラフェンハンドブック
B5　368頁
本体10000円

日本生物工学会編
生物工学ハンドブック
B5　866頁
本体28000円

システム制御工学シリーズ

（各巻A5判，欠番は品切です）

■編集委員長 池田雅夫
■編集委員 足立修一・梶原宏之・杉江俊治・藤田政之

配本順	書名	著者	頁	本体
2.（1回）	信号とダイナミカルシステム	足立修一著	216	2800円
3.（3回）	フィードバック制御入門	杉江俊治／藤田政之共著	236	3000円
4.（6回）	線形システム制御入門	梶原宏之著	200	2500円
5.（4回）	ディジタル制御入門	萩原朋道著	232	3000円
6.（17回）	システム制御工学演習	杉江俊治／梶原宏之共著	272	3400円
7.（7回）	システム制御のための数学（1）—線形代数編—	太田快人著	266	3200円
8.	システム制御のための数学（2）—関数解析編—	太田快人著		
9.（12回）	多変数システム制御	池田雅夫／藤崎泰正共著	188	2400円
10.（22回）	適応制御	宮里義彦著		近刊
11.（21回）	実践ロバスト制御	平田光男著	228	3100円
13.（5回）	スペースクラフトの制御	木田隆著	192	2400円
14.（9回）	プロセス制御システム	大嶋正裕著	206	2600円
17.（13回）	システム動力学と振動制御	野波健蔵著	208	2800円
18.（14回）	非線形最適制御入門	大塚敏之著	232	3000円
19.（15回）	線形システム解析	汐月哲夫著	240	3000円
20.（16回）	ハイブリッドシステムの制御	井村順一／東俊一／増淵泉共著	238	3000円
21.（18回）	システム制御のための最適化理論	延山英沢／瀬部昇共著	272	3400円
22.（19回）	マルチエージェントシステムの制御	東俊一／永原正章編著	232	3000円
23.（20回）	行列不等式アプローチによる制御系設計	小原敦美著	264	3500円

定価は本体価格＋税です。
定価は変更されることがありますのでご了承下さい。

図書目録進呈◆

計測・制御テクノロジーシリーズ

（各巻A5判，欠番は発行しません）

■計測自動制御学会 編

配本順		書名	著者	頁	本体
1.	（9回）	計測技術の基礎	山﨑 弘郎・田中 充 共著	254	3600円
2.	（8回）	センシングのための情報と数理	出口 光一郎・本多 敏 共著	172	2400円
3.	（11回）	センサの基本と実用回路	中沢 信明・松井 利一・山田 功 共著	192	2800円
4.	（17回）	計測のための統計	椿 広計・寺本 顕武 共著	近刊	
5.	（5回）	産業応用計測技術	黒森 健一 他著	216	2900円
6.	（16回）	量子力学的手法によるシステムと制御	伊丹・松井・乾・全 共著	256	3400円
7.	（13回）	フィードバック制御	荒木 光彦・細江 繁幸 共著	200	2800円
8.	（1回）	線形ロバスト制御	劉 康志著	228	3000円
9.	（15回）	システム同定	和田・奥・田中・大松 共著	264	3600円
11.	（4回）	プロセス制御	高津 春雄編著	232	3200円
13.	（6回）	ビークル	金井 喜美雄他著	230	3200円
15.	（7回）	信号処理入門	小浜 秀文・畑田 望・田村 安孝 共著	250	3400円
16.	（12回）	知識基盤社会のための人工知能入門	國中・藤田 進・山 久彩 共著	238	3000円
17.	（2回）	システム工学	中森 義輝著	238	3200円
19.	（3回）	システム制御のための数学	田村 捷利・武藤 康彦・笹川 徹史 共著	220	3000円
20.	（10回）	情報数学 ─組合せと整数およびアルゴリズム解析の数学─	浅野 孝夫著	252	3300円
21.	（14回）	生体システム工学の基礎	福岡 豊・岡山 孝憲・内野 泰伸 共著	252	3200円

定価は本体価格+税です。
定価は変更されることがありますのでご了承下さい。

図書目録進呈◆